U0337186

世界传世藏书

【图文珍藏版】

动植物知识大博览

赵然◎主编

第三册

线装书局

奇鱼妙趣

1.针线鱼

江湖海洋中的鱼类,历来都是弱肉强食,大鱼吃小鱼。但在太平洋里有一种尖细似针、体长如线的拉特贝尔鱼,也叫"针线鱼",却有着独特的克敌制胜的本领。针线鱼嘴尖如针刺,躯体细长,大的有 80 厘米左右,呈垂直线在水中游动。它的嘴尖硬如钢针,碰到强敌——大鱼,它也敢冲上前去,从大鱼的体外像"穿针引线"般一下子穿进鱼腹,吃食鱼肚中的五脏和鱼腹中的食物残渣。吃饱了,它还能从大鱼腹内穿刺而出,逃之夭夭。大鱼碰上了针线鱼,往往因受刺伤而断送了性命。

2.有角的鱼

埃及发现了一种头上长着两只角的鱼。鱼角尖而坚硬,长约 10 厘米,嘴长且硬,体如黄鱼。这种鱼的嗅觉特别灵敏,在十几里外就能嗅到血腥味,然后便迅速赶赴现场捕食。如被大鱼吞吃,它也毫不在意,用它的两只角,钻穿大鱼的肚子后逃之夭夭。被研究者列为凶猛的鱼类序列。

3.镜子鱼

临近地中海的阿尔及利亚渔村的姑娘,几乎每人都有一面用以梳妆打扮的镜子。这种镜子有一个花纹精细的手柄,背面有一些图案,镜而晶莹闪光,能清晰地映现出姑娘的面容。但是,如果仔细观察一下就会发现,这并不是一面普通的镜子,而是一条硬邦邦的鱼干! 手柄是鱼尾,背面的图案是鱼鳞,闪闪发光的镜面则是鱼肚。因此,当地人称这种鱼为"镜子鱼"。镜子鱼的肉非常鲜嫩。不过,鲜鱼你是吃不到的。因为当你把鲜鱼放在锅里煮时,它立即化成了鱼汤。只有把它腌成咸鱼,才能使鱼肉凝固起来,成为美味佳肴。

4.三眼鱼

在加勒比海里生活着一种奇特的小鱼,它长着 3 只眼睛,中间的那只眼睛像一盏小探照灯,能够发出光亮,照亮 1.5 米左右的距离。如果这只发光眼生病或因其他原因不能发光,另外两只眼睛就会顶替它,轮流发光。

5.四眼鱼

它生活在南美洲热带海洋的浅水淤泥窝中。这种鱼有一对分别长于头部两侧的眼泡,每个眼泡用隔膜隔成上下两部分,其上部特别突出,因此形成了两对眼睛,故称之为"四眼鱼"。四眼鱼擅长游泳,它摄食的对象是飞行在水面上的昆虫。当它停留在水面上时,就把上部眼睛露出水面,一旦发现猎物,便跃出水面捕食。当水面上昆虫成群聚集时,它就连续跳跃捕食。

6.无眼鱼

在我国云贵高原和四川、广西等地的山洞中,生活着一种没有眼睛的鱼。这种鱼喜欢觅食岩底的糟粕,几个星期不吃食物也照样能存活下来。由于它长期生活在黑暗的环境里,眼睛便逐渐退化,但它的触须由于眼睛退化而变得十分敏感,尤其对声音特别敏感。

7.四颗心脏的鱼

在堪察加半岛周围海域,生活着一种盲鳗,它有四颗心脏,分别与头、肝、肌肉和尾相连。这种鳗鱼有惊人的耐饥饿能力,半年内不吃食也能畅游自如。

8.不用嘴吃食的鱼

在尼日利亚的泊朗湖里,有一种吃食不用嘴的鱼,叫"万齿鱼",当地人称它为"立勒其罗尼"。万齿鱼并无"万齿",且这齿也不长在嘴巴里。这种鱼头尖、身扁,躯体相当于头部的 70~80 倍。它的外皮上长满了一排排白色的椭圆点,看上去就像牙齿。椭圆点上长满了钢针似的透明针鳃,好像刺猬身上的针刺一样。针鳃上生着许多细小的吸孔,这便是它的吸食器官。当然,万齿鱼也有嘴,但嘴很小,吃食很不方便。因此,当它要吃食时,就用针鳃把游近它身旁的小鱼扎住,然后再用针鳃把小鱼揉烂,通过吸管吸入肠胃里。

9.有照明灯的鱼

在马来西亚群岛的水域里,生活着一种奇特的鱼,在黑暗中,它能够自己照明。这种鱼每只眼睛上方都有一根水管伸向前方,管内有能发出荧光的细菌,好像汽车的前灯。有趣的是,这种鱼头上的"前灯"能根据需要"关"或"开"。

10.建房鱼

在寒带海域里有一种丝鱼,体长仅十几厘米,它能用自身分泌出的一种丝状黏液在水中建造新房,所以也有人叫它"建房鱼"。每年冬天,当雌丝鱼性成熟接近产卵期间,雄丝鱼就忙于找水草茂密、适宜安居的处所营造"新房"。它找到"地基"后,立即衔草茎、草叶充当"梁柱",然后口吐黏液,绕着"梁柱"旋转,不消半天,就建成了一座像酒瓶似的"新房"。新房建成后,雄丝鱼就开始"迎亲"了。它把在草丛里憩息的雌丝鱼迎进新房,待其产卵。这时,雄丝鱼便在门外巡逻、警戒,以防"敌人"的侵犯和干扰。雌丝鱼产完卵后出"产房",雄鱼就把新房的尺寸缩小,并用尾鳍和胸鳍向门里输送含氧丰富的水流。当小鱼孵化出后,它又用嘴送饵料进房,养育仔鱼,直到小鱼能独立游泳摄食为止。至此,雄丝鱼也就忠诚地完成了它毕生的事业,在耗尽精力之后,便默默死去了。

11.会爬树的鱼

在我国南方,有种会爬树的鱼,名叫攀鲈。从表面上看,攀鲈与其他鱼类没什么两样,但是它的鳃盖、腹鳍和臀鳍上都生有坚硬的棘,它就是依靠这些来爬行和攀登的。攀鲈爬行时,先将身体的一侧紧贴地面,然后将这一侧的鳃盖棘撑开,像许多钢叉插入地面,借此支撑自己的身体。再用尾部拍打着地面,借助腹鳍棘的力量,使身体跳跃前进。攀鲈为什么要离开水,而又为什么可以较长时间离开水生活呢?原来,攀鲈最初生活在热带的浅水或沼泽地带,那儿天气炎热,河水和沼泽容易干涸。为了生存,攀鲈的祖先从干涸的水域爬出来,到处去寻找食物和新的栖息地。经过长期的演化和自然选择的结果,攀鲈的身体发生了变化。鳃盖、鳍上都特化出了硬棘。除了鳃以外,还产生了可以直接呼吸空气的器官——鳃上器。因此它可以在陆地上生活一段时间。

12.善于潜伏偷袭的鱼

瞻星鱼是一种小型的底层鱼类。它长相丑陋,肥大的头像个方木箱,大口朝上张着,眼睛长在头顶上。瞻星鱼身体笨拙,行动迟缓,不能像其他鱼那样去追逐食物,全靠玩弄"埋伏偷袭"的把戏来捕获食物。它常把身体埋在泥沙下面,只有一张大嘴裸露在沙面外,还有一对不起眼的小眼睛,看上去就像是泥沙面上露出了一道裂缝。这对那些粗心的小鱼来说,是很难识破的。不仅如此,瞻星鱼还有另一个"绝招",就是能把下颌上生长着的膜状红丝条伸出沙面上,并做出各种动作,既像小虫爬行,又像蚯蚓蠕动,以此引诱小鱼。当小鱼向它游来时,早有准备的瞻星鱼突然抖掸身上的泥沙,冲向小鱼,饱餐一顿。

13.会打洞的鱼

在水生动物中,黄鳝堪称是打洞的"行家里手"。黄鳝身体细长,前段呈管状,向后逐渐侧扁,尾短而尖,属于游泳缓慢的底栖生活的鱼类。在弱肉强食的生存竞争中,黄鳝练就了一身打洞本领。它头部坚硬,身体光滑无鳞、富有黏液,很适宜打洞穴居。黄鳝的洞穴多在临近水面的堤坎边上,只要将头伸出水面就可以换气。其洞穴为向下倾斜式,洞内有拐弯和支洞。

14.不需要水的鱼

在斯里兰卡,有一种叫"阿那巴斯"的鱼,这种鱼不喜欢长期在水里生活,偶尔会跳出水面,在干燥的地面上爬行。它即使在陆地上生活三四天,其生命也丝毫不受影响。原来,这种鱼的头部有像蜗牛一样的骨头,其中储存了大量的水。因此,即使离开水面,它仍可得到水分的补充以维持生命。

15.会做茧的鱼

在生物界里,不仅蚕能做茧,生活在非洲、澳洲和南美洲的肺鱼也会结茧。肺鱼喜欢生活在水流平缓、草木丛生的净水河流和水塘之中。雨季时,肺鱼用鳃呼吸;当水域干涸时,肺鱼就把自己藏在淤泥之中,利用体表分泌的具有极大凝聚力的黏液,调和周围的黏土,形成特殊的屋式泥茧,围住身躯,进入休眠状态。肺鱼的茧是密封状的,只留下了呼吸孔。肺鱼茧的长度可达 2 米以上,与蚕茧相比,堪称"巨型建筑物"了。肺鱼的茧做得非常坚固结实,以致它不能自行破茧而出。直到雨季到来,茧屋的淤泥被水泡软冲散时,它才能重新恢复自由的生活。

16.穿"外衣"的鱼

印度洋阿明迪维群岛附近的大海中,生长着一种鹦鹉鱼。这种鱼出于自卫,会分泌出一种透明的黏液将全身包起,一旦有敌情出现,这种外衣便坚硬如铁。当被敌人袭击时,这种外衣的表面还会渗出一种有毒的物质,能使敌人落荒而逃。

17.爆腹产子的鱼

在贝加尔湖 1000 米的淡水深处,有一种胎鲴鱼。它们只有人的小手指长,全身透亮。其生存方式特别有趣。雌鱼怀孕期满后,就带着满腹幼鱼,尽全力向水面上游。在临近水面时,由于压力消失,腹部就会突然爆裂,于是小鱼就从母腹中降生了,不过母鱼稍后就会死去。

18.造屋鱼

虾虎鱼,四川俗称"沙沟"。它吹沙而游,咂沙而食。在自然界激烈的生存竞争中,虾虎鱼靠着特殊的"造屋"本领来保护自己。虾虎鱼的"屋基"利用空贝壳、碎瓦片,丝毫不加修整,只是凹面一定要向下。最后再打一条"地道"通向外面,并用细沙掩盖。至此,一所隐蔽的"地下室"便建成了。虾虎鱼的造屋工作完全由雄鱼担当。只有屋建成后,雄虾虎鱼才有了找配偶的"资格",把相中的对象迎进屋来生儿育女,繁衍后代。

金鱼的神奇本领

金鱼大约有几百个品种。老虎头金鱼头部很像老虎;红帖子金鱼全身银光闪闪,头上还戴着一顶宝石般的小红帽;水泡眼金鱼的两只透明大眼,活像两个大气球;五花丹凤金鱼穿着一件光彩夺目的花衣衫;还有朝天眼、珍珠鱼、绒球、墨龙睛等名贵品种。

这些奇形怪状的金鱼是怎样来的呢? 其实,这是经过长期生活条件的改变和人工改良的结果。

譬如在人工饲养的金鱼群中，偶然发现了有的金鱼头部较大，也有的两眼向外凸出，或者有的尾巴像剪刀一样分叉，还有的颜色变得更加多彩了。这些叫作变异。于是养金鱼的人，就把这些符合人们需要的、有变异的个体挑选出来，让它们在优越的生活条件里传留后代，那些没有变异的后代继续挑选。如此一代一代地挑选下去，年代一久，就会形成许多奇形怪状的优良品种。

金鱼

养金鱼说起来容易，做起来难。因为当你不了解金鱼吃些什么，喜欢在怎样的水中生活，它又怕些什么时，往往养不好金鱼，甚至金鱼会全部死光。例如，你如果用清洁沙滤水养金鱼，那么金鱼反而会死掉。这是怎么回事呢？

养过金鱼的人一定知道，金鱼最好的食料是活的"红虫"。红虫只有芝麻大小，长在肥沃的水坑里，它的食料是一些极微小的动物。当你把水经清洁沙过滤后，水中绝大部分生物都被滤掉，假使不另投食料在沙滤水中，金鱼因没东西吃不久即会饿死。而投入的红虫，由于生活在滤过的水中，吃不到东西，不久也会饿死。红虫死后，使水变质，若不及时换水，金鱼就会因为水的环境改变不再适合它生活而很快死去。

在换水时，应把新鲜水静置一段时间。因为新鲜水和鱼缸中的水不一样，如果直接更换，金鱼突然受不同环境影响，也会因不适应而引起死亡。静置后的新鲜水，由于在水温方面和缸中的水渐趋接近，此时更换金鱼就能够适应了。

养金鱼的人，常在金鱼缸里放进几根水草。不要以为水草仅仅是装饰品，它还有别的用处哩！

当我们在一个关闭着门窗的会场里时，由于空气浑浊、氧气不足，总会觉得十分气闷；然而一旦投身于大自然的怀抱，呼吸了充满着氧气的新鲜空气，霎时感到非常舒畅。

鱼和人的情况一样。夏天，鱼塘里的鱼经常浮上水面，其目的也在呼吸新鲜空气。

在金鱼缸里放进几根水草，目的是给金鱼设立几所氧气制造厂。水草利用溶解在水里的二氧化碳，再掺入周围取之不尽的水，借助从太阳光里捕获来的能量，制造成自己需要的养料。在制造过程中，它们将无数副产品——氧气，赠送给鱼儿，让金鱼去尽情呼吸。

金鱼在人们的心目中是一种娇柔纤弱的动物。它别号"金鳞仙子"，这一方面表明它婀娜多姿，另一方面也说明它弱不禁风。

令人意想不到的是，如此娇弱的金鱼竟然有一种独特的本领：它能在严重缺氧的恶劣环境里安然无恙地生活上几天！这是许多动物无法做到的。

大家知道，动物必须有氧气才能生存。那么，金鱼是依靠什么神通，能够不吸氧而活上好几天呢？这个问题引起了科学家的极大兴趣。

加拿大科学家霍克海卡经过几年的研究后终于发现，金鱼有一种崭新的"无氧代谢"机制，这是金鱼在长期的进化过程中形成的一种特异本领。

原来，一般的脊椎动物在缺乏氧气的情况下，会分解体内的葡萄糖来获取能量。其结果就是在取得能量的同时，也产生了乳酸废物。比如我们长跑时，会感到大腿酸痛得提不起来，就是因为剧烈的长跑引起体内缺氧，肌体便分解葡萄糖来补充能量，因而产生了乳酸积聚，造成肌体酸痛的状况。

如果金鱼也像一般脊椎动物那样分解葡萄糖、产生大量乳酸，那对它娇弱的身体无疑是有致命的危险的。

为此，金鱼就得另辟蹊径进行新陈代谢。幸亏天无绝人之路，金鱼在长期适应环境的过程中，逐渐形成了"分解葡萄糖——产生乙醇"的奇异代谢过程。金鱼在这个过程中，只产生乙醇，不产生乳酸，而这些乙醇对于金鱼的机体是没有害处的，反而能加速循环。这样，金鱼既避免了危险的乳酸，又意外获得了在严重缺氧的恶劣条件下继续生存的惊人能力。

这时的幼虫，由于两个小壳边缘都长着小钩，身体中央还有一根长长的鞭毛丝，紧紧地缠绕在母蚌鳃丝上，因此不会被水流冲走。根据这种结构特点，这一埋藏的幼体被称作钩介幼虫。

钩介幼虫发育成熟后，便随着水流从排水孔排到体外，落到水底或悬浮在水里。

当鳑鲏鱼找到河蚌这个理想的代孕者，兴高采烈地产卵时，钩介幼虫也同样抓住这一难得的好机会，用它贝壳侧缘上的钩，把身体钩在了鳑鲏的鳃或鳍上。钩附不上，它便在水底向上张开两壳，露出摆动着的鞭毛丝，等待着其他鱼的到来。如时运不佳，等待它的就只有死亡了。

鱼体受到钩介幼虫的刺激,周围组织增生,很快形成一个被囊,把幼虫包围起来。幼虫暂居其中,吸取鱼体内养料,过起了寄生生活。大约两三个星期后逐渐变成小蚌,才破囊而出,落在水底,开始了底栖生活。

自然,河蚌的钩介幼虫也可寄生在各类鱼体上,不过因为鳑鲏要在蚌体内产卵,接触的机会当然也就更多了。

一只大的河蚌可产 300 万个钩介幼虫,而一尾鳑鲏鱼体上则可容纳和供养 3000 个钩介幼虫寄生。

你看,河蚌做了鳑鲏子女的保姆,而鳑鲏也做了小蚌的保姆。它们相互照看后代,彼此帮助,共同完成了生儿育女繁衍种族的任务。

动物界存在的外来保姆帮助抚养幼体的现象令科学家倍感兴趣,但迄今比鸟类还要低等的脊椎动物还没有发现有这类保姆。据推测,一部分原因在于"冷血型"脊椎动物还没有建立起互助的社会体系。

但不久前,科学家们在非洲发现了一种淡水鱼存在保姆的现象,证实了在鱼类中也有保姆。这种叫狭腹鱼的淡水小鱼,身长只有 6 厘米,生活在非洲的坦噶尼喀湖。据称,这种鱼以湖底的洞穴或裂缝作为庇护所,每年都在这里进行繁殖。科学家们发现,在繁殖期间,外来未成年的同类小鱼都会不约而同地与亲鱼共栖,表面上它们似乎形成了一个临时"家庭"(每一对亲鱼平均栖养 7~8 条小鱼),事实上这些小鱼入伙的目的是起着一种保姆的作用。它们不但帮助照料鱼卵与幼鱼,而且帮助亲鱼守卫领土、击退外敌,并担负清扫与修补窝巢等工作。在这期间,一对亲鱼形影不离,作为保姆的外来小鱼也忠心耿耿地不离左右。10 个月以后,它们完成了保姆的任务便自动离去,重新自在地遨游于湖水之中。

为什么这些外来小鱼会自动承担保姆的任务呢?学者们推测,除了有一定的血缘关系外,返游在亲鱼身边一则可以获得自身的安全,二者可以学习生儿育女的经验。

鱼类的提醒

1.鱼眼镜头

人眼的视角以"看得见"的标准来计算约有 150°,但若以看得清楚为标准则只有 50°左右。要想扩大观看范围,除了上下转动眼球外,还得转动头部。一般情况下,照相机镜头的视角和视场与人眼差不多。焦距为 50 毫米的镜头,视角只有 50°左右,其成像范围非常有限。

在生物界中,视角最大的要数鱼眼,可谓动物之魁,约为 160°~170°,有的甚至更大。科学家们经过对鱼眼的研究,设想:如果根据鱼眼的形状为照相机设计一个鱼眼镜头,那么照相机的成像范围不就可以扩大许多吗? 这一设想若干年前已经变成了现实。人们不仅已经研制出视角为 180°的超广角镜头,还研制出了视角接近 270°的鱼眼镜头。这种镜头,能使整个空间的影像投射到一块小小的底片上,得到了比鱼眼更大的成像范围。

鱼眼镜头由凹透镜和凸透镜构成。镜头的前半部分是几片度数很高的凹透镜,后面是一组度数也很高的凸透镜,用来把前镜构成的虚像变成实像,在胶片上感光成像。这种镜头把焦距做得极短,所以可得到宽广的视角。

这种鱼眼镜头有许多特殊用途。在国外超级无人售货市场或展览大厅的天花板中央,常常安装一个装有鱼眼的摄像机,使整个商场或大厅都投射到摄像机的鱼眼镜头上,监控人员可坐在屋内,通过电视屏幕来监视商场或大厅里发生的一切情况。现今所用的电视摄像机的镜头,由于视角小,拍摄角度很大的场景时,必须使镜头不停地来回扫描,才能拍摄到每个角落。采用鱼眼镜头,整个场景可尽收眼底,不必转动镜头去拍摄。鱼眼镜头用于水下摄影时,由于它的视角大,可以尽量靠近被摄物,因而大大提高了水下摄影照片的清晰度。用鱼眼镜头拍下畸度很大的照片,另有一番情趣和欣赏价值,所以也越来越多地出现在摄影艺术作品的行列里。

2.比拉鱼威胁生态平衡

"三条小的比拉鱼,就如同一条凶残的鳄鱼。"——这是生活在亚马孙河两岸的印第安人常说的一句话。说这话是有原因的。近年来,使科学家们感到震惊的是:比拉鱼不仅在数量上急剧增加,而且其性情也变得更加贪婪和凶残。在亚马孙河及其支流里,成群的比拉鱼极其频繁地向周围的野生动物,甚至向人发起攻击,对野生动物和人的生命构成了威胁,也严重地影响了亚马孙河流域的生态平衡。虽然导致这些现象的原因至今尚未搞清,但有一点已向人们表明:必须马上采取措施来对付这些凶残的比拉鱼。

为此,巴西当局开展了捕杀比拉鱼的运动。最初是由受过专门训练的警察向成群结队的比拉鱼投放炸药,但由于发现和采取措施较晚,无济于事;继而鱼类学家们又专门培育了一种能吞食比拉鱼卵的鱼,但不知何故,比拉鱼的数量仍有增无减。这之后,虽然人们又采取了许多种方法,但都以失败而告终。

据悉,科学家们现已制定了一项复杂的战略性计划,打算在数年后,研制出一种可阻止比拉鱼鱼卵发育的物质。但要达到这个目的,得有 20 万吨以上的这种物质。而且,若想使其充分发挥效力,还必须对比拉鱼的生物学特性、活动区域和路线,以及产卵时间等了如指掌。这件事告诫人们:对比拉鱼威胁生态平衡的这类事件,应该防患于未然。

3.环保卫士——象鱼

在非洲的泥沼中有一种长鼻子的鱼,人们把它叫作"象鱼"。这种鱼在尼罗河流域最多,但它在世界其他地区也能繁殖。这种鱼可以做环保卫士,因为它们对污染的水很敏感,即使只有轻微的毒质,也会引起反应。这种反应是通过象鱼的发电器官和它布下的电场来表现的。

象鱼对污染的水的反应比任何人工监测方法都来得快。因为电气测量设备只能监测规定范围的物质,对于预料不到的化学物质却无能为力。尽管人们不断采用新技术,但是仍然不可能把水中所有的毒质都及时地鉴别清楚。因而多年以前人们就开始利用鱼类,使这些水中动物成为监测者。鳟鱼是第一个作为试验品的鱼种。

可是,用鳟鱼等进行水质测验不能马上奏效。但象鱼的反应却不一样,因为它有四种发电的器官。由于它本身的结构,其中的每一种都是绝缘的,并有特殊的细胞组织,感应器就在这些细胞中,它能很好地记录毒质的危害程度。象鱼对有毒物质,以及铅、镉、铬、砷、氰化物、硫酸盐、硝酸和水银等重金属特别敏感,反应迅速,准确无误。人们用两个电盘来记录象鱼对污染的反应。

各国科学家在象鱼的特殊功能的启发下，正在做进一步的研究、试验，希望能研制出像象鱼一样灵敏的全能的环保监测装置。

鱼鳞的科学

1.鱼为什么有鱼鳞

对大部分鱼类来说，除头和鳍外，全身盖满鳞片。这就为有鳞鱼提供了一个防御层，有助于抵御疾病和感染。

鳞片也有外骨骼作用，有助于维持体型。鳞片还有一种伪装的作用。鱼腹上的鳞片能反射和折射光线，对水下猎鱼者来说，当它向上看它的狩猎对象时，那闪光的白色腹部，使狩猎者难以同发亮的镜子般的水面、天空区分开来。也有人认为鳞片能降低水的阻力。但有些科学家却认为，大鳞片使鱼的身体不太灵活，有碍运动。因为游得快的鱼是那些有小鳞片的鱼，甚至是没有鳞片的鱼。例如，有几种游得很快的金枪鱼，它的前端覆盖着鳞片，但在尾部附近几乎没有鳞片，而那些部位是最为灵活的。

鳞片引起了鱼类学家的浓厚兴趣。鱼类学家可以根据鱼鳞鉴别出鱼的种类。鱼鳞还有像树干那样的年轮，每一个年轮与一次过冬相对应。这可能是由于低温和食物供应减少，造成鱼类生长缓慢的缘故。鱼类学家除了以此测定一条鱼的年龄以外，还能计算出其平均生长速度和平均死亡率，从而推知鱼类群体的健康状况。

2.闪闪发光的鱼鳞

你一定见过美丽的金鱼或色彩缤纷的热带鱼，它们在水中翩翩起舞，游动不息，浑身的鳞片闪烁着宝石似的光芒。

鱼类学家们研究后发现：在鱼类的皮肤里，在真皮内和鳞片上下，分布着色素细胞。黑色素细胞含灰黑色的色素，使鱼的体色呈现青黑。许多有着鲜艳体色和斑纹的鱼类，具有红色素和黄色素细胞。但是光有色素细胞，是不能使鱼体呈现出灿烂色彩的。鱼类的皮肤里，还有另外一种细胞，叫作光彩细胞。这种细胞里含有鸟粪素。鸟粪素为无色或白色的结晶体，它们堆积在细胞里，当光线照射到鱼体，通过细胞内鸟粪素结晶的反射

动物百科

和干涉,映现在我们的眼里时,便成为亮银般的闪光。所以,鳞片的熠熠闪光,主要是光彩细胞的作用。

色素细胞和光彩细胞的数量与分布,因鱼的种类不同而有所不同。一般情况下,黑色素细胞多集中在鱼体上部,光彩细胞在鱼体下部。如青鱼背面为深灰,两侧渐浅,而腹部银白。这就是自背部至腹部,黑色素细胞由多而少,而光彩细胞却逐渐增多的缘故。又因为光彩细胞有时分布在鳞片上面,有时在下面,反光率不同,因此有些鱼类的腹部很光亮,而有些则略显苍白。此外,色素细胞和光彩细胞内的色素颗粒和鸟粪素晶体,常因外界环境的影响或内部生理机能的变化而有集中或扩散、增多或减少的现象,从而导致体色有所改变。例如许多雄鱼,在性成熟的季节,表现为光彩夺目的婚姻色;病弱的鱼体色则暗淡无光。

3.鱼鳞与年龄

鱼有大小,要想知道鱼的年龄,并不是件难事,只要从鱼身上剥一鳞片,仔细看看,就一目了然了。

为什么看鱼鳞就能知道鱼的年龄呢? 鱼类学家告诉我们,鱼在生命开始的第一年,全身就长满了鳞片。鳞片由许多大小不同的薄片构成,好像一个截去了尖顶的不太规则的短圆锥一样,中间厚,边上薄,最上面一层最小,但是最老;最下面一层最大,但是最年轻。鳞片生长时,在它表层上有新的薄片生成,随着鱼龄的增长,薄片数目也不断增加。

一年四季中,鱼的生长速度不同。通常,春夏生长快,秋季生长慢,冬天则停止生长。第二年春天又重新恢复。鳞片也是这样,春夏生成的部分较宽阔,秋季生成的部分较狭窄,冬天则停止生长。宽窄不同的薄片有次序地叠在一起,围绕着中心一个接一个,形成许多环带,叫作"生长年带"。年带的数目正好和鱼所经历的年数相符合。

春夏生成的宽阔薄片排列稀疏,秋季生成的狭窄薄片排列紧密,两者之间有个明显界限,是第一年生长带和第二年生长带的分界线,叫作"年轮"。年轮多的鱼,年龄大;年轮少的鱼,年龄小。

所以,看鱼鳞,根据年轮的多少,就能够推算出鱼的准确年龄来。

冰下捕鱼

在吉林省前郭尔罗斯蒙古族自治县境内,有一处美丽富饶、古老神奇的草原湖泊,它就是我国北方著名的查干湖。世界上仅存的唯一的"最后渔猎部落"就繁衍生息在这里。

查干湖属温带大陆性气候,四季分明。进入冬季,当气温降到零下30多摄氏度的时候,烟波浩渺的查干湖被凝固成偌大的寒冰。湖面的冰层达到1米左右,而查干湖平均深度才2.5米。上面1米厚的冰层正好把鱼群压到下面的半米到1.5米的湖底,这就比较容易用大网把鱼兜上来。

在查干湖,天越冷,鱼越成群。冬捕的关键是在什么地方下网,几百号人马一天的收获要看"窝子"的选择。"窝子"都是由有经验的渔把头来选择。渔把头根据湖的底貌及水深确定位置后,开凿第一个冰眼——下网眼,再由下网眼向两侧各延伸数百步,方向是与正前方成70°~80°,插上大旗,渔民们称其为"翅旗"。渔把头由翅旗位置向正前方再走数百步后,插上旗,渔民们称这种旗为"圆滩旗",由两个圆滩旗位置向前方数百步处汇合,确定出网眼,插上"出网旗",这几杆大旗所规划的冰面,就是网窝。网窝的大小、方向、形状,渔把头送旗的角度、准备等,都是渔把头师承下来并在实践中不断丰富和完善的经验。

查干湖冬捕所用的渔网通常是2米宽、2000米长的条形大网,光下网就得大半天的时间。所以冬捕期间,当地渔民每天凌晨四五点钟天还没有亮就得出发到湖面凿冰洞进行冰下撒网了。

这个孕育着无限希望与收获的冬捕活动,点燃了渔民希望的火种。所以,一踏上冰面,渔民们就你追我赶地忙碌起来。由打镩的沿下网眼向翅旗处每隔15米凿一个冰眼,然后下长18~20米的穿杆。由走钩的渔民将插入冰下的掌杆推向下一个冰眼。透过冰面看下去,掌杆牵着巨大的渔网,就像绣花针一样,被渔工巧妙娴熟地由一个网眼拉到下一个网眼,直到2000米外的出网口。而在这2000米的距离上就要打几百个冰眼。

掌杆后端系一根水线绳,水线绳后面带着大绦,大绦后面带着渔网。跑水线的渔民拉着水线绳带着大绦向前走,这时,马也拉着马轮子绞动大绦带着大网前进,后面是跟网的渔把头用大钩将网一点点放入冰下，随时掌握网的轻与沉。

在一望无垠的冰面上，冬捕的渔民冒着严寒开始作业。尽管捕鱼技术不断提高，现代机械日新月异，但他们对这古老的传统的捕捞方式还是情有独钟。这源于对祖先的崇敬，也源于对查干湖生态与绿色的呵护。

查干湖真是一处鱼类天然生存的神奇水域。夏秋季节，这个庞大的湖泊周边长满了自然植物，水中的昆虫繁多，使鱼有了足够的天然食物。这儿的鱼春夏觅食水中的虫类；初秋，强劲的西北风又把大量的湖边草吹倒在水中，鱼儿们便以采食水中的草子

查干湖

为生。不仅如此，查干湖周边几乎没有污染源，再加上原始的捕捞方式又避免了现代机械对湖水的污染，这便构成了查干湖鱼的独特的肉质，鱼味鲜而不腻，并散发着浓烈的纯朴的自然气息。这里所生产的鱼类当之无愧地位居国家级绿色食品前列，其中查干湖鳙鱼（俗称胖头鱼）先后得到国家、国际组织"AA 级绿色食品"和"有机食物"双认证，2006年 10 月又被农业部命名为中国名牌农产品。

大自然默默地为人类创造了一整套生存规律。在那寒冷的科尔沁，从深秋到初冬，一切江河湖泊都被严寒封冻了。大自然养育了一春一夏又一秋的鱼儿，这时在冰下鲜嫩而肥美。同时，有严冬和冰雪这个天然大冰箱，使生产出来的鲜鱼易于保存和交易，这使得查干湖冬捕成为北方茫茫雪野中一道最为亮丽的风景线。

6 个小时过去了，此时，两侧网都已前进到了出网眼，整张网全部下入了水中，严严实实地围住了冰层下面的水域。

这时候，出网口成为最幸福和最欢乐的地方了……

随着渔把头有力的号子声，挂满了白珠的马匹拉动着出网轮，由 96 块网组成的一张大网，缓慢地被拉出水面。你看吧，那大如长弓的"胖头"，比蒙古刀还长的"草根"，比打兔子的"布鲁棒"还长的鲫鱼，还有它们的水系亲族在网眼处乖乖地集合着，谁不想争当"头鱼宴"的"骄子"，谁不想争当绿色食品"AA"的头兵？于是，大鱼小鱼随网摆尾而出，

瞬间便成为鱼的长河。这不是造山运动,而是"鱼海"随潮而来,一网可达几十万千克!转眼之间就在湖面上堆起了一个个鱼垛……

服务热情周到的鱼医生

随着海洋科学的发展,人们将向海洋索取更多的水产资源,为人类造福。

我们希望鱼类能健康成长,子孙满堂啊!不过,鱼类也有生病的时候。

在碧波荡漾的海洋里,各种鱼类熙熙攘攘。突然,一条大鱼迅速地游向一条小鱼,但它不是把小鱼作为吞食的目标,而是在小鱼面前平静温驯地张开了鳍,让小鱼用自己的尖嘴紧贴大鱼的身体,好像在吮乳。几分钟后,小鱼窜出来,消失在海草中,大鱼也紧紧地跟上了鱼群。

这种奇怪的景象,每天在海洋中要重复几百万次。原来,这种小鱼是海洋中的鱼医生,它们世代在海洋中开设鱼类"医疗站"和"美容室"。科学家们称它为"清洁鱼"。

鱼类和人类一样,经常遭到微生物、细菌和寄生虫的侵害。这些寄生虫和细菌会附在鱼鳞、鱼鳍和鱼鳃上。鱼类还会在水中遭到不测:一条鱼被另一条鱼咬了一口,伤口感染化脓。于是它们不得不向鱼医生求医。鱼医生就伸出尖嘴来清除伤口的坏死组织和鱼鳞、鱼鳍、鱼鳃上的寄生虫、微生物,把这些当作佳肴美餐,并赖以生存。科学家们为了证实这一切,曾做了有趣的实验:把清洁鱼在鱼类经常生活的水域里清除掉,两周后,其他鱼类的鱼鳞、鱼鳍和鱼鳃上出现了脓肿,患上了皮肤病,而有清洁鱼居住的水域里,鱼类却生活得很健康。

至今已发现有10种鱼科45种小鱼日夜进行着治疗工作。这些鱼医生的工作效率十分惊人,有一种名叫圣尤里塔的小鱼,在6小时中能医治300条鱼。接受治疗的鱼必须"站"在医生面前,如果它喉咙不舒服,就张开嘴巴,让小鱼进入嘴里,清除里面的污垢。当鱼在治疗过程中遭遇危险时,它就会吐出小鱼,躲进安全的地方,或与敌方进行一场鏖战,绝不让它的小医生遭到伤害。

它们的"医疗站"一般设在珊瑚礁、水中突起的岩石、海草茂密的高地,或沉船残骸边。当鱼类成群结队、争先恐后地游到这些医疗站时,不免发生拥挤和争执。但"清洁鱼"总是不慌不忙地工作。有趣的是,来"看病"的大多是雄鱼,这不仅因为雄鱼好斗,经常受伤,还因为雄鱼比雌鱼更喜欢清洁和修饰外表。更令人奇怪的是,有些鱼类在接受治疗时会改变颜色,由浅色变成红色,或由银色变为古铜色,好像是一种指示灯,表明:"我正在清洁和治疗。"

海洋鱼类的自我医疗是种十分有趣的现象,它唤起了人们的深思,值得动物学家们去研究、去探索。

从"釜底游鱼"说到动物的忍饥能力

东汉顺帝的时候,朝廷有个小官名叫张纲,他为人忠诚,刚直不阿。当时的大将军梁冀,倚仗妹妹是皇后,便有恃无恐,独断专行。别人敢怒而不敢言,张纲却不怕,他公开上奏皇上,说:"梁冀贪污腐化,残害忠良,诚天威所不赦,皆臣子所切齿者也。"他这样大胆控告梁冀,朝廷百官为之震惊。可是梁冀的势力太大了,皇帝也不敢动他。从此,梁冀对张纲恨之入骨。

不久,广陵张婴率众造反,杀了刺史,事态紧迫。梁冀想借刀杀人,便施阴谋派张纲去当广陵太守。张纲并不害怕,他到任后亲自去见张婴,说服他们归顺朝廷,表示要惩办贪官污吏。张婴被他说服了,哭泣着说:"我们为了生计才相聚起事,我们好像锅中的游鱼,很短时间就要灭亡,我们愿意归顺朝廷。"第二天,张纲接受了他们的投降,然后把他们都放了,从此广陵太平无事。

这个故事出自《后汉书·张王种陈列传》,书中记载说:"婴闻,泣下,曰:'荒裔愚人,不能自通朝廷,不堪侵枉,遂复相聚偷生,若鱼游釜中,喘息须臾间耳。'"成语"釜底游鱼"就是由这里引出来的,用以比喻在很短时间内就要灭亡的人或事物,也比喻处在极端危险境地的人。

你想,既然已成了下面烧着柴火的釜(古代把锅称为釜)底之鱼,那它的末日只有片刻的工夫了。这是生活常识。

然而,自然界却有被煮活了的鱼,竟能遨游于烫手的釜中。1936年,法国旅行家雷普在海上航行时不幸翻了船,海水把他卷到了一个叫伊都鲁普的小岛上。正当他饥饿难忍的时候，忽然看见小湖里有几条肚子朝天、漂浮着的"死鱼"。他真是喜出望外，赶紧把鱼捞上来，支好旅行锅，点着火，开始烧鱼，以充饥肠。烧了一会儿，他将锅盖揭开一看，惊呆了：那鱼儿竟死而复生，摇着尾巴，在锅里游动起来，可谓自由自在、怡然自得。

"死鱼"烧活了！雷普十分惊奇。他设法试了试锅里的水温，大约在 50℃ 左右。

奇怪，"死鱼"为什么能煮活呢？雷普百思不得其解。后来，经过人们的考察、研究发现，这个岛上的火山曾经爆发过，随后出现了一个热水湖，湖水的温度曾高达 63℃ 左右，别的鱼类都被烫死了，唯独这种鱼幸存下来，生活在火山口的高温水里，并且逐渐适应了在温水里生活。如果它离开了温水进入冷水里，反而会被冻僵。它的生命虽然停止了运动，但并没有死，一旦温度回升到适合于它的生存环境就会活过来。

当然，不仅伊都鲁普小岛上有这样的热水鱼，在俄罗斯贝加尔湖附近的一眼 47℃ 的温泉里也有热水鱼，在美国加利福尼亚州的一条水温 52℃ 的河里也有热水鱼。据科学家考察得出的结论，这些生物由于长期对外界环境的适应，才产生了耐高温的习性。

无独有偶。非洲维多利亚火山，海拔 2600 米，是著名的活火山，每隔 15～20 年就大规模地爆发一次。由于它地处赤道线上，充沛的雨水使火山口方圆近百米形成了一个名叫基符的火山口湖。

当地的老人一生中能目睹维多利亚火山的数次大爆发。基符湖就像一锅煮沸的开水，热气蒸腾，不一会儿湖水便被蒸发殆尽。仰赖热带暴雨，火山爆发后没几天，就又形成一泓晶莹透明的湖水。

在火山爆发之后的间歇期，当地人发现，非洲鲫鱼等鱼类竟自由地在这火山湖里游动。是谁冒着危险攀登如此高峻的活火山口播下鱼苗的呢？

英国生态学家考察了高峻陡峭的基符湖畔，发现常有一种非洲的兀鹰栖息着。当地人也看到兀鹰在山脚的湖河里捕衔着鱼，直往基符湖飞去。

根据这种迹象可以判定，是兀鹰口中幸存的鱼掉到了基符湖里。存活的鱼繁衍生殖，生生不息，形成了这有趣的景象。

生态学家曾对湖水取样化验，发现湖水中有适应鱼类发育成长的食物和微量元素。

动物不仅耐高温，有的动物还耐饿呢！

冷血动物的机体新陈代谢进程缓慢，忍饥的能力比较强。很多鱼虾龟鳖，还有某些鳄鱼和章鱼，都能几个月不吃食物。昆虫的寿命短促，但有的昆虫能够大半生不吃东西。

产于中非洲的肺鱼也很能耐饿。这种齿尖体圆形似黄鳝的鱼,栖居在草多水浅的池塘里,以软体动物、腐草、小虫和小鱼为食。在非洲的烈日暴晒下,池塘常常干涸到滴水无存的程度。这时肺鱼一头扎进泥里,结一个茧,便入眠了。即使大旱三年,它也毫不在意。到第四年,破开泥块,这种圆嘴尖齿鱼还活蹦乱跳呢!

动物的耐热本领

不得不说,生物适应高温的能力,已经远远超出了人们的想象。

据悉,美国科学家发现了一种令人惊奇的深海软体虫,它们栖息在海底热液附近。它的身体结构使它能耐受 45℃ ~ 55℃ 的高温。哈佛大学和华盛顿大学的动物学家为栖息在 1800 米深水下的软体虫成功建成了一个特殊的高压水箱,以测定它们的耐热喜好。在水箱一端安放有加热器,在另一端安放有冷却器,从而人为建立了一个从 20℃ ~ 60℃ 均匀的温差区。科学家观察发现,软体虫更喜爱 40℃ ~ 50℃ 的水温,有时会爬行到水温为 55℃ 的区域。

在东太平洋海底,有一条长长的地壳活动带,发现那里有许多的海底热液。

有些热液在冒出地面时会在出口处形成烟囱似的石柱。从"石头烟囱"里冒出来的热液,温度常能超过百度。就是在这样的沸水环境里,在这些冒着沸水的烟囱外壁上,生活着一种毛茸茸的软体动物,专家们叫它为"庞贝蠕虫"。它们用分泌物自"石头烟囱"的岩基上堆起一条细长的管子,就像珊瑚虫一样,身体就蛰居在里面。生物学家们通过水下仪器及电视看到,这些蠕虫有时会爬出管居而在四周游荡。经测量,那里的中心水温高达 105℃。事实证明:庞贝蠕虫是地球上最耐高温的动物之一。不但如此,在它们生活的海水中还有高浓度的有毒硫化物和重金属元素,而庞贝蠕虫仅靠它那小小的身体,竟然抵抗着自然环境的一切压力。

在发现庞贝蠕虫之前,公认的最耐热的动物是生活在撒哈拉大沙漠"沙漠银蚁"。它们能够忍受 53℃ 的高温。

据说,在希腊的维库加有一处水温高达 90℃ 以上的沸泉,这里生活着一种水老鼠。它们在沸泉里活得十分自在,毫无不适之感。若把它们放在常温的水中,它们反而会被冻死。

这些生物为什么能耐高温呢？至今说法不一。有的科学家认为它们的机体构造和生理特性与普通生物并无两样，之所以能耐高温，是因它们机体内有特殊的抗热因子或有耐热的酶；也有人认为，它们机体内的蛋白质合成系统和细胞结构有微妙变化，因此，在高温高压下能保持正常结构。

现在科学家们正以极大的兴趣对它们进行深入的研究，或许能从中得到有益于人类的某种启发。

神奇的隐身术

绝大多数的海洋鱼类都是靠自己的力量、速度或坚硬的外壳来战胜敌人或者摆脱对手的袭击，以保障自身的安全。但也有极少数弱小的鱼类，却是依靠"隐身术"来逃避敌人的。

所谓"隐身术"，是指它们具有某种保护色或保护形，使自身的颜色或者形状同它们的生活环境中的某些事物相似，借以蒙蔽敌人的眼睛。

在大西洋和印度洋中，生活着一些奇异的变色鱼。

科尼鱼的外形似金色红鲤鱼，周身发亮闪金光。当它受到外界干扰时，背上尾鳍部到眼、嘴部一线往上的背部颜色就会变深，呈暗红色，其余部分的颜色变浅，呈微红色，尾部和鳍部的颜色则变得更浅，呈浅黄色。

金字塔蝴蝶鱼的外形像比目鱼，但两眼生在头部两侧，嘴部尖尖的。夜间，头部呈淡蓝色，身子和尾部为天蓝色，背部、颈部和鳍部呈鲜黄色。昼间，头部的颜色变深，呈黑色，身上和尾部颜色变浅，呈淡蓝色。当它因外界刺激感到恐惧时，头部便由深灰色变为鲜黄色。

帕佛尔鱼的外形像狗鱼，平时为灰褐色，睡觉时会变成与海底泥沙类似的颜色。

鳎鱼的"隐身术"可算是极高明的——它具有多种的保护色：在红色水藻中，它的身体呈血红色；到了绿色的环境中，它又变成草绿色了；如果生活在黄色的水藻中，则会变成橄榄黄。说它是一种"变色鱼"，恐怕也不过分吧！

变色鱼为什么会变色呢？原来，它们的皮肤里具有充满颜色颗粒的皮囊。色素皮囊会因为外来刺激而变大变小。皮囊变大，颜色会变深；反之，颜色便变浅。

海兔是软体动物，属浅海生活的贝类。它的头部有两对触角，前面一对管触觉，后面一对管嗅觉。这些触角在海兔爬行时能向前及两侧伸展，休息时则竖直向上，恰似兔子的两只长耳朵，所以人们叫它"海兔"。海兔以各种海藻为食。它有一套特殊的避敌本领，就是吃什么颜色的海藻就变成什么颜色。如一种吃红藻的海兔身体呈玫瑰红色，吃墨藻的海兔身体就呈棕绿色。有的海兔体表还长有绒毛状和树枝状的突起，从而使得海兔的体型、体色及花纹与栖息环境中的海藻十分相近，这样就为它自己避免了不少麻烦和危险。

依靠保护形来"隐身"的鱼类，比较明显的是生活在巴西的一种不大的叶形鱼。它的扁平的身体非常像红叶树的老叶，连颜色也和这种树叶相似。它行动的时候，也酷似一片顺水漂浮的树叶。它经常如树叶一样，静静地躺在水底。渔民们用网把它捞起来的时候，它也纹丝不动。粗心的渔民有时也会被它所骗，误认为它们是一些树叶呢！

生活在海藻中的裸蛙鱼，也有类似的本领。它身上长着增生物和棘鳞，体色也是黄色中间带白斑，同海底的植物丛非常相似。

澳洲海马则是兼有保护形和保护色的海洋动物。它全身长满许多突起物和丝状体，在海水中轻轻飘荡的时候，很像一丛随水漂流的水生藻类。

在军事技术当中，也有类似的隐身技术。像侦察中的化装术和通讯中的干扰术，飞机和导弹的隐身术等，都是隐身技术。不过，这里的"隐"字，不是对眼睛的，而是对雷达、红外电磁波和声波等探测系统活动。目前，军用飞行器面临的主要威胁是雷达和红外探测器。

用什么办法对付这种威胁呢？科学家们经过不断的探索和研究，隐形材料便应运而生了。隐形材料是指那些既不反射雷达波，又能够起到隐形效果的电磁波吸收材料。它是用铁氧体和绝缘体烧结成的一种复合材料，由很小的颗粒状物体构成。电磁波碰到它以后，就在小颗粒之间形成多次不规则的反射，转化成热能被吸收了。这样，雷达就收不到反射波，也就发现不了飞行器了。

鱼儿睡眠趣事多

睡眠对一切动物来说都是必不可少的,不过因生存条件、环境的优劣和新陈代谢的不同,决定了各种动物的睡眠方式、睡眠地点和睡眠时间千差万别。

生活在海洋中的鲸,它的睡眠时间是不固定的,如遇到大风大浪,无法得到幽静的环境时,就干脆不睡。等风平浪静以后,便由一条雄鲸把"家庭"中的所有成员——几条雌鲸和若干条幼鲸聚集在一起,以鲸头为中心,相互依偎着,呈辐射状漂浮在海面上。

海洋底层的鹦鹉鱼,睡觉前先钻到石头底下,然后从嘴巴里吐出丝来,迅速地织一件透明的睡衣,把自己裹在里边起保护作用。天一亮便把睡衣丢掉,到晚上再织一件新的。

科学家对海洋中和蓄水池中的海豚分别进行了观察,得出的结论是一致的:海豚昼夜 24 小时都处于运动之中。看来,海豚的睡眠方式与其他哺乳动物完全不同。

前些年,苏联科学工作者通过脑电流扫描术详细地研究了一种叫作"阿法林"的海豚的睡眠问题。现已表明,这种海豚具有奇特的睡眠方式:"阿法林"大脑的两半球从来都不是同时进入睡眠状态的,它们的左、右脑半球是轮流休息的。

那么,是不是所有海豚的睡眠方式都是如此呢? 为此,苏联科学工作者又对黑海里的"亚速夫卡"海豚进行了研究。经观察表明,不管是白天还是黑夜,它们总是以每分钟 50 米的速度游动着。而且,无论是在轻度睡眠,还是在熟睡过程中,它的游动都会激起水波。脑电流扫描术的密码表明,"亚速夫卡"海豚在睡眠时,也仍有一半大脑在工作,只不过大脑右半球的工作时间比左半球的工作时间要长一些罢了。

目前,对海豚的睡眠问题,有关专家正在进一步探索。

鱼,没有眼睑,不闭眼睛,所以人们很难辨别鱼类是否睡眠。其实,鱼类同人类以及其他动物一样,也需要休息和睡眠,以恢复其自身的体力和节省贮藏在肌肉里的肝糖。

在浅海海域生活的海鱼和淡水鱼类多在夜间睡眠,不过它们栖息睡眠的位置却有所不同。如被称为海洋游泳者的翻车鱼,无论是苏醒时还是熟睡时都是浮在水面上,而海鱼中常见的鲣鱼、金枪鱼也是在水面上边游边睡。但大部分鱼类都是在水底睡眠。有些鱼类依在水草和岩石上睡眠,如缘鳞鱼、攀鲈鱼;虹鳟鱼、鲤鱼、鲫鱼则极为安静地卧在水底睡眠;鳝鱼、泥鳅、鳢鱼等一些身体细长的鱼类,入睡时悠悠然地端卧于水底;海鱼中的比目鱼、鲽鱼睡眠时,则把沙子拱在身上当作被子,只有两只眼睛露在外边。根据鱼的生态习性不同,有些鱼类在白天休息和睡眠。这些大多是底层鱼类,常见的有鳝鱼、鲶鱼、海鳗、黑纹裸身鳝、田鳝等肉食性鱼类。它们白天躲在岩礁缝、洞穴、泥沙、乱石中或繁茂的水草等水生高等植物之中,到了夜间去觅食,袭击在睡梦中或静止休息的鱼类和其他水生动物。

鱼类的冬眠和半冬眠也属于休息、睡眠的一种生态习性。当冬季来临水温下降时,发生了水体的势力转移,同时也降低了鱼的体温和鱼类机体的新陈代谢,使鱼类食欲减退或完全丧失食欲,不再去主动地游弋觅食,将体内新积存的脂肪肝糖的热能消耗量控制在最低程度,尽其所能防止能量的散失,以度过不利于其生存的时期。它们大多嘴和鳃盖轻微地张闭,呼吸缓慢。在我国北方冰钓时最常见的鲤鱼和鲫鱼,它们多栖息在水底的坑洼处,有水草、杂物和水流平缓的地方,头对头地聚成一团冬眠。所以尽管在水体之上覆盖着厚厚的冰层,遮挡着严冬凛冽的寒风,但毕竟水温降至4℃,到阳光普照大地,天气相对升温和凿冰垂钓、为水体注入充分的氧气时,鲤鱼和鲫鱼也很少去游动觅食。而泥鳅、鳝鱼则是彻底地完全冬眠,它们将身体深深地钻入泥沙中。但在热带地区的热带淡水鱼多为夏眠,为避开水温的升高,它将身体埋在土中睡眠。生长在泰国湄公河的鳢鱼,在火热的旱季,它会深深地钻入微微潮湿的泥土中去夏眠,下雨之后方开始钻出泥土游动。所以那里的人们在旱季可以不去钓鳢鱼,挖土便能捕捉到鳢鱼了。

科学家记录了大量鱼类脑电图,证明鱼类确实存在睡眠现象。除了脑电图的变化外,鱼类睡眠时心脏收缩的频率也相对减慢。但有趣的是,鱼类睡眠时仍保持游泳姿势,其他生理状态也与觉醒时差不多。所以科学家把鱼的这种睡眠称为"原始睡眠"。

科学家们认为,睡眠和觉醒的昼夜节律显然是与动物离开原始海洋进入陆地生活有密切关系。为了适应新的环境,动物才逐渐建立起新的睡眠机理。对脊椎动物睡眠的研究,最终将有助于准确解释人类睡眠中一些尚未解开的谜。

鱼儿需要珊瑚

人们通常把珊瑚、玛瑙当成宝物。其实,未经加工的天然珊瑚,是呈树枝形的。自古以来,世界各国的人都认为珊瑚是植物。到18世纪,还有人把珊瑚的触手当成花,自认为是一大发现呢。现在,绝大多数人都知道珊瑚是动物——当然是低等动物。珊瑚这一名称下,包含了很多种类,却有共同的特性——都生活在海里,且特别喜欢在水流快、温度高、比较清净的暖海地区生活。由于大多数珊瑚都可以出芽生殖,而这些芽体并不离开母体,最后成为一个相互连接、共同生活的群体,这是珊瑚成为树枝形的主要原因。珊瑚的每一个单体,我们叫它珊瑚虫。通常所见的珊瑚,就是这些珊瑚虫的肉体烂去后所剩下来的骨骼。海里常见的珊瑚礁大都是由这些骨骼堆积而成的。有的骨骼质地粗糙,可以用作烧石灰、制人造石的原料:质地好的可以做建筑用材:还有些骨骼质地坚密,色泽鲜艳,特别是红色的尤为人们所珍视,是人们视同宝石的珊瑚,人们将其雕琢成种种装饰品。

在辽阔的海洋世界里,生活着千姿百态、色彩艳丽的珊瑚,尤其是在水质清澈、水温较高和氧气充足的热带和温带海底,珊瑚生长繁茂,“百花”争艳。珊瑚的形状很像树丛,似有根、茎、叶之分,长期以来被人们误认为植物,素有“珊瑚树”“海底树”之称。直到19世纪下半叶,人们才看清它的真面目,珊瑚是动物而不是植物,属于无脊椎动物腔肠动物门。

珊瑚虫是辽阔海洋中的造陆者。在珊瑚虫的外胚层里存在着许多钙质细胞。它们能够迅速地分泌石灰质的骨骼,在海底逐渐产生突起的构造,久而久之,便造成了今天人们熟知的珊瑚礁和珊瑚岛。现代的珊瑚岛成了横渡印度洋和太平洋的天然良港。澳大利亚的大堡礁,就是世界上最大、最美丽的珊瑚礁。在我国辽阔的南海海域,也广布着大大小小的岛屿,其中许多也是由珊瑚虫分泌的石灰质骨骼所构成的。

由于珊瑚的体态奇异,色彩鲜艳,所以被大量地用来制作装饰艺术品。现在世界上珊瑚工业蒸蒸日上,兴旺发达。就经济价值来说,每年能获得数以亿计美元的收入。

意大利的一个城镇,有80%的居民依靠捕捞珊瑚、雕刻珊瑚和出售珊瑚及其工艺品为生。所以,人们把这一城镇称作“珊瑚之城”。该城设有一所珊瑚工艺专科学校,专门培养珊瑚雕刻家和装饰艺术家。

美丽的珊瑚还是重要的旅游资源。澳大利亚的大堡礁,每年都接待成千上万的游客。美国的第一个海中公园,就选定在西南部佛罗里达海峡的五彩缤纷的珊瑚花园。这里是一片“海底森林”,游览的人们可以乘坐在租来的玻璃底游船上,观赏这绝妙的珊瑚世界的美丽景色,别有一番情趣。

站在热带珊瑚礁上,经常可以看到有鱼群栖息在珊瑚枝下面。鱼群通常在晚上离开礁石去寻食,白天又回到老地方。很久以来,人们总认为是珊瑚保护了鱼。但是近来有证据表明,珊瑚在掩护鱼的同时,自己也得到了很多好处。

虽然作为一种生态系统来说,珊瑚是很肥沃的,但珊瑚礁外面的水域中,养料却很缺乏。因此,有科学家想要探明,在珊瑚礁和鱼类寻食处附近的陆地之间,洄游的鱼群是否就是传送养料的运输系统。洄游寻食的鱼种类很多,研究者挑选了在维尔京群岛的圣克劳克斯岛周围水域里洄游的法国石鲈鱼作为研究对象,取了栖息在珊瑚里的鱼群身旁的水作为样品进行分析。他们发现,有鱼群的水中的氨离子(一种养料的来源)浓度比没有鱼群的水高3.5倍,而另一种重要养料磷就没有这样的差别。这表明,是鱼的排泄物提高了水中的营养成分。在有鱼的珊瑚中,含有暗色的沉积岩,这说明鱼的粪便丰富了珊瑚四周水中的养料。

科学家们为寻找鱼和珊瑚生长之间的关系做了两年试验。每隔四个月对六个珊瑚做一次测量,再加上实验室中测得的数据,一起用来估计鱼群提供的养料对珊瑚生长的影响。他们发现,有鱼栖息的珊瑚,每一个分枝平均增加碳酸钙3.45克,而没有鱼的珊瑚只增加了2.87克。除鲈鱼之外,至少还有14种鱼也为珊瑚提供养料。

可见,鱼儿需要珊瑚,珊瑚也需要鱼。

海龟带来的繁荣

在哥斯达黎加瓜纳卡斯特省,有一个濒临太平洋的小村庄,叫奥斯蒂奥纳尔村。从前,这里的村民光着脚住在棕榈叶编成的棚屋里。如今,他们有了鞋穿,有了带客厅的房子住,有了自行车,有了自来水,孩子们有了摇篮,孕妇们有了医疗保险,老人们有了养老金……

这一切的变化都是因为海龟,是海龟蛋为这里带来了繁荣。

从1966年起哥斯达黎加开始禁止捕杀海龟以及使用来自海龟的任何制品。但是这一措施并未能完全制止当地人出于生存的需要而偷猎海龟的行为。1987年,海龟保护组织、科研人员和哥斯达黎加政府决定对两个地方的居民开禁：一个是利蒙省，允许那里的居民每年捕杀 1800 只绿海龟；另一个就是我们开始提到的奥斯蒂奥纳尔村。允许这两个地方的居民在当地政府的监控下，收集和出售海龟蛋。

从 1985 年起，哥斯达黎加政府就在奥斯蒂奥纳尔村设立了国家野生动物保护所，保护每年来这里产卵的数以万计的鹦嘴龟，以及珍贵的坎普氏里德利海龟。这里是哥斯达黎加第二大海龟繁殖地，也是世界上最重要的海龟繁殖地之一。到目前为止，科学家在全世界只发现 7 处坎普氏里德利海龟的产卵地，而这里是其中之一。

海龟繁殖的过程总是相似的。第一批几十只海龟总是在大海涨潮的时候到来。随着天色逐渐变暗，上岸的海龟也越来越多。50 只、100 只、200 只……突然间，海龟的大兵团出现了。在灯塔的光亮下可以看到，800 米长的海滩上，到处都是上岸产卵的海龟。科学家们将这一现象称为"上岸"。成千上万只海龟就这样从深海来到这片沙滩，集体上岸，同时产卵。

虽然海龟每年产下大量的卵，但是成果并不显著。在这里产下的卵中，大约只有8%的卵能够最后孵化成幼龟。奥斯蒂奥纳尔村的这片海滩太小，无法满足众多海龟的需要。当第一批海龟在头天夜里产下卵之后，第二批海龟又会在第二天夜里到来。它们在沙滩上寻找产卵地的时候，往往会把头一批海龟产下的卵刨出来。结果海滩上到处都是海龟卵，它们成了海鸥、猫、狗、浣熊以及人类的食物。

在奥斯蒂奥纳尔村，每年的八九月份，在海龟上岸后的 36 小时内，是法定可以收集海龟蛋的时间。每到这时，奥斯蒂奥纳尔村的 200 多名村民就开始翘首等待来自海上的上天恩赐。十几年来，这一直是生活在这里的人们的主要经济来源。

被称为"集蛋人"的村民从早到晚不停地忙碌。对于他们来说，时间是宝贵的。男人们跪在沙滩上挖掘，寻找着海龟的窝，一旦找到之后，就由女人们来收集海龟蛋。她们小心翼翼地将这些直径 40 毫米左右的小东西放进口袋中，然后集中起来，仔细地清洗干净，最后将这些海龟蛋送往一个看守严密的仓库中。孩子们也不闲着，他们跟在父母身后，将不慎被弄破的海龟蛋从沙滩上清除掉，以免海龟蛋的蛋液渗入沙滩中，改变沙滩中微生物和昆虫的生存环境。因为海龟蛋破裂而造成的沙滩微生物过量增殖，是导致海龟蛋不能孵化或是孵化出的小海龟死亡的主要原因之一。

奥斯蒂奥纳尔村是个年轻人的村庄。在全村的 400 名后代中，有 50% 年龄在 15 岁到 19 岁之间。大约 60% 的人都从事与收集海龟蛋有关的工作。奥斯蒂奥纳尔整体发展联合会是村民组织的专门负责海龟蛋贸易的机构。每次海龟上岸后,当地居民采集到的海龟蛋就由这个联合会负责包装并向全国销售。

在哥斯达黎加,海龟蛋十分受欢迎。这些海龟蛋中有一半销往面包店,另一半则销往全国的餐厅和酒吧。但海龟蛋出口是被禁止的。哥斯达黎加人食用海龟蛋有各种各样的方式。生吃、做成沙拉、放在啤酒或者甘蔗酒中饮用等等。哥斯达黎加人还认为海龟蛋的蛋黄能壮阳补肾。无论如何,在生活水平并不太高的哥斯达黎加,海龟蛋是重要的蛋白质来源。

奥斯蒂奥纳尔村的村民也把海龟蛋当作一种美味来享受,这种美味几乎是他们全年收入的来源。这个村庄中年龄 15 岁以上,定居时间超过 10 年的人,都成为整体发展联合会的一员,分享着联合会在海龟蛋贸易中获得的利润。

在 20 世纪 50 年代,这个村庄只有 4 座可以称为房屋的建筑。如今,这里已经有了100 多幢房子,有了保健中心、学校、警察局,甚至还有一个旅游信息中心。村民们骄傲地说:"我们目前所拥有的一切大部分来自海龟蛋。海龟数量增加了,奥斯蒂奥纳尔村也就人丁兴旺了。"

显然,以海龟蛋为生的奥斯蒂奥纳尔村村民是最重视保护海龟的人。

海龟导航的奥秘

海龟科的龟类在我国沿海有 3 个属、3 个种。其中有一种叫"海龟",大的可达 450 千克。另一种叫"蠵龟",可达 100 千克以上。还有一种叫玳瑁,其背部角板上布满具有光泽的黄褐色花纹。除这几种外,还有一种棱皮龟科的"棱皮龟",和海龟科是近亲。海龟大都以鱼、虾、蟹、软体动物及海藻为食,活动范围一般离海岸不太远,迷航的船只往往能根据海龟的出没,判断陆地的远近。

海龟和蠵龟的脂肪可以炼油,肉味十分鲜美,而且富有营养。龟板炼制的胶是高级补品,对肾亏、失眠、肺结核、胃溃疡、高血压、肝硬化等病的治疗颇有帮助。其掌、胃、胆、卵、油、血等均能入药,有清热解毒的作用,而且可以加工成各种手工艺品,自古以来就为人们所珍爱。

海龟是一类大型海生爬行动物,生活在热带海洋里,偶尔随着漂流来到温带海域,但不在温带产卵繁殖。海龟是著名的海洋旅行家,幼小的海龟自破壳而出之日起,便开始了旅行洄游的生涯,在漫长的旅游途中不断成长和发育成熟。当生殖季节快要到来之时,海龟们即使在千里之外,也要三五成群地结伴回到"故乡"——原产卵地交配产卵。

平时性情温顺的海龟,到了每年的发情期间,活动非常频繁,争先恐后地去寻找自己的伴侣。

海龟可以在岸边及水中交配,许多雌龟可将精液贮存4年之久,以致在往后几年内不再进行交配,也可产生受精卵。这种现象在脊椎动物中是很少见的。

海龟每年多次产卵。当夜深人静的时候,母龟便悄悄爬上僻静的海岛,在沙滩上的较高处选择好产卵地点以后,便用桨状肢扒开一个大沙坑,陆续将比乒乓球稍大的卵产入坑内,一边产卵还一边"流泪"。有人误认为海龟流

海龟蛋

泪是"分娩阵痛"引起的,还有人认为它在怀念大海,其实都不是。海龟并不像人类那样有思想、有感情,它们的行为都是本能的表现。海龟的眼旁有一盐腺,它平时总要通过"流泪"的方式,不断把血液内多余的盐分排出体外。这是海龟长期在海洋生活的进程中,对海洋生活的一种适应。

在茫茫大海上迁移,海龟怎么会认识归途呢?有人认为它们可能同某些洄游鱼类一样,体内有着某种能利用地球重力场辨识方向的"导航系统",同时能参照海流和不同时期的水温来校正航向。多年以来,人们对海龟万里航行不迷途的本领怀有极大的兴趣,设想有朝一日揭开这个秘密。

不久前,美国科学家马克·格拉斯曼、大卫·欧文等提出:海龟具有气味导航能力。

格拉斯曼和欧文为了证实海龟的气味导航能力做了有趣的实验。他们把一些4个月的小海龟放在一个大木箱里,木箱由4个彼此隔开的小室组成。每室中的水和沙都不相同。小室里面分别盛有来自派特尔岛的海水和沙,来自加尔文斯顿岛的海水和沙,以及两种人工配成的海水和沙。科学家通过观察并记录海龟进入每个小室的次数和待在

小室里的时间长短，来判断小海龟对不同的海水和沙的喜爱程度。结果发现，12只海龟进入加尔文斯顿岛海水和沙的小室的次数比进入派特尔岛海水和沙的次数多一倍。欧文指出，这说明来自两个岛上的海水有相似之处，所以小海龟都光顾了两个小室。但是它们在异域海水里只是探索和寻找什么，它们似乎觉得加尔文斯顿岛的海水不对头，而到了派特尔岛海水和沙里，才发觉有了回家的感觉。这些小海龟的老家确实是派特尔岛。

科学家分析了吸引海龟的海水的特征问题。欧文说，每个海滩都有自己的动植物生命的"生物踪迹"，这种踪迹能提供一种特有的"生态气味"，而正是这种生态气味吸引了小海龟，并帮助它们认得回家的路。当然，海龟也可能具有诸如太阳定向、磁场定向等其他的导航能力。

蛙战·蛇蛙战

1970年11月7日，马来西亚首都以北260千米森吉西普地方的居民，在走过一处大泥潭时，看到了一幕惊心动魄的景象：蛙声震耳欲聋，成千上万只青蛙在奋不顾身地"血战"，你撕我咬，战斗进行得非常激烈残酷。这次蛙战聚集的青蛙达10000多只，有10多种。蛙战从11月7日爆发，直到13日才告结束，足足打了一个星期。这场奇特的青蛙之战，引起了马来西亚大学动物学家的重视，他们立即前往调查，但时过境迁，激烈的青蛙大战已结束了，见到的只是池水中的蝌蚪、蛙卵和遍野的死蛙。

在我国也发生过群蛙"大战"的场面。那是在1977年广州市郊的一个水坑里，数百只青蛙鸣叫声似擂鼓。有的在水面追打，有的用前肢打架，也有的十几只抱成一团，相互"鏖战"。残杀的结果，有的断肢残体，有的鲜血淋漓，景象极其悲惨。

1979年10月的一个大雨天，贵州省某地一块水田里，竟有上万只青蛙搏斗，蛙声齐鸣，响彻山谷。

那么，为什么会发生群蛙大战呢？科学家研究认为：蛙"战"这种现象往往出现在久旱大雨后的凌晨，大雨创造了水域环境。蛙类是两栖动物，它的卵和蝌蚪必须在水中发育成长，因此，水是蛙类繁殖最重要的条件之一。在久旱不雨的情况下，青蛙不会产卵，即使腹内卵已成熟,也只好等待。一旦大雨降临,青蛙便倾巢而出,雄蛙首先选择适宜的水域环境,大声鸣叫,招引雌蛙,因而形成群蛙争鸣的场面,甚至成百上千只蛙被招引到同一水域里寻偶配对。在交配过程中,雄蛙追抱雌蛙,两三只雄蛙争抱一只雌蛙或雄蛙彼此错抱的现象屡见不鲜,因此成了所谓蛙战的奇异场面。其实,这是蛙类繁殖的正常现象。

既然不是蛙战,青蛙又为什么会死亡呢？大家知道,蛙类没有殴斗的武器,就连嘴边细小的小颌齿也只能起着将食物挂住不致脱落的作用,当然也就不可能伤害另一只青蛙。其死亡原因有几种可能性:雌蛙怀卵体笨,若被多只雄蛙紧抱,有的无法逃避,甚至窒息而亡;蛙类经过冬眠体质较弱,有的交配产卵,力衰过度致死;蟾蜍受到某种刺激可分泌出白色有毒浆液,青蛙接触后,有可能中毒死亡;此外,观看人群中难免有人用泥块或棍棒打死青蛙的情况。后来者不知实情,认为是蛙战中身亡。

在自然界里,两蛙搏斗的现象是十分罕见的。美国生物学家帕特丽夏·福格登博士在中南美热带雨林考察动物时,三次目击两只雄性哥斯达黎加毒箭蛙挺直后肢,各自用头部和前肢进行激烈的搏斗,持续数小时还难分难解,最终体大的蛙获胜,败者默默地溜走。

"蛙战"使人惊心动魄,"蛇蛙战"更会让人目瞪口呆。

盛夏的一天,在湖南新田县门楼下瑶族乡,发生一场罕见的"蛇蛙战"。在一条清澈的小溪边,几只石蛙在溪边游玩嬉戏。石蛙身长13厘米,当地人把它叫作"石鸡"。这种蛙的雄蛙胸部多刺,科学家便给它起了个学名叫刺胸蛙。突然一条长约135厘米、重约2.1千克的紫黄色毒蛇向石蛙窜来。石蛙见状,慌忙躲避,随即发出"咕哇、咕哇"的叫声。顿时,众多的石蛙分别从岩石中、荆棘丛中向发声地奔来,数量足有四五十只。面对毒蛇的挑衅,群蛙一边哇哇鸣叫,一边伺机反扑。只见一只石蛙奋起一跃,前肢紧紧抱住蛇颈,随后,群蛙纷纷向前,紧抱蛇颈以下全身。毒蛇吐出长舌,翻卷身躯,而群蛙紧抱不放,几只大蛙轮流向蛇头发起冲击。大约经过2~3小时的搏斗,蛇的全身缠满了石蛙,动弹不得,最后窒息而死。

本来,蛇吃青蛙,青蛙吃鼻涕虫,鼻涕虫吃蛇,这是人们常说的生物链。但若说蛇被青蛙吃掉了,你信吗？日本茨城县千代田村一位名叫荒井昭二的业余摄影家,便拍摄了一张青蛙吞食蛇的珍贵照片。

6月末的一天，荒井昭二公休在家，忽然听见后庭院的荷塘里有拍打水的声响。他出去一看，发现一只20厘米大小的牛蛙正吞食着比它身长大一倍的赤练蛇。荒井昭二急忙取来照相机，拍下了这一使人震惊的景象。他将照片拿到摄影家俱乐部，令同伴们惊叹不已。

日本最大的上野动物园园长中川志郎说："我从未听说过有青蛙吃蛇的。不过像这样大并且又是杂食性动物的牛蛙倒也不是没有可能。这种牛蛙是作为食用动物从美国进口的，是一种野生化了的归化动物。而赤练蛇只在日本有，它吃青蛙，但从没有发生被青蛙吃掉的事例。不管怎么说，这是极为罕见的事。"

蛙类育儿趣谈

夏天的黄昏和雨后，溪旁湖边群蛙齐鸣，此起彼伏，这是它们在为自己的"婚礼"高唱"祝酒歌"哩！

在我们人类常见的婚礼中，新郎和新娘少不得要穿红着绿地打扮一番，以示喜庆。然而，有趣的是，在蛙类世界中，它们也有自己传统的"婚装"呢！

蛙类已经离开水面上了陆地，但是婚礼大多仍然在水中进行。到了生殖期，新郎前肢第一趾或二、三趾之间的基部，开始长出隆起的肉垫，肉垫上还分布着能分泌黏液的腺体角质刺。动物学家把这种垫叫作"婚垫"，或者叫作"结婚的胼胝"。有了这种"婚垫"，新郎才能在水中紧紧地拥抱新娘。

蛙类属体外受精，当雌蛙接受雄蛙的拥抱后，便开始排卵，雄蛙接着向排出的卵粒上射精。大多数蛙卵产在水草上。卵在水里发育，没几天便钻出一个黑色的"小逗点"，这些"小逗点"便是青蛙的幼子——蝌蚪。它最初没有四肢，只能靠尾巴在水里游动。它们没有肺，而是跟鱼一样用鳃呼吸。此后，蝌蚪逐渐长大，尾巴萎缩，长出四条腿，鳃也消失了，长出了肺，这就变成了青蛙。

在南美洲的圭亚那和巴西，有一种栖息于森林或水中的蛙，名叫负子蟾。它们的皮肤呈黑褐色，口内无舌，后肢粗壮，五趾间有很发达的蹼，善于游泳。

每年的4月，是负子蟾的繁殖期。这时雌蟾分泌一种特殊的气味招来雄蟾，雄蟾用前肢紧紧握住雌蟾的后肢前端，一昼夜后雌蟾的背部和泄殖腔周围便肿胀起来，接着开始产卵。此时雌蟾把泄殖孔紧贴在雄蟾腹部，而雄蟾则拖着雌蟾在水中上下翻滚。当雄蟾背朝下时，雌蟾恰好把卵产在雄蟾腹部受精。在繁殖期内，雌蟾背部的皮肤变得非常厚实柔软，并形成一个像蜂窝一样的穴，小穴数目多达几十甚至上百个。

在水中的受精卵由殷勤的雄蟾用后肢夹着，一个个地放在雌蟾背上的小穴里，并负责"封好"。两个星期后，在小穴里孵化形成的蝌蚪顶开穴盖，钻出后来到水中游泳。一个月后，小蝌蚪脱掉尾巴，变成了小负子蟾。负子蟾因有这种"负子"的习性而得名。一旦小蝌蚪从背上钻出，雌负子蟾会马上在树上或石头上蹭背，皮肤的上层便脱落下来，又恢复了繁殖前的模样。

缅甸有一种飞蛙，体躯轻盈，擅长攀登，并能在高空展蹼滑翔。生殖季节，雌蛙先到稻田边挖一洞穴，然后在里面产下白色成团的卵粒，孵化出的蝌蚪在梅雨季节顺流而出。

我国有一种树栖生活的树蛙，成体几乎终年生活在树上。生殖季节，雌蛙爬到靠近水边的树上，排出一团像泡状奶糕似的乳白色卵块，使之黏附在翠绿的嫩叶上，卵块发育成蝌蚪以后，由于蝌蚪不断地活动，使叶柄折断脱离树枝，自己也就随叶片落入水中。

有些蛙类是由雄蛙承担"育儿"的义务。法国的产婆蛙，繁殖季节，雌蛙产出卵块后，雄蛙就用自己的后肢把卵块牢牢夹住，然后慢慢潜入地下洞穴中，静候卵块发育。美洲还有一种树栖的囊蛙，雄蛙背部的皮肤呈折裂状，构成一问宽阔的"育儿室"，以容纳卵子的孵化。更有趣的是智利的鸣蛙，雄蛙可以把雌蛙产的卵子置于自己的鸣囊中孵化。

澳大利亚青蛙的育儿方式更为奇妙。雌蛙在水中产卵后，休息半个小时左右，然后将自己产的卵全部吞咽到胃里孵化，此后母蛙不再吃任何东西。蛙卵在胃里经过8个星期发育成小青蛙。待胃里的小青蛙能够在水中生活时，雌蛙便将口张得大大的，于是小青蛙一只接一只地从母体口中弹射出来。

众所周知，蛙和蟾属于两栖动物，它们的卵和幼体——蝌蚪只能在潮湿的环境里生长发育，不然就会干死。为了解决这一难题，带雨林的蛙类表现出形形色色护幼的绝招，实在让人叹服。例如委内瑞拉的侏袋蛙，把产下的卵安放在自己背部的育儿袋中，当蛙卵发育成蝌蚪时，雌蛙便会爬到水源处，屈曲身体，用腿剧烈摩擦背部，最后撕破了育儿袋，让蝌蚪进入水中发育成幼蛙。

有一种南美毒箭蛙，因为它的身体上半部呈红色，下半部呈黑灰色，人们称它为"红黑蛙"。人们发现这种蛙常常背着蝌蚪向水域急爬，科学家将这一现象称为"驮幼入水"。

还有一种名叫达尔文蛙，长相类似我国的角怪。每到繁殖季节，雌蛙便将卵产在雄蛙的大声囊里。卵在声囊里发育完全，幼蛙就从雄蛙口中生了出来，整个发育过程不需要接触水域，全靠雄蛙声囊供应水分。

蟾蜍能"闻到"将要发生地震

2011年12月1日英国《卫报》报道，人类无法觉察的化学反应可能会给动物一种"第六感"，在灾难发生前向它们发出警报。

人类难以准确预测地震活动，因此我们经常对地震或海啸这样的灾难毫无准备。

但像蟾蜍这样的动物似乎能够觉察到水中化学物质的微小变化，从而在灾难发生前逃离。

历史上在大地震发生前动物都出现了异常的行为，例如鱼儿跃出水面和螃蟹大量离开水体。

英国科学家观察到，在2009年意大利发生地震前，蟾蜍都消失了，震后又出现了。

观察蟾蜍的雷切尔·格兰特说："这非常戏剧化。3天时间里96只蟾蜍几乎都不见了。"

研究者在发表于《国际环境和公共卫生杂志》上的论文中说："在2009年4月6日意大利阿奎拉发生地震前，我们观察到普通蟾蜍出现了极其异常的行为。"研究者们认为，岩石受到挤压而向空气和水中释放离子。这种变化可能引起生物血液中化学物质的改变。一些人在地震前会出现偏头疼就是同样的道理。

"湖水中化学物质的改变似乎刺激蟾蜍离开湖泊，到更高的地方避难，蟾蜍能感受到陆地和水体的化学反应。"

毫无疑问，在大地震发生前动物的确会出现异常的行为。如何利用这种信息来预测地震风险将成为今后研究的课题。

无肺青蛙

据西班牙《数码报》2008年4月8日报道，新加坡国立大学和印度尼西亚爪哇省万隆工学院的研究人员在印尼婆罗洲丛林中发现了一种独一无二的无肺青蛙。

这种名叫"加都巴蟾"的青蛙是迄今为止发现的第一种没有肺器官的青蛙，其身体所需氧气全部都通过皮肤吸入。此前科学家仅发现过两例这种青蛙，而此次由生物学家戴维·比克福德带领的研究小组发现了两群这种青蛙。

比克福德表示："我们知道要找到这种青蛙的踪迹得有非常好的运气，30年来科学界都在试图找到它们。而当我们真的捕获到了'加都巴蟾'并对其进行首次解剖时，我必须承认，一开始我对这种青蛙是否真的没有肺器官深表怀疑，认为这根本不可能。但当解剖结果证实了其的确没有肺时，所有人都大吃一惊。"

这种小型青蛙生活在雨林寒冷、湍急的河流中，因此研究人员认为，它们没有肺是进化过程中为适应环境的结果，因为这里的水流含氧量高，青蛙本身新陈代谢缓慢。此外，"加都巴蟾"身体扁平，这增加了其皮肤面积，能帮助它们吸收更多的氧气。这种两栖动物喜欢沉入河底而不是漂浮在水面上，而肺有漂浮作用，因此没有肺更有利于它们在河底生活。

比克福德指出："这种具有用皮肤呼吸的惊人能力的青蛙正濒临灭绝，而目前我们几乎对它们一无所知，非法开采金矿正在破坏它们的生存环境，使它们的未来岌岌可危。"

蛙类增加了200个新物种

2009年5月3日，美国每日科学网站报道说，马达加斯加发现约200种新两栖物种。科学家在马达加斯加确定了129种至221种蛙类新物种，这几乎使人们目前已知的两栖动物物种数量翻了一番。这一发现表明，作为世界上生物多样性的热点地区之一，马达加斯加的两栖物种数量被大大低估了。研究人员表示，如果照这一结果在全球范围推算，那么全世界两栖物种的数量可能还会翻番。

由西班牙科学研究理事会参与指导的这项研究成果刊登在美国《国家科学院学报》月刊上。

西班牙科学研究理事会研究员、就职于马德里的西班牙国家自然科学博物馆的戴维·比埃特斯教授说："马达加斯加的生物多样性与我们已知的相去甚远，仍要进行很多科学研究。我们的数据表明，新的两栖物种的数量不但被低估了，而且新物种在空间上的分布是广泛的，即使在我们进行了深入研究的区域。比如说，在马达加斯加的两个游客最多、研究最为透彻的国家公园，我们分别发现了 31 种和 10 种新物种。"

研究报告称，马达加斯加岛上其他物种的生物多样性可能也会丰富得多。因此，目前对自然栖息地的破坏或许会影响到更多的物种。由于马达加斯加雨林遭破坏的速度在世界上位居前列，历史上多于 80% 的雨林已经消失，因此制订保护计划是非常重要的。

蛙桥蛇路

刁钻的老鼠成了蛇类的腹中物，无恶不作的蚊、蝇和庄稼害虫被蛙类扫荡着。自然界少了蛇类和蛙类，大概要成为老鼠、苍蝇、蚊子、蝗虫、螟虫等的世界吧！地球食物链绝对少不了蛇、蛙这样的角色啊！可是，2010 年 6 月 9 日发表的一项研究表明，过去 10 年中，三大洲的蛇类数量大幅减少，从而引发了这种爬行动物在全球数量减少的担忧。

研究表明，从 20 世纪 90 年代末开始的 4 年时间里，英国、法国、意大利、尼日利亚和澳大利亚的 17 种蛇当中，有 11 种数量都急剧下降。

蛇在爬行动物中处于生物链的最上层，其数量的急剧下降可能给许多生态系统带来严重后果。

更早的研究发现，某些地区的特定蛇品种数量减少，尤其是地中海盆地更为严重。新的调查研究首次证明，热带地区的蛇也陷入了困境。

所谓"守株待兔"的捕猎者——那些一动不动等待猎物靠近的蛇——消失的数量远远多于主动出击的同类。

蛙类的状况也好不多少，在近年来乱捕滥捉、高价买卖的情况下，也日趋减少。

它们都是人类的忠实朋友，为人类做出了很大贡献，理应得到人类更多的关照和保护。有一些国家专门安设了蛙桥、蛇路。

公路封闭　让蛇通过

美国伊利诺伊州拉普沼泽区国家自然公园,最重要的资源是蛇。每年春回大地,冬眠中的青蛇、响尾蛇、北美毒蛇苏醒了,纷纷从悬崖峭壁的洞穴内爬出,结伴越过345号林务公路,到密西西比河岸水草丰茂的沼泽地,捕食昆虫,交配,繁殖后代;深秋,它们带着儿女,循原路回故地冬眠。同蛇一起迁徙的还有乌龟,同去同回,互不侵犯。可惜,蛇、龟往往葬身于车轮之下,弄得路面黏糊糊的,臭气熏人。近年实行公路管制,春、秋季各封闭20多天。从每年的4月4日~25日和9月24日~10月15日,在3千米长的公路两端竖立黄色路障,禁止汽车通行。每年保护了几千条蛇。

蛇要避暑　汽车让路

哈萨克斯坦首都阿拉木图以西的公路干线,是一条重要蛇路。每年酷暑之际,平地上的蛇类必然要越路迁往山地避暑。迁徙时间不确定,加上这里是过车密度很大的路段,难以定期封闭,只能由司机自觉让路。某年夏天的一个中午,蛇群铺开20米宽,首尾相连近一千米,浩浩荡荡穿路而去;汽车停驶40分钟之久,等最后一条蛇过完才上路。

当心青蛙穿过公路

青蛙有定期迁徙繁殖的习惯,有时队伍首尾相接2千米之长。据德国统计,约有50%的青蛙、80%的癞蛤蟆在迁徙途中死于车轮之下。这是多么可怕的灾难啊!因此,政府在青蛙迁移路段竖起一个个醒目的路标,绿色三角形内画一只大青蛙,上写:“当心青蛙穿过公路!”许多志愿者赶到现场救援,当起“青蛙哨兵”,在公路两旁值夜,见有青蛙过路,立即抓到桶里,然后整桶送到路的另一边去。德国还联合瑞士、荷兰的学者,年年举行“国际青蛙穿越公路铁路专题讨论会”,交流经验。

构筑青蛙地道

法国东部山区森林里的青蛙，每年春天必定要到莱茵河上游的一个人工湖繁殖，大约 10 万只青蛙在湖泽交配产卵，但穿越湖滨公路时多被碾死。早期采取限制汽车通过的办法，但运输上损失太大。1984 年政府拨款 10 万法郎，在湖滨公路"蛙道"上建设 12 条青蛙地道，公路两侧挖了防护深沟。青蛙越路时跌落深沟，无法登上公路，自然由两旁的地道通过。据说如此保护下来的青蛙，每年可以多消灭害虫 45 吨。

癞蛤蟆有了生路

瑞士春夏之交常有大群癞蛤蟆横越公路，到湿润的水泽产卵，大约三分之一以上被汽车碾成肉酱。瑞士政府对全国公路作了普查，对最重要的"蛙路"实行定期封闭，次要地段设陷阱塑料桶，每隔 30～40 米埋一桶，夜设晨收，将跌入桶中的蛤蟆送过公路。同时规定，今后新建公路必须考虑青蛙或癞蛤蟆通道，凡属"蛙路"地段者，均须

癞蛤蟆

埋设直径 30～50 厘米的地下管道，以便青蛙或癞蛤蟆通过。

蛇趣

《晋书·乐广传》中"杯弓蛇影"的故事和"一朝被蛇咬，三年怕草绳"的俗语，反映了人们对蛇的恐惧心理。然而，在世界上还有崇奉蛇、爱蛇的风俗。

我国福建是远古崇蛇风俗最盛行的地方。直到今天，崇蛇风俗仍旧沿袭不改。闽南漳州有一个村的蛇特别多，它们到处爬行，村民敬之如神。夜间蛇若爬上床来，甚至钻进

被窝与人同眠，他们也若无其事，照旧安睡。该村的蛇被尊为"侍者公"，人们都把它视为保护平安的神灵，并认为家中有蛇是吉祥的象征，蛇多是好运来临的兆头。

维达是西非贝宁南部的一座海滨城市，人们来到维达，仿佛置身于蛇的世界。维达居民崇奉蟒蛇，将它视为神明。在这里，家家户户都养蛇，少者两三条，多者五六条，蟒蛇与主人同吃同住，和睦相处。正因为这样，人们称维达是"蛇城"。人们外出做工、经商、上学……都要随身携带蟒蛇，或提蟒蛇笼，或将蛇围在脖子上，据说这样可以降魔避邪。在这里，孕妇分娩时，有蟒蛇守护；老人临终时，由蟒蛇陪伴；足球比赛时，球场四周要放4条蟒蛇作为吉祥物。若有宾朋登门拜访，主人便拱手送上蟒蛇任其耍弄。每年的9月15日是维达的蟒蛇节，每家都将蟒蛇送到市中心去展览，以示庆祝。节日那天，维达市还要举行蟒蛇捕鼠角逐和颂扬蟒蛇的歌舞比赛，吸引数万外国游客慕名前来观光。维达人爱蛇如命，大街小巷如蟒蛇拦路，行人和车辆要绕道而行。按照传统习俗，杀害蟒蛇者必须偿命。维达有7处蛇陵园。蟒蛇死后，均收殓于专门编制的藤筐内，并葬于蟒蛇陵园中。维达市建有举世无双的蟒蛇庙，有大小400多条蛇供人们瞻仰、膜拜和问卜。

意大利有一个城市叫哥酋洛，该城居民每年都要过一次"蛇节"。在这个城市里，有着各种品种的蛇。全城居民不分大人小孩都养蛇，而且不少人以贩蛇为生。蛇也是哥酋洛少年儿童们喜欢的"玩具"，许多孩子表示，他们长大以后的理想就是要当一名养蛇专家。最有趣的是，每年到"蛇节"这一天，家家户户都把喂得肥肥的蛇放出来，任其满城爬行。街上的行人手上都拿着几条蛇，以示庆贺。

坦桑尼亚流行耍蛇舞。耍蛇，是坦桑尼亚人民喜闻乐见的一种民间技艺。在坦桑尼亚的苏库马族中，有很多以耍蛇为生的民间艺人。当地称他们为"巴耶耶"。巴耶耶表演时，在节奏和谐且动听的鼓乐伴奏下，挥舞毒蛇，动作惊险，姿态优美，只见碗口粗细的大蟒和细如嫩竹的小蛇在耍蛇艺人的指点下，和着鼓乐，点头弯腰，左盘右旋，翩翩起舞，十分有趣，深受观众欢迎。这种耍蛇舞就叫作"伍耶耶"。

雌蛇在繁殖季节，它的腺体会分泌一种吸引雄蛇的物质。巴西一位捕蛇人弄到响尾蛇的这种腺体分泌物，涂在皮靴上，顺着丛林深处走去，雄性响尾蛇立即追踪，一个上午他捕捉了几十条雄性响尾蛇。

英国有一位医生饲养了一条蟒蛇作为"贴身警卫"。当夜间主人熟睡时，屋中如有响动，蛇就主动巡逻，不但歹徒不敢入屋盗窃，连老鼠也都绝迹了。

斯里兰卡把一颗世界第三大的蓝宝石送到伦敦世界博览会展出,玻璃柜内放了一条驯养的眼镜蛇监护,歹徒纵然垂涎三尺,也不敢下手。

在希腊的北斯波拉提群岛上,有一种叫"夫加"的吐丝蛇。这种蛇的头部下面有一个鼓起的囊包,能不断地射出一种洁白的半透明液汁,一遇到空气,立即干涸成丝。吐丝蛇喷射液汁时,能像蜘蛛结网那样织成六角形的网。当地渔民看到这种网时,把它割下来,并在网边稍做加工,穿条拉网绳,就成了一张蛇丝渔网。这种渔网质地坚韧,不怕海水腐蚀,比一般渔网还耐用。

印度尼西亚伦巴岛上的农民对稻田的稗草不用人工和化学除草剂清除,却用一种白圈蛇来除稗。这种蛇,人称"食稗蛇",身长约一米,背部有十几个白色的圈形花纹。它很爱吃稗草,因为稗草里有一种"稗草香素"。但它却不吃稻麦等农作物。每当到了除稗季节,当地农民就提着蛇笼,把食稗蛇放到田里除稗。一般每1万平方米放50~60条食稗蛇,一两天内就可把稗草全部除光。

非洲莫桑比克有个叫旁阔纳的村庄,盛产奇特的绞蛇。它们习惯在河水边首尾相连成一个长串,并将两端紧绕在河两边的粗树干上,形成"蛇桥"。人走上"桥",它们不但不掀翻行人,而是缠绕得更紧,让人平安过河。不过,令人困惑的是,一旦行人到达对岸,绞蛇便很快逃散得无影无踪。

护蛇灭鼠

前些年,广州郊区的石井镇鼠害猖獗,每年损失的农作物价值达数百万元。但是,有一位农民的田里却没有老鼠,年年增产增收。人们前去取经,原来他家那块40多亩的农田里,有两条自然生长的水律蛇,这两条"蛇卫士"保卫着庄稼,使老鼠不敢前来侵犯。后来,有见利忘义的人捕杀了那两条蛇。不久,这块农田就像其他田地一样,发生了鼠害。人们在痛恨之余,悟出了一个道理:一物降一物,蛇能克鼠。

1997年春寒过后,石井镇的农民大规模放蛇,全镇共放蛇1000多条,花费8万多元,这一年,减少损失300万元。1998年,村民根据水律蛇昼出夜伏的习性,又投放了400多条昼伏夜出的湖南广花蛇,对田鼠形成日夜夹击的攻势,收效更加显著。成功的经验传出后，佛山、南海一带农村的农民也开始放蛇灭鼠了。

在灭鼠声中，人们常为猫评功摆好。其实，在某些特定条件下，蛇倒是更胜猫一筹。我国台湾地区有些碾米厂，老板面对鼠害严重的棘手问题，一下子放养了 10 只猫在仓库里。可遗憾的是，鼠害并未杜绝。这时，碾米厂老板又买来 6 条无毒蛇放养在仓库里。这一招可真灵，仅过一年老鼠就无影无踪了。

不可否认，在这个实例中，灭鼠之所以获得出色的成绩，有蛇和猫联合作战的贡献。可是，蛇捕鼠却有远胜于猫的一大长处，是应该特别值得称道的。

在浙江的一些旧屋里常有"老鼠数铜钿"的怪事，"咋咋"之声清晰可闻。什么叫"老鼠数铜钿"呢，有经验的人会告诉你，这是老鼠被它的克星——蛇逼到绝境时所发出的哀鸣。

你若稍微留点心，就会发现，那儿仅有可供老鼠出入的小洞，猫到此只有干瞪眼，毫无办法。可是，对于身子细长的蛇来说，尽可长驱直入。前边提到的碾米厂的猫，之所以无法把老鼠一网打尽，是因为那些刁钻的老鼠藏身到麻袋等孔隙中去了。然而，老鼠虽逃出了猫爪，却无法摆脱蛇口。

近年来，老鼠作恶似有愈演愈烈的趋势。我国某地的一个养鸡场，一年被老鼠祸害的鸡蛋竟达上万斤！咬死雏鸡 3 万只！难道不触目惊心吗?！老鼠家族大繁衍和生态环境被破坏，与鼠类的克星锐减有关，特别值得一提的是蛇。因为它的模样并不讨人喜欢，被迫自卫时还会咬人，所以"见蛇不打三分罪"成了挂在人们嘴边的口头禅。

其实，蛇对人有害也有利，而且是功大于过。如黑眉锦蛇、王锦蛇、滑鼠蛇、厌鼠蛇、眼镜蛇、金环蛇、银环蛇、蝮蛇等都是以捕食鼠类和害虫为主。这些蛇无声无息地守卫在田野山林，消灭鼠害、虫害，防病保粮，功劳是很大的。目前，有些人打蛇捕蛇，并非怕蛇，而是爱钱。他们捕捉各种蛇贩卖，牟取暴利，严重地破坏了生态平衡，造成恶性循环。

我们对蛇不能"恩将仇报"。调查研究表明：在江浙等地被称作"家蛇"的黑眉锦蛇，它食兴高时一下子就可吞食四五只老鼠，每条蛇在一年中可灭鼠 150 只。这种蛇在杭州被尊为"青龙菩萨"，老年人总劝阻别人不能杀害它。

蛇能灭鼠，这是我国劳动人民早已在生产劳动中认识了的。因此，早在明、清两代，某些地区就盛行养蛇灭鼠，广东、广西等地至今仍保留着这种习惯。通过正反两方面的事实，人们深感蛇在灭鼠上身手不凡，功不可没。比如广西玉林石南乡有个村，曾购三条无毒蛇放养田间，鼠害大减。可是，后来蛇被偷走，鼠害迅即剧增，以致早稻被糟蹋得颗粒无收。

养蛇灭鼠，此风值得提倡。湖北有位"捕蛇王"，他的举止堪称典范。为供医药之需，尽管他也捕杀了不少蛇，但他绝不伤害吃老鼠的无毒蛇。他还从邻省、邻县捕来食鼠量大的多种无毒蛇，繁殖后代后放养出去，从而使周围形成一支浩浩荡荡的灭鼠大军。

毒蛇趣话

如果你漫步新德里街头，不时会被阵阵笛声所吸引。原来是耍蛇人正在吹奏蛇笛，驱使一条条大眼镜蛇欢腾"起舞"，它们时而昂首望天，时而左右摇曳。

早在公元前 3 世纪，驯蛇在印度就已是一种公认的职业。在新德里郊区有一个耍蛇人居住的村子——玻伯罗。这里的耍蛇人从童年起就开始学耍蛇，按照他们的习惯，当一个男孩长到了五六岁时，就被允许开始接触蛇，并使他认识到耍蛇是他的终身职业。

音乐和蛇构成了耍蛇人的传奇故事。"蛇笛"实际上不是普通的笛子，而是一种芦笛模样的乐器，通常是用一个葫芦、两根竹笛，有时再加上一根铜管制成。蛇没有外耳，它听声音不同于一般的脊椎动物。对于了解这个道理的人说来，蛇笛音乐的魅力就不那么大了。因此，一个学耍蛇的年轻人，起初不应依赖音乐，而应靠他的身体的活动与蛇互通信息。眼镜蛇只要稍受威胁时，就会直立起和胀大它的头。因此哪怕是一个小小的恐吓，都会有很大的魅力。耍蛇人奏乐前，常常先在蛇身上洒一点冷水，给蛇一个信息；吹奏时，他把蛇笛放低，刚好从蛇身上掠过。这样，从笛管末端吹出来的气，正好吹到蛇背上，这通常就会引蛇直立起来。

虽然玻伯罗的耍蛇人没有拔掉眼镜蛇的毒牙（在印度其他一些地方和巴基斯坦的耍蛇人是把蛇的毒牙取掉的），但几百年来，有一种外科手术可以使蛇咬人而不致使人丧命。但这通常会导致蛇的早亡，耍蛇人为维持生计，就得去捕捉新蛇。

耍蛇人捕蛇，通常是几个人一起去，出发前聚在一起抽烟，烟管由一个传给另一个，每个参加者都喷出团团烟雾，接着，便拿起棍、锹和笼子出发。

布满了洞的泥水沟或稻田田埂，是捕蛇人常到的地方。他们沿着水沟或田埂边缘搜索蛇的行踪。一旦发现蛇,不管它怎么拼命逃窜,或怎么咄咄逼人,捕蛇者总是千方百计地使蛇就擒。

耍蛇人长年同蛇打交道,难免被蛇咬伤。这时,药篮子就发挥作用了,里面有草药和动物的某一部分制成的药。对于耍蛇人来说,在这药篮中有一种最重要的药,叫作杰哈·英罗,呈黑色、圆形,指甲般大小。据说,人们为获得这种药,就得到山里去抓黄色的蟾蜍,把这种蟾蜍杀了,撒上盐,埋入地下,过4~7天后挖出来,这时蟾蜍已变成黑色,从它身上切下来一小片就可当蛇药。

不过,蛇毒可是个宝。近几十年来,随着生物学的发展,国内外对蛇毒的研究和利用日渐广泛,蛇毒在国际市场上的"身价"也随之扶摇直上,甚至达到20倍于黄金的价格,这主要是蛇毒在医用上有令人惊叹不已的功效。

在人们的想象中,取蛇毒者一定像蛇岛探险中的科学家那样全副武装——头蒙面罩、足蹬长靴、手戴手套。但事实并非如此。尽管以木为框、以铁丝网为壁的蛇箱里游动着几千条剧毒的蝮蛇和眼镜蛇,他们不但不蒙面罩、不穿长靴,甚至连手套都不戴。只见他们极其娴熟地用钳子夹住蛇的后颈,然后掐住蛇的腮腺部位,让蛇咬住玻璃器皿,毒蛇便滴出极其微量的毒液。可别小看这一小滴毒液,它足可使一头大象丧生。

蛇毒的挤取间隔时间一般不少于两周。挤取的方法除了前面提到的最为常用的"咬皿法"外,还有挤压、研磨和电极刺激等。新鲜蛇毒是略带腥味的黏稠液体,它的颜色因蛇种类的不同而不同,有淡黄、金黄、灰白等颜色。蛇毒在一般室温下只能放置一天,而经真空干燥的蛇毒结晶则能保存10年之久。

蛇毒成分相当复杂,主要为蛋白和多肽,还有10多种酶和神经毒、血液毒和混合毒等各种毒素。

蛇毒的应用很广泛。应用免疫学原理制造的抗蛇毒血清,可中和蛇毒,挽救蛇伤者的生命;它具有良好的镇痛作用,是治疗三叉神经痛、坐骨神经痛、小儿麻痹后遗症、关节炎、癫痫等的良药;用蛇毒制成的镇痛针剂,与哌替啶、吗啡等传统镇痛针剂相比,具有镇痛作用时间长,长期注射无副作用等优点;蛇毒还可以治疗静脉血栓栓塞、冠心病、心血管病等。蛇毒中的酶类还能帮助消化,增加食欲。

更能引起人们兴趣的是:蛇毒能治癌。我国已研制成治疗早期消化道癌肿的注射剂,有效率达70%以上。上海一家医院试用口服蛇毒胶囊治癌,病人普遍反映有疗效,能起到缓解、减轻症状、增加食欲等作用，有些甚至能缩小肿块，对临终的晚期病人也有明显减轻痛苦的功效，服药有效率达70%左右。

蛇的冤家对头

有一天晚上，印度新德里南部的警察采取了一个不寻常的行动——抓住了一条两米多的眼镜蛇，这条蛇咬死一名住在内布·沙雷的35岁的男子之后一直缠在受害者的身上，直到警察赶到之后，人们才敢碰它。警方说，他们接到报案，一条大蛇守着被它咬死的男子并且不许任何人靠近这座位于内布·沙雷地区的农舍。

被咬死的人名字叫波耶·雅代夫，他在几天前曾杀死过一条眼镜蛇，所以他的邻居们觉得这条眼镜蛇咬死这个人并守在原地的行动是为其同伴报仇的，因为眼镜蛇并没有碰睡在雅代夫旁边的另一名劳工维杰。警方说，雅代夫和维杰当晚在他们干活的农场的一间农舍中睡觉，忽然雅代夫觉得什么东西在他的腋下蜇了一下，他们两人都醒了。据说，雅代夫在伤口处涂了些油后接着睡了。第二天早晨，维杰发现这条眼镜蛇守着雅代夫的尸体，很吓人。由于它拒绝离开，所以当地人只好报警。一队警察立刻赶赴出事地点，警察用棍子打死了这条眼镜蛇，救出了雅代夫的尸体，然后送往医院去解剖检查。

不过，人们在长期的实践中，研制出一些对付银环蛇行之有效的蛇药。首当其冲的是银环蛇抗毒素。说来有趣，这种特效药还是用银环蛇毒制成的哩。

蛇毒是致人死命的元凶，何以却能制成蛇伤灵丹妙药呢？

原来，许多动物具有一套抗击入侵者的"防卫队伍"，因此对不太强大的入侵之敌大多能够对付，对蛇毒也不例外。可是，像毒蛇咬人时那样，一下子注入大量毒液，就难以应付。不过，这支"防卫队伍"却可以进行定向锻炼，把它逐步培育成用于专门抗击某一种蛇毒。

由于马这种动物个儿大，血液多，所以人们就在马身上来"训练"这支专门对付银环蛇毒的"卫队"。办法是：从少到多地逐步注射蛇毒到马身上，使它体内产生足够强大的"卫队"，再取出马血将其提炼。为了减低蛇毒的毒性，而又能起到蛇毒作为训练"卫队"的靶子的作用，通常首先用甲醛处理一下蛇毒。

用银环蛇毒经上述方法制成的药,名叫银环蛇抗毒素。因为这种东西取自马血,不是人体内固有的,如果直接注射,势必和人体内的组织器官火并,甚至危及生命。所以,在制造过程中,还用蛋白酶把这种抗毒素的分子切割成小个儿。这样一来,分子缩小为原来的一半,而效果却提高了3倍。

银环蛇毒抗毒素专门找银环蛇作对手,是银环蛇的冤家对头。要是被蛇咬之后,能尽快注射,它一旦进入人体,就穷追猛打,和蛇毒一拼到底,迅速显现奇效。作为祸根的蛇毒被干掉了,险情也就立即解除了。

毒蛇的另一个冤家对头是半边莲。

在空旷湿润的草地上,在田基边或路旁,我们常常能看到一种铺地而生的小草,它细长的叶子像宝剑,绿色的剑叶衬托着一朵朵淡红色的小花,玲珑可爱。这些花,外形似莲花,粗心的人看它是完整的,细心的人看它只是半边,因此,人们给它起了个与众不同的名字叫"半边莲"。

半边莲的名字最早见于明朝李时珍著的《本草纲目》,又名"急解索"。

"识得半边莲,不怕共蛇眠。"这话对半边莲的药用疗效评价这么高,自然有点过分。但是,半边莲单用或与其他药配用,主治毒蛇咬伤,功效显著,确是事实。在《毒蛇与毒蛇咬伤的急救》一书中,就有这样的记载:取新鲜的半边莲全草90克,加水浓煎300毫升,日分3次服。同时取新鲜的全草适量,洗净,与雄黄共捣烂敷伤口周围,每日一换,可治吹风蛇和青竹蛇咬伤。

半边莲的茎、叶被折断后,当即流出一种乳白色的汁液。据说,凡有折断了的半边莲的地方,蛇是不敢爬过去的。你看,小小一棵草竟能使毒蛇失魂落魄,使蛇伤者解除灾难,这真是大自然中的奇迹!

动物界中也有不少毒蛇的冤家对头,正应了一句俗谚——"强中自有强中手"。

老鼠在冬季趁蛇体难以动弹而把眼镜蛇咬得千疮百孔,天暖时多只老鼠联合起来也可将竹叶青蛇置于死地;蛙联合斗五步蛇的事在山野里时有发生,而稚蛇被成年蛙当作蚯蚓吞食也并不稀奇。

比起两米多长的眼镜王蛇,红颊獴的个儿头实在相差悬殊。可是,獴是绝不会甘拜下风的。对峙过程中,蛇竖身鼓脖,"噗噗"喷气有声,獴则竖起身上的毛来像是穿着一身翻毛大衣。开始时,蛇会向獴发起猛攻。可是獴总迅速跳开,待蛇的体力耗尽,獴才爪抓嘴啃地把蛇头咬个稀巴烂。这中间,獴失手被蛇咬中的事也有,可是咬到的只是一撮毛罢了。

飞蛇

有一天上午,一位傣族老人领着孙子岩养,从寨子后面的凤尾竹林穿过。紫雾还未飘散,太阳像一团火球挂在天上。微风吹动的竹林发出簌簌的响声,竹叶飘飞下来,其中有一片在滑翔、盘旋,转了一圈又一圈,才徐徐落在地上。

岩养拉着老人的袖子叫道:"爷爷,你看这是什么?"老人定睛一看,告诉他:"是一条飞蛇!"

这条飞蛇有四只脚,像蜥蜴一样从草地爬过,又沿着一株桐子果树爬了上去。到了高处,它贴在树干上一动不动了。它的颜色和浅绿的桐树皮近似,不易分辨出来。

岩养拍掌、敲树吓唬它,它一动不动。岩养便拿起弓,搭上箭,只听"啪"的一声正射中蛇的腰部。蛇插着箭像树枝似的掉落在地上,挣扎几下就不动了。

这条飞蛇有 30 厘米长,头和身子一样粗,都不到 2 厘米宽,尾巴稍小,有四只短脚。全身浅绿,腹下白色,脊背两侧有一对合拢的翅膀,约 10 厘米长,飞翔时可以像扇子一样打开,薄薄的,半透明,有纹路,如同蚂蚱的翅膀。它不能向上飞,只能滑翔。

奇妙的水象雷达

世界之大,无奇不有。一种颚骨不大、喙部突起、具有奇特本领的鱼,叫作"水象"。它的"无所不见"的非凡本领,曾使数代人迷惑不解。直到雷达发明之后,才揭开了它的秘密。

原来,水象的尾部有一个袖珍"电池",虽然其电流的电压很低,只有 6 伏,但对水象说来,已经足够使用。水象每分钟向天空发射的脉冲量为 80~100。它自身电池发电所产生的电磁振荡会从周围物体上反射回来,以无线电回波的形式重新返回水象身上。而捕捉回波的"接收机"便生长在它的背鳍的基底。水象正是借助这种无线电波来"触摸"

环境,捕获猎物的。

奇蛙

在印度尼西亚爪哇岛地区有一种火蛙,当它遇到敌害时,就会从嘴里喷出一股火焰,使敌害四散奔逃。据生物学家调查发现,这种火蛙所喷出的可能是一种挥发性油脂,极易在空气中自燃,故而成了喷火的拒敌武器。

在澳大利亚西部,生长着一种世上罕见的龟蛙,它很像伸着脖颈的乌龟,而且鼻子上有个硬壳,所以当地人称之为"龟蛙"。龟蛙身体很小,仅有人的手掌心大小,但它有一对强有力的前肢,可以挖掘洞穴寻找白蚁吃。

生长在南美丛林里的毒箭蛙,长虽不超过5厘米,颜色却很艳丽,皮肤内有很多腺体,其中的分泌物的毒性很强。

食人苍蝇

联合国粮农组织的专家在利比亚的黎波里和突尼斯边界之间的约2万平方千米的范围内,发现了一种可以致人死命的寄生蝇——"食人苍蝇"。

食人苍蝇除身体稍大以外,其外形同普通寄生蝇完全一样,身体暗蓝色,眼睛橘黄色。食人苍蝇十分凶猛,攻击一切热血动物(包括人类),吮食肉组织乃至脑髓。雌蝇则将卵产于人畜的皮肤下,逐渐形成囊肿,有的可以发展到拳头大小。蝇卵在囊疱中发育成蛆,吸食活肉组织。尤其在缺少杀虫药物和医疗条件落后的发展中国家,这种食人蝇危害更大,甚至可以钻入人畜的眼眶、鼻腔、耳道、口腔中产卵,造成灾难性后果。由于食人蝇飞行能力很强,10天内可飞出200千米以外,因此食人蝇具有向整个非洲大陆,或通过中东向亚洲蔓延的危险。

杀人蜂

性格暴躁、进攻性强、毒性剧烈的杀人蜂是非洲蜂与巴西野蜂杂交的产物,1957年它们从圣保罗的一个养蜂实验室里逃出,当时巴西专家们正在进行一项大胆的改良蜂种的试验工作。

巴西专家原先试图通过引进非洲蜂王与一种欧洲蜂杂交,培育出繁殖力强和酿蜜量高的优良新蜂种,以促进本国养蜂业发展,提高蜂蜜产量。

杀人蜂

然而,那场意外事故使圣保罗大学遗传工程系的努力付之东流。逃亡的蜂群与当地野蜂自由交配,繁殖迅速。出于自卫的本能,这种新蜂变得凶猛异常,疯狂地袭击人畜,蜂灾迅速蔓延,毒蜂蜇死人的事件接连发生,人们谈"蜂"色变。

各地科学家认为,杀人蜂迅速向北蔓延,是因为亚马孙和中美洲森林地区乱砍滥伐导致的。

杀人蜂不知疲倦地向北流动,给所到各国的养蜂业造成灾难性的经济损失,继美国之后世界第二大蜂蜜生产国墨西哥也遭受侵害。古巴养蜂专家埃尔南德斯说,这种具有传奇色彩的蜂种实际上并非像人们想象的那样凶暴,它们只是在受到外界刺激时,如受香味或甜味的刺激后,才变得暴躁凶猛。

埃尔南德斯回忆说,他在尼加拉瓜工作时曾想抓一只杀人蜂以供研究,不料那天他身上使用了一种具有特别香味的除臭剂,除臭剂刺激了蜂群,蜜蜂群起而攻之,由于逃得快,他才幸免于难。

几十年来,美洲大陆蜂祸此起彼伏,蜇死人畜的悲剧不断发生,至今没有有效的办法能阻止杀人蜂蔓延。

科学家们继续在研究这种昆虫,以寻求使它们与人类和睦相处,变害为利。

吃人巨鳄

1982 年 10 月中旬,马来西亚警察局在沙捞越地区的卢帕河上,进行了一场捕杀吃人巨鳄的战斗。

这条鳄鱼有 8 米多长,是一条活了约 200 年的雌鳄。它的活动非常猖獗,先后吃死 11 人,咬伤 6 人,严重危害这一带居民的生命安全。最后一位受害者是 29 岁的村长。1982 年 6 月 26 日,这条鳄鱼突然把他咬住,并拖下浑浊的河水中把他吃掉了。10 月中旬,人们清楚地见到这条巨鳄躺在河边,但当警方狙击手前来捕杀时,它却机警地逃脱了。

警方组织的这次捕鳄行动,邀请了两名科学家和当地的许多村民参加。科学家把幼鳄叫声的录音在水里播放,以引诱这条巨鳄露面;同时还把活的狗和猴子放到河里作钓饵。但这些办法都未能诱出这条罪恶的鳄鱼,也不知道它躲到哪里去了。后来警方又特地聘请了一名捕鳄能手前来帮忙。据说他从事捕鳄 30 年,已捕到 4500 条鳄鱼。可是,这位捕鳄能手也未能引出这条雌鳄。

巨蟒吞人

在秘鲁北部圣马丁省的热带森林地区,一条长约 20 米的蟒蛇吞食了一个男孩。这个男孩年龄 15 岁,当时他正在一棵大树下睡午觉。一些过路的农民见此情景赶忙开枪打死了这条巨蟒,但未能救出男孩。男孩的身躯已在巨蟒肚子里被分成了两段。

动物杀婴为哪般

鳄鱼是一种十分凶残的动物,然而,它对子女却十分疼爱。雌性鳄鱼在岸上生蛋,然后,把蛋埋在半米深的地下。在小鳄鱼孵出之前,雌鳄鱼大约要有 2 个月左右的时间不吃东西,日夜不离地守卫着自己所生的蛋。当小鳄鱼从蛋中咬破外壳,并发出叫声的时候,雌鳄鱼便用前爪扒开土,再用腭抱起孵出的小鳄鱼,把它们依次送入水中,并精心照看它们刚刚开始的新生活。尽管鳄鱼是一种嗜杀成性的动物,但有时为了孩子的生存,甚至不惜牺牲自己的性命。一位非洲的生物学家,就亲眼见到过这样一场惊心动魄的搏斗:一头巨大的雄狮去河边喝水,当它刚步入沙滩的时候,突然一条身长约3米的鳄鱼向它扑来。原来,雄狮遇上母鳄鱼在看护自己的幼子,于是它们便厮打起来。使人惊奇的是,那条母鳄边战边走,以便把雄狮引到远处,远离它的幼子。厮打的结果,雄狮被赶跑了,母鳄鱼又回到幼子生活的地方,它周身是血,趴在地上喘着粗气。第二天,母鳄鱼死了,但它的前爪下还搂抱着一条小鳄鱼呢!

也许有人觉得,上面叙述的这些好像有点神乎其神,可是,这是活生生的事实啊!倘若我们采用达尔文的观点来看,就一点儿也不神奇了,因为如果没有雌性动物这种伟大的"母爱"本能,地球上可能就不会有任何动物了。

然而,世界之大,无奇不有,动物杀婴的现象屡有发生。

近几十年来,有关野生动物杀死其幼体的报道日益增多,这引起许多学者们的惊讶。起先人们以为这是一种动物的病态失常行为,但进一步的实地考察表明,在啮齿类、鸟类、鱼类、狮子和灵长类中,故意杀婴却是一种经常性的现象。

1967年,日本京都大学的雪九筋山报道了在印度丛林中灰色长尾猴的杀婴行为。当时,哈佛大学的人类学研究生撒拉·赫迪闻讯特地赶到印度,通过几年观察,发现长尾猴群体中新猴王杀死非亲生的幼猴是为了早些获得自己的后代。这似乎不可思议,但实际上却与群体遗传有关。杀婴好像对群体有害,但对物种总的繁殖效率或许是有利的。

然而,作为"母亲"是无法选择自由的。在群体换了新王以后,她们有的被迫带着孩子暂时离群躲避,有的引诱新王性交以掩盖未出世孩子的真正父亲。当这些尝试失败后,她们的孩子或者被杀,自己则改嫁新王,并在食物分配额上得到优惠;或者自行流产,以便及早与新夫交配,生育新的后代。据观察,实验室中的公鼠在交配15日(怀孕期)以后便会停止杀婴,且一反常态,对出生的幼子照护备至。

有些科学家坚持认为杀婴或者是由于个体密度太高,或者是由于人类干扰太多……但是,据报道,乌干达基巴尔丛林中有三种猿猴,虽有充分的生活空间且不受干扰,但新"领导"仍然杀婴。同时,在狮子和几种猿猴群中,也有为了节省食物或因争执而杀子、甚至食子的情况。

此外,野生动物中的雌性也会杀婴。雌黑猩猩有时吃掉其他母兽的婴儿。雌海象会杀死试图来索乳的陌生小海象。在野狗、小獴、鬣狗的群体中,高级雌体会杀死低级母兽的幼子。啮齿类中也有这种虐杀,或许是为她自己的孩子获得窝巢。

哺乳类之外,杀灭血亲之事也屡见不鲜。公鱼有时吞食它们已受过精的鱼卵,而某些种的鲨鱼还在母腹中就已啮食其兄弟姐妹了。鸟类中的近亲杀婴,往往占幼体死亡的极大比例。食物缺少时,鸟类双亲往往舍弃已生下的卵,另去他处谋生。

更有甚者,有时双亲会唆使其子女干这种"脏事"。例如黑鹰,先生下第一个蛋,孵化几天后再生第二个。当老大孵出后,往往把老二啄死。有人认为这第二只蛋是以防万一,因为这种鸟一年只生育一只幼雏,如幼雏意外死亡,这一年便绝嗣了,所以要生第二个蛋确保无虞。或许由于大多数鸟类都终生"一夫一妻"制,所以鲜见雄鸟为了早生后代而杀婴。反之,在一妻多夫制的动物中,雌体偶尔也会杀死非其亲生的幼子。

母虎铤而走险

在老虎的家族中,雌雄成虎之间,除了发情交尾期间以外,夫妻之间的关系是比较疏远的。公老虎的性格很孤僻,喜欢独居,不太合群。偶尔雌雄老虎成双成对地出去捕猎时,也是由母老虎在前面冲锋陷阵,而公老虎却在一边装腔作势,呐喊助威。待捕获猎物后,公老虎却同享其食,面无愧色。

野生老虎已日渐稀少,所以老虎在繁殖期很少出现争雌打斗现象。

雌雄老虎在发情期的叫声最为雄浑,"昂——呜——"之声震动山谷,呼唤异性。

母老虎的妊娠期为102天,第一胎成活率很低。一般在第三胎后,雌老虎性成熟,在下崽儿前,窝址选得好,洞内絮物软和,哺乳勤谨,照顾周到。如发现有干扰环境者,雌老虎为育幼的本能驱使,将另选安全的巢穴,并用嘴巴叼住幼虎,一只一只搬到新居。虎毒不食子,这是动物保存种族的本能。在育儿期的雌老虎敏感多疑,对四周的一切动物都十分凶残;即使不吃对方,也必杀不赦。人遇到育幼期的雌老虎往往凶多吉少。老虎这种以攻为守的性格,其实是绵延种族的生态学行为,是虎妈妈保护后代的必然手段。如果有谁趁雌老虎外出觅食时偷走它的虎崽子,那么四周将有许多动物遭殃,它将咬死它们以发泄其悲愤。

虎崽子 13 天后开眼，并开始长出乳齿。20 天后眼球由混浊转为明亮有神采，一个月后身上黑条纹逐渐清晰，宛如一只大猫，已具有小老虎的威势，此时它喜欢吃灰石、泥土来补充微量元素的不足。

老虎繁衍后代，养育子女，主要靠母老虎负担，公老虎似乎没有养育子女的义务。一只母老虎一天要吃 35 千克肉食，在它生儿育女后还要更多地进食，以便给虎崽儿喂奶。虎的哺乳期为半年，半年以后，母老虎还得带领子女出虎穴，学习捕猎。母老虎爱清洁，善于游泳。母老虎的舌头不仅是进食的器官，还是为自己和子女净身整容的工具。母老虎居住的洞穴也是清洁的，它不习惯在洞内便溺，子女幼小时的便溺，母老虎都及时清除。

母老虎爱子如命。在它带领子女出穴捕猎觅食时，倘若遇到敌人，它会不惜一切地全力保护子女。

但也有个别的母老虎不会做"母亲"。有一年，北京西郊公园狮虎山的一只东北虎生了一对小老虎，一雄一雌，皮毛漂亮，斑纹清楚，十分逗人喜爱。

那只母虎 11 岁，虽然已生过多胎虎崽儿，但是始终不会做"母亲"。生下小老虎后，它就只管自己吃食睡觉，很少去照料小老虎。由于母虎奶水不足，两只小老虎饿得"嗷嗷"直叫，闭着眼到处乱爬。两天以后，其中一只又冻又饿，躺在房内已没有动静了。这个情况使饲养员十分焦急，他们立即把两只小老虎移到一间温室，用牛奶喂养。

小老虎在幼年时期生长发育得很快，两个月就能长 10 千克左右，一岁时体重能达到 50 多千克。因为奶牛是食草类动物，牛乳的营养远远比不上虎奶的营养，所以用牛奶喂养不能满足小老虎生长发育的需要，必须找食肉类动物做"奶妈"。在食肉类动物中，狗尚能驯服，较为合适。正巧公园饲养场有只猎狗刚生小狗，饲养员就把猎狗借了来。那只猎狗小得像只猫，奶水有限，饲养员又四处联系，到一家医院动物室借来一条强壮的母狗。

刚开始，小老虎一靠近母狗，母狗不是逃跑，就是张嘴咬虎崽儿。饲养员没有法子，就用布条把母狗的双眼和嘴都蒙住，强迫它喂奶。可还不行，小老虎一放到母狗身边，母狗就蹬腿挣扎，小老虎连奶头都叼不到。饲养员仔细观察并分析了这些情况，认为母狗不让小老虎吃奶是出于天然本能，因为小老虎不是它所生，即使蒙住眼睛，凭其嗅觉还能辨别真假，要使它驯服地喂奶，首先要让它真假难辨。于是，饲养员大胆试验，把母狗生的狗崽儿同小老虎一起放到蒙住眼的母狗身边吃奶。母狗起初有点烦躁，似乎感到异样，后来闻闻小狗，也就逐渐安定了。

一个星期后，母狗已经习惯了，即使不蒙眼睛，它也不再去咬小老虎。母狗每天给小老虎喂一次奶，每次50毫升左右。喂奶时，母狗温顺地躺在草垫子上，小老虎依偎在母狗怀中，叼住奶头欢乐地吮吸，吮着吮着就睡着了。

母老虎只是当它生病，特别是人触犯了它，打伤了它，接近它的幼子的时候；或者是当人类破坏了它赖以生存的山林，使其食物极其缺乏的时候，才铤而走险，袭击人类。

国际野生动物保护基金会经过长期观察、研究指出：老虎吃人并不是因为饥饿，而是由于口渴。

猿猴的母爱

一般认为，只有人类、黑猩猩和日本猴等高等动物，才具有执着不渝的母爱。日本科学家在非洲马达加斯加岛进行的一项调查首次证明，即使是低等的猿猴类动物，它们给予下一代的母爱，同样令人感动。这一发现为人们研究母爱的起源，提供了十分宝贵的资料。

所谓猿猴类动物，是比日本猴、黑猩猩等类人猿更为原始的灵长类动物的总称。它们的身材比类人猿矮小，毛发遮面，四个爪子十分尖利。大约数千万年前，我们的祖先类人猿从猿猴类动物中分化而出，并独自进化成了人类。

猿猴类动物由于四爪尖利，无法很好地搂抱自己的孩子。但是，它们深深的舐犊之情，丝毫也不亚于日本猴等接近人类的动物。科学家发现，对于出生不到一个月的幼猴，母猴总是不停地用舌头舔它们的身体，并用嘴梳理它们的毛发，舔去虱子。刚出生的幼猴，紧紧地依偎在母猴怀里吃奶。大约一个星期之后，便能抓着母猴的毛发，爬上母猴的脊背上玩耍。如果不慎落地，只要一听到呜呜的叫声，母猴便会马上抱起。

大约半数的幼猴，一出生便夭折了。这时，母猴总是久久地站在死去的幼猴的身边不忍离开。有的母猴返回猴群后，又重新折回原地，深情地舔着死去的幼猴。一只被取名"梅"的 10 岁母猴,甚至抱着死去的幼猴走了好长一段路程。

泰国猴子城

泰国有一个猴子城,位于曼谷北面的华富里,这里有七百多只野生猴子。由于这里的猴子是宗教的象征,受到法律保护,尽管群猴包围寺院,阻塞交通,劫掠行人,抢夺商店,人们却从不反抗。只有警察被允许用皮靴踢捣蛋的猴子,但猴子很乖巧,总是避开警察。

清晨,猴子跑入集市,转眼间把水果、蔬菜甚至鱼类抢个精光,人们对此无可奈何。过后它们又跑到祭祀死人的普拉卡寺庙,混在人群中仿效祈神拜佛。在闹市区,几乎一切都和猴子有关,无论是哲学艺术品、演木偶戏,或是民间说唱,都可看到猴子混迹其间。

在华富里,由于人猴共处,猴子已学会拉开易拉罐喝可口可乐,拧开水龙头喝水等,偶尔还可看到母猴让幼猴躺在婴儿车里喝牛奶的情景。

每年 11 月的最后一个星期日,是表示人猴友好的日子,由王室出面宴请猴子。中午,在市中心各庇护所,摆满了各种美味佳肴,招待群猴。

猴子在印度

猴子在印度人眼里是一种圣灵,处处受到保护。猴子滋事骚扰,给人们带来不便,但它又会给人以帮助。

有个男孩在萨尔尤河洗澡,不小心坠入深渊,岸边树上坐着的一只猴子看到男孩行将没顶,立即跳到河边把男孩拖上了岸。

还有一次,一只猴子闯入一间办公室,让人们看它头上的伤口。当人们把它领到医院时,它又重复了同样的动作,直到医护人员为它包扎好为止。

正当强盗破门而入准备抢劫米德纳普尔县一户居民时,这家养的一只猴子突然从身后死死掐住一个强盗的脖子。人们闻讯赶来,把强盗扭送到警察署。

1981 年印度独立节时,在坎普尔县的一次集会上,当大会主席上前升旗时,坐在墙头的猴子迅速跳下来,抢先拽住绳子将旗升起,让在场的人惊叹不已。

猴子不是在抓痒

在动物园里,常常可以看到猴子用爪子在身上乱抓,一会儿捏着什么,就麻利地送到嘴里嚼着,一般人认为这是猴子在抓跳蚤或虱子吃。

其实,猴子身上是极少生蚤或其他寄生虫的,它们在身上抓的是出汗后结在细毛下的盐粒,猴子就是靠这种盐粒来增加身体的能量。原来,一般动物体液中含有一定的盐分,心脏才不至于停止跳动,肌肉才有刺激适应性;而素食的猴子,食物中所含的盐分很少,所以猴子就得到处找盐粒吃,以补充身体的需要。

类似的情况在动物中并不罕见。如猫舐身子并不是为自己"洗澡",鸟啄羽毛也不是为自己"梳洗",而是通过舐食,吸收体(羽)毛上的维生素 D,以补充体内的不足。

黑猩猩趣闻轶事

1.大多"左撇子"

野生黑猩猩和人类一样,平时习惯用一只手做事。但是与人不同的是,大多数被观察的野生黑猩猩是"左撇子"。

据德新社报道,美国亚特兰大市埃莫利大学的研究人员研究了生活在坦桑尼亚国家公园里的 17 只黑猩猩。他们特意选择在雨季白蚁活动频繁的 40 天中对这些黑猩猩进行观察。研究人员发现,黑猩猩会把草、小棍等放在通往白蚁巢穴的路上,白蚁爬到上面时,黑猩猩就可以毫不费力地享受一顿美餐。而此时,大多数黑猩猩都会使用左手完成这一系列动作。但这个习惯究竟是后天养成的还是遗传因素使然,研究人员目前尚不清楚。报道说,到目前为止,科学家通过对人工驯养的黑猩猩进行观察发现,与野生黑猩猩相反,它更喜欢用右手。现在已经有一些科学家开始怀疑,这一现象是否是黑猩猩特有的行为。他们认为,动物不应该在用哪只手干活这个问题上存在偏好,它们只是用习惯的那只手罢了。

2.能爱能恨

在现今的地球上,有三种最高等的动物:产于印尼的猩猩和非洲的黑猩猩、大猩猩。其中,从形态结构和生理状态来看,最接近于人类的要算是黑猩猩了。它的智力发育仅次于人类,经过调教可以学会不少人的动作,如吸烟、骑车、穿针线、解扣、开锁、溜冰等,大连动物园的黑猩猩在主人的授意下,还会把前肢举在额前向来人敬礼,然后同人一一握手,表示欢迎。

几年前,广州动物园进口了一对一岁的黑猩猩,雄的叫"黑子",雌的叫"黑女"。它们在主人的精心饲养下,渐渐长大,日益聪明,整天蹦蹦跳跳,攀枝荡秋千,翻筋斗,时而又发出叫声,常常逗得观众笑声不断。它们的记忆力也很强,如果你跟它们玩过一次之后,相隔较长的时间,即使你距它们很远,只要它们发现了你,就会放声大叫,并跳个不停。当你走近时,它们就争先恐后地伸出前肢和你握手,临分别时,它们就嚷着,目不转睛地望着你直到看不见为止,表示欢送。

公园工作人员常跟它们接触,成了它们的"朋友"。尽管如此,但只要对它们稍不友好,它们就会翻脸不认人了,还马上给你以一个越礼的"报答"。有一次,"黑女"做很不卫生的事,工作人员边吆喝边做打它的手势,它不高兴了,一转身就拿果皮、粪便向他掷来。

还有一次,一位曾经给它打过针的女兽医在笼边工作,被它用两个前肢抓住头发往里拉,在一旁的两位同事用拳头打它也无法解脱,直到拿来铁棒时它才罢休。它这种恩将仇报的行动实在令人哭笑不得。

更使人惊奇的是"黑女"还会告状。可能曾经因打针疼痛引起它害怕注射,一次一位同志用棉签触了触它的臀部,它便立即吼叫起来,两个前肢抱头在地上打滚。这是怎么一回事? 正当人们有点紧张的时候,主人来了,它便马上抬起屁股向着主人,然后怒目向着那位同志大叫,主人就问:"你准是动了它的屁股,是不是?"这一突然而准确的发问使人们惊呆了:它还会告状?

3.会照镜子

大猩猩对着镜子不能认出自己,然而,大猩猩的近亲黑猩猩却具有这种能力。美国一名动物学家曾做过这样的试验：他把一面大镜子放在一个装着一些黑猩猩的笼子前面，并观察其反应。起先，黑猩猩对待镜子中自己的形象，就像对待其他猿类那样。但是过了大约两天，它们就明白了事情的真相。于是，这些黑猩猩就对平时所不能看到的自己的身体各部分进行探究，在镜子前待了很长时间。甚至在从牙缝中取出食物残渣或做鬼脸时，它们也会对着镜子仔细观察自己。

以后，人们在黑猩猩入睡后给它们脸上涂上一些没有气味与擦不掉的颜料，并把镜子拿走了几天。黑猩猩的举止表明，它们起初丝毫没有觉察到自己脸上有颜料。但是当把镜子重新放在笼子旁边时，黑猩猩照镜子后就发觉自己脸上的斑点了。它们开始去摸、去嗅，并试图把它擦掉。这些试验最终证实，黑猩猩对着镜子是能认出自己的。对大猩猩也曾做过同样的试验，但并未得出任何结果。

妈妈教女儿做母亲

据美国一位灵长类动物学家说，在一只大猩猩生产后，它的妈妈教它如何照顾幼子，这一情景正好被工作人员看到。

约内是一只被捕获的西部低地大猩猩，11岁，在它第一次产子时是一个很不称职的妈妈，对它的幼子不闻不问。后来加利福尼亚圣迭戈野生动物园的管理员不得不替它代行母职。不过，在它第二次产子时，它的妈妈过来帮助了。

最初，约内只是将幼子扔在地上，它21岁的妈妈——艾伯塔便将幼子抱起来递给约内。但约内根本无意将幼子接过去，于是，艾伯塔走到离约内更近的地方，将幼子送到约内眼前，直到约内终于将幼子接了过去。两天内，密切监视约内的管理员看到了好几次母女之间这一类行为。到了第三天和第四天，管理员发现约内已经怀抱幼子了。

《新科学家》杂志报道说："有时候，艾伯塔会抓住幼子的胳膊，约内便会将幼子递给艾伯塔，但当幼子蜷进祖母的怀里时，约内便会很快将它夺回来。随着时间的推移，艾伯塔便慢慢地参与得少了。"

大猩猩妈妈往往会教幼子行走和攀援，但专家们相信这是首次在大猩猩中看到"祖母大显神威"的情形。

在幼子 10 个月大的时候,约内去世了,不过它的幼子被另一只母猩猩成功地收养了。

大猩猩妈妈不但能教女儿如何做母亲,还会使用工具呢!

2005 年 9 月 29 日,一位研究人员说,两只雌性大猩猩使用木棍穿越沼泽地区的情景被拍摄下来,看见类人猿在野生状态下使用工具这还是第一次。

德国莱比锡的马克斯·普朗克进化人类学研究所和野生动物保护协会的托马斯·布罗伊尔说:"这是一个真正的惊人发现。"

研究人员说,这一发现可能对揭示人类如何使用工具的过程有所帮助。

他们在研究报告中指出:"尽管有被关着的大猩猩使用工具的报道,包括扔东西和进食时使用工具,但据我所知还没有野生大猩猩使用工具的报道,尽管实地研究已进行了几十年。"

他们的报告发表在《科学公共图书馆生物学》杂志的网站上。

所有大型的类人猿在笼子里都使用工具,但是科学家认为这只是在模仿人类,不一定反映自然行为。

"野生类人猿使用工具给我们提供了深入研究人类进化和其他物种能力的宝贵资料。首次看见大猩猩使用工具在很多方面具有重要意义。"他们描述了在刚果共和国北部雨林中看到两只大猩猩使用工具的情景。

布罗伊尔和他的同事在报告中写道:"第一次是在刚果北部森林中一个空旷的沼泽地里,我们看到一个成年的雌性大猩猩蹚过一片汪洋时拿一根树枝作手杖试探水的深浅,第二次是另一个雌性大猩猩拔掉一棵死灌木。"

他们写道:"它们双手用力拉倒灌木,左手拉着灌木,右手采摘食物。然后双手将树干折断,放在面前的沼泽地上,然后双脚踩着这个自制的桥走过去,接着四足着地,向空地中间走去。"

大猩猩是人类的"表兄弟",世界上大猩猩的数量稀少,保护它们刻不容缓。

山地大猩猩是大猩猩的一个亚种,数目更少,大约只有 1000 余只,主要分布在扎伊尔、乌干达和卢旺达境内的基伍湖地区,属濒危种。

为了拯救这个濒临灭绝的物种,勇敢的自然保护卫士黛娜·福斯在世界范围内掀起了一场保护山地大猩猩的运动。倘若没有她火一般的热情,山地大猩猩恐怕已经从地球上消失了。

1986年，黛娜·福斯逝世了，但她的主张仍旧得到众多人士的响应。目前，已有成千上万的人在为山地大猩猩的生存而奋斗。在他们的推动下，有关国家和国际团体都纷纷制定山地大猩猩保护计划（MGP），为山地大猩猩渡过劫难创造条件。

三峡啼猿之谜

三峡西起四川奉节的白帝城，东至湖北宜昌的南津关，全长200千米。两岸悬崖峭壁，峡谷幽深，风光绮丽。在古人写三峡的诗文中，最脍炙人口的，恐怕要算李白所做的《早发白帝城》一诗："朝辞白帝彩云间，千里江陵一日还。两岸猿声啼不住，轻舟已过万重山。"诗句不仅描绘了三峡的壮观景色，同时也为后人提供了我国猿的种类和分布的佐证材料。

三峡风光

根据出土文物，特别是根据殷墟发掘出的野象、犀牛、猿等热带动物分析，古代黄河流域很可能有过猿类。可以肯定的是，我国古代猿类分布的最北界至少在长江流域。从李白诗中可以得知，这里猿的数量较多，成群分布。从白帝城至南津关，一路上两岸猿声此起彼伏，连绵不绝。当年的三峡原始森林林木参天，荫翳蔽目，猿类属于树栖的攀援类动物，三峡蓊郁的森林为猿类的生存、繁衍提供了必要的条件。

古代三峡一带的猿究竟是哪一种呢？《早发白帝城》为我们提供了线索。李白的诗一方面反映了三峡水流湍急。从白帝城到湖北江陵，相离甚远，乘船都可"一日还"，水流之速，跃然如在眼前。三峡江面狭窄，最窄处不足百米，故在喧嚣的涛声之中，仍可听到两岸的猿声。另一方面，诗也反映出此地猿类善啸的特点。在所有猿类中，唯有长臂猿善啸。其他栖息在三峡地区的猿类,也会在两岸啼叫,但三峡水急浪高,波涛汹涌,恐怕除了善啸的长臂猿以外,其他猿类的啼叫声,都只能被淹没在波涛声中。

长臂猿是人类的近亲。大约在一千多万年前,地球上发生了沧海桑田的变化,森林古猿生活的地域干旱寒冷,不少树木枯死,它们来到地面生活。部分古猿通过劳动,手脚有了分工,大脑也逐渐发达,有了语言和思维,发展成为人类,部分古猿被淘汰;另一部分古猿找到新的森林,继续保持猿的生活,就成了现代的类人猿。长臂猿就是类人猿的一种。

长臂猿的生活以"家庭"为单位,一家有一群,一群一般不超过 5 只,由一对成年猿和两三个子女组成,成年的雄猿是首领。长臂猿每隔两年产一胎,小猿在两岁左右能独立生活,它们不离群。6 岁左右接近成熟,慢慢脱离群体,与异性猿结成新的家庭。

猿群中有严格的等级制度。猿群中的首领有很高的地位,其他的猿要看首领的眼色行事,首领走来的时候,都得让路并小声叫唤,哈腰敬礼。它们的生活地域性比较强,每群长臂猿各占一个山头,只许啼叫,不许越界。

那么,长臂猿为何而啼,又为何啼不住呢?

科学家们经过仔细地观察研究,才逐渐解开了这个谜。原来,猿啼有如人言,是表达某种信息的方式。雄猿通常为建立家庭和保卫家庭的地盘,不停地啼鸣。当雄猿成熟时,不停地发出一种求偶的啼鸣声。邻近的雌猿听到以后,就进入它的地盘,与其结成"夫妻",建立家庭。猿类家庭有个规矩:幼小未成熟的雄猿是不准在家庭内啼叫的。因为它的叫声同样会吸引异性。小雄猿要一直长到八九岁成熟后,才允许啼鸣。此时它已离开家庭独立生活。有时,当家庭成员不在的时候,小雄猿也单独发出啼鸣声,这也许是它吸引异性、争夺地盘、建立家庭的开始。建立家庭以后的母猿,仍会不停地鸣叫。这种声音与求偶的声音不同,它的意思是告诉邻近的同性,"这里已有了一个家庭,不准进入我的地盘,抢走我的丈夫。"幼小的雌猿可以在家庭里啼鸣,因为这种叫声对雄猿不具有性的吸引力;另一方面,小雌猿要向母亲学习将来怎样维护"一夫一妻"的家庭生活。

未建立家庭的成熟了的雄猿,在未被占领的新的地域里啼叫。当它的啼叫引起雌猿的注意,并与其结合建立家庭之后,家庭地盘也就基本确立下来了。雄猿之间经常为了争夺地盘而发生争吵。这种争吵有时竟会长达一个多小时。当它们遭到外来威胁的时候,猿会使劲地啼鸣,吓退侵略者。

科学家发现,猿的啼鸣的音量是经过精心设计的。音量的大小能以达到它所关心的对方听到为止。未配偶的雄猿比已配偶的雄猿叫得响,因为前者比后者更需要吸引异性。已配偶的雌猿只有在其他雌猿进入它的地盘才发出一种特别响的啼鸣。

长臂猿如今是我国一级保护动物,但现在长臂猿分布的地区早已从三峡一带向南退缩,仅局限于云南南部和海南岛的热带密林。

救救大象

一万年前,世界上至少有 15 类剑齿象和其他象,总计 452 种,它们中间生存下来的只有两种——亚洲象和非洲象。

象的家谱纷繁庞杂,猛犸是现代象的直系祖先,残酷与巧妙的捕猎方法促使猛犸的消亡,非洲象和亚洲象就成了巨大的动物。

象喜欢生活在热带雨林和热带森林、热带草原接壤的地方,但它还能适应高寒的考验,在终年积雪的高山上留下足迹。因为象皮下脂肪层很厚——形成皱褶。象看起来很笨,其实它走动时却异常轻巧和伶俐。它能像攀登运动员一样爬上超过 45°的陡坡;象若发现猎人追捕的声音,还能灵便迅速地逃遁,发出的声响比树叶落在平静的水面上的声音还轻微。大象如此灵活的原因之一,就是它有四只大脚,其脚掌上每平方厘米受力不超过 600 克。

象的敌手是不多的,老虎、狮子、犀牛、野牛都败在它的手下。象的感官始终保持着紧张和警觉的状态。象一昼夜要用 16~20 小时寻找食物,只用 2~4 小时稍事休息,午间阳光最灼热的时候,它就在阴凉处歇憩。

虽然驯化象的历史悠久,但至今仍不能将其视为家畜。然而,驯化好的大象,能帮助人耕地、驮送货物、拖拉木材等。在战火纷飞的年代,大象还帮助军队拖拉大炮。特别在印度,大象成了劳动人民的助手;泰国和老挝人民对大象极为尊重,把大象归属"国兽"之列。

由于林区缩小,工业污染以及乱捕滥杀,在世界上许多地方,珍贵的野生动物日趋减少,大象也是其中之一。然而,在海拔 1000 米以上的泰国茫茫山林和有水源的原始森林中,仍不时有成群的大象出没,不过稀世的白象却很难遇见。

从前,泰国有"白象国"之称。泰国人历来把白象看作吉祥、繁荣的象征。在1855～1917年间的泰国国旗是红地白象图案。在泰语中,把天上的银河称为"白象之路"。在建筑物和工艺品中,处处可见白象的图案。不少以白象为内容的神话故事在民间广为流传。

由于白象难得,自古以来,泰国历代君王均以获得白象为民富兵强和国家繁荣昌盛的征兆。泰国猎人每次捕获白象,都要举行十分隆重的仪式,将白象奉献给国王。拉玛九世王就曾获得过几只白象。

走出亚洲,我们再前往非洲看看大象的命运。

山林茂密的非洲原野,是各种珍禽异兽繁衍的广阔天地。但是,求财心切的偷猎者纷至沓来,珍贵的野生动物遭到了空前的浩劫。存活了30万年的非洲大象,是地球上最温柔、最聪明的动物之一。由于偷猎象牙以及人们对象的传统居住地区的侵占,使象的数目急剧减少。据世界野生动物保护组织估计,非洲大象正以一年65000头的惊人速度在减少,幸存下来的大象已不足100万头。偷猎者的活动正在由北向南转移,他们把苏丹、乍得和中非共和国的象群消灭殆尽后,进入坦桑尼亚、肯尼亚、赞比亚、扎伊尔和刚果。目前,仅非洲南部的博茨瓦纳、津巴布韦和南非三个国家采取了保护野生动物的有力措施,才使大象数量有所增长。

英国剑桥一个野生动物监护组织认为,高价收买象牙是导致非洲大象惨遭厄运的主要原因。象牙已成为世界大宗贸易商品,而国际市场上销售的象牙主要来自非洲。市场上象牙需求量增大更促使其价格不断上升。估计一年的象牙成交量有950吨左右,这就意味着一年有75000～100000头大象惨遭杀害。

随着非洲人口的增长和经济发展,越来越多的森林和草原被开垦为农田或修筑了公路,这样就缩小了大象生存活动的场所。

不久前,世界野生动物基金会发出紧急呼吁:"救救大象。"他们制订了一个保护非洲大象的行动计划,并正在积极募集基金实现这个计划。

他们的行动计划是:

对非洲各个国家公园所做出的制止偷猎的努力,给予大量财政支援;

对象牙交易做出更加严格的规定,必要时禁止买卖;

采取行动,严禁破坏大象群居的环境;

对非洲学生提供保护野生动物的奖学金,并对当地进行的环境保护教育提供资金。

这个基金会还向世界儿童的父母们发出呼吁,该会认为儿童以及儿童的后代是现在和未来大象的好朋友,理应伸出同情和援助之手。

狗趣

据不完全统计,全世界大约有 120 多种狗。狗以它勇敢、顽强、灵敏、温顺等性格,早已成为人类亲密的伙伴和忠实的捍卫者。因此,有关狗的趣闻不胜枚举,说来颇为有趣。

1.狗急跳墙

俗话说:"狗急跳墙。"为什么狗在紧急窘迫时竟能跳过高出人头的围墙呢?

现代医学家研究后发现,动物体细胞内都储存有一种叫三磷腺苷(即 ATP)的高能化合物,它主要由平时食物中的三大营养素——蛋白质、脂肪和糖所产生。在一般情况下,部分三磷腺苷维持体温和日常活动,其余的则以化学能的形式储存在细胞中,以备不时之需。当大脑发出危急信号时,三磷腺苷能转换生成一种叫二磷腺苷的物质(即 ADP),它能释放出巨大的能量。这时,化学能便转变成机械能(即肌肉收缩)、电能、声能和光能等。

当狗的肌肉获得了二磷腺苷提供的巨大能量后,便产生了超乎寻常的爆发力,使肌肉猛烈收缩,促使骨骼和关节运动,狗也就能"跳墙"了。

2.狗犯学校

英国伦敦附近有一所狗犯学校,该校担负着把那些顽劣的"犯罪"狗改造为"遵纪守法"的狗的责任。送到该校的狗分为咬人狗、斗殴狗、杀鸡狗等几类,它们因"罪"而被施"训"。经过训练后改过自新的狗方能毕业。负责该校的"典狱长"是一位前苏格兰的警探。

3.狗保镖服务

美国俄勒冈州尤金市追求健美的长跑妇女们,在清晨和黄昏经常遭到歹徒的袭击。

为此,18岁的姑娘莎莉创办了一家"女子长跑服务公司",为跑步的妇女提供狗保镖,从而大受欢迎。该公司将那些经过训练的德国牧羊犬出租给跑步的妇女,它们每天跟随主人跑步,倘若途中发现形迹可疑的人,它们就会狂叫,吓退陌生人;一旦主人遭到意外袭击,它们就会奋不顾身地扑向袭击者,以救护主人。据说,该公司自成立以来,出租过数万次的狗保镖服务,使用这些保镖狗的长跑妇女从未发生过意外。

4.替主人存款

美国林肯市有一条名叫"涛比"的狗会替主人到银行存款,当地居民差不多都认识它。这条狗的主人阿雷内是一间酒吧的店主,每天都要把营业款存入附近的一家银行。阿雷内认为狗比人更值得信任,于是训练爱犬担当这项重要任务。几年来,"涛比"用嘴巴叼着钱袋,跑到银行后就像其他顾客一样排队等候。银行职员见到"涛比"这位熟客,便会替它填写存款单。由于阿雷内的爱犬名扬全市,当狗出现在街上时,路人就会大叫道:"噢,这是涛比!"

5.送邮件的狗

在法国巴黎有一位叫密苏安的老人,专门训练了一群替人们取送报刊的猎狗。只要订户交上报刊费,狗就会准时无误地把当天出版的报纸杂志送到订户家中,无一差错。

6.捡球的狗

英国一家网球场驯养了一只专门捡球的狗。当运动员打球时,这只狗便在球场外等候,球一出场地,它就会立即奔过去,用嘴巴把球叼起来,送到运动员手中,然后重新回到原来的地方等球。

7.反对吸烟的狗

在澳大利亚悉尼,有一家人饲养的一条狗很有趣,不允许人们抽烟。它不但不让其主人抽烟,而且遇到吸烟的人,它就扑上去从吸烟者手中把香烟抢去弄碎,使你在它面前吸不成烟。

8.子女最多的公狗

生儿育女数量最多的是一只名叫"洛·普雷塞利"的公狗,小名叫"蒂米",生于1957

年9月,归伦敦雷根特公园的布卢娜·阿默斯特所有。自1961年12月~1969年11月,由这只狗交配后生下来登过记的小狗共有2414只,此外至少还有600只没有登记。

警犬与军犬

我国养狗的历史很悠久,开始主要用于守牧、狩猎、看家和食用,到了战国时期,人们又把狗用于战争。顾名思义,警犬即用来警戒的狗,这个名称,最早见于唐代杜佑的《通典》:"恐敌人夜间乘城而上,城中城外每三十步悬大灯于城半腹,置警犬于城上,吠之处需加备脂油火炬。"

警犬之名虽出现在唐代,但警犬之实,却早在战国就已存在了。战国时期著名防御战专家墨子,在《墨子·备穴》里就说:如果敌军开凿地道攻城,守军也应径直迎敌,针对敌穴方向开凿地道,以穴攻穴,把敌军消灭在地下。为了防守地道,墨子主张用狗在地下警戒,"穴垒中各一狗,狗吠即有人也"。这种狗就是警犬。宋代以后,警犬有名有实,成了必不可少的战具之一。《资治通鉴》说:"凡行军下营,四面设犬铺,以犬守之。敌来则群吠,使营中有所警备。"明代《武备志》记有当时军中设置军犬警戒哨的情形,说驻军之地要"置一家,家养数犬,剔犬窟于城壕之下,其犬盖以窟养,犬以壕为院落,一有风息,则犬以警人,人以叩堡"。由此可知,古代的警犬实际上是军犬或战犬。

1953年,西南边防10名战士从北京首届军犬培训班毕业,牵着10只训练合格的种犬,由区队长带队回到昆明。"云南省公安总队军犬训练队"的牌子也由此挂起。

为了扩大犬种,部队派人前往重庆、成都、贵阳等地征集了90只民用犬,再从这90只犬中根据体型及神经类型"优选"出20只,加上从德国引进及北京带回的共40只样犬作原始血源或基础群,建成繁殖区进行严格选种培育,从而揭开了培养"昆明犬"的序幕。

1988年4月,国家公安部在青城举办了军犬鉴定会。会上,"中国昆明犬"被正式定名,后来荣获全军科技进步特别奖。它标志着"昆明犬"以特定称谓开始走向外面精彩的世界。

50多年的风霜雪雨,50多年的辉煌历程,"昆明犬"以突出的战绩,赢得了世人的瞩目。

1993年10月，云南瑞丽海关。在这里已守候待命17个小时的缉毒犬"考雷"，机敏的鼻翼、如炬的目光仍在不停地搜寻着。当一名装扮成外商的男子正欲混进熙熙攘攘的人流出境时，忽然，"考雷"朝那人扑了上去。武警战士迅速出击，当场在其行李车内查获海洛因3000克。

1994年8月，昆明火车站检票口。正在执勤的搜捕犬"哈利"，突然死死咬住一名乘客的衣襟不放，公安民警、武警战士从那人腰间搜出匕首一把、雷管两枚。潜逃两个月之久的特大杀人案主犯王某，万没想到竟被"哈利"揪进了法网。

这仅仅是云南省军犬训练大队经过特训后的"昆明犬"协同解放军、武警战士并肩侦察、缉毒的两个小小镜头。

在短短几年里，军犬基地训练出的侦破、搜捕、缉毒等7个品类的1100只"昆明犬"，在不同的战线上破案万余起，它们破案的迅速、准确性有口皆碑。

尤其值得一提的是，1995年7月25日凌晨2时许，攀枝花市渡口水泥厂发生一起特大碎尸案。时隔3天，当得到报案的市公安局刑警队赶赴现场时，罪犯哪还有踪影？前一天的一场暴雨已把现场破坏得面目全非。一时间，侦破工作陷入了尴尬境地。军犬"飞丽"受命于危难之中。当它在第二现场旁边的小河沟里发现有顶破烂的草帽时，"飞丽"立刻兴奋起来，它利用这项破烂的草帽奇迹般地找到了血迹气味的嗅源。"飞丽"沿嗅源追踪3000米后，终于在高家坪家属区邓某家衣柜内叼出一黑色皮箱。箱内装有死者的躯干，人证、物证俱在。罪犯对此供认不讳。

难怪英国著名侦探凯勒在使用"昆明犬"成功地破获一特大盗窃案后，给予如此褒奖："'昆明犬'——侦破中不折不扣的'福尔摩斯'。"

关于猪的几则趣闻

长期以来，猪一直是人们心目中蠢、懒、脏的象征。一提起猪，便会使人联想起它那迟钝、懒惰的天性。

然而，国外一些养猪专家经过长期对猪进行细心观察后，认为它有着与狗、马等家畜差不多的智能，只要加以适当的训练，很快就可以学会跳舞、寻物、潜水、取报纸、带路、拉车等本领。甚至还能利用它那灵敏的嗅觉，为军事目的服务——发现战场上的地雷。

在法国，有一种被誉为"调味珍品"的块菌，叫松露。它生长在 5～30 厘米深的地下，不容易找到，所以它的价钱十分昂贵。有人让一头经过专门训练的猪去寻找这种块菌，结果在 6 米外，猪就嗅到了长在地下的这种珍宝。假如让狗去完成同样的工作，事先要对它进行很长时间的训练，而对于猪来说，训练一个星期便绰绰有余了。

在美国还流传着不少关于猪的趣闻。马里兰州一个叫法兰克·威勒的人有一头猪，经过他精心训练之后，它能像马一样，备上鞍具，就可以让儿童们骑行。在佛罗里达州，有人教会一头母猪去看守主人秘密收藏的物品，当一些人企图前来找寻这些物品时，这头经过训练的母猪，狠狠地咬伤了这伙人当中的两个。在华盛顿的一次农业展览会上，举行过一场有趣的动物赛跑，参加赛跑的全是猪。看着它们飞也似的朝终点线奔去，谁也不会认为猪是迟钝、懒惰的动物。

要想使猪获得某种技能，有人总结出了这样的经验：在训练时，主要采用赏给食物和抚爱的手段。惩罚，会使猪变得暴躁。

如今的美国，有越来越多的家庭开始像养狗或养猫一样大养特养起猪来，甚至还有预言家宣称：在 21 世纪，猪可能取代猫，成为千家万户中仅次于狗的"第二宠物"……

眼下，最受美国家庭青睐的倒不是膘厚体壮的大肉猪，而是来自世界各地的小种猪，其中又以越南产的"微型猪"尤为吃香。据说这种小猪体重仅为一般猪的 1/10，身高与狗相仿，毛呈深灰，从不挑食，与人十分亲近。由于购买的人很多，"名种猪"的身价便扶摇直上，有的身价竟高达 3 万美元。为了满足不同顾客的不同需要，动物学家们抓住大好商机，绞尽脑汁，用先进的遗传工程技术培育新品种猪，有的以"小巧玲珑"取悦，有的以"活泼可爱"见长。

美国的"爱猪族"认为，猪与人类"交往"已有很悠久的历史，可以说是人类的"患难之交"。他们还引用了英国前首相丘吉尔的名言："如果说狗能懂得尊重人类，那么可以说猪为人类做出了最无私的奉献。"

在遍布美国各城镇的"爱猪俱乐部"里，会员们热心地探讨着"养猪经"，切磋着如何训练使猪更清洁并让它学会看电视等。一本专门介绍养猪经验的《养猪》杂志已正式出版，一条以交流养猪经验的"热线电话"也应运而生，甚至还有人特意录制了专供猪"观摩"的录像带。

聪明的养猪迷们还挖空心思地创办各种与猪有关的活动,如赛猪、训练猪缉毒、利用猪表演节目等,真是五花八门。

世界上体重最大的肥猪,是美国一个家庭饲养的名叫"毕克比利"的猪,体重达1157.5千克。丹麦阿克瑟尔·埃杰迪伊家饲养的一头母猪,在1961年6月25~26日,一胎产下34头小猪崽儿,创世界母猪一胎产崽儿的最高纪录。

巴布亚新几内亚人根据猪的颜色、体型,给猪取了各种名字,把它当成爱兽玩赏,以猪的多少来体现自己的富有。巴布亚新几内亚人每4~6年都要举行一次少则百余人,多则几千人参加的猪宴庆典活动,他们的某些部落里,人们常用猪肉作馈赠的高级礼品;把吃猪肉看作友谊的象征,和对方一起吃一次猪肉,即是恢复友谊或建立新关系的标志。

最近,科学家在研究治疗疑难病和癌症的试验中,发现干扰素(正常细胞和病毒接触所产生的抗病毒感染的物质)有着特殊的疗效。而干扰素又必须在特殊的细胞中培养,在老鼠身上培养的干扰素,用到人体上却根本不起作用。

科学家研究发现,把猪血中白细胞里的干扰素引到人体组织中,却能收到积极的抗病毒感染的效果,这是因为猪的蛋白质和人的极为相似的缘故。为此,美国科学家已专门培育成功了作为实验和培养干扰素用的微型猪,从而为实验和生产多种干扰素提供了可能。目前,已推出用遗传工程人工合成的治疗血癌的干扰素——ALFA,用这种干扰素治疗的病例中,90%取得了良好效果,其余病人情况也相当稳定。

奇牛集锦

1.睡牛

非洲有一种睡牛,称得上是"睡觉大王"了。它每天吃饱喝足以后,倒头便睡,一天至少睡20个小时以上。这种牛既不会耕田,也不会拉车,甚至连路都走不动,走不到几百米就得停下来喘喘气。但它有一个长处,那就是在不长的时间内能长出454千克左右的肥肉,成为人们食用的美味佳肴。

2.喷水牛

尼日利亚有一种叫"息西"的牛。它的舌头不会分泌唾液。为了让舌头湿润,嘴里整天不停地喷着水珠,所以又叫"喷水牛"。"息西"的颈项下长有一个比头还大的"垂囊"。每逢干旱,当地居民就把它赶到河里饮水,让它灌满"垂囊",然后牵到田里当"喷灌机"使用。这种牛只要在旱地里待上一小时,就能浇透20~30平方米的土地。

3.吹风牛

在摩洛哥的瓦锡巴出产一种名贵的牛——吹风牛。这种牛的头部特别大,所以也叫"大头牛"。它的肺部异常发达,不习惯用鼻子呼气,常在鼻孔吸入空气后就张嘴呼出,于是就形成了一种不停地"吹风"现象,而且"风力"很大。所以,当地人都把它当作"鼓风机"应用。即让它在炉旁鼓风旺火;让它在打谷场吹谷扬灰。

4.用脚饮水的牛

非洲有一种名叫"非罗隆多特"的牛。其形状与普通牛并无两样。令人惊异的是,这种牛饮水不用嘴巴,而是用脚。原来,这种牛的四肢靠近蹄的地方,长有一个气囊,直通胃部。因此,它们只要在水里站上几分钟,就能吸进大量的水。

5.水花牛

东非卢旺达有一种观赏牛叫"水花牛",它的体格魁梧,背圆腹壮。奇妙的是,它的背部长着五颜六色的花纹,仿佛是穿上了一件彩色图案的花衣裳;它的头部还长有一大丛毛,就像头上戴了一顶美丽的花帽。每当这种牛在水中洗澡时,只将头背露出水面,人们从岸上看去,好像在河里长出来一朵"水花",故称"水花牛"。

6.有驼峰的牛

马达加斯加盛产驼峰牛,是一个牛比人多的国家,其中90%是驼峰牛。这种牛的颈背之间有个峰,像骆驼,故名"驼峰牛"。在水草充足的季节,峰长得格外肥满。驼峰牛有善走、耐渴的特点,加之有峰,便于拖套,是农民常用的牵引畜。

7.被奉为神明的牛

在印度,信仰印度教的人把牛当作神来崇拜,称牛为"神牛"。印度的僧侣每年都要举行一次盛大的敬牛节活动。这天,人们用树枝和鲜花扎成各式各样的花环套在牛脖子上,牛身染上色彩,并在牛颈下挂上饼食和椰果。"神牛"由当地火领或僧侣牵着,沿一定路线行进;僧侣们打鼓诵经尾随而行;众人分在两旁;身穿盛装的青年男女载歌载舞。"神牛"在行进中不断把颈下的东西扔掉,人们便争先恐后地去抢,把抢到的东西视为"神明"的恩赐。

8.老牛寻主识归途

在美国佛罗里达州发生这样一件事:一头被主人卡拉夫特梭卖出的老黄牛,冲破新主人理德·海耶斯设置的双层带刺铁丝网,游过三条小河,走了 30 千米,花费了 20 个钟头,最终返回老主人家中。

9.灯牛

拉丁美洲圭亚那有一种"灯牛",因其尾巴可以制成蜡烛作灯用而得名。当地人宰杀"灯牛"后,在取下的牛尾巴中心钻个小洞,插入灯芯,便制成一支"牛尾烛"。这种烛光亮而无烟,可点 7~8 个小时呢!

兔子故事多

1.兔年

按照我国农历年,2011 年春节过后是辛卯年,也就是兔年。

可是,你是否知道十二生肖的由来呢?以动物十二种分配十二支:子鼠、丑牛、寅虎、卯兔、辰龙、巳蛇、午马、未羊、申猴、酉鸡、戌犬、亥猪,谓之十二属。汉代王充《论衡》"物势"篇已载此说。梁代(502~557)沈炯创制十二属诗,从此人们以所生之年,定其所属之动物的习俗,就渐渐传播开了。

那么卯时(早晨 5~6 点钟)为什么属兔呢?因为早晨 5~6 点钟,太阳快要离开黑夜而进入黎明。但毕竟还在"太阴"(指月球)控制的时间里。而月球中唯一的动物,传说就是"玉兔",卯时就属兔了。

2.白兔自燃

人体自燃的现象虽属罕见，但也有所耳闻。而在比利时布鲁塞尔一家研究所内发生的动物自燃现象还是第一次。这只白兔是预备作癌症研究的动物。据研究人员称，这只白兔只供给葡萄糖水和少量鲜奶，而笼子内外均没有易燃品放置，所以不是外在因素所致。而且据目击的一位研究人员说，在发生白燃前，那只白兔有不正常的战栗，他还用手轻轻地抚摸过它的背部，试图让它安静下来，却发现它的背部滚热，

兔子

几分钟后便自燃起来，不久便只剩下一堆灰烬。专家说，人体自燃多由于心理或情绪不稳定所酿成的，而这些较低等的动物理应不会有此问题，但动物权人威士却说那只白兔被困笼内，不能说这些动物无情绪不稳的情况。

3.最大的兔子

家兔中品种最大的是佛兰芒巨兔。成年兔子平均体重 7~8.5 千克,将其前后腿伸开,脚趾至脚趾的平均长度为 91.44 厘米。不过,这一品种的兔子体重超过 11 千克的,也有可靠的报道。

1980 年 4 月,一只 5 个月大的雌性法国垂耳兔体重达 12 千克,当时这只兔子正在西班牙雷乌斯商品展览会上展出。

野兔(平均体重 1.6 千克)体重的最高纪录是 3.7 千克,这是 1982 年 11 月 20 日苏格兰人诺曼·威尔基在打猎时捕获的。

1956 年 11 月,在英国北安普敦郡韦尔福附近打死的一只山兔重 6.83 千克。成年山兔的平均体重为 3.6 千克。

4.最小的兔子

家兔中最小的品种是荷兰侏儒兔和波兰兔,这两种兔子成年时体重最多只能达到 0.

9~1.1 千克。1975 年,法国人雅克·布洛克宣称,他将上述两种兔子进行杂交,获得了一个新的杂交品种,这种兔子体重只有 396.9 克。

5.生育能力最强的兔子

家兔中生育能力最强的是新西兰白兔和加利福尼亚兔。它们在生育期内每年能生产 5~6 窝,每一窝有小兔 8~12 只(野兔每年生 5 窝,每窝 3~7 只)。

6.耳朵最长的兔子

在家兔中垂耳族的兔子耳朵最长,而在垂耳族的四个品种中又数英国垂耳兔的耳朵最长。这种兔子的耳朵一般长 61 厘米(从一只耳朵尖越过头颅到另一只耳朵尖),宽 14 厘米。1901 年在英国展出的一只垂耳朵两耳长 77.47 厘米。

奇鼠大观

1.踩不死的鼠

尼日尔的阿德拉有一种"扁鼠",它的肌肉特别肥厚松软,脊骨细小柔软,狭小的心脏紧贴在下腹部。当人们用脚踩它时,它的骨骼会挤向一边,内脏挤向另一边,全部压力都由肌肉来承受,人的脚就像踩在松软的橡皮上,稍一抬脚,它便溜走了。

2.不怕烫的鼠

希腊的维库加地区有一种在热水中生活的"沸鼠"。这里有一水温在 80℃～90℃ 的热泉,沸鼠在泉水里非常活跃。如果将沸鼠放在常温下,反而会很快地死去。

3.会滑翔的鼠

斯里兰卡有一种会滑翔的鼠。它生活在林间山谷,不仅善于爬树、登山,而且能从高处往下做短距离的滑翔。它能随时捕食林间的小鸟,用来充饥。

4.可照明的鼠

在西班牙斐加特有一种山鼠,可制成"鼠烛"用来照明。这种山鼠的腹部有一油腺囊,分泌出一种透明无味的油液,当地人捕到这种鼠后,抽出油液,掏尽鼠的内脏,将鼠晒干或烘干后,便可用铁棒从鼠口插入,再倒入抽出的油液,放上灯捻,缝合鼠口,便制成一支可照明3~4小时的"鼠烛"。

5.作燃料的鼠

坦桑尼亚的基戈马地区,人们经常捕捉老鼠,将捉来的老鼠晒干作燃料。这种老鼠叫火鼠,因为它脂肪含量特别高,约占体重的80%,所以能熊熊燃烧。这种鼠真像"活煤块"。

6.会捉猫的鼠

非洲有一种捉猫吃的鼠。这种鼠的模样跟家鼠差不多,只是嘴边上有层壳,很坚硬。它有一种特殊的内分泌器官,能分泌出一种液体,挥发出一种叫"麻磷气"的毒气。它捉猫时,发出的气味使猫嗅到后麻醉不醒,瘫软无力。那时鼠跳过去,用锐利的牙齿咬其喉管,把血吸尽。

7.抗蛇毒的鼠

在美国西部有一种抗蛇毒的"森林鼠",它竟与响尾蛇同穴而居,即使被响尾蛇咬伤,也安然无恙。"森林鼠"血液中有一种抗蛇毒"因子"。科学家认为,这种"因子"很可能是一种酶。当它被蛇咬伤时,这种酶就会将蛇毒包围起来,吸收它,从而达到解毒目的。

8.会充气的鼠

在南美原始森林里,有一种会自己充气的鼠。它们遇到"敌人"时,便使身体变得如充满气的足球,令对手无计可施。过河时,充气鼠又像一艘充气的橡皮艇,晃晃悠悠地渡过河去。

9.会游泳的鼠

瑞士有一种鼠,堪称"游泳健将",它一口气能游几千米或几十千米,还能潜入水底数小时之久。不少保卫部门专门驯养这种鼠用来打捞海中遗失物品。

10.拱桥状的鼠

非洲赞比亚有一种身躯庞大的拱桥鼠。其背呈拱形,下面有锁骨支撑。它伏在地上,极像一座石拱桥,即使一个 60 千克的人站上去,它也无动于衷。

11.不怕冻的鼠

在俄罗斯雅库库特地区,钢铁冻得像冰一样脆而易折,但生活在那里的一种野鼠照样出没于冰天雪地之间,怡然自得。

12.会跳舞的鼠

日本有一种有趣的老鼠,它们会跳"华尔兹舞"。它们一圈又一圈地旋转,好像在追逐自己的尾巴。

13.当演员的鼠

瑞士巴塞尔"毛斯"马戏团最小的演员,便是几只老鼠。当你看到猫和老鼠表演"走钢丝",看到老鼠坐在猫后腿上,向观众致意的场面时,谁都会开怀大笑。

老鼠当上了探雷兵

多少年来,人类消灭老鼠的努力一直没有结果,开始人们把失败归咎于不断增强的老鼠对鼠药的抵抗力,但最近科学家们认为这与老鼠的智商特别高是有关系的。

据报道,灵长类动物的大脑呈螺旋状,但是老鼠的大脑却是一片平滑,不过,这一点不影响老鼠具有惊人的智慧。科学家指出,老鼠的适应力暗示它们有极精巧的神经系统,在一个城市投放一种新的老鼠药,几个小时内,消息就可以传遍各个鼠群。人们开始使用鼠药之后,老鼠曾经无法应付,但是如今它们都知道寻找富含维生素 E 的食物来吃,因为这种物质有助于解毒。

老鼠还有一种特殊的能力,可以把对新事物的厌恶传给下一代。老鼠生来很谨慎,第一次吃到新鲜的东西,它绝不吃致命的分量,而且一旦发现稍有不对劲,就不让其他的老鼠接近,从而保护了整个鼠群。

老鼠虽然被列为"四害"之首，但它却不是一无是处，仍有利用价值。

老鼠皮柔软有光泽，可以制裘，尤以东北大兴安岭与新疆阿尔泰山的灰鼠皮质量更好，在国际市场上享有一定的声誉。

鼠毛水解后可以制水解蛋白，也可以制成胱氨酸、半胱氨酸等药品。

鼠肉可以喂貂，还可以喂动物园里的狮、虎、豹、大小灵猫，供蛇场喂养乌梢蛇、五步蛇、银环蛇、眼镜蛇等。为食肉动物的饲养开辟了廉价的饲料来源。鼠肉还可以适当喂鸡鸭。鼠肉烧熟之后，可以适当搭配喂猪，饲养黄鼬。不但如此，鼠肉还是粤味佳肴哩！据营养学家研究，鼠肉的营养价值超过牛肉。东北有种麝鼠，俗称青眼貂、大水耗子，个大体肥，每只重一两千克，肉嫩鲜美，味道跟鱼肉差不多。

老鼠是医学研究工作的得力助手。老鼠的生命周期短暂（一般活不到一年以上），因此可以在短时期内跟踪观察许多代的遗传，这对研究人的生长和衰老问题提供了可借鉴的范例。老鼠是一种理想的试验室动物。美国用于医学和心理试验的小白鼠每年达到1800万只。

老鼠个子小，嗅觉敏锐，动作灵活，上蹿下跳，如履平地。根据这些特点，人们训练它来代替警犬做侦察工作。经过专门训练的老鼠叫"警鼠"，能在机场或飞机上检查旅客的包裹里是否藏有炸药或其他违禁品。在美国的哈里森，就有一批经过实验、训练"毕业"出来的老鼠，它们奔赴各种"工作岗位"。让这些老鼠趋利避害，使它们再不是偷吃食物的害人精，而成为有用的动物。

尤其令人惊讶的是，耗子竟然当上了探雷兵，而且工作得十分优异。

我们知道，地雷是一种杀伤力相当大的防卫武器，因此，不论大小战争，交战双方常常为了防守而在阵地上布雷。但是，战争结束后，双方布下的地雷又往往给军队或当地居民造成了极大的威胁。因此，扫雷工作以及作为扫雷之前的探雷工作，也就成为战后的一项繁重而危险的工作。

迄今为止，有个别国家虽然开始用训练有素的军犬从事这项危险的工作，但是，目前的扫雷工作主要还是依靠扫雷部队利用电子磁力探测器探明后加以拆除或引爆。当然，在扫雷的全过程中是无法避免伤亡事件发生的。为了解决探雷问题，美国一位名叫罗兰的军医创造了一种新的方法—老鼠探雷法。

那么，怎样利用老鼠去探雷呢？原来，能代替人去探雷的老鼠是一种经过特殊训练的老鼠。罗兰医生先把一个微型电极植入老鼠的丘脑(大脑中产生畅快感的中心),然后把老鼠放在一个特制的笼子里。笼子里有一根木棒,当老鼠掀动木棒时,连接木棒的活阀便打开,放出强烈的黄色炸药气味。老鼠一旦嗅到这种气味,脑袋里的电极便发出电波刺激老鼠的丘脑,使老鼠得到高度畅快感并发出强烈的脑电波。这样经过反复的训练,那只老鼠便成了一名"优秀的探雷兵"。

在进行扫雷探测时,老鼠身上还要安上一个微型电脑,再由一辆有遥控装置的车辆把老鼠运到雷区。当老鼠嗅到地雷的火药味时,身上的微型电脑便将电脑波录下来,然后用无线电波发回遥控车上的总电脑,于是,地雷的位置便可准确地确定下来了。据称,罗兰所发明的这个办法经过试验已经取得了良好的效果。

德国《世界报》报道,名字叫"纳尔逊"和"关塔那摩"的两只老鼠充满了干劲儿。它们正沿着绳子走向工作场地。"纳尔逊"和"关塔那摩"是两只大田鼠,曾在莫桑比克受训辨别炸药的气味。因此,它们能发现埋藏的地雷。一旦找到地雷,它们就开始挖土。受过培训的排雷人员随后可拆掉地雷的引信,挖出地雷。

实践已经证实:老鼠是优秀的探雷兵。目前,扫雷设备只能准确发现金属外壳地雷,而老鼠根据炸药探雷,即便地雷已埋藏多年也可被它发现。比利时的扫雷组织在莫桑比克首都马普托以南1200千米处的希莫尤附近对老鼠进行6~12个月的扫雷训练。该组织称,用老鼠扫雷比使用人工设备便捷得多;老鼠容易养活,便于运输。

人类可靠的朋友

1.老虎看家

巴西里约热内卢地区盗窃成风,军警也无能为力。有一家庄园驯养了一只叫"桑巴"的母老虎,日夜蹲在庄园门口看家。主人到家,或以食物行赏,它摇尾点头,以示欢欣。要是陌生人来了,则总是虎视眈眈;陌生人要是扔东西给它吃,它更是吼叫不止,拒绝引诱。

2.聪明的猪

人们总认为猪是蠢笨的动物,其实它颇为聪明。苏联卫国战争时期,一支游击队为了突破敌人的阵地,专门训练了一头猪,让它到敌人设置的雷区去探雷,结果敌人布的雷全部都被探明排除。

前不久,美国得克萨斯兽医学会将一头名叫普里西拉的小猪恭恭敬敬地写入宠物荣誉堂的名册里。有一年年底,3个月大的普里西拉随同11岁的小主人安东尼·麦尔顿在赫斯顿湖里游泳。安东尼忽然感到一阵惊慌,往水下沉去,他惊恐万状地大声呼救。小猪听到主人的呼救,迅速游了过来,用前蹄轻推主人,似乎示意他抓住自己脖子上的项圈,然后拖着主人直接往岸边游去,安东尼得救了。

3.机灵的小警鼠

美国和西欧一些国家的警方机构培训了一种警鼠,把警鼠放在海关桌上的小铁笼内,如有人携带爆炸品过关,它就会不停地跳跃;把警鼠放到飞机、汽车和轮船上,它会钻进缝隙寻找恐怖分子暗置的定时炸弹。

4.三条腿的狗救主

蒂亚是一只三条腿的狗,它是在一次事故中失去了一条腿的,可是这绝不影响它干出惊人的举动。

冬天的加拿大寒风凛冽,刺人肌骨,6岁的蒂亚跟随主人林格尔和主人的好朋友帕克一同在位于拉布拉达半岛的尼姆基什河一带猎野鸭。突然,一阵暴风雨袭来,打翻了他们乘坐的小船,船底朝天,他们一起跌入波翻浪卷、冰冷刺骨的河里。吸足了水分的棉衣拽着林格尔他俩直往下沉,他们死死抓住船舷,不住地祈求上帝保佑。突然,奇迹发生了,船慢慢地开始移动,林格尔定睛一看,原来是蒂亚咬着船上的缰绳往河岸死命地游去,一直拉了800多米,总算脱离了危险。

5.小猫报警

家住加拿大多伦多的罗兰·多克莱伦养了一只猫,取名凯利。多亏了凯利的警觉,警方才逮住了强奸未遂犯。一天午夜,凯利听到后门传来阵阵撬门声,原来一个歹徒觊觎罗兰的姿色已久,持械撬门企图入室强奸。主人正在熟睡,凯利蹿到主人床头并跳到她身上刺耳地尖叫起来,罗兰被惊醒,知道将要发生危急情况,因为过去凯利从未这样叫过，她立即拨了报警电话。警察赶来后，当场抓住了那个还在撬门而浑然不知的歹徒。

6.马救老妇人

小猫

在加拿大安大略省的钮马凯特，一位 77 岁的老妇人昏倒在一条冰雪覆盖的沟里，当时周围没有一个人，谁也不知道这件事，如无人救治，老人必定会死在沟里。就在这个节骨眼上，在附近的一家牧场里溜达的一匹叫"印第安红"的老马发现沟里躺着人，便立刻跑到主人那里，它嘶叫着，使劲摇摆着头，并且把主人引到老妇人躺着的那条沟里。"印第安红"的聪明和"善举"使这个老妇人得到及时救治，脱离了危险。

7.鲸鱼和海豚、海龟救人

在澳大利亚的一条河上，一个大人和两个小孩在泛舟，不幸被激流冲进了印度洋。就在这危急时刻，一条大鲸鱼游来，3 个人骑到鲸鱼背上，直至被人救起，鲸鱼才游走。

无独有偶。1983 年的一天，荷兰一位飞行员在飞机出故障后跳伞落海。在他精疲力竭时，一条海豚出现在他身边，用鼻子推着他游了 10 海里，直到被人发现将他救起，海豚才悄悄地离去。

"阿罗哈"号客轮不幸失火沉没。有一妇女在水面上漂游了 12 个小时，正在绝望之时，有两只海龟游来把她托出水面，直到救护艇把她救起，海龟才游走。

智斗猎狗的火狐

1.火狐引开猎狗

天亮时分，一只火狐刚外出归来，跃上一处悬崖，就发现山坡上出现了一只健壮的猎狗和一个猎人。猎狗东闻西嗅，好像要往悬崖边走过来。

火狐知道，这悬崖下一处山洞里，有两只小火狐正在嬉戏玩耍，等待着自己归巢。一旦让猎狗发现了山洞，后果不堪设想。

火狐立刻轻轻叫了几声，算是对山洞里的雏狐发出警报。自己则调头纵身跳下悬崖，在猎狗前方一晃，奔向一处山林。正在搜索的猎狗和主人，见前方有火红的东西一闪而过，明白是遇上了火狐，便马上紧紧追了过去。

倒霉的是那树林子不大，并且树木稀疏。猎狗追，猎人围，火狐难以脱身，便窜出树林，向山下奔去。它知道，山脚下有一条河。

火狐奔到河边，"扑通"跳进河里，游向对岸。这河的水流并不太急，但河面很宽阔。猎狗追到河边，也毫不犹豫地跳下河去。猎人追至河边，面对宽阔的河面，一时竟没了主意，只好望河兴叹。这样，火狐先摆脱了猎人的追捕，排除了一分危险。

猎狗的游泳技术高，与火狐几乎同时到达岸上。河岸上灌木丛生，野草茂密，本来很便于藏身的。可是猎狗的鼻子相当灵敏，火狐东躲西藏，总是被猎狗发现，几次差点被猎狗逮住。

2.火狐自救失败

正在这时，迎着东升的太阳，火狐发现一群山羊正向河岸这边过来，牧羊人在后面大声吆喝。火狐灵机一动，急忙奔跑过去，一头钻入羊群，还使劲在羊身上蹭。火狐想让自己身上的气味留在羊群里，让猎狗进入羊群后迷失追踪方向，自己再伺机逃走。

可是哪料到，羊群一阵大乱，竟四散逃窜。那牧羊人先是一愣，继而发现了火狐，便甩响了鞭子，大叫："抓狐狸！抓狐狸！"

火狐急了，心慌意乱地奔出羊群，仓皇逃命。而那猎狗原来就没上当，它守在羊群外面，见火狐钻出羊群逃命，便绕过羊群，直向火狐扑去。火狐经过这一番折腾，体力大减，现在又被逐出羊群，疲于奔命，速度越来越慢。它知道，今天是凶多吉少了，眼里掠过一丝悲伤。

3.火狐脱离险境

眼看快要被猎狗追上了，火狐忽然听到一阵"隆隆"声。火狐精神一振，喜出望外。果然，400米开外的山洞里钻出一列火车，沿铁轨向自己的前方疾驰而来。火狐像是捞到了救命稻草,一阵狂奔,拼命冲向铁轨。

"呜——"在火车迎面而来的一瞬间,火狐终于拼死越来越过铁轨,落荒而去。

再说那猎狗奔到铁道边时,长长的列车正好轰隆而过,挡住了它的去路,他急得前足趴地,"呜呜"直叫。几十秒钟后,列车驶过,猎狗引颈张望,早已不见了火狐踪影。它低头在铁轨上嗅寻火狐留下的气味,可惜那气味因车轮与铁轨摩擦发热而消失了。猎狗沮丧万分,只得回头去寻找主人。

智捕斑马的山猫

1.山猫迷惑斑马

南非草原,一眼望不到边际,一丛矮树林边上,一群斑马正在吃早餐,几匹雄斑马在马群四周放哨,其余的斑马则悠闲安然地啃着鲜嫩的草叶。

即使在最平静的环境里,它们都不敢有丝毫的松懈。果然,过了不久,就闻到一股异兽的气味,那气味虽不浓,却可以断定就来自附近。斑马使劲煽动鼻翼,警惕地向四周张望。

这时突然看到前方草从一阵晃动,随即钻出一只小小的山猫来。那山猫短短的尾巴,全身灰溜溜,几乎跟草地的颜色一样。

2.山猫发起攻击

斑马觉得这小东西傻乎乎的,威胁不了自己。可就在这一刹那间,已经挨近放哨斑马的山猫,突然猛一腾身,变得十分矫健灵活,在空中扭了扭腰,一下子落在斑马脖颈上,4条腿往斑马脖上一搭,锐利的爪子立刻从肉垫里伸出来,深深刺进了斑马颈脖的皮肤中,身子也紧紧贴住斑马的脖子。

斑马颈背上一阵刺痛,顿时感到了危险。它大声嘶叫起来,撒腿狂奔。马群骚动起来,潮水一般卷过了摹。

那头斑马还是落在马群最后,它一会儿快,一会儿慢;一会儿左拐,一会儿右弯;有时还突然停下,忽上忽下,忽前忽后在原地跳跃,一心想把背上的山猫甩下地去。山猫却像钉子一般,牢牢钉在斑马颈脖上,再也不肯松开爪子。

3.斑马结束生命

斑马群越奔越远。那匹放哨的斑马却因体力消耗过度,脚步渐渐慢下来。山猫喘过一口气,慢慢腾出身子,张大了嘴,在马颈椎上狠狠地咬起来,尖利的牙齿一块块撕下马颈肉,一会儿便咬开一个大口子。

斑马的颈椎骨露了出来,随着"咔嚓咔嚓"一阵声响,斑马的颈椎骨被咬断。斑马发出一阵凄厉的长嘶,再也支撑不住了,猛然倒在草地上,双眼依旧瞪着远方。马群扬起的团团尘土越来越远,它再也无法追上前去。

狡猾的山猫骗过了警惕的斑马,咬死了比自己大许多倍的猎物,它可以安安稳稳享用自己的美餐了。这么大一匹斑马,吃上十天半月是不成问题的。

杀大象的青蛙

1.大象离奇死亡

肯尼亚与坦桑尼亚接壤的塞利吉泰平原,生活着许多野生动物,已被肯尼亚与坦桑尼亚两国政府共同确定为野生动物保护区,也就是国家公园。

1968年12月3日上午,公园中的警察汉尼顿和动物保护局官员海尼,在进行例行巡逻时,发现有5头大象倒在沼泽地的边上,不停地呻吟着。起初两人都认为是有人盗猎,可走近一看,大象身上并没有中弹的痕迹。

海尼赶紧拿出急救箱,给每一头大象打了一针强心剂和止痛针,可大象还是呻吟不止。两人面对大象,面面相觑,束手无策。不一会儿,5头大象一个个地接连断了气。

2.大象死亡原因

他们在死象身上检查来检查去,终于发现了秘密,在每头大象的脖子上,都有五六只0.2米长的大青蛙,它们把嘴巴深深地刺进大象的脖子里,还不断吐着黄褐色的泡。

原来,大象是被青蛙给杀死的! 汉尼顿赶紧用无线电向总部报告这件奇怪的事情,并请求派医生支援。

5分钟以后,一架直升飞机载来了公园里医术最高的医生克里斯。克里斯查看了现场,深感惊诧,觉得不可思议。他让汉尼顿和海尼去抓几只青蛙带回去研究。可当他们两个捉住青蛙时,都不约而同地惊叫起来,像触电一般又立即把抓在手中的青蛙扔掉。"青蛙有毒刺。"他们两个异口同声地说。

3.解剖有毒青蛙

最后,他们还是捉到几只大青蛙带回了实验室。克里斯经解剖发现,这些青蛙头部长着又粗又尖的角,不断冒出一种难闻的黄褐色汁液。经分析,这种褐色的汁液比非洲眼镜蛇还要毒上4倍,难怪那些大象会死于非命。他们把青蛙制成标本,陈列在肯尼亚国家森林公园的展示室里。从那以后,这种有毒的青蛙再也没有出现。

让人不解的是,这些青蛙身上为什么会带有毒素,它们是从什么地方来的,为什么又突然消失。这神秘的青蛙留给人类又一个未解之谜。

当警卫的蟒蛇

1.盗窃遇警卫

在奥地利首都维也纳城,新开了一家高级百货商店,店里全是豪华昂贵的首饰。在维也纳拳击擂台赛上几次夺得冠军的大力士詹姆斯企图动手偷盗。他巧妙地从营业员嘴里套出夜间仅有一个守卫的情况。于是,趁一个风雨之夜,詹姆斯进行了他蓄谋已久的盗窃活动。

詹姆斯用万能钥匙打开后门,悄无声息地钻进商店,直扑首饰柜台,打算不惊动警卫,不费大手脚而获成功。此时,商店里一片漆黑,连一根针掉到地上的细微声音,也可以听得清清楚楚。詹姆斯放轻脚步,仅仅发出轻微的鼻息声,他确信没有惊动警卫。当詹姆斯开始动手撬首饰柜台的柜门时,突然感觉到肩后有东西搭了上来。詹姆斯估计是守卫者从背后下手来捉自己,由于摸不着预先带来的手电筒,只好在黑暗中和对方夜战。

2.黑暗中搏斗

这时，他既有思想准备，又有格斗经验。便马上去抓对方伸来的手，准备使劲一拖，把对方从背后凌空甩到面前。哪晓得对方的手软乎乎、滑溜溜，自己的力气用不上去。詹姆斯一躬腰，伸出双手去胯下抓那人的脚，打算把对方拖倒，然后再骑上身去卡死……谁知，对方的腿纹丝不动，詹姆斯怎么拔也拔不过来，僵持了好一会儿，对方自己却把腿伸过来，反而一下子钩住了大力士的右大腿。大力士接连几招没有成功，真正发慌了。

要知道，詹姆斯这两年可是称霸维也纳拳击界的呀，现在却遇上了一个格斗高手。他想和对手拼搏，可现在处在不利的位置和姿势。对方也不答话，只是用手、脚更紧地缠住詹姆斯，仿佛用绳索捆绑那样。

詹姆斯赶紧屏气收腹，运气发力，像平时表演挣断捆在身上的铁链那样，要把对方的手脚崩开，甚至崩断！只听得大力士"啊"的大喝一声，用劲发力，浑身筋骨铮铮作响，店堂里爆发出"啊""啊"的回声；而对方却毫无反应，依然如故，用手勒着大力士的颈部，用腿钩着大力士的大腿，连身子也贴紧在大力士的背上。

就这样，詹姆斯发力运功好几分钟，不一会儿已经像泄了气的皮球，猝然跌倒在地，口吐白沫，昏死过去。

3.神秘警卫揭晓

等到詹姆斯醒来，只见灯光齐明，商店老板和警察站在面前。他这才看清楚擒获自己的对手，竟是一条长两米半、身子像胳膊粗的大蟒蛇！怪不得是长手，长腿，细腰身，浑身冷冰冰、软乎乎、滑溜溜。原来，这是一条经过训练的专业警卫蟒蛇。

大力士做梦也不会想到，这个神秘警卫竟是一条蟒蛇，他只好自认倒霉，在强大的事实面前低头伏法。

智捕山鹰的山龟

1.老鹰发现山龟

海南岛五指山的密林深处，一只老鹰正在山谷盘旋。只兜了半个圈子，老鹰就发现了搜寻的目标。小溪边的两块大石头的缝隙中,一头小小的乌龟一动不动卡在里面,它的四肢和头尾都不见了,不知是缩进了龟甲,还是已经被其他食肉兽咬掉,反正它的龟甲已呈现出灰白色,那正是开始腐烂的迹象。老鹰打了个旋,从天而降,落在小溪边大石头上。它用闪着绿光的眼珠扫视着四周,没有发现一点可疑的动静,便拍了拍双翅,朝石缝移动两步,急不可耐地朝乌龟尸体下了嘴。

乌龟的壳好硬,带钩的尖鹰嘴啄上去"啪啪"直响,可什么也咬不到。石头缝隙太小,鹰爪伸不进去,它只得耐心地一点一点寻找能下嘴的地方,哪怕能咬下一小块龟肉,也可以填填饥饿的肚子。

2.老鹰反受袭击

在龟甲的前端,乌龟颈子伸缩处,软软的有一块咬得动的地方。老鹰把尖尖的嘴伸进隙缝中,想咬住乌龟的脖颈往外拽。

没料到突然从那块软软的地方伸出乌龟的脑袋,一张嘴就咬住了老鹰的尖嘴。它一口咬住鹰嘴便再也不肯松开,憋得老鹰将头左右甩动,一下子把乌龟拉出了石缝,拍拍双翅,腾空飞去。

在空中,老鹰更奈何不了小小的乌龟,用颈子甩乌龟甩不了;用爪子抓,老鹰身上便直往小溪里坠。而乌龟的嘴巴死命咬住鹰嘴,尾巴也从龟甲中伸出来,借着飞行中的晃悠劲,一下又一下刺向老鹰的胸膜。

遭到如此厉害的袭击,老鹰经受不住了,它疯狂地伸出爪子朝乌龟乱抓一通。这一下,老鹰失去了飞翔的平衡,终于一个筋斗接着一个筋斗从高空旋转着往下跌,"砰"的一声撞在太石头上,再也动弹不了。那只小小的灰白色乌龟,依旧咬着老鹰的尖嘴不放。过了好大一会儿,乌龟的头才慢慢从龟甲中伸出来,不可一世的老鹰已经摔死。

3.山龟肢解老鹰

灰白的山龟放下心来,舒展开四肢,尾巴也露了出来,这可是它最锐利的武器。它背过身子,伸出尾巴,在鹰的颈项间来来回回抽动,好像锯子一般把鹰脑袋锯下来。乌龟毫不客气地吸吮着老鹰的血,待肚子略有饱感后,又开始肢解老鹰的身子。后腿锯断后,翅膀锯下来了,最后山龟把鹰肉拖进大石的缝隙藏好。这么大一只老鹰,足够山龟吃好一阵子了。

生死相许的大雁

1.秀才好奇捕雁

　　山西省汾水的东岸，匆匆地行走着一位年轻的秀才，他叫元好问。元好问是从家乡秀容去太原的。到了阳曲县城外，遇上一位汉子张罗着捕猎芦苇丛中的大雁。元好问此刻也走累了，便停下来站在树荫下，观看猎人如何捕获飞鸟。

大雁

　　猎人远远地在芦苇南边的两棵大树上张起一张大网，又带着猎犬绕到芦苇丛的北边。那猎人挥动着一根长长的竹竿，大声鼓噪着，击打着水面。猎犬听到攻击的信号，一头窜进密密的芦苇中，"汪汪"叫着，帮主人驱赶歇息在水面的大雁。

2.成功捕获雌雁

　　这一群大雁从遥远的北方飞来，经过了几千千米长途跋涉，正在芦苇丛中捕鱼捉虾，以补充体力。遭到这突然的袭击，便"呷呷"惊叫着，从水面飞掠而起，芦苇南端的大雁中，有两只却一头撞进了大网，脑袋卡在网眼里，越是挣扎，就越是被紧紧地纠缠着，再也无法挣脱。猎人看到有了收获，哈哈大笑着走上前去拿到手的猎物。他放松网绳，伸手去抓一只雄雁。就在他把雄雁从网中拖出时，雁儿拼命一挣，双翅狠狠拍打着猎人的手背。猎人一慌，一把没抓牢，竟眼睁睁望着它脱手而去，掌中只剩下几片雁毛。望着"扑扑"飞到空中的雄雁；猎人又悔又恨，没等把另一只雁从网里拖出，便使劲地扭断了它的脖子，连网带雁一起掷到了地上。

3.雄雁以死相随

元好问看到一场捕猎已经结束,正想重新出发,突然听到头顶上传来一阵凄惨的雁叫声。抬头一看,刚才从芦苇里飞上天的一群大雁已经排成人字队形,继续朝南飞去。只有逃脱了猎人手掌的那只雄雁,还在头顶上盘旋。

这只雄雁飞了一圈又一圈,不断长声哀鸣,似乎想召唤地上那只颈断骨折的雌雁,重新跟它翱翔长空,比翼齐飞。

突然,天空中又传来一声惨叫,"呼呼"一阵响声过后,那只孤雁突然收拢双翅,头朝下,箭一般地倒栽下来,"啪"的一声,如同一块石头落地,撞在大网附近一块巨石上,脑碎翅折,摔成一摊血肉。元好问"啊"地惊叫了一声,三步并作两步跑上前去,呆呆地站在两只大雁身边,一时间说不出话来。那位捕雁汉子也愣住了,目瞪口呆地站着,不断喃喃自语:"咦! 何苦来! 何苦!"

4.秀才感慨万千

听着捕雁人的自语,元好问不禁心潮翻腾。这只不惜以身殉情的雁儿,曾与它的情侣遭受过多少风雨的磨难,享受过多少双飞双宿的欢乐。

它们正像人间几多痴情男女,宁愿粉身碎骨,也不肯在别离的苦痛中受煎熬,不肯形单影只,寂寞终身。它们的感情何等深厚,它们的精神又何等高尚啊! 这位年轻秀才不禁热泪盈眶,觉得眼前的一切都模糊起来。

复仇的猫头鹰

1.猫头鹰伤人严重

一年5月的一个傍晚,湖北丹江口市一家姓张的农户,突然遭到了猫头鹰的攻击。说来奇怪,这家人一出门,就有一只壮实硕大的猫头鹰像战斗机那样俯冲下来叼啄他们。女主人进进出出频繁,所以受冲击最多。有一次,她的额头竟被啄得皮开肉绽,吓得她自此不敢离家一步。第二天清晨,男主人出门干活,刚刚迈步,猫头鹰便"嗖"地迎面扑来。

只听他"哎哟"一声惨叫,右眼流血不止,急去医院检查,眼角膜不幸穿孔,当即失明。

2.村民们疑惑不解

这件事引起了村里人的议论。有的说,猫头鹰通常昼伏夜出,善于捕鼠,但它怕人,从没听说它伤害人。有的说,这猫头鹰为什么专门攻击张家的人,而不碰别人一根毫毛呢。这可是个谜! 这事传到了市科学技术协会,他们马上派人来调查,终于弄明白是怎么回事。

3.猫头鹰伤人原因

原来,年初有一对猫头鹰选了张家的墙洞做巢。它们在此安居乐业,生儿育女。不久就添了5只可爱的小猫头鹰,成天"叽叽叽叽"地欢叫。可是,一天上午,它们被村里的一群淘气小孩注意上了。孩子们不知道猫头鹰是益鸟,应该好好保护,竟去抄家捉鹰崽。他们爬上梯子用棍子在墙洞里乱捣一通,想把大猫头鹰赶走后,再动手抓它们的孩子。

猫头鹰白天怕光,那时正在歇息,突然遭到袭击。母猫头鹰和它的两个儿女慌忙逃命,从高高的墙洞跌下,当场摔死。公猫头鹰和另外3只小猫头鹰生擒活捉。孩子们各人分得一个俘房带了回去。张家儿子小涛带回一个最小的,养在家里玩耍。

因公猫头鹰毕竟老练,它惊魂稍定,趁逗弄它的孩子不注意,展翅飞逃而去。它飞回巢穴,见妻离子散,好不凄惨! 悲痛之余,它一反常态。除了晚上捕鼠,白天也常飞出巢来,寻访小猫头鹰,也寻访它的仇人。它的巢穴离小涛家最近,很快它就听到小猫头鹰的"叽叽"叫声。它几次想救出孩子,可总未如愿。这么一来,它就更加恼怒了。于是,它采取了极端的报复手段,只要见到张家的人走出门,就不顾一切地向他们展开进攻……

孩子们的顽皮,直接造成了一个壮年男子汉的右眼失明,这可是惨痛的教训呀!

杀人的红蝙蝠

1.神秘古堡

印度西部的塔尔沙漠里,坐落着一座古老的城堡。门前隐约可见一条褪色的告示:

过往人畜切莫在此留宿!

多少年来,别说行人不敢走近,就是那些商旅驼队也远远地绕开古堡,提心吊胆地赶路。因为,凡是夜间在此地住宿或路过的人畜,都会莫名其妙地丧命在古堡之下。

为此,印度警方向全世界发出悬赏布告:"凡能破古堡疑案者,奖励 10000 卢比!"

2.准备探秘

直至布告发出一年后的一天,才有人叩响警察局的大门。老人自称来自英国,叫毕德莱克。

警察局长声明,万一出了事,警方不负任何责任。最后他向毕德莱克表示,如果需要什么人力和物质的帮助,警方一定满足他。然而,老人很自信,他摇摇头表示什么也不需要。

毕德莱克离开警察局,立即来到一家杂货铺,买了一只大铁箱子和一张渔网,又去一个耍猴人那儿买了一只猴子。

一个月黑星稀的夜晚,塔尔沙漠一片沉寂,矗立在其上的古堡像恐怖的幽灵一般。

这时,毕德莱克驾着一辆马车由远而近地驶来。马车在古堡前停下,毕德莱克从车上敏捷地跳下。他迅速从车上搬下铁箱和渔网,牵着那只猴子,走进了黑洞洞的古堡。他从身上取出一只药瓶,在猴子的头上涂上了药水,然后将猴子赶进那张渔网里。接着,他打开铁箱,把自己藏在里面,盖上箱盖,手里牢牢抓住网绳,从箱缝里窥视外面的情况。

3.黑影现身

不一会儿,从古堡的黑暗里传来一声怪异的啼叫声,叫声在大厅里激起回响,使人毛发直竖。叫声过后,便有一阵"哗啦啦"的响动。毕德莱克心头一惊,他盼望的东西终于来了。他屏住呼吸,紧紧抓住网绳,等待着……突然,一团黑影从古堡顶部飞下来,向那只猴子猛扑过去。猴子已酣然入睡,忽然被什么东西在头部猛扎了一下。剧痛难忍,发出一阵惨叫。

躲在铁箱里的毕德莱克早已看准了时机,一听到惨叫声,他飞快地收紧手中的网绳,那团黑影被罩在了网中。它拼命扑腾了几下,不动了。

过了一会儿,毕德莱克确认网中的那团黑影已经失去了知觉,他从铁箱里跨出来,小心翼翼地走近它……

4.揭开迷案

塔尔沙漠200多年的迷案终于被揭开了……

原来是一只形象十分奇特的大蝙蝠。它的身体呈暗红色,长着一对大翅膀,最吓人的是它的喙,好似一根长长的钢针!

人们全都吓坏了。毕德莱克告诉大家,它就是古堡里夜间杀人的凶手!凶器是钢针一样的喙,刺入人或兽的头部,吸吮脑汁,放射毒液,立刻将人或兽置于死地,所以难以在死者身上找到外伤的痕迹。这种红蝙蝠在世界上极为罕见。

撞翻大船的蝴蝶

1.一次紧张的航行

1914年,第一次世界大战的烽火刚刚燃起,整个欧洲大陆笼罩在一片战争的阴霾中。

这天,印度洋上空晴朗高爽,在波涛汹涌的波斯湾海面上,"德意志号"轮船正满载货物疾速行驶。船长隆·贝克双眉紧皱,不时用略带沙哑的嗓音向舵手发出指令。年轻的舵手神情严肃,全神贯注地操纵着方向盘。尽管"德意志号"不是头一回远航,船员们对这里的海况也了如指掌,然而战争的阴云,却时时刻刻笼罩在每个船员的心头上。

2.蝴蝶群扑面而来

船终于驶离波斯湾,隆·贝克这才松了一口气。他已经几天没好好合过眼了。就在这时,他忽然发现海空骤然阴暗下来。在大海上航行,风云变幻是常事,然而眼前并没有出现乌云,也没有雷电来临前的迹象。他推开舷窗,听到一阵奇特的"嗡嗡"声,在海天之间,一大片云状的东西,正以迅疾的速度铺天盖地压过来。隆·贝克慌忙举起望远镜,不禁万分惊讶地叫出声来:"我的上帝啊,蝴蝶!"

甲板上的船员也几乎同时惊叫起来。不知从什么地方飞来了这数以千万计的蝴蝶组成的云阵。它们浩浩荡荡,遮天蔽日,扑向"德意志号",转眼间船就被包围了。

然后蝴蝶如同潮水般地迅速涌进船上的每个角落，顷刻之间就密密麻麻地布满了甲板和船舱，连烟囱和缆绳也被它们占据了。船员们被这突如其来的袭击惊呆了。还没等他们回过神来，个个脸上、身上都落满了蝴蝶。"德意志号"上顿时乱作一团。船员们在甲板上四处乱奔，挥舞着双手，拼命驱赶。然而，这些平时招人喜爱的蝴蝶，此刻却成了无法驱赶的灾难。

3.蝴蝶占领"德意志号"

隆·贝克也有几十年航海经验了，却从未看到过这样可怕的景象。他的"德意志号"已经完全被蝴蝶占领。蝴蝶群开始向驾驶舱进攻了。隆·贝克惊呼一声："不好！"一个箭步冲出驾驶台，挥舞双手大声命令船员赶紧打开灭火器。顿时，白色的泡沫四处横飞，受到袭击的蝴蝶更是横冲直撞。一群蝴蝶在泡沫中如纸片一样落下，更多的蝴蝶又前仆后继地冲上来。几分钟后，灭火器失去了威力，而"德意志号"却陷入了至少1000万只各种各样蝴蝶的重重包围。船员们已经无法睁开眼睛，呼吸也十分困难，绝望地尖叫着。无计可施的隆·贝克想下达最后的命令，加快速度冲出重围。可是，已经来不及了。蝴蝶大军把他压迫得喘不过气来。与此同时，他感到巨轮在剧烈地摇晃，舵手再也看不清航向。隆·贝克意识到那可怕的一刻就要降临。

4.蝴蝶突然失踪

几秒钟后，在一片惊恐而绝望地喊叫声中，失去控制的"德意志号"巨轮迎面撞上了礁石。就在"德意志号"白色的桅杆最后在海面上颤动一下的那一刹那，蓝色的海面上腾起了成千上万只蝴蝶，浩浩荡荡，密密麻麻，一下子便不知其踪。

吃人的巨蚁

1.准备探险之旅

贝里仁是一名比利时探险家，他要去南美洲的一座古代废墟进行考察。在此之前，要穿越一片古木参天的原始森林，他雇佣当地人查干做他的向导。可是查干却连连摇头。他听镇上老人们说,森林里千万去不得,弄不好会被野兽吃掉。

贝里仁知道,在他之前曾有好几个国家的探险者,来到这里却再也没有回去。可这并没有使他退却,他从小就对探险有着浓厚的兴趣,对南美这片古老而神秘的土地更是充满了向往。他读了不少关于南美的书,更何况开掘古代废墟的工作又是那么诱人。他给了查干优厚的报酬,他们便出发了。

2.探险中遇险

3天过去了,他们曾遇到过几次小小的危险。在森林中遇到野兽的袭击是很平常的事,对于具有丰富探险经验的贝里仁来说,对付起来并不困难。眼下,他感到双腿有些沉重,正想招呼查干歇一歇,只听见前方树林里"哗啦啦"一阵响,他立即警觉他闪在一棵树后,查干也站住了。树林发出一阵阵越来越大的响动。贝里仁一惊,右手本能地握住了口袋里的手枪,双眼注视着前方。影影绰绰的丛林中,出现了一个黑乎乎的庞然大物!

"哦,上帝! 这是什么怪物?"贝里仁心里惊叹着。怪物一步步地向他们的藏身处逼近。那怪物很高,小小的脑袋,狭长的脊背一拱一拱的,脚像树干一样撑在地上。如果不是怪物脑袋上长着两根长长的触须,贝里仁简直不会想到这可能是巨蚁! 他一下想起了读过的一本有关南美土著部落的史记,里面曾提到过巨蚁这种奇特的动物。

3.惊慌击败巨蚁

还没等贝里仁想出对付的办法,巨蚁忽然在查干藏身的树前停住了。查干吓得慌了手脚,浑身哆嗦。贝里仁来不及多想,瞄准巨蚁一扣扳机,"砰!"巨蚁似乎被击中了。然而它仅仅摇晃了一下狭长的身躯,又继续向他们逼来。贝里仁的手心捏出了一把汗,对准那怪物连发5枪。巨蚁东倒西歪,把两旁的树林弄得"哗哗"作响,最后终于重重地倒下了。贝里仁刚想上前去解救查干,随着一阵巨响,树林里又出现了几只巨蚁。查干受到了两只巨蚁的袭击。眨眼工夫,巨蚁已经撕碎了查干的脚,查干痛得惨叫起来。贝里仁怕开枪会伤着查干,只好对天鸣枪。巨蚁这才慌慌张张地拖着同伴的尸体逃走了。

4.平静后的恐惧

四周一下子恢复了平静,贝里仁默默地站在那里。有一刻他简直不敢相信刚才发生的一切,直至看着坐在地上呻吟的查干,才想到如果刚才稍一迟疑,查干可能就没命了,心里不免有些后怕。

或许,那几个到南美探险失踪的人,可能和他们有过共同的遭遇。贝里仁懊悔不已的是当时没来得及抢拍照片,那对于证实这种可怕的动物的存在,将是十分有用的。

吃蟒蛇的蚂蚁

1.蟒蛇吞吃水鹿

这个故事发生在越南南方湄公河畔的热带丛林中。

这一天,一条长达8米的大蟒蛇潜伏在一棵大树上,等待着猎物的出现。大约一小时后,一只水鹿从树下路过。大蟒蛇从树上一跃而下,用身躯把水鹿紧紧地缠绕住。

水鹿左右挣扎,无济于事。它的骨骼在越缠越紧的蟒蛇怀里"嘎巴嘎巴"地被勒断,并渐渐窒息而死。随后,大蟒蛇把水鹿用劲挤压成长条状,一下子把水鹿吞进了肚子,地上只留下了一摊腥血。

大蟒蛇吞下水鹿后,蛇身胀得更粗更大了。它感到吃力,就在溪边的草地上躺下休息。

2.蟒蛇遭遇蚂蚁

十多分钟后,沙滩上出现了一群大蚂蚁,极其迅速而又准确地爬向大蟒蛇。原来这是一群凶猛的尾巴带毒的食肉游蚁。它们有特别灵敏的嗅觉,在几百米之外,就嗅到了草地上的那股血腥味。不一会儿工夫,成千上万只游蚁,如同一股褐红色的水流,涌向大蟒蛇。大蟒蛇被剧烈的疼痛弄醒了,惊异地看到周围密密麻麻一大片,有数百万只游蚁在向它进攻。大蟒蛇害怕起来,就扭动笨重的身子向四周猛撞,它要把蚁群们驱赶开去。可是,食肉游蚁们不会轻易逃跑,它们紧紧围住了大蟒蛇,轮番向它进攻,咬它皮肉,向它体内注射有麻醉作用的蚁酸。大蟒蛇身上爬满了游蚁,痛苦万分,它拼命翻滚,想把身上的游蚁甩脱。但是,游蚁们宁可被压烂也绝不松嘴,它们前赴后继,越围越多。

大蟒蛇更慌了,它忍住痛,拖着笨重的身体,开始游动,想突出重围。然而,数百万只游蚁把它围得水泄不通,它像游进了蚂蚁的海洋一样,游到哪里都遭到蚁群的攻击,始终冲不出蚁群的包围圈。

那些具有麻醉性的蚁酸,使蟒蛇逐渐感到头脑昏沉,软乏无力,最后趴在沙地上,任凭游蚁们咬食摆布。

3.蚂蚁分解蟒蛇

游蚁们制服了大蟒蛇后,开始啃的啃,咬的咬,运的运,把大蟒蛇的肉一块块卸下来,运回窝里。很快,从大蟒蛇到游蚁窝之间,又形成了两条小溪流,一些游蚁奔向大蟒蛇,一些游蚁爬回蚁窝去。数小时后,地上只剩下了一具大蟒蛇的尸骨,那两条小溪才渐渐消失。

那条倒霉的大蟒蛇残杀了水鹿,却引来了依靠集体力量取胜的食肉游蚁,致使自己葬身蚁群,并且碎尸万块。

刺死大蛇的螳螂

1.猎人的疑惑

一天下午,有个猎人经过深山的溪谷,偶然听到崖上传来一阵"噼噼啪啪"的响声。他循着声音走过去,眼前的场面很奇怪:一条碗口般粗的大蛇正在地上上下翻腾,一会儿将头高高昂起,吐着信子,用力左右猛甩,一会儿蛇尾又一阵猛扫,两边的灌木丛都被折断。

猎人很纳闷,它似乎正在与什么东西做殊死的搏斗,但前面却不见有任何敌手。大蛇渐渐显出痛苦之状,粗长的身子在崖上不断地扭动、挣扎,好像是被什么东西钳制住了要害却又无法摆脱。

螳螂

2.螳螂杀死大蛇

猎人越靠越近。忽然,他看到在大蛇的头顶靠近眼睛的地方,有一只硕大的螳螂正用两把"刀"紧紧地攫住蛇首。原来,这条凶残大蛇的死敌,竟是这只翠绿色的小虫。

大蛇的眼睛已被螳螂的利刀剜破,蛇身在崖上乱滚。但螳螂仍岿然不动地盘踞在它的头顶,一把利刀已插进蛇的头顶中去了。大蛇已精疲力尽,最后终于丧失了挣扎的气力,抽搐了一阵后死了。

只见那只螳螂轻轻地从蛇尸上跳下,带着胜利者的满足,扬长而去,把在一旁的猎人看得目瞪口呆。

3.疑惑被揭晓

螳螂与大蛇相比,一小一大,力量相差悬殊,简直不可同日而语,那么,小螳螂何以能置大蛇于死地呢?

首先它有敢和大蛇较量的胆量,少了这一点,其他就什么都谈不上了。

其次是它善于发挥自己的长处。它的两只前爪犹如两把大刀,是它克敌制胜的武器,它就是用这一武器对付大蛇的。

再次是善于抓住对手的要害。如果螳螂只凭自己的武器与敌害蛮拼,那仍旧无法战胜大蛇。它的聪明之处,就在于能抓住大蛇的要害,即紧紧地伏在大蛇的头顶上,用刺刀刺住大蛇的眉心,任凭大蛇如何摆动扑腾,它都死死地刺住不放。

总而言之,它是凭自己的胆略、聪明、智慧和坚忍不拔的毅力战胜了貌似强大的敌害。螳螂的战绩,足可给世界上一切弱小者以巨大的鼓舞。

诡计多端的老鼠

1.老鼠的智商不低

据外国专家长期研究发现,老鼠是仅次于人类和猩猩的聪明动物。说它聪明,看看苏东坡的《黠鼠赋》中所记叙的:

有一只老鼠被人关在空箱中,开始在里面急蹦乱跳,过后悄无声息。人们打开箱门,发现那老鼠嘴角有血迹,四肢朝天仰在箱底。人们以为它已经死了,可刚倒出来,老鼠便迅速逃走。

狡猾的老鼠不仅能大耍骗术,有时其智商连人类科学家都有所不及。长期以来,人类灭鼠多采用灭鼠药剂,老鼠在最原始的时候是采取对鼠药产生抗力来消减毒性。但随着后来鼠药的快速发展,老鼠又琢磨出了新的解毒良方——维生素 K。从此老鼠家族便不断搜寻和猛啃含维生素 K 的东西。

老鼠的智商还表现在偷盗的伎俩上,偷窃技巧令人叹为观正。比如为了偷窃坛中的鸡蛋,一只老鼠趴在坛边咬住另一只老鼠的尾巴,让它伸进坛中将滑溜溜的大鸡蛋抱在怀里,然后拖出。再用同样的办法运进窝去。

老鼠也是语言大师,也懂媒体传播。哪个地方放了鼠药,哪个地方有捕鼠工具,老鼠会在相当短时间内,一传十,十传百,迅速传遍周围鼠群。

2.老鼠变身做警鼠

正因为老鼠的智商较高,甚至敢于与现今地球盟主——人类斗智。所以有人想出一个绝招,利用老鼠的狡猾和敏锐的嗅觉功能为人类服务——组织老鼠缉毒队和警鼠连,为人站岗放哨,侦察破案。

据资料介绍:加拿大监狱里的犯人吸毒现象较严重,为了阻止探监者偷运毒品给犯人,监狱当局花 60000 加元,训练了一支"特别缉毒队",其成员就是嗅觉灵敏的老鼠。它们活跃在监狱入口处,只要一闻到毒品气味,就会按动警铃。看守闻声,即对探监者进行搜身。

在美国,也有老鼠从实验室受训毕业,分赴邮电、海关、边防哨卡、仓库、机场和飞机上做警鼠。它们能在各种场合准确侦察出任何类型的爆炸物和伪装巧妙的邮件炸弹。

3.老鼠的感应能力

说起老鼠的天然感应能力,令人惊诧。曾有如此报道:某农民在家编筐,突然跑出一只大鼠,用嘴拉农夫手中的藤条。农夫丢下活计去追鼠,鼠窜出屋外,农夫便回到屋里。老鼠又返回屋里跳到农夫脚上,农夫又跺脚甩掉老鼠。老鼠又跑出屋外,农夫刚刚追出,就在这时屋房倒塌了。洪水从山坡奔泻而下,冲倒了土屋。

老鼠的这种灾害预报能力,和对屋主的尽仁尽义之举,说明老鼠的感应能力是较强的。有了这种感应能力和信息传导能力,对种族的生存能说不利吗?

乌鸦能记住人脸

乌鸦和它的亲戚们(包括渡鸦、喜鹊和松鸦)都以其智慧和能在人类主导的土地上繁衍生息的能力而闻名。这种能力可能与跨物种的社会技能有关。在西雅图地区,研究人员发现乌鸦能够记住人的脸。

华盛顿大学野生动植物学家约翰·梅尔茨卢夫是长期以来研究乌鸦能否识别个体的研究人员。曾经被捕捉过的乌鸦似乎对某些特定的科学家更警惕,而且在放生后一般更难被抓住。

为了测试乌鸦对于面孔的识别能力,梅尔茨卢夫博士和他的两名学生戴上了橡胶面具。指定野人面具是"危险的",迪克·切尼的面具是"中性的"。然后,戴危险面具的研究人员在华盛顿大学捕捉了 7 只乌鸦,并给它们做上记号。

在随后的几个月里,研究人员和志愿者在校园里戴上这种面具。这次他们按指定路线行走,并不打扰乌鸦。

乌鸦们没有忘记他们。乌鸦向戴危险面具的人大叫,远比它们被捕捉之前叫得厉害,即使用帽子遮住面具或把面具倒过来戴也是如此。中性面具几乎没有引起反应。

梅尔茨卢夫博士说,他最近戴着危险面具在校园里行走时遇到了 53 只乌鸦,其中有47 只冲他大叫,数量远比最初被捕捉和目击同伴被捕捉的乌鸦多。研究人员猜测,乌鸦从父母和族群中的其他同类那里学会辨认有威胁的人类。

康奈尔鸟类实验室鸟类学家凯文·麦高恩 20 年来在纽约州北部地区捕捉乌鸦并做上记号。他说,他经常被他喂过花生的乌鸦跟随,被他以前捕捉过的乌鸦骚扰。

佛蒙特大学荣誉退休教授贝恩德·海因里希提出,乌鸦分辨人脸的出众能力是它们"灵敏性的副产品",是它们互相辨认的非凡敏锐能力的结果,它们即使分开数月也能认出彼此。

麦高恩博士和梅尔茨卢夫博士认为,这种能力给予乌鸦和其他同类进化上的优势。梅尔茨卢夫博士说:"如果你能学会应该躲开谁和找出谁,那就不容易受到伤害。我认为这使得这些动物能以一种更安全有效的方式与我们共存,并利用我们。"

鸟类能向竞争对手学习

捕蝇鸟或许只有鸟类的大脑,但是有研究表明它们确实可以学习,甚至向对手学习。

每年春天,叽叽喳喳的捕蝇鸟飞到欧洲的森林里寻找合适的地方产卵。因为对环境不熟悉,它们经常观察本地的鸟类以寻找繁衍的最佳场所。芬兰于韦斯屈莱大学的研究人员雅纳—图奥马斯·塞佩宁说:"这叫入乡随俗。"

塞佩宁领导的研究小组对四个相距很远的山雀栖息地进行了观察。在其中的两处,科学家给山雀的巢都贴上三角形的"门框";在另外两处,把山雀的巢都贴上圆形"门框";在所有这些巢的周边,则放置一些随机贴有三角或圆形"门框"的空巢。

研究者发现,首先到来的捕蝇鸟对于三角形"门框"或者圆形"门框"的鸟巢没有什么偏爱,不管这个标记是不是代表山雀巢,但是在迁徙即将结束的时候,飞到森林中的捕蝇鸟75%都会选择和这一地区山雀巢有同样标记的鸟巢居住。

塞佩宁猜测,后来的捕蝇鸟都是年轻和没有经验的。研究者说,为了尽快繁衍后代,它们不得不在不清楚最好的食物来源在哪里以及哪里会出现猛禽的前提下选择巢穴,捕蝇鸟的解决方案是跟着山雀走。

鸟也懂未雨绸缪

根据一项研究报告,"鸟脑瓜"也许根本不是侮辱性字眼。这项研究显示,并非只有人类能够计划未来。

在英国科学家进行的一项试验中,8只灌丛鸦会在前一天晚上贮存松子来预备次日的早食,因为它们前几天早晨在这里没有获得食物。相反,在前一周研究人员隔一天放一次食的第二个地点,这些鸟储存的食物仅为前一地点的1/3。

多伦多大学心理学与动物学教授萨拉·沙特尔沃思在《自然》周刊上撰文说："这些鸟在一个最有可能缺少食物的地点储存食物，就像预先在为它们的早食做准备。"她说，要真正显示为未来着想的能力，这些鸟需要符合两个标准。它们必须表现出一种不同于其根深蒂固的习惯性行为的新行为，还要能预知一种"动机状态"，例如在未饿时估计到未来的饥饿。这些灌丛鸦开始在"食品库"预存食物之后，就再没有了断食之虞。

发表在英国《自然》周刊上的这项调查报告的作者说："预知未来并且未雨绸缪一般被认为是只有人类才有的复杂能力。上述研究结果显示灌丛鸦能够自动地为明天做准备，这对认为只有人能够为未来打算的观点是一种挑战。"

为进一步检验他们的假设，科学家又做了第二项试验。他们在两个地点放上不同的食物——松子或狗饼干碎渣。沙特尔沃思说，当一个晚上同时放这两种食物时，这些灌丛鸦会"往每一个鸟舍里储存通常没有的那种食物，似乎是为了保证第二天的食物能丰盛一点"。

黑猩猩能学会以物易物

野生黑猩猩没有财富意识，因此也不懂得易物经济。虽然自然界的黑猩猩不会交换，但它们可以在实验室里学会。交换被视为人类社会发展的基础。

没有财富的人也不需要进行交换。因此，自然界的黑猩猩不懂得以物易物。不过，美国佐治亚州立大学的心理学家萨拉·布罗斯南与几位科学家在《第一公共科学图书馆》月刊上撰文称，他们在实验室中成功地教会了黑猩猩进行交换。

比如，经过研究人员训练的黑猩猩乐意用不太喜欢的胡萝卜交换更可口的葡萄。布罗斯南表示，黑猩猩会放弃对它们不利的交换。

布罗斯南和同事解释说：自然界的黑猩猩不会积累财富，因此也没有交换财富的机会，所以黑猩猩缺乏"有效的财富标准"。此外，一次形成的交换规则很难得以贯彻，黑猩猩可能因此完全放弃交换。

交换被视为人类社会发展的推动力，它使各领域的专门人才——比如手工业者——用自己的一流产品换取另一种产品成为可能，这种双赢的做法推动了专业分工的发展和新技能的产生。

黑猩猩也具"助人为乐"的美德

人类助人为乐的根源也许比我们一直认为的要早得多。一项新的研究结果显示,黑猩猩也能不计回报地帮助其他个体。

直到现在,大多数科学家仍然认为利他主义行为在 600 万年前人类与黑猩猩的祖先分头进化时才出现。然而,新的研究结果显示,黑猩猩也有利他主义行为,而且这种行为似乎是由它们的基因决定的。在这项研究中,人类装作够不到放在黑猩猩笼子里的木棍,而年幼的黑猩猩会自发且反复地帮助人类拿到棍子。这一结果表明,利他主义也许一直是人类和黑猩猩的共同祖先——古猿类社会生活中的一大因素。

这项研究的负责人、德国莱比锡的马克斯·普朗克进化人类学研究院的心理学家费利克斯·瓦内肯说:"我们过去认为,我们和我们的灵长类近亲等动物有很大差异,但事实并非如此。至少,某些利他主义行为一直存在于人类和黑猩猩的共同祖先当中。"人类学家很久以来一直把利他主义视为复杂的社会组织得以形成的一个关键因素。这就提出了一个问题:利他主义行为最早是在何时进化而来的? 真正的无私助人向来被视为一个独特的人类特征,人们认为,只有人类能够在明知可能对己不利的情况下有意识地帮助他人。

但现在发现其他动物也有许多明显的利他主义行为。例如海豚会帮助生病或受伤的动物,每次在它们下方游数小时就把它们顶出海面,使它们能够呼吸。与此类似的是,狼和澳洲野犬会给群落中未参与捕猎的成员带回肉块。

猴子有奖赏亲朋的本性

美国埃默里大学耶基斯国家灵长类动物研究中心的研究发现:对卷尾猴来说,既给予又获取似乎比单纯的获取更有意义。研究人员发表在《国家科学院学报》上的报告说,他们在试验中给了猴子两种选择,一种是自己获得食物奖励,另一种是在自己获得奖励

动物百科

的同时让另一只猴子也获得奖励。在与亲属或"朋友"配对时,猴子们基本上都会选择后一种奖励方式,这就是所谓的"亲社会性"选择。

研究负责人弗兰斯·德瓦尔说:"卷尾猴的亲社会性选择表明,对他们来说,看到其他猴子也获得食物让他感到满意或高兴。"

不过,在与陌生猴子配对时,它们就没有这么大方了,它们通常会做出"自私性"选择。

德瓦尔说:"我们相信,亲社会的行为是基于感情的相通。对人类和动物来说,群居的亲密性都会使感情的相通增加,我们的研究表明,更亲密的伙伴会做出更多亲社会性的选择。它们似乎会关心自己所认识的伙伴的幸福。"

现在还不能确定的是,对卷尾猴来说,乐于给予是因为它们希望共享食物还是因为它们就是喜欢看到其他猴子也能享受食物。德瓦尔认为,这种亲社会性的选择肯定意味着一些无形的好处,也许就表明了感情上的相通。

昆虫肩负国家安全责任

当你要踩死蟑螂或拍死苍蝇时,需要三思而后行。虽然它们的形状和行为令人生厌,但他们可能成为未来反恐战争中的奇兵。科学家们越来越重视对昆虫和其他生物的研究,正在寻找利用动物鉴别有害物质的方法。

美国弗吉尼亚联办大学昆虫学专家卡伦·凯斯特耗资100万美元,研究利用蟑螂和家蝇防止建筑物或地铁遭受污染的方法。他得出结论:"蟑螂可以鉴别从炭疽孢子到DNA等所有物质。"人们可以在大楼内释放蟑螂或捕捉楼里原有的昆虫,检测他们体内的有害物质后再决定下一步怎么做。这样的方法不仅能节省人工,而且比机械传感器更有效。通常这种活传感器的活动范围和灵敏度都是一般机械传感器无法比拟的。

黄蜂和蜜蜂在辨别气味方面也有高超的本领,利用它们可以探测环境中的有害物质。蜜蜂嗅出目标气味时,它的喙会伸长,用摄像机可以确切记录蜜蜂喙的反应,将这些信息输入计算机,经过处理计算机可以发出警报。训练一条嗅弹犬大概需要10万元左右,而蜜蜂嗅觉系统的精确度和它相当,但一只蜜蜂仅需要几角钱。

蝴蝶和飞蛾对空气中有害物质的检测也有重要作用。机器人技术虽然已有很大发展，但目前还不能模拟昆虫的飞行能力，因此科学家正在研究可控制的半机械化蝴蝶，这样的蝴蝶能够飞行到建筑物中来完成采样任务。在蛹期，将芯片植入昆虫体内，昆虫发育成成虫后，芯片可控制昆虫的运动，用来检测空气中的危险物质。

动物能组成高风险任务突击队

一些鲸类、啮齿类动物甚至昆虫能成为新一代用来完成军事任务的动物军团，它们可以探测反步兵地雷，甚至执行海岸巡逻。

哪怕最新的技术进步也不能让众多帮助人类执行高风险任务的各种动物退休。这些动物不仅限于传统的跟踪犬，实际上，世界各国军队都拥有一支种类繁多的动物军团，包括老鼠、海豚、鲸、蜜蜂和海狮。

在非洲，无数内战留下的最糟糕的危害之一就是遍布各地的反步兵地雷。解决这一问题的最新方案之一就是用老鼠探测这些地雷，这个想法来自安特卫普扫雷组织，这个比利时的研究中心为坦桑尼亚和莫桑比克等国家的扫雷工作提供咨询。目前这些国家都在训练啮齿类动物。

啮齿动物嗅觉灵敏，经过短短几个月的训练后就能够凭气味找到爆炸物。由于体重不到 2 千克，它们能够停留在地雷上面或挖出地雷并避免引爆。排雷专家则用一根长绳把自己和老鼠系在一起，因此远离危险区域。等老鼠完全确定地雷的位置后，专家再进入雷区排除地雷。

哥伦比亚国防部用一年的时间对老鼠实行类似训练。这些小动物已经通过第一阶段识别火药的训练，然后进入第二阶段识别更复杂的爆炸物的训练，并有望在不久以后执行实地探测任务。

排除地雷和爆炸物的另一种低成本方式是利用蜜蜂。专门研究蜜蜂的生物学家詹姆斯·倪说："科学家们训练蜜蜂的办法是将炸药的气味混合在糖水中。这些蜜蜂经过3到4天的训练就可以放进雷区，它们会像寻找食物一样去寻找这种气味，只要观察它们寻找的地点就可能发现地雷。"目前科学家正在克罗地亚进行这项实验。

美国军队在研究海洋物种方面处于领先地位。美国海军海洋哺乳动物专家计划用几年的时间对海豚、虎鲸、鲸和海狮进行训练。50年代，这些海洋动物的流体动力学构造帮助美国制造出更具威力的导弹和军舰。海军利用哺乳动物灵敏的听觉和在海面与深海之间穿梭自如的能力，执行寻找海底武器、地雷定位、发现侵入的潜水员以及守卫海港和海军基地等任务。

动物用毒高手

有些动物是用毒高手，它们的毒液在猎物体内肆无忌惮地蔓延，大发淫威，毒液让对手休克、麻痹，死亡可能转眼即至，也可能是漫长痛苦的折磨，令猎物的神经、血液和心脏慢慢遭到破坏。它们利用毒液来加强自己的防御力量，它们以用毒名扬天下，它们以无情让对手胆战心惊，它们是真正的天生杀手。为了生存，它们个个练就一身绝世武功，其中以用毒名满江湖的还要说是蛇和蜘蛛。

一提起这两大用毒门派，大家肯定能说出它们中最具代表的几个厉害家伙，以蛇门中大名鼎鼎的眼镜王蛇最为著名，但是在用毒和速度上非洲的黑曼巴蛇要比眼镜蛇略胜一筹。黑曼巴蛇一口咬下时能够释放出100毫克的毒液，这些毒液毒死10个成年人都绰绰有余。有些黑曼巴蛇扮演连环杀手的角色。据可靠消息，有一条黑曼巴蛇在导致11人丧生后，在另一次意外中又造成7人不治而亡。

蜘蛛门的用毒高手也不计其数，其中最为著名的是蜘蛛门的掌门"黑寡妇"，它的毒性凶险无比，中毒的对手根本没有生还的希望。狼蛛也是蜘蛛门中声名显赫的狠角色，不但块头大，用毒也高明无比。在蜘蛛门中，除了用毒以外，还有其他身怀绝技的高手，其中最令人佩服的撒网蛛对蛛网运用得巧夺天工，还有流星锤蜘蛛，它的致命武器是用蛛丝制成的"流星锤"，它舞动着蛛丝来捕捉"多情"的飞蛾。它们之所以让我们印象深刻，是因为它们的阴险、恶毒让人毛骨悚然，几乎地球上到处都有这些秘密杀手的身影，它们神出鬼没。

善于用计的动物

动物在其漫长的生存、繁衍、进化过程中，为了自身的生存而进行的捕食、自卫和斗争，其方式和技能千奇百怪、五花八门，充满着神奇色彩。

计谋的使用在动物的长期演化过程中又是怎样得以发挥的呢？像伪装术、设陷阱、偷袭等等这些人类常用的战术动物们也经常使用，甚至到了出神入化的地步。例如很多昆虫利用陷阱来捕捉猎物。狮虫是一种蝇的幼虫，它设计了一个无比巧妙的陷阱，它的圆锥形身体可以插进松软干燥的沙土，它挖掘陷阱的速度非常快，而且有着几何学上的精确。蚂蚁踩到陷阱上，沙土就会像雪崩一样倾泻而下。但是，狮虫没有视力也没有腿脚，只能守株待兔等猎物自投罗网。在澳大利亚，一种蜘蛛懂得设置致命的陷阱，这就是隐身蜘蛛。在它们的陷阱中，隐藏着地牢和刽子手，绒螨就经常自投罗网，没有昆虫能逃脱隐身蜘蛛的魔掌。

海洋也为那些依靠阴谋诡计谋生的动物提供了狩猎的平台，它们是墨鱼、章鱼、分泌毒液的襄鲉、狡猾的琵琶鱼以及油滑的杀人鳗鱼，它们中的成员有些就像活化石，4亿年间几乎没有什么改变，它们是冷酷无情、效率极高的伪装大师，拥有绝妙的吸盘、灵活的身体，它们能够穿越最狭窄的缝隙，悄悄逼近猎物。火焰墨鱼的行为与众不同，它们用改良的触手在礁底爬行，这样的移动方式不仅有助于接近猎物，似乎也能起到一定的欺骗作用。欺骗是墨鱼最大的特长，紫色、粉色、黄色和黑色的表皮以及奇异的形状使它们看上去像有毒动物，可以使某些馋涎者知难而退。

阿根廷的三条纹犰狳，身披铰链式盔甲，这身盔甲由两层构成，分别是角质和骨头，坚韧的皮把它们连接在一起，这身盔甲足以应付突来的袭击。当它无意闯入一场马球比赛中时，犰狳的绝妙表演令人折服。在马蹄横飞的场地，犰狳首要的保护措施就是逃跑，可是由于盔甲的笨拙直接影响了逃跑速度的发挥，于是马上启动第二套应急预案，把自己团成一个和马球不相上下的密闭的球，坚固安全的盔甲可以抵挡一切，盔甲还可以打开一道缝隙来观察外面的情况。还有些动物甚至用诈骗作为防卫措施，这些动物根本没有死，它们的演技真可谓高超，青蛙仰躺着，看上去就像死了一样，但这只是一个骗局。

实际上"诈死"这种技能起源于负鼠,负鼠诈死时,它的肛门会分泌一种闻起来和腐烂的尸体一样的气味。诈死是行之有效的,因为捕食动物是不吃腐肉的,危险消失之后,它们再悄悄地走出诈死状态。在大自然各种怪诞的诈骗伎俩中最为怪诞的就应该数"诈死"了。

海洋里还有一种更为怪异的生物,就是电鳗,它捕获猎物的手段非常令人不耻。电鳗产生的电流完全可以在短时间内点燃大约一百盏40瓦的灯泡,要电击猎物,电鳗需动用一千块经过进化的肌肉,它们大约占了总体重的6%,这就像它们身体的每部分都装了电池。这些肌肉产生并存储电能,能随时击昏猎物或抵御掠食者的攻击。电鳗的嘴和鼻子位于身体下面的电肌肉的上方,而眼睛则位于背上,这都利于它的捕食。

动物伪装的欺骗性很大,它们变幻出来的一招一式对那些被捕杀的生物来说都是死亡的诱惑。还有一些用计高手懂得用诡计来迷惑对手,足智多谋使它们成为出色的杀手,当它们面对生死决斗的时候,也是它们智慧大比拼的时候,善于用计的高手要么化险为夷与死神擦肩而过,要么战胜对手然后饱餐一顿。有些动物在用计的同时还经常利用自身的优势去战胜对手,它们既会伪装,同时也精通偷袭的战术。除此之外,还有的动物会利用自己的特异功能去捕杀猎物。

陆地和河流里的一些动物是怎样利用计谋捕杀猎物的呢?我们经常拿熊来形容笨拙的人或是其他的动物,其实熊并不笨,不信咱们就去寒冷的北极看看,那里的北极熊会从水下蹿出捕捉鸟儿,也会在海面流冰群中搜索攻击海豹。北极熊掌握着某种知识,从而能够知道捕食的最佳地点和最好方式,这种知识既是天生的,也是后天学习的成果。对于海豹,北极熊会采用水下伏击战术,海豹浮上水面呼吸时正是北极熊得手之时。母北极熊需要将这些捕猎技巧和知识传授给下一代,下一代则要经历漫长的学习阶段,直至长大。北极狐会捕捉蹒跚的海雀雏鸟。在海雀跌跌撞撞大批出现在空中的季节,北极狐就会捕捉它们,然后将它们储存在雪地中事先挖好的地道中,从而熬过寒冬。一般来说狐狸的适应性都很强,它们十分聪明,总是能充分利用眼前的一切,因此,狐狸家族是陆地上分布范围最广的捕食者。但是,猎物不一定会放弃抵抗或投降,捕食者的技术越来越精湛,猎物也会做出相应的反应。只要有进攻就会有防御,一些猎物的防御固若金汤。

守株待兔的战略或是袭击的战术在一些动物身上经常被应用,猫科动物就最擅长此道。他们利用此计谋几乎是屡屡得手,他们的对手都是在毫不知情的情况下就稀里糊涂成了人家的美餐。野猪主要依靠听觉和嗅觉感知周围的危险。它们不敢懈怠,随时保持警惕,稍有风吹草动它们就会逃走。一旦遭遇突袭时,带着子女的个体会受到保护,家族中的其他成员会冒着生命危险挺身而出。通常,美洲虎会跟踪野猪群一段时间,然后找出掉队的成员下手。美洲虎不论采取怎样的行动都会与周围环境融为一体,它的步态非常轻盈,爪子上的肉垫和皮毛可以将响声降到最低限度,在行走时锋利的爪子会深藏起来,一旦时机成熟,它便会发起致命的一击。虎猫是爬树高手,它们属于典型的猫科动物:独来独往、手段毒辣、异常危险。美洲兔最好的防御手段是逃跑,尤其是在它们遭遇一只美洲狮追捕的时候。美洲兔能够突然改变方向或者突然跳起,让美洲狮弄不清它的方向,这有时能够让美洲兔逃过一劫,但幸运并不是永远的,有时厄运还是会来临。美洲狮并不是一出生就具备高超的猎杀技巧,它们必须学习。狮妈妈将活猎物带到小美洲狮面前,这样,它们就能练习自己捕杀猎物了。

可爱的长鼻浣熊竟然拿毒性极强的毒蜘蛛当作美餐,而就在它沉浸在美味佳肴的品尝中时,躲在暗处的僧帽猴却打起了它的主意。可以说,只要有动物的地方就存在进攻与防守的拼杀,这已成了动物世界不变的法则,就连遥远的南极也不是块净土。在那片安宁的冰雪世界里,狡诈的贼鸥给企鹅的生活带来了噩梦。我们看到,动物的计谋在它们漫长的进化过程中发挥了关键的作用,生命的延续是建立在生存的基础上的。懂得使用计谋、善于使用计谋是它们得以生存的保证,通过这些用计高手的展示,让我们对动物之间的战争有了更多的了解,其实你会发现,很多动物的计谋都和人类的谋略有着极其相似的地方。

蚂蚁的秘闻

地球上,有上百万种动物。在动物界中,不显眼的蚂蚁,身上却也有不少值得研究的东西。

1.蚂蚁吃掉大蟒蛇

在非洲,有一种蚂蚁,能够吃掉比它身体大无数倍的动物,即使像狮子、蟒蛇这些庞大的动物,遇到它也不能幸免。

这种蚂蚁身体呈红色,它们没有巢穴,每天排着队,忙忙碌碌地前进,寻找和猎取食物。蟑螂、蟋蟀、蜈蚣、蝎子等,这类小动物固然是它们要吃的对象;一些家禽、家畜如鸡、鸭、猪、羊、马、牛等,也都是它们理想的佳肴。热带非洲的大蟒蛇,身体有十多米长,有大圆桶那么粗,它们不怕任何猛兽,但是偏偏对这个小小的红蚂蚁束手无策。大蟒蛇一见到红蚂蚁就急忙逃避,以免被它吃掉。可是有时候大蟒蛇刚刚吃饱,逃避不及,结果被红蚂蚁追上围困,那就在劫难逃了。

蚂蚁

红蚂蚁为什么能够吃掉比它们大数百倍的动物呢?原来在红蚂蚁的身体内部含有大量的蚁酸,毒性十分猛烈,当它们寻找到猎取的对象时,就把千万只像钳子一样的脚钳住猎物的身体,注射蚁酸。不管是身体多么庞大,力气那么强壮的猛兽,被注入蚁酸以后,过不了两三个小时,就会中毒死去,只得任凭蚂蚁宰割了。

2.花粉"惧怕"蚂蚁

蜜蜂在采集花粉花蜜的同时,为植物"牵线做媒",传授花粉,使植物得以繁殖后代。蚂蚁有时也吃植物的花蜜,然而,令人惊奇的是,蚂蚁并不为植物传授花粉。世界上有几万种植物依靠昆虫传粉,可是已经知道依靠蚂蚁传授花粉的植物只有十几种。有的植物花粉有特殊气味,使蚂蚁不敢接近;有的植物花朵中还进化出特殊的构造,防止蚂蚁接近花粉。蚂蚁不为植物传花粉,植物也不依靠蚂蚁传粉,这似乎是一条自然的法则。

为什么植物不依靠蚂蚁来传授花粉呢?长期以来,这一直是个谜。不久前,澳大利亚生物学家安德鲁·贝蒂通过一个有趣的实验,揭开了其中的奥秘。贝蒂采集了一批花粉,让蚂蚁在花粉上爬行半小时。然后,再拿这些花粉去给植物授粉。他发现,凡是蚂蚁爬过的花粉,授精活力都明显降低。这是什么原因呢?

贝蒂和同事们通过进一步研究发现,在蚂蚁的后胸部有一些腺体,这些腺体分泌一种黏液,能杀死许多致病的细菌和真菌,这是蚂蚁的防御措施。依靠这种黏液,蚂蚁东爬西走,虽然接触各种病菌,也不会感染生病。也正是这种黏液损伤了花粉,使花粉的受精活动大大下降。与之相比,蜜蜂没有这样的腺体,因为它们的蜂巢是封闭型的,平时又常在天空中飞行,很少接触病菌,不需要这样的防御措施。而蚂蚁终日爬行,蚁巢又在泥土中,接触病菌的机会多,没有这样的防御措施是不行的。蚂蚁的后胸腺黏液使植物"害怕",植物有趋利避害的本能,在长期的进化中,许多植物进化出防范蚂蚁的措施。因此,绝大多数植物不依靠蚂蚁传授花粉。

3. 大象和蚂蚁谁的力气大

目前,生活在地球陆地上的动物中,非洲大象是重量级冠军,体重约为 6000 千克。蚂蚁是太小了,100 多万只蚂蚁的重量约等于 500 克。

一只非洲大象重量相当于 100 多亿只蚂蚁。非洲大象可以把 3000 千克(相当于大象体重的一半)的车子拖着前进,使人感到惊奇的是小小的蚂蚁竟能拖着超过自己体重 1400 倍的东西前进!小小蚂蚁的力气,竟远远超过非洲大象,秘密在哪里呢?原来,蚂蚁爪里的肌肉,是一个效力极高的发动机。它是由几十亿台微妙的小电动机组成的。这个发动机的效率,比飞机上的发动机还要高好几倍。它的发动机不借助燃烧,是直接把机体内的特殊燃料——磷的化合物变为电能,效能比一般发动机高得多。

4. 蓄奴蚁

蓄奴蚁自己不会找食物,不会筑窝,更不会哺养幼虫。它们专门抢劫别的种类的蚂蚁的蛹。每年的 6~8 月,它们四出抢蛹。蓄奴蚁把抢到的蛹孵化为成虫以后,它就强迫被劫者当奴隶,代它筑窝、搬运食物、照顾幼虫等,重活累活都让"奴隶"蚂蚁干。人们给蓄奴蚁冠以"蓄奴"的称谓,道出了这个"剥削者"的本质。

5. 蚂蚁灭火

1985 年,法国科学家曾发现蚂蚁能救火。后来,一位英国动物学家通过试验,证实了这一发现。

英国动物学家把一盘点燃的蚊香放进了一个蚂蚁巢。开始,巢中蚁群惊恐万状,大约 20 秒钟后,许多蚂蚁见险而上,纷纷向火冲去,并喷射出蚁酸,但一只蚂蚁能够喷射的蚁酸量毕竟有限,因此,不少"勇士"葬身火海。但它们前仆后继不到一分钟,火终于被扑灭了。蚁巢又恢复了秩序。幸存者立即把"战友"的尸体移送到附近一块"墓地",盖上一层薄土,以示安葬。

一个月后,这位动物学家又将点燃的蜡烛放入原来的那个蚁巢进行观察,尽管这次"火势"更大,可蚂蚁却有了经验,迅速调兵遣将,有条不紊地协同作战,不到一分钟,火就被扑灭了,而蚂蚁竟无一遇难,创造了蚂蚁"灭火"的奇迹。

6.横扫一切害人虫

在南亚、非洲、美洲等热带地区,有一种"流浪蚁",是森林中的"清洁员"。它们常排成整齐的6路纵队或者10路纵队,在森林和原野上前进,所经之处,连猛兽都会遭到猛烈的攻击。在非洲,曾有豹子被流浪蚁吃得尸体无存。袭击居民区时,人畜必须尽快回避,否则难逃劫难。但室内隐藏的白蚁、蟑螂、蜈蚣、臭虫、老鼠等害人虫,同时被扫除得一干二净。

7.蚂蚁预报水灾

居住在南美洲亚马孙河流域的印第安各部族,能够预先知道什么时候会发生大水灾。长期以来,人们对此感到困惑。研究巴西热带森林里印第安人生活已经30年的著名科学家若·利马揭开了这个谜团。他发现,原来这里有能准确地预报水灾的"气象学家"蚂蚁。在大水到来之前的几个星期,蚂蚁就开始进行侦察,它们爬到洞外的各个方向去活动,有的爬上树干,有的爬到河边,似乎是收集气象情报。然后,负责气象工作的蚂蚁要召开"会议",参加"会议"的蚂蚁好像是交换意见似的,彼此用触须互相触碰。在研究决定之后,就开始迁移躲避水灾。这时,人们可以看到,整个蚂蚁大队,全体出动,长达几百米,它们的任务是扫清前进道路上的障碍——蜘蛛、甲虫、毛虫等,有时它们为此付出了生命代价。走在先锋队后面的是基本队伍,它们随身携带着卵、幼虫和粮食。

通常,逃难的蚂蚁队会绕过印第安人的村庄,但在情况紧急时,也会从村庄里穿行。因此,印第安人能在水灾发生之前,十分准确地断定,什么地方要被水淹,什么地方水淹不着。

8.蚂蚁的"大炮"朋友

在热带地区和地中海沿岸各地,有一种长约10毫米的小甲虫。它们是步行虫的近亲,但触须的形状不同。已知的这类甲虫有200多种,其中约2/3生活在蚁巢中。

这类甲虫的触须是在自然选择作用下形成的,其决定因素是蚂蚁。在数百万年的过程中,它们与蚂蚁共生,蚂蚁就经常喂养和保护它,这些甲虫的触须用起来比较方便,最终有些甲虫的触须就成了小勺或小高脚杯形,这些奇妙的触须,里面总是装满甜汁,供给蚂蚁饮用。当然,与人类饲养家畜不同,蚂蚁的行为也许是无意识的。

这类甲虫中有很多种都带有"大炮",当遇到危险时,就会从腹部后端放出刺鼻的挥发性液体,使敌人仓皇逃窜。但这类甲虫从来不轰击蚂蚁。

观察这种甲虫与蚂蚁的关系是十分有趣的。甲虫常常趴在蚁巢洞口,成群的蚂蚁围住客人,有的舔,有的用触须敲打,目的是使甲虫再挤出一滴甜汁。蚂蚁扯动它的触须,毫无礼貌地把它拉来拉去。如果把甲虫从蚁巢那里扔走,蚂蚁会立即把它找到,并竭力拉它回去,这时小甲虫既不反抗,也不会"开炮轰击"。可是,如果人要动它,它会立即"开炮",这时,蚂蚁也要四处逃散。

蚂蚁和植物的友谊

动植物共生不止限于菌类和昆虫,很多高等植物——草本植物和木本植物,通过自然选择的途径,获得了特殊的适应性,专门吸引某类动物。而某些动物保护这些植物,或为它们授粉或传播种子等等。为了共同利益,动物和植物也会形成联盟。蚂蚁在这方面做得比较成功。目前,已经发现的喜蚁植物有3000多种,其中有兰花、面包树、肉豆蔻、马兰、含羞草和其他乔木和灌木。

我们知道蚂蚁喜欢植物,于是到植物那里去"做客",这些植物预先给蚂蚁考虑了"住处"。蚂蚁会向所有为它提供栖身之地的植物爬去。很多研究热带动植物的学者都尝到过树栖蚁的厉害。只要碰一碰喜蚁植物或者偶然臂肘靠一下,疯狂的蚁群就会从小缝或小洞里跑出向你扑来。

植物诱惑蚂蚁的方法可分为三类:一类是植物的茎、叶有一些特殊的腺体专门分泌

动物百科

蚂蚁喜欢的甜汁；第二类是叶子上的"甜面包"，这是含有大量的蛋白和脂肪的球形物，人们称它为"蚂蚁饼"；第三类是设备齐全的住宅："房间多"、暖和、距离有"小面包"的"食堂"近。

蚁栖树是个典型，它长得直而匀称，叶大呈掌状，是荨麻的亲缘植物，分布于美洲，从墨西哥到巴西都有。蚁栖树并不怕当地树木的破坏者——切叶蚁。当切叶蚁的"先头队伍"一靠近，成千只的当地的阿西德克蚁便出现在枝叶上，它们无所畏惧地向切叶蚁发动进攻，那些切叶蚁便慌忙逃走。

阿西德克蚁住在蚁栖树树干里。蚁栖树干像竹子一样是中空的，也是分隔成节间层，蚂蚁占据五六层"房间"。

蚁栖树还给蚂蚁准备了"厨房"，可免费吃到"小面包"。"小面包"密密麻麻地长在叶柄的基部，是一些长在柄上的小圆球，有大头针针头那么大。这些"小面包"装满蛋白和脂肪。蚂蚁成群结队地向这些摆好的餐桌聚集，当所有的"小面包"被吃光以后，蚁栖树又为蚂蚁"烤"出了新的小面包。

在巴西的森林中，生长着一种叶似蓖麻、茎如竹子的树，它是世界著名的桑科"蚁栖树"。树干上有许多小孔，这是寄居蚁进出的"门户"，中空有节的树干，成为它们理想的住所，在此生儿育女。它们与树木相依为命，因此人们将这种树称为"蚁栖树"。在当地的森林中，有一种专爱啮食树叶的森林害虫——啮食蚁，当它们对树木大举进犯时，会把树上的叶子啃得精光，最后枯死。然而它们对蚁栖树却无可奈何，因为蚁栖树上的益蚁是它们的天敌，一旦它们想要咬食蚁栖树叶，益蚁便会迅速钻出树孔，集中优势兵力，抗击来犯之敌，因此蚁栖树总是长得枝繁叶茂，郁郁葱葱。

为什么益蚁能挺身而战呢？生物学家发现了其中的奥秘。原来，在蚁栖树的叶柄基部，长着一丛细毛，其中生出一个小球，叫作"穆勒尔小体"，它是由蛋白质和脂肪构成的。益蚁以小球为食。旧的小球吃完了，新的小球又会长出来，成为益蚁取不尽、吃不完的营养食品。因此，当别的生物来咬食树叶时，益蚁会奋起抗击夺粮者。

生物学上把两种生物共同生活在一起，相互信赖、彼此有利的现象，叫作"共生"。蚁栖树与益蚁相依为命的种间关系是最好的例证。

生长在西印度群岛的刺槐，在自己膨大的刺的内部为蚂蚁准备好了住处，而蚂蚁可以在羽毛状的小叶的末端找到"小面包"，这种刺槐的叶子长在棘刺中间。凶恶的蚂蚁和锐利的棘刺能很好地保护这种植物，任何野兽都不敢穿越刺槐丛，甚至当地人带着在密林中开路用的长砍刀也无能为力。当一刀砍下去，上千只凶恶的蚂蚁便从各个树枝上向你扑来，咬得你疼痛难忍，你只好想尽办法把身上的蚂蚁抖掉，而不敢再去招惹它们。

一种非洲产的相思树，由于它有不安宁的"房客"而得名"长笛"。因为栖息在它那膨胀的棘刺中的蚂蚁，在棘刺上钻出很多孔洞，有风吹过时，这些孔洞便发出悦耳的"笛声"。

在印度尼西亚的森林里，有一种晚香玉，蚂蚁不仅保护这种植物，而且能喂它东西吃，蚂蚁排出的粪便集聚在块茎里，为晚香玉提供了类似土壤中的盐分。蚂蚁生活在晚香玉块茎状根茎里，它的茎系被蚂蚁钻成迷宫般的小室和通道，有些通向外面，从这些入口可以进入"迷宫"。

苍蝇鲜为人知的秘密

美国伊利诺斯州立大学的一位生物学家，利用苍蝇协助警方侦破了几起重大案件，被传为美谈。其实，早在一千多年前，我国古人已采用过这种办法。

唐代欧阳询等撰写的《艺文类聚》中转引《益部耆旧传》记载的一个案例说：扬州刺史严遵有一次巡行所属各部，考察官吏的政绩，走在路上，听路旁有个女子在哭丧。那哭声响而不哀。一问，女子说她的丈夫不幸被火烧死了。严遵便命令部下将尸体运来，并派人守尸，吩咐说定会有什么东西前来，要严密监视。守尸的官吏报告说，只发现有一些苍蝇聚集在尸体头部。于是，严遵下令对尸体头部进行解剖，果然有根铁锥穿在里面。经过审讯，查明这是一起奸杀亲夫案。

苍蝇能协助破案，是因为苍蝇具有十分灵敏的嗅觉，喜欢追逐血腥并在创口产卵。当有谋杀案发生时，最先到达现场的往往是苍蝇。美国生物学家利用苍蝇破案和我国古人所依据的原理是相同的。

其实，关于苍蝇还有不少鲜为人知的秘密。

苍蝇怕冷不怕热，但是也不能太热。因为苍蝇的蛆虫适宜生长的最低温度是15℃~20℃，它们在这种温度下最宜成为成虫。这就是说，冬天只有在气候温和的地方才会有苍蝇。而在气候寒冷的地方,苍蝇只能把卵产在隐蔽处,让它们在那里越冬。

春天的时候,家蝇的成虫可以存活 15~30 天;而在炎热的夏天只能存活 10~20 天。所以夏天的苍蝇存活的时间少于其他季节。那么,为什么七八月份苍蝇最多呢?

这是因为炎热加快了苍蝇的生命周期。蛆虫只要一半时间就能长大为成虫,成虫虽然死得快,但是产的卵也多。其结果是一代苍蝇死了,新一代苍蝇立即取而代之,而且数量增多了。苍蝇一年能生 16 代,而有 10 代都是在夏天出生的。

因此炎热的气候对苍蝇是适宜的,但是不能超过 42℃;超过了这一温度,蛆虫就会抱在一起死掉。成虫耐热,但是在酷暑难耐的时候,苍蝇也会在最热的时段找阴凉的地方躲一躲。

美国科学家指出,苍蝇的免疫系统要比人体简单得多,而且一些昆虫如胡蜂、蜻蜓、蚜虫、白蚁等也是如此,一只蟑螂绝不会因折断一条腿而受到感染。经过研究发现,苍蝇和昆虫的免疫系统仅包括三种类型的细胞:凝固细胞、浆细胞和颗粒细胞。细菌一旦进入体内,便会被它们分隔包围,吞食消灭。

与此相比,人体的免疫系统要复杂得多。它不仅可以引起免疫反应,抵御细菌或病毒的入侵,而且能够识别究竟是自身的组织还是异己成分。然而,世界上的一切事物都是存在于矛盾之中。系统越是复杂,其可靠性就越打折扣。在人体免疫功能异常时,往往"认己为敌",损伤自身的组织,引起自身免疫性疾病,如慢性淋巴性甲状腺炎、系统性红斑狼疮等;在对人体进行器官移植时,免疫细胞往往排斥异己,给脏器移植手术带来目前无法解决的困难。科学家认为,这些情况在苍蝇和昆虫身上是不会产生的。

目前,美国、日本的医学专家和生物学家,正就苍蝇等昆虫的免疫系统的体制和机理进行探索研究。人们可望在不久的将来得益于苍蝇,那时的人体将能够有效地防御细菌和病毒,清除自身免疫性疾病,克服异己器官排斥的影响。

科学家研究的数据表明,苍蝇身上的蛋白质、脂肪含量很高,其中蛋白质占 40%,脂肪占 10%~15%;而苍蝇的幼虫——蛆的蛋白质、脂肪含量更高,分别占 51.3% 和 15% 以上。此外,蛆体内还有丰富的钙、镁、磷等微量元素。苍蝇生长速度惊人,每年的 4~8 月,气温适宜,每对成蝇可"生儿育女"1900 亿只。以每千只蛆重 25 克计算,那么一对苍蝇繁殖的蛆的总重量可达 4395 吨,从中可提取 600 吨左右的蛋白质和 120 吨脂肪。这种蛋白质和脂肪很有可能成为人类未来餐桌上的美味佳肴和新的、有效的营养品。

美国一位学者曾提出一个设想：创办苍蝇培育场。每年可从 40 亩土地上收获数以万千克的蝇蛆，加工制成美味可口的纯蛋白和脂肪食品。

此外，苍蝇独特的嗅觉功能目前也引起科学家的关注。研究表明，苍蝇能闻到 50 千米之外的气味。如能揭开这个秘密，苍蝇的作用将会发掘得更多更广更精彩！

蜜蜂将成为探雷高手

据说，狗鼻子能嗅出 200 多万种物质的不同气味。因此，经过训练的狗，能凭着嗅觉去探矿。

苏联科学家对狗找矿的本领进行了实验，他们先让一条叫吉尔达的狗闻一闻铍矿石，然后把博物馆收藏的全部矿石拿出来让狗找寻铍矿石，结果，吉尔达只选了含有铍的矿石。

有人说用这种方法找矿太原始了。然而地质学家们在沼泽地带寻找矿物时，面临着极为恶劣的工作条件，狗却可以进入那些人根本进不去的地方，而且这些"活仪器"的活动范围比在地质勘探中使用的物理仪器的有效半径大 10 倍以上。狗还有一个更大的优点，检查 20 箱矿物标本，只用几分钟就够了。而一位有经验的地质学家，要检查 20 箱标本也得花费 24 小时以上。

加拿大的地质学家就曾利用狗来找矿，在一个勘探季节里，就发现了好几个有潜力的镍矿床和铜矿床。

当现代战争冲突结束以后，战争对人类造成的破坏却仍在继续。硝烟散尽，战场不复存在，可是埋在战场下面的地雷还在延续着战争的残酷。全世界每个月都有很多人成为地雷的受害者，排雷成了世界范围内的头等大事。

目前人们使用一种便携式金属探测器探雷，可是效果并不尽如人意。于是，美国五角大楼的专家想到了蜜蜂。美国军方从 1998 年就开始进行两项研究，由美国蒙大拿大学的昆虫学家杰里·布罗门申克主持。一项是研究利用蜜蜂探测地雷并定位，另一项是利用蜜蜂探测生物武器。因为蜜蜂完全有条件成为名副其实的探测高手。

首先蜜蜂有异常灵敏的嗅觉，比狗鼻子还强许多。其次它们有惊人的记忆力，能够记住大量不同的气味。人们很容易训练蜜蜂飞向一种散发气味的物质，不管它是不是食物。而且蜜蜂还有一种特性，就是它们不仅能够记住自己闻到的气味，还能把这种认识传给自己的同类。换句话说，只要训练一只蜜蜂，就能使同它接触的所有蜜蜂都"训练有素"。最后，蜜蜂还有一张王牌，就是它们基本上在什么样的气候条件下都能生存。

鉴于这些原因，美国研究人员已经开始训练蜜蜂熟悉三硝基甲苯，也就是人们通常说的梯恩梯（TNT）炸药的气味。这种炸药是地雷引爆装置的主要成分。为了让蜜蜂熟悉梯恩梯的气味，研究人员就在地雷上面放上甜水吸引它们，下次一闻到这种气味，它们就会伸出舌头，以为还能喝到甜水。

在真正的战场上，需要跟踪蜜蜂的飞行路线和所在位置，所以研究人员在蜜蜂的胸部安装了一个反射和接收信号的天线。这个天线可以接收一个谐波雷达发射的电波，然后再把无线电定位测速装置捕捉到的信号发送回去。这样就可以在电脑上追踪蜜蜂的飞行状况。

有人对这种方法的效果提出异议，认为在真正的战场上，情况要复杂得多，还会遇到许多困难，比如战场的地形、地势会影响雷达对蜜蜂的追踪；再比如蜜蜂怕黑、怕低温，所以不能在夜里或寒冷的天气里使用。

不过，这些困难并没有使研究人员放弃研究计划，更何况他们还发现了蜜蜂的另一种用途，这种用途可能更有应用前景，那就是我们在遭受生化武器恐怖袭击的时候，利用蜜蜂检测释放在空气中的致病菌，比如鼠疫杆菌、炭疽杆菌或天花病毒。

为了这项研究，布罗门申克领导的研究小组同许多实验室进行了合作。利用蜜蜂检测空气中的致病菌，其基本的物理原理众所周知：由于空气分子的摩擦，运动物体的表面会产生静电电荷。这种静电电荷可以使蜜蜂的身体吸引住飞行途中遇到的负载相反电荷的轻物质，比如花粉颗粒。那么为什么不能吸住空气中悬浮的致病菌呢？科学家的研究证明，蜜蜂的身体确实能够吸住空气中的病菌，吸多少要看蜜蜂身体携带的电荷有多大。

美国军方感兴趣的不光是蜜蜂，还有胡蜂。因为胡蜂的"鼻子"比蜜蜂还要灵敏10万倍。胡蜂就是通过气味寻找毛虫、蝗虫或蜘蛛等昆虫，并将自己的卵产在这些昆虫身上。在五角大楼的财力和物力支持下，美国佐治亚大学的昆虫学家格伦·雷恩斯开始训练胡蜂，希望用它们检测化学武器的威胁，就像他的同行训练蜜蜂那样。

蝴蝶泉和蝴蝶馆

从大理北行 20 千米，就到了云弄峰下的蝴蝶泉了。泉边，有一棵古老的蝴蝶树，树身从蝴蝶泉上横卧而过，浓荫翠盖，倍见妩媚。春末夏初，常有颜色不一的蝴蝶首尾相连，串串垂挂在蝴蝶树上，倒映在泉水之中，犹如明镜中束束鲜花，绮丽异常。

蝴蝶泉原名无底潭，泉水清澈明亮，珍珠般的水泡从泉底冉冉升起，阳光下闪烁着银色的光圈；四周绿树环抱，苍翠欲滴，奇特而古老的蝴蝶树横卧泉上，倒映水中，与洁白无瑕的大理石栏杆相衬；山茶、红梅笑立花台泉畔。

相传很久以前，云弄峰下有一眼清泉，泉边有两个小村庄。南边赵家庄，北边城附营。一天，赵家庄的青年猎人霞郎在山中射中一只金色小鹿，正遇到城附营的雯姑上山砍柴，雯姑喜欢小鹿，请求霞郎放了它。霞郎听从了姑娘的劝告，给小鹿上了金疮药，而后放了它。雯姑倾慕霞郎勇敢善良，便把自己的荷包送给他，霞郎也喜欢雯姑聪明贤惠，欣然接受了荷包。从此两人常到泉边相会。

哪知恶霸虞王看中了雯姑，前来说亲遭到拒绝，便派恶奴将雯姑抢走。聪明的小鹿跑到赵家庄拉来霞郎。霞郎到王宫救出雯姑。虞王带兵追赶，霞郎和雯姑在泉边被围，双双跳进了水中。顿时，雷雨大作，虞王被吓得惊慌而逃。雨过天晴，霞光中，泉中飞出一对美丽的彩蝶。虞王又派人扑打，彩蝶变成一棵大树，枝杈上生出数万只蝴蝶，团团围住兵丁，越打越多，兵丁只好逃回。以后白族就把这棵树叫作蝴蝶树，泉叫作蝴蝶泉。

每年的农历四月二十五是蝴蝶泉的节日——蝴蝶会。这时节聚集在泉边的蝴蝶有上百个品种，黑的、红的、彩色的……各种颜色的蝴蝶数量最多时近千群，达 10 万多只。

这里为什么能引来百蝶相会呢？专家研究认为：云南大理处于北回归线，气候暖和，花草茂盛，适于各种蝴蝶相聚而生；此时正逢合欢树繁花怒放，状如蝶舞，色艳香浓，树叶上分泌出一种蝴蝶喜食的黏液，吸引了大批蝴蝶纷纷来此交配产卵。

蝴蝶泉充满了神奇色彩，而千万只蝴蝶更使这个本来不大起眼的古老泉边成为蜚声中外的旅游胜地。

游览了蝴蝶泉，我们再去墨尔本参观别具一格的蝴蝶馆。

墨尔本动物园可以说是澳大利亚历史最悠久的动物园了。早在 1862 年,它就迁到现在的园地了。这个动物园展出的动物中,相当多是澳大利亚的特有种类,像各种袋鼠、鸸鹋、树袋熊,还有珍贵的鸭嘴兽、针鼹等。不过,最具特色的,要数动物园中的蝴蝶馆了。

顾名思义,蝴蝶馆展出的是蝴蝶。但这里不同于博物馆和标本室——人们在那里只能观赏钉在标本盒里的"死"蝴蝶。一进蝴蝶馆,人们看到的是成百上千只自由飞舞的蝴蝶!有红色的、黄色的、蓝色的,还有个体硕大的"凤尾蝶",令人目不暇接。

蝴蝶馆是一个大玻璃房子,长 27 米,宽 12 米,高 6 米。东西朝向,以便最大限度地利用太阳光。馆里四周都种植着各式各样的热带植物——香蕉树、棕榈树、各种蕨类、奇花异草……馆内中央是一个大池子,一股清水从馆外流入,池中的岛上也种满植物。四周则是供参观者行走的通道。整个馆内又湿又热,这是为了给蝴蝶创造一个更接近自然的环境。馆内还装有大量的灯泡,在阴天时能产生足够的光线,使其更接近自然光。在这里展出的 20 多种蝴蝶,来自澳大利亚的不同地区,对温度、湿度都有特殊要求。因此,整个馆内的"气候",全部由电子设备控制。

展出活蝴蝶是非常不容易的。虽然蝴蝶馆全年开放,但一般蝴蝶的寿命只有一两个星期,最多不过个把月。所以,附属于蝴蝶馆的还有专门的繁殖室,为蝴蝶馆提供活蝴蝶,蝴蝶在生命的各个阶段对食物的要求不同,幼虫吃叶,成虫食蜜。人们看到,在馆内的植物丛中,间或摆着一些托盘,上面放着十几朵色彩鲜艳的花朵。这些花上都加了蜜糖,以弥补蝴蝶食物的不足。不但如此,由于这些蝴蝶在野外还有自己的生活"季节",因此,馆内的植物也要有相应的"季节性"。否则,错过"季节"而进馆的蝴蝶就不知道该"吃"些什么了。因此,除了一些永久性栽种的植物,许多花草要经常更换。

人们在一株花草上,看到了叶片上布满了密密麻麻的卵。工作人员将这些卵收集起来,孵化、繁殖出新的一代蝴蝶。尽管设计蝴蝶馆时并没有考虑让蝴蝶在馆内繁殖,但已有几种蝴蝶适应了环境,在馆内周而复始地一代代"生活"下去了,这是很有意义的。我们知道,昆虫在整个生态系统中占有重要位置。它们不仅是食物链中的一环,而且与我们人类生活也密切相关,它们可以帮助人们获得丰收,也可以毁掉庄稼、毁掉森林、传播疾病……人类需要进一步认识、了解这些小东西。可是,除了极少数专业工作者,普通人很少有机会能完整地观察到它们的生命全过程,了解它们的生态环境。蝴蝶馆在向普通公众普及科学知识这一点上，无疑是成功的。

蚂蚁巢穴轶事

蚂蚁种类甚多，具有群居性，有明显的多型现象，包括雌蚁、雄蚁与工蚁等不同的型，有时尚有由工蚁变形的兵蚁。

在爱沙尼亚的一个林区，有一座蚂蚁城，它的面积为 2850 亩。城区里面，井然有序地分布着与树林相间的 1500 个锥形小土丘——蚂蚁的巢穴。据科学家估计，每一个这样的巢穴里，生活着 100 万只以上的蚂蚁。而整个蚂蚁城的"居民"则超过了 15 亿，蚂蚁城"修建"于 1977 年。从那时起，从事动物与植物研究的科学家和林区工作人员一起，一直在观察和研究这个"城市居民"的生活。

这里森林茂密，病树极少，这应归功于蚂蚁，因为它们不断地捕食森林害虫，保护着树木的健康。

科学家们还发现：这里蚂蚁的住房每年都有增加，因为蚂蚁的繁殖速度很快，原来的住房小了，于是一部分成员离开老巢另建新居，形成了许许多多的住宅群，每三四窝有亲缘关系的蚂蚁的住宅组成一群，中间有"道路"相连。不过，蚂蚁分家另建新居的过程比较缓慢，又由于蚂蚁不能走得太远，所以很难向远距离的地方发展。但是，不少地方由于没有蚂蚁，树木遭到了虫害，很需要蚂蚁的保护，因此，人们就不得不干扰蚂蚁们平静的生活了。

人们挑选了那些即将分群的蚂蚁大家庭，放进特别的袋子送到新的地方。在那里，事先给它们准备好建造新居的必要条件——树桩或者一堆枯树枝。可是有时候，对于人们选择的地方，蚂蚁并不喜欢，而是迁往附近更中意的处所安家落户。

对于人工迁移蚁群的许多问题，比如：一年之中什么时候迁移最好，迁到多远的距离最有利于蚂蚁的分群等，科学家还在继续研究。他们多年来对蚂蚁城的研究、观察表明：蚂蚁新建的住宅，平均高度约为 1.5 米，最高的超过 2 米，但只有快到秋天的时候才能达到这么高，以后由于下雨就不会再增高了。每到冬天，蚂蚁就爬到住宅的下层，到地平面以下树木的根部过冬去了，因为蚂蚁需要生活在 10℃ 以上的气温里。到了春天，蚂蚁又爬到上面来，赶紧修理自己的住宅，又开始过既紧张繁忙又有条不紊地集体劳动生活。

在南美洲的密林里，有一种蚂蚁"构木为巢"，利用泥浆团在树枝上面建巢，并把各种花卉的种子"种植"在蚁巢上面。当植物萌发、生长和开花的时候，泥巢变得如盛开的花球。这种蚂蚁，人们称之为"花球蚂蚁"。

在非洲和亚洲的森林里，生活着另一种以树叶来织巢的蚂蚁，它们能选择合适的树叶，缝合成巢，这种蚂蚁，又叫作"织造蚂蚁"。此外，还有一种叫作"切叶蚂蚁"的，它们所建造的"地下宫殿"面积达 6 平方米以上，里面设备齐全，蜿蜒曲折的通道，分布犹如蜘蛛网，即使是最高明的建筑师看后也惊叹不已。

南美洲还有一种到处流浪的"魔鬼蚁"，这种蚂蚁没有巢，到处游荡，并且能施放比眼镜蛇强 100 倍的毒液，人畜被它咬上一口，会立即丧命。所以人们称它为"魔鬼蚁"。其个体寿命一般只有六星期左右，然而它们由成千上万个蚁团组成，每个蚁团都有几百万个成员，而且携带各自的蚁后，一边前进，一边大量繁殖，使"魔鬼蚁"的阵容不断壮大。如今，哥伦比亚、巴拿马、哥斯达黎加等国都对这种蚂蚁繁殖能力感到忧心忡忡。

科学家通过长时期对蚂蚁生活的观察，惊奇地发现，这种默默无声的小动物，竟然是如此井然有序地生活在一个大家庭里。而且这个家庭里的每个成员都有严格的分工，其中一半以上的成员是工蚁。工蚁每天不停地忙碌，它们不仅捕获食物，还经营着"自留地"，培植一些菌类。此外，还饲养一些小蚜虫，以备不时之需。

为了维持蚂蚁的群栖生活，蚁穴中的蚁王，每天不停地繁殖后代。蚁王平均每天大约产 10 个卵，由于繁殖密度大，蚁王甚至无暇进食。因此，便由工蚁承担向蚁王喂食的任务。

蚁穴也像人类社会一样充满了斗争。为对付外来的入侵者，为数众多的兵蚁担负着巢穴的警卫工作。如果一个爬行的蜗牛威胁了蚁穴的安全，兵蚁就会在它们的头目指挥下，发起进攻，直至将蜗牛击退。担任作战指挥的蚂蚁，是通过其触角微妙的颤动，向部下传达作战任务的。然而，对蚂蚁世界来说，真正的危险是来自同类生物的寄食者，这种不劳而获的蚂蚁，往往通过巧妙的乔装混入蚁穴内部，大吃大喝。待到被兵蚁发现后，一场生与死的激烈搏斗便开始了。寄生的蚂蚁大部分被兵蚁咬死，能逃出蚁穴的寥寥无几。战斗结束后，由体形壮健的巨蚁把战场清扫干净，蚁穴也随之恢复了往日的平静。

苍蝇为我们开启了防癌新途径

苍蝇，人人见了都讨厌。它常常飞来飞去，到处传播病菌，使人患病。有人说，苍蝇是传播疾病的头号瘟神。我们看一下苍蝇的生活习性，就会明白这句话一点也不过分。

蝇的种类很多，从生活习性来看可分为野生蝇和家生蝇两大类。我们常见的家生蝇可分为饭蝇（俗称苍蝇）、金蝇（俗称红头蝇）、绿蝇（俗称绿头蝇）、麻蝇等。其中，对人类健康危害最大的是苍蝇。

苍蝇的繁殖能力很强。科学家列出了一串令人惊奇的数字：一只母苍蝇一生能产3~4次卵，经过世代相传，一对苍蝇一年内竟能繁殖10万只后代！

苍蝇能在光滑的物面上行走。原来，在苍蝇的6只脚上，长有特殊的结构——肉垫。肉垫上不仅长满了浓密的细毛，而且肉垫的分泌腺还经常向外分泌黏性物质。

苍蝇生活在最肮脏的环境里，经常和各种病菌如伤寒、痢疾、霍乱等打交道，所以便将这些细菌吃进肚子里，带在身上、翅膀上、头上、腿脚上。据研究统计，一只苍蝇的身上一般黏附600万~1700万个细菌，最多的可携带细菌和真菌5亿个左右。6只脚上能黏附700万~1000万个细菌。苍蝇的飞行力很强，一天最远能飞12千米的路程，病原菌就随它到处散布。苍蝇生有舐吸式大嘴，吃食时，先把胃肠里的液体吐出来湿润食物，再把食物吸进肚子里，并且边吃边拉，留下带大量细菌的唾液和粪便，传播伤寒、痢疾、肠炎、霍乱、肝炎、蛔虫、蛲虫等几十种疾病，而它自己却从来不得病。

了解了苍蝇的这种过硬的"功夫"，人们会很自然地产生了一个疑问：苍蝇出没于肮脏之地、病菌之中，为什么不得病呢？

科学家经过长期观察和研究发现，苍蝇的嘴巴既能伸缩，又能折叠，取食时边吃、边吐、边排泄。这样，吃进肚子里的细菌还没来得及安家落户和繁衍后代，就被抛弃了。

不久前，科学家从苍蝇的分泌物中发现了一种被称为"抗菌活性蛋白"的物质。这种物质具有强大的杀菌作用，只要有万分之一的浓度，就可以杀灭各种病菌，当今人们引以为豪的各类抗生素都无法与它比拟。

科学家还发现，苍蝇在受到损伤后，能够通过自身的防御器官分泌出一种具有抗癌作用的蛋白。

目前,生物学家们正在对这两种神奇的蛋白做进一步研究,希望能大批量地从苍蝇身上提取这种抗菌、抗癌蛋白,以至人工合成这种奇妙的东西,开辟人类自身抗病抗癌的捷径,使人类提高免疫能力,即使接触病菌、病毒也不会患病。

苍蝇逐臭是人所共知的。科学家对苍蝇逐臭的本领进行了一番研究,发现对发展现代科学技术有不少有益的启示。

比如,苍蝇的触角上分布着许多嗅觉感受器,每个感受器里布满上百个感觉神经元。当各种化学物质作用于苍蝇的触角时,感受器便可通过神经元记录到不同气味物质产生的电讯号,并能测量神经脉冲的振幅和频率,所以嗅觉非常灵敏。此外,苍蝇的嘴和腿上密密麻麻地布满了绒毛,绒毛尖端有直径约为 0.2 微米的小孔,一些感觉神经元的树突末梢从中伸展出来,当苍蝇接触物质时,便产生了瞬间的神经信号的电变化,据此能进行快速分析。科学工作者利用苍蝇的上述功能,仿制了十分灵巧的小型气体分析仪,这种仪器已装置在宇宙飞船座舱里,用来分析其中的气体。同时,也可以用来测量潜艇和矿井里的有毒气体的浓度并及时发出警报。

苍蝇靠翅膀进行飞行,它是靠什么掌握飞行方向和保持虫体平衡的呢? 难道就是靠那对能飞翔的翅膀吗?

捉一只苍蝇,把它翅膀后边的哑铃形的小棒槌体剪掉,然后放开,观察它怎样飞翔。这时我们会发现,它飞得很不平稳,总是绕着圈子乱飞。

原来,剪掉的叫"平衡棒",是苍蝇后翅的痕迹器官,它每秒钟能振动 330 多次,能帮助苍蝇精确地确定飞行方向的变化,及时调整航向,保持飞行平衡。

根据昆虫平衡棒的作用,科学家研制出一种新的导航仪器,已用于高速飞行的火箭和飞机上,能使飞机停止危险的翻滚飞行,强烈倾斜时也能自动保持平衡,使飞机的稳定度得到完善,以至在急转弯时,飞机也能万无一失。

蚂蚁拍蚜虫的"马屁"

蚜虫以农作物的汁水为食,对作物危害是严重的,所以它在农民眼里是祸害庄稼的

"祸首"。

　　然而,蚂蚁却偏偏与人作对,对蚜虫倍加关怀,拼命保护。如果蚜虫因为刮大风或其他原因被刮落在地面上,蚂蚁会用嘴把蚜虫轻轻叼起来,再送到植物的茎秆或叶面上去,或者把蚜虫携带到自己的洞穴里窝藏起来,待风声一过,再把蚜虫送到植物上去,使其继续为非作歹。蚂蚁在蚜虫群里来来往往,赶走了捕食蚜虫的天敌,使蚜虫更加肆无忌惮地危害农作物。

　　蚂蚁为什么会不遗余力地拍蚜虫的"马屁",保护蚜虫呢?

　　我们知道,蚜虫把针状的嘴刺进植物组织里,像吸血鬼一样吸取作物的养料,而它的排泄物——蜜露,却是蚂蚁香甜可口的食料。蜜露是一种黏稠、透明、有甜味的物质,含糖类、蛋白质、糊精等成分。在高粱蚜虫发生严重的地块里,当千百个蚜虫从肛门喷射蜜露时,犹如细雨蒙蒙。蚂蚁非常爱吃这种有甜味的物质,它嗅到哪里有蜜露,就成群结队奔向哪里。

　　有时,我们还会在发生蚜虫危害的田里看到:蚂蚁在蚜虫群里吃蜜露时,还会用它那根棒状的触角去拍打蚜虫的腹部,让蚜虫多分泌一些蜜露,以满足其贪婪的食欲。达尔文在《物种起源》一书中对这种现象做过记述:"……于是蚂蚁开始用触角去拍蚜虫腹部,先是这一只,然后那一只,当蚜虫一旦感觉到蚂蚁的触角时,即刻举起腹部,分泌出一滴澄清的甜液。蚂蚁便慌忙地把甜液吞食了。甚至十分细小的蚜虫也有这样的动作,这种活动是本能的,而不是经验的结果。"

　　蚂蚁对蚜虫起着保护作用,蚜虫以蜜露相酬谢,这种现象在生物学上称为"共生现象"。

　　这种生物的共生现象是很多的。例如白蚁和披发虫。

　　白蚁是社会性昆虫,它们群体的成员,少则千百个,多则上百万,成员间分工严密,各司其职。

　　如果你仔细观察白蚁的生活,就可以发现一个有趣的现象,那就是新孵出的白蚁都会本能地舐吮其他白蚁的肛门。

　　白蚁是以木材为食物的,但它们却不能消化木材纤维,而是由寄生在它们肠内的一种叫作披发虫的鞭毛虫来帮助消化的。原来,披发虫能分泌一种消化纤维素的酶。白蚁的肠内如果没有这种鞭毛虫,即使吃了很多纤维素,由于不能消化,也终将被活活饿死。

对于披发虫来说，躲在白蚁的肠内，也实在是最安全保险不过了。另外，白蚁肠内还有丰富的纤维素供它们分解食用。所以，白蚁和披发虫谁也离不开谁。

白蚁每次蜕换肠内上皮时，披发虫就形成囊孢，而新孵出的白蚁肠内是没有披发虫的，只有通过舔吮其他白蚁的肛门，才能吞食披发虫的囊孢而获得所需要的披发虫。所以，白蚁也必须群体生活，否则将因得不到披发虫而死亡。换句话说，白蚁和披发虫是相依为命的互利共生关系。

像这种有合作共栖关系的还有寄居蟹和海葵。寄居蟹的头胸甲较窄，不能把自己柔软的腹部包住。为了保护自己，它只能钻到软体动物的空壳里去，把头甲和一对大螯露在外面，并伸出前面两对细长的步足来爬行。

当寄居蟹安家之后，便立即去找看守的门卫。当它找到一种合适的海葵之后，便用螯小心翼翼地把它从附着体上取下来，放在螺壳的入口处，为自己看守家门。

海葵是最称职的门卫。它用有毒的触手去蜇那些敢于靠近它们的所有动物，保护寄居蟹。而寄居蟹则背着行动困难的海葵，四出觅食，有福同享。

不能游动的海葵把它的盟友当作交通工具，这种形式的共生叫作"运动共生"。海葵在寄居蟹身上能有更多的捕食机会，同时还能够更快地更换"肚子"里的水。因为海葵如同珊瑚一样，不能移动，它们很容易被细砂等物所埋没，它需要有流动的活水。

随着寄居蟹的不断长大，原来的"旧居"太狭窄时，就去另找一个更大的"住宅"，同样钻到里面去。当它搬进新居时，总不忘了把自己的伙伴一起搬来，仍旧共同生活。就这样，它们一直共同生活到死。

从袁世凯送鹦鹉给西太后说起

袁世凯一向工于心计，善于利用机会。他一生平步青云与他巧心献媚慈禧而获得慈禧宠信有很大关系。由于他向慈禧告密，出卖了光绪，致使戊戌变法失败，六君子蒙难，光绪被囚于瀛台，袁世凯本人却出人头地。

慈禧再度垂帘听政。在她荣归故里路经天津时，当时任直隶总督的袁世凯献上一对从印度弄来的鹦鹉。慈禧一见这对脚上系有极细的金质短链，并肩栖息在一根玉树枝上玲珑可爱的鹦鹉十分高兴,连声说道:"好!太好了!"

袁世凯一听到慈禧对这件别出心裁的礼物连声夸赞,不觉心花怒放,乐不可支,心想我这招总算出对了。

慈禧正在仔细欣赏的当儿,两只鹦鹉中的一只突然发出清脆悦耳的叫声:"老佛爷吉祥如意!"

另外一只也跟着高声叫道:"老佛爷平安健康!"

袁世凯

这一下慈禧更是喜上眉梢,眉宇间都隐含着喜悦,大有一种返老还童的架势。

从此以后,慈禧特命一位太监专门饲养这对鹦鹉,为这对活宝准备饮水和谷米,以及清洁洗澡等等。慈禧还交代太监,这对鹦鹉必须随她的行止——真是宠爱极了!

两只鹦鹉咬字正确,声音清脆,声音像幼儿般可爱。袁世凯花了不少心血和很多银子,其目的不外乎取悦慈禧。老太婆早晚随时听到鹦鹉的叫声,自然会联想到袁世凯,加深了对他的印象。

鹦鹉是人们喜爱的笼鸟。据考证,人类驯养鹦鹉的历史非常悠久。早在四千多年前的奴隶社会,鹦鹉就已成为奴隶主们的宠物。

今天,驯养鹦鹉的习俗几乎遍及全球。鹦鹉之所以特别受人宠爱,不仅是因为其羽毛鲜艳、性格温顺,更主要的是它那擅长学舌的本领。从古到今,鹦鹉学舌的出色本领,引起了人们莫大的兴趣,甚至留下一些传奇般的故事。

相传,唐代时,长安富豪杨崇义在家中被杀,地方官到他家中调查,一只笼中鹦鹉突然开口说话,念叨一个叫李弇的名字。地方官心生疑云,一查,李弇是杨家邻居,便把李弇带来盘问,发现他果然是凶手。鹦鹉因破案有功,被唐明皇赐了个"绿衣使者"的封号。

在我国的史书中,有不少关于和鹦鹉对话的奇闻趣事的记载,如宋时《玉壶野史》中提到过一只灵慧过人的鹦鹉,它能诵李白诗词,每当客人进门,它会响亮地呼唤:"上茶!"并向客人问寒问暖。

后来，主人出事坐狱半年才回家，对鹦鹉说："鹦鹉哥，我半年里很惦记你。"

不料鹦鹉回道："你只不过囚禁半年，我却已被关了几年。"

主人慌忙放其回巢……

鹦鹉为什么会学舌？

在古代，不少人相信能说话的鸟真的懂人语，通人性。到了现代，由于动物学、解剖学、生理学等学科的发展，使得大多数科学家对此持否定态度。他们指出，鹦鹉和其他鸟类的学舌，仅仅是一种仿效行为，也叫效鸣。鸟类没有发达的大脑皮层，鸣叫的中枢位于较低级的纹状体组织。因而它们不可能懂得人类语言的含义。鹦鹉学舌，只是一种条件反射，并且只能学会有限的语汇。

近几年，科学家发现，有些鹦鹉聪明绝顶，能在不同的场合说不同的话，甚至有的还能与人类进行某些感情交流。

不久前，英国《星期日泰晤士报》网站报道，一项长达 30 年的研究表明，鹦鹉不仅会做加法，识别形状、颜色，还能辨认出 100 种不同物体。

发表这项研究结果的科学家表示，鹦鹉的大脑差不多与核桃仁一般大小，与大猩猩和海豚相比，它们的智力水平与人类幼童相当。

马萨诸塞州布兰代斯大学心理学系助理教授艾琳·佩珀伯格说："鹦鹉的交流技巧相当于两岁幼童，但它们做加法和识别颜色、形状的能力更像五六岁的儿童。"

有人甚至大胆地提出，有些聪明绝顶的鹦鹉具有与人一样的思维能力。

究竟如何，有待于科学家进一步研究、探讨、揭示。

皇帝赐名的珍禽

林海浩瀚的兴安岭，生活着各种各样的飞禽走兽，在这些种类繁多的禽兽中，"貌不惊人，鸣不压众"的"飞龙"却被称为"禽中珍品"。

据传，飞龙早在 14 世纪初就出名了。那时，地方官员在鄂伦春、达斡尔、女真族的猎民中大量收掠，送到京城给皇帝品尝后，皇帝将之视为珍品，认为这是只有皇帝才能够享受的美味，特下诏书，赐名"飞龙"。清乾隆年间被列为贡品，故又称岁贡鸟。其名称来源有两种说法：一说为满语转音，清嘉庆年间《觉罗西传》的著作中称"岁贡鸟名飞笼（龙）者，斐耶楞古之转音也"。一说其形象具有传说中龙的特征，如颈长而曲，似龙颈；爪有鳞，似龙爪；背腹羽毛棕黑斑驳，似龙鳞等，有"天上肉龙"的美称。如今，有客自远方来，美味的飞龙常常被摆上国宴，招待贵宾。

我们知道，动物性食物做成汤，一般都是乳白色，唯"飞龙汤"无须佐料满室飘香：揭开锅盖，汤水清澈见底，雪白的龙肉"历历在目"；喝一口汤，如琼浆玉液，鲜美异常，令人胃开口爽，尝一思十；色、味俱佳的飞龙肉若和别的肉在一起烹调，别的肉也成"龙肉"味了，实为肴中一绝。近年来，有些地方用蒸、烤、烧、炸、爆等方法，制出形状各异、味美鲜香、鲜嫩可口的参泉美酒醉飞龙、渍菜美味飞龙脯以及油泼飞龙、芙蓉飞龙、香酥飞龙、精烧飞龙、清炖飞龙、飞龙白果、飞龙卧雪、芝麻飞龙、珍珠飞龙、串烤飞龙等数十种高级名菜。飞龙肉不仅美味可口，而且还有"滋补健身"的作用和"扶正、固体、强心"之功效。

飞龙，学名松鸡、榛鸡，是寒温带大兴安岭独有的一种留鸟，冬、夏都出现在大、小兴安岭一带。飞龙头小颈短，它的脖子短得使头紧靠在身子上，胸脯凸起，脊平直，灰褐色的毛略带白色斑点。两只长毛的爪很短，每次飞不太远，飞的时候两翅平展滑翔。飞龙的体重一般为 300～450 克，发达的胸脯几乎占了体重的一半。

黑龙江飞龙主要栖息在大兴安岭针阔叶混交林中，尤喜居于红松、冷杉混交林中。其羽毛随季节不同而有所变化：夏季呈红褐色，有黑、白、土红、蓝灰色斑点，与当地棕色森林颜色相近；冬季呈灰褐色，与落叶松、白桦树之整体颜色一致；秋季色彩最美，全身布有五彩斑斓的斑点。雄性头上生数株主翎，形如凤冠，毛色也较雌性为美。

吉林飞龙栖息于长白山林缘灌木草地，海拔 500 米～2000 米地方均有分布。安图、抚松、蛟河、桦甸等地为主要产地。上体大都呈棕灰色，带有黑褐色及棕黄色横斑；下体棕褐色并形成白色细纹，两颊有一白色宽带。雌雄个体大小与羽毛相差不多，仅喉部略有差异，雄鸟为黑色，雌鸟为深棕色。飞龙为著名长白山狩猎鸟，猎人常以铁哨或口技仿其鸣声加以诱捕。

内蒙古飞龙主要分布于横贯呼伦贝尔市中部的大兴安岭林区。该地松、桦、柞树茂密，最宜飞龙生长发育。羽毛与吉林飞龙相同。

飞龙喜欢群居，夏季栖息在树上，冬天则栖息在雪窝里，常常生活在高山和山谷的赤杨和桦树幼林中。夏季食虫或草子，冬季吃赤杨和桦树嫩的子穗。夏天，飞龙一天吃三次食,早、午、晚都从树林里飞出寻食。严冬,大兴安岭天气冷到零下四五十摄氏度,早晨飞龙躲在雪窝里,虽然阳光已在林中闪耀,它还是懒得飞出窝来,一直到了九点多钟,飞龙才飞出雪窝,一直吃食到午后两点才回家。

4月到5月初,春天到了,这时成对的飞龙纷纷离群交尾,5月中旬,它们开始在草丛里下蛋、孵化,每窝产蛋二十多枚,孵化期为25天左右。7月上旬,小飞龙便能独立生活了。兴安岭为飞龙提供了大量的食物,吃得胖胖的"飞龙"在冬季来临时又纷纷合群活动,每群三四十只不等。每年10月至翌年2月,该鸟毛丰肉厚,为狩猎期。4~8月为繁殖期及雏鸟生长发育期,禁猎。

在产卵、孵化和雏鸟阶段,气候直接影响飞龙的成活率,降雨量大的年份,飞龙的数目大量减少,故飞龙也有"大年"和"小年"之分。在它众多的天敌中,鹰类是最可怕的敌人。

目前,野生的飞龙不多了。为了保护飞龙资源,国家已将其列为三级保护动物。科研部门也开展了人工驯养繁殖飞龙的研究,并取得了成功。

鸳鸯原是"薄情郎"

自古以来,人们都把鸳鸯视为友谊和爱情的象征,为它们写诗、绘画,讴歌它们白头偕老,忠贞不渝的爱情。

鸳鸯的样子跟野鸭子差不多,体形较小,嘴扁,颈长,趾间有蹼,善游泳,翼长,能飞。雄鸟有彩色羽毛,头后有铜赤、紫、绿等色的长冠毛,嘴呈红色。雌雄多成对生活在水边,白天形影不离,晚上睡觉时,雄鸟从右翼向左掩盖着雌鸟,雌鸟从左翼向右掩盖着雄鸟,稍有响声,便双双离去。真可谓"同眠共枕,患难与共"。

鸳鸯属于候鸟,老家在雄伟壮丽的长白山区,每年的9月以后,当北方气候越来越冷时,它们便结队南下。等到第二年阳春三月,鸳鸯和其他候鸟一样,结队从遥远的南方飞回了长白山区,开始生儿育女。从1976年开始,科学工作者们连续多年在林海中寻觅着鸳鸯鸟群,追逐着野生鸳鸯的行踪。一天,他们看到鸳鸯落到高达三十多米的大青杨树上,接着灵巧地钻进了天然树洞。探索者们颇有兴致地躲到树上细细察看,发现洞中存放着鸡蛋大小的灰黄色鸳鸯蛋，原来树洞是鸳鸯的巢穴！鸳鸯一般一天只生一枚蛋，当生下十来枚蛋的时候，雌鸳鸯便开始抱窝孵化了。

繁殖初期，雌雄鸳鸯确实是形影不离的。可是，探索者们发现，这是一时的假象。他们终于获得了意想不到的结论：雄鸳鸯是个"薄情郎"。当它和雌鸳鸯交配后，就再不露面了，产蛋、抱窝等抚育后代的重任完全由雌鸳鸯承担，连孵化期的食物也要靠雌鸳鸯自己寻觅。不过，小鸳鸯们倒是很懂事，出壳后第二天，便像跳水队员一样，从高高的树洞上跳下来，随母亲投到大自然的怀抱里。

从前，传说雌雄鸳鸯一方死去，另一方则从此独居，或殉情而死。探索者们为了验证这个结论，他们在林海中选择了有成对鸳鸯的活动区。然后用猎枪打落某对中的一只，可是，几天过后，不知从哪里又飞来了一只，鸳鸯又成双配对了。探索者连续做了几次这样的试验，结果都是一样，看来传说不可轻信。

鸳鸯子女多，一窝就有七八只，雌鸟日夜操劳，也满足不了孩子们一天比一天增加的食量，它们整天张着嫩黄的小嘴嗷嗷待哺。雌鸳鸯只得忙里又忙外，经常独自孤单单地站在小溪中的岩石上把刚刚会飞的小鸳鸯一只只从树洞唤出来，让它们随母亲到河边觅食和游泳。小鸳鸯迅速成长，它们翅膀硬了，能在河面上展翅飞翔了。

小鸳鸯从小到大从未见过父亲是个啥模样，转眼天气变寒，它们又成双成对地开始了新的一轮南迁北返。旅途中的恩爱，自然又引起不少人的羡慕。

无独有偶。人们常常用相思鸟比喻热恋的情人形影不离，相依为伴。其实，相思鸟也并不相思。

相思鸟，又名红嘴玉，属鸟纲画眉科。这种体态轻盈，羽毛华丽的小鸟，雌雄形影不离，时而在长夜比翼而飞，时而并立枝头互相偎依，连夜晚也是各立一足而宿。它是驰名中外的名贵欣赏鸟之一，也是我国主要出口的欣赏鸟的一种。

相思鸟上体呈橄榄绿，金黄的颈，黄白的眼圈，配上鲜红的喙甲，把头部装扮得妩媚可爱；耀眼的橙色胸部，配上镶着黑边而又具有小叉的尾巴，非常好看；那黄褐色的嫩脚，支撑着匀称而灵活的躯体，犹如一件精美的艺术珍品。相思鸟情意绵长，加上它全身迷人的色泽，似管笙轻奏的"啾啾"鸣声，打动了多少人的心啊！不少国家，每逢亲朋婚姻之喜，总得设法送上一对相思鸟，祝福新婚夫妇长相恩爱，白头偕老。近年来，国外对相思鸟的需求量逐年增加，它成为我们结交海外朋友增进友谊的吉祥鸟。

相思鸟的家乡在我国南方山区,栖息于常绿的阔叶林或成片的竹林中,以捕食林中幼虫和觅食山间植物种子为生。阳春三月,相思鸟带着春天的信息,直趋北方高山丛林避暑消夏,生息繁殖。秋末冬初,它们又携带着繁衍的后代,向南迁徙。年年岁岁,循环往复,而且飞迁的路径变化不大。这同时为山民捕捉和保护相思鸟创造了条件。

相思鸟主要产地之一——江西山区,多采用张网捕捉相思鸟。天刚放亮,鸟户们在相思鸟必经的山坳口上,张起用丝线或尼龙丝编织的大网,然后吹响鸟哨,把散栖的相思鸟诱引成群。待到它们接近山坳口,赶鸟人突然撒出一把泥沙,鸟群骤然受惊,拼命朝前飞蹿,鸟爪挂在网上而被擒。

为了保护相思鸟,保持生态平衡,国家有关部门正在采取各种措施:把收购相思鸟的季节规定在冬季;明确规定只收雄鸟而不收或少收雌鸟;要求山民就地把受伤的鸟以及雌鸟和一定比例的雄鸟放回山中,任其繁殖。从而使相思鸟世代展翅飞翔于四海,给人类增添乐趣,为友谊架设桥梁。

其实,根据生物学家的考察,相思鸟并不相思,只是由于人们饲养很少,一般只养一两对,由于经验不足和管理不善造成某种疾病,使其相继死去,便误以为是患相思而死。为了揭开这个谜,有人故意给相思鸟交换配偶,结果,它们经过几天"恋爱"就愉快地起舞,繁殖后代。还有的在配偶死去之后,照常再娶再嫁,与新伴侣开始新的生活,所以说相思鸟并不相思。

纪律严明的大雁

在《汉书·苏武传》里有一个成语故事:雁足捎书。

故事说,汉朝的时候,有位大臣,名叫苏武。他在公元前100年,接受汉武帝的命令,出使匈奴。匈奴的贵族们把苏武扣留在匈奴,劝他投降。可是苏武死也不肯归顺,他正义凛然地对他们说:"我是堂堂的汉朝使者,岂有投降之理!"匈奴的君主单于就将苏武囚禁在阴山的大冰窖中,不给饭吃,不给水喝,想用这个残酷的手段,逼他投降。苏武只好嚼雪吞毡、捕鼠为食,但绝不投降。单于又把他送到遥远的北海,让他在那个寒冷而没有人烟的湖边牧羊。就这样,苏武在那里含辛茹苦地度过了19个年头,始终没有屈服。

后来,到了汉昭帝即位的时候,汉朝同匈奴和亲友好,昭帝便要求匈奴放回苏武。可是单于欺骗昭帝说,苏武早已经死了。有一次,汉朝的使节到了匈奴,匈奴有一个叫常惠的人,晚上偷偷地去见汉朝使者,告诉他们苏武并没有死,仍在北海牧羊。常惠又帮他们想出了一条计策,说:"你们这样同单于说——我们的汉昭帝在上林苑打猎,射中一只大雁,发现大雁的脚上拴着一封信,打开一看原来是苏武写的,说他仍在北海牧羊。"汉朝使者听从了常惠的建议,就照样和单于说了。单于听说竟有雁足捎书的奇事,十分惊慌,以为这是有神仙在帮助苏武,于是赶紧把苏武送回了汉朝。

实际上,大雁是不具备传书本领的,它不能像鸽子那样充当信使。

大雁是一种候鸟,形似家鹅,嘴巴宽厚,脚短且趾间有蹼,便于游水觅食;毛色以淡灰褐为多,并有斑纹:主要食用植物的嫩叶、细根及种子等。

大雁的"老家"在北方西伯利亚及我国内蒙古和东北部分较寒冷地区。每年霜降之前,大雁开始从它们的老家一批一批地迁徙到温暖的南方去过冬。等到来年春天,它们又成群结伴地飞回北方去产卵育雏,繁衍后代。这样周期性的往返,年复一年,代代如此。金朝女真族的祖先,当年就以观察雁群结伴迁徙来计算岁月,历史上曾有"金人据鸿雁以正时"之说。民间也有"八月初一雁门开,大雁脚下带霜来"的农谚。

大雁南来北往,飞越重重关山、条条巨川,够得上"不辞劳苦,不迷失方向"了。而且,雁群更是以严格的"组织纪律"著称的:雁在飞翔途中只只按序、井井有条,或成"一"字,或成"人"形,老雁当"领队",昼夜飞翔。

大雁在飞行时,为什么常常排成"人"字或者斜"一"字形的队形呢?

在迁徙飞行中,大雁排成整齐的行列,或成"一"字长行,或双行相交成"人"字形,这种行列叫作雁阵。"一"字长行的头一只雁,或"人"字双行交叉地方的雁,都是雁阵的领队。雁阵领队都是有经验的老雁。在飞行中,拨云开路的是它,引导方向的是它,视察敌情的还是它。

经科学家研究证明,大雁之所以排成"一"字或"人"字形飞行,是为了在长途迁徙时节省体力。

原来,鸟儿飞行时,翅膀尖端会产生一股向前流动的气流,叫作"尾涡"。后面的鸟如能利用前边鸟的"尾涡",飞行起来就要省劲得多,而雁飞成"人"字或斜"一"字的队形,正适于对"尾涡"气流的利用。据电子计算机计算,10只雁排成的队形可节省20%的功率;雁只越多,做功越省。同时,这样的队形还有一定的后掠角,其角度等于每只雁的眼睛和它翼梢之间的连线。这个角度既可保持相邻雁之间尽可能小的展向相距,又能够保证相互之间有着良好的视觉联络,以便互相照应,避免掉队。

"群雁远行靠头雁",头雁是最辛苦的,因为只有它没有"尾涡"气流可利用,飞行时最为疲劳。这就要经常更换头雁。人们看到雁阵时而"人"字形,时而斜"一"字形的变化,就是为了轮换头雁的缘故。

白天大雁集体飞行,夜晚大雁会选择适当地点集体休息。大群的雁虽然在休息,但在四周布置了"哨兵"警卫,一遇到意外情况,守卫的雁先发出警报,整个雁群立即飞起,逃避危险。

经过长途飞行后,大雁最后飞到了风和日暖的热带地区。在那里,它们找到了丰富的昆虫、蠕虫和植物种子作为食物。在春天来的时候,雌雁很快要繁殖后代,而北方夏天日照长,食物丰富,敌害不多,适于雁的繁殖,因此大雁总是迁回北方繁衍和栖息。

珍鸡奇趣

早在新石器时代,属于龙山文化时期(约在公元前2500年)的遗址中,已发掘到鸡的大小腿骨骼及前臂骨。在公元前16世纪到公元前11世纪的甲骨文里,已有鸡字。所以鸡的饲养驯化在我国至少有3000年的历史了。家鸡的祖先是原鸡,至今还生活在地球上。

原鸡也叫红原鸡,在我国分布于海南岛及广西、云南南部地区,在西双版纳一带称"茶花鸡"。原鸡生活在热带森林和旷野里,听觉和视觉非常灵敏,只要听到异常声音,就会惊起直飞或疾步逃窜到丛林隐蔽起来。原鸡食性复杂,常以植物性食物为主,如种子、树叶和各种花的花瓣。动物性食物是白蚁、蛾、蝗虫等各种昆虫。和家鸡一样,原鸡喜啄少量沙砾。

原鸡每年二三月开始繁殖,繁殖期内,雄原鸡喜欢搏斗,胜者能得到配偶。原鸡营巢在树根和地面上,年产卵两次,每窝产卵6~8枚,最多可达12枚。

原鸡翅短而圆,飞翔能力差。它的天敌很多,主要有狸猫、黄鼬、鹰、隼、鸮等,还有些爬行动物、啮齿动物常威胁它们的卵或幼雏。近年,由于森林的砍伐,原鸡的数量和分布面积急剧减少。

鸡的祖先是原鸡,后经人工培育和长期驯养,按照杂交的不同目的,就育成了形形色色的有趣的鸡了。

菊花鸡。又名波兰带冠鸡,它羽毛纯,有银白色、金黄色和亚黑色等多种。最漂亮的可算它头顶的冠羽了,特别的长,每当它昂首远望的时候,妩媚多姿,望去好像一朵朵盛开的菊花。因此,人们把它作为一种观赏的珍禽而饲养。

长尾鸡。是日本人民培养的珍禽。1974 年日本高知县一只公的长尾鸡,尾羽长达12.5 米;1980 年,高知县又培育了一只公的长尾鸡,尾羽长达 11.5 米。可是由于"鸡年"除夕的临近,日本各电视台争相邀它"演出",以致尾羽中最长的一根羽毛断掉了一米。日本政府还把这种长尾鸡定为特别纪念物。

光颈鸡。它生长在匈牙利,头颈不生羽毛。光颈鸡非常容易被别的鸡同化。有人做过试验,把光颈鸡和普通鸡交配,第一代都是光颈鸡,第一代再与普通鸡交配时,产生第二代就减少 3/4,以后一代一代再继续与普通鸡交配,比例就愈来愈小了,变成了清一色的普通鸡了。

剪毛鸡:产在我国北京一带,又名北京油鸡,羽毛呈深红褐色,公鸡羽毛光泽闪闪,头上毛冠既发达,又很美观,但长得很长的时候,会将眼睛遮住,需要常常帮助它剪短,脚上的毛也很长,毛色一致,是"毛脚毛眼"的鸡。

长牙齿的鸡。日本科学家为了降低养鸡成本,减少饲料加工的劳动力,他们用诱发鸡雏胚胎基因的方法,培育出了一种长牙齿的鸡。这种鸡的上下颌都长有牙齿,它吃东西时能把大块食物嚼碎咽下,饲养人员不必把饲料粉碎得太细。

无毛鸡。美国科学家利用遗传工程,培育出了一种无羽毛的鸡。这种鸡全身不长一根羽毛,皮肤呈紫红色。无毛鸡有很多优点:散热好,抗高温,消耗饲料少,屠宰加工方便。此外它的肉质很细嫩,烹调食用味美色鲜,芳香可口。

下彩色蛋的鸡。美国科学家培育出一种会下彩色蛋的鸡。这种鸡是由美国农场的普通鸡和南美洲的南洋鸡通过杂交培育出来的。南洋鸡的蛋壳呈淡蓝色,而杂交出来的鸡不仅能下蓝色蛋,而且还能下绿色蛋、粉红色蛋、草黄色蛋。更有趣的是,由彩色蛋孵化出来的小鸡,长大后也能下彩色鸡蛋。

凤毛鸡。山东牟平县解家庄乡一位农民养了一只鸡,生了三年蛋后开始慢慢地在变:脸色由黄变红,头顶上的一撮绒毛长成了紫红色的长羽毛,尖稍带白毛;身上的羽毛由深褐色变成红、绿、黑相间;尾羽虽少却很长,浑身金丝金鳞,在阳光的照射下十分美观。这只变异母鸡不再下蛋,食量渐少,跟普通鸡大小不一样,很像是传说中的"凤凰"。

超重鸡。美国加利福尼亚州有位农民养了一只白母鸡,重达10千克,称之为"超重鸡"。它斗死过一只它自己生的、重8千克的"儿子",还和狗打过架,并把狗打残废了,这只鸡也曾伤过它的主人。

碘蛋鸡。这种鸡是苏联科学家利用改变饲料的营养成分培育而成。下的蛋比一般鸡蛋的含碘高出几十倍,除了食用,还可以治疗哮喘、皮炎和高血压等症。

此外,还有乌骨鸡、斗鸡等等。

如此种种,真可谓大千世界无奇不有,芸芸众鸡,千奇百怪。

话说母鸡打鸣公鸡下蛋

鸡声茅店月,人迹板桥霜。

这是温庭筠《商山早行》一诗中最著名的诗句,也可看作是一副绝妙的楹联。这副对联中,诗人将"鸡声""茅店""月"和"人迹""板桥""霜"这六个名词巧妙地排列在一起,勾勒出一幅美丽的山村早晨的画卷:一只大雄鸡正引颈高啼,天边挂着一轮明月,可是住在茅店里的旅客,却早已上路了,在布满浓霜的板桥上,留下了早行人的足迹……这不仅是一幅情景交融的楹联,也是一幅惟妙惟肖的深秋山村早行图。

还有一个关于鸡引颈啼喔的对联故事,更是趣味横生。

故事说,旧时有一位秀才,有一天来到江苏省泰县一个名叫"白米"的小集镇,恰巧天已中午,一户人家的一只长满白色羽毛的大公鸡正引颈啼喔,秀才随即吟出一句上联:

白米白鸡啼白昼;

此上联连续应用了三个"白"字,任凭秀才苦思冥想、搜索枯肠,下联再也对不出来了。隔了数年,秀才又路经一个名叫"黄村"的村庄,时已傍晚,一只大狗正站在村头对着这位不速之客汪汪大叫,才思敏捷的秀才触景生情,终于对出了下联:

黄村黄犬吠黄昏。

公鸡打鸣,母鸡下蛋,这是天经地义的事。可是,为什么有的母鸡也打起鸣来,公鸡却下起蛋来呢?

有人说,母鸡打鸣是不祥之兆。这种说法有根据吗?

回答是否定的。科学实验证明,母鸡打鸣并不是什么不祥之兆,而是因为它发生了生理变态。生物学把这类现象称作"性反转",或者叫作"雄化"。

为什么会发生这种怪现象呢? 这是由于某些因素影响了鸡体内器官的正常发育所造成的。动物的雌性和雄性,是由体内生殖腺和它所分泌的性激素直接控制的。鸡和某些动物一样,在胚胎和幼体期,同时具有向雌雄两性方向发育的可能性。母鸡只有一个卵巢,长在左下腹内,右边的雄性生殖腺退化。如果母鸡的卵巢上长了肿瘤或者因为患其他疾病而退化,它右侧的生殖腺就可能发育起来,分泌雄性激素,这样母鸡就雄化了。

如果把一只正常的公鸡阉割,它的红冠便会萎缩退化,颜色由鲜红变成淡红,它啼叫、好斗和求偶的本能,都随睾丸割去而消失了。如果再将一只母鸡的卵巢移植到这只被阉过的公鸡体内,那么它就会变得像母鸡那样性情温顺,而且还能产卵育雏。同样,如果将母鸡卵巢全部割掉,再植入公鸡的睾丸,那么这只母鸡就会变成公鸡。有人做过这样的试验,从而有力地说明了决定鸡的雌雄性别及其各种雌雄特征的,是它体内的生殖腺及其分泌的性激素。倘若性激素发生变化,它的雌雄性别也就会发生变化。

懂得了这些科学道理,母鸡打鸣的现象就比较容易解释了。这种母鸡本来有较发达的雌性生殖腺,有卵巢和输卵管等,因此能生蛋。但后来由于它的生理状态发生了一定程度的改变,它的雌性生殖腺可能受到某种原因影响而退化,而雄性生殖腺得到了发育,使它的雄性特征进一步加强了,最后便发生了性反转现象。

据报道,海南岛国营龙江农场一位职工家里有一只养了 7 年的公鸡,突然下了一个重 100 克的大鸡蛋。

公鸡下蛋是极其罕见的现象,公鸡一般是不会下蛋的。如果一只真正的公鸡,即从外貌到内部结构,特别是生殖系统是属于雄性的,它只具有睾丸、输精管、射精管、外生殖器等生殖器官,而这些器官绝不可能产下卵子的。卵的产出过程是相当复杂的。一个成熟的卵从卵巢内排出,掉在输卵管的顶端。卵黄在沿着喇叭管移动的时候,就被蛋壁分泌的卵蛋白包裹,经过子宫时又包上两屋壳膜,最后包上一层卵壳,卵壳在子宫硬化……

这些产卵过程必须具有雌性生殖器官才能完成。

那么,为什么会有公鸡下蛋的现象呢? 这里有两种可能:一是那只"公鸡"只是具有雄性外部特征,而实质却是具有雌性生殖器官的母鸡。二是有一些特殊鸡,同时具有两性生殖器官,即两性化现象。一段时期,雄性特征突出(雄性内分泌激素占主导),便出现雄鸡特征,如鸡冠发达,啼叫……但到了一段时期性转化,那时雄性征退化,啼叫消失,鸡冠退化,内部的雄性生殖器官萎缩,雄性激素分泌减退。相反,雌性激素加强,雌性征逐渐明显,雌性生殖器官逐步发展,这时性征便转化,即出现公鸡产卵现象。

鸡的这种性转化,据文献报道只有千分之几的几率。当然这种现象不仅在禽类,人类也有,不过实在罕见罢了。

怪蛋不怪

鸡蛋遍及世界各地,尽管"先有鸡还是先有蛋"的问题引来不少争论,但这也说明了鸡蛋带给人的绝不只是"吃"的概念,它已具有相当的社会内涵。

以鸡蛋充当货币古已有之。解放初期,山区农村用鸡蛋换油盐酱醋还相当普遍,这种鸡生的"货币"尽管银行概不受理,但农村供销社却认可。

每当婚丧嫁娶或节日祭祀,鸡蛋是赠品也是祭品,真是"一卵多用"。据说在广西有的地方,每逢农贸集市热闹场所,小伙求婚则拿自己的鸡蛋去碰姑娘的鸡蛋,如果相碰成功则婚事有望。日后相亲,也以鸡蛋款待,生孩子喜庆更以鸡蛋相赠,这种习性在农村一直沿袭至今。产妇补养也吃鸡蛋,生儿育女自始至终与鸡蛋相关联。不过,在我国西部边陲,也有用熟鸡蛋相碰来比其硬度赌博的,这就有损于鸡蛋的完美形象了。

在正常情况下,母鸡所生的蛋,大小、形状大体上差不多。但有时候却生出了奇形怪蛋,像多黄蛋、软壳蛋、蛋中蛋、小鸡蛋、花纹蛋等。由于缺乏这方面的科学知识,有的人认为这是不祥之兆,终日惶恐不安;有的人则认为是鸡得了"怪"病,赶紧把鸡杀掉……其实,这些都是不必要的。

下面我们就以鸡蛋的形成规律来看畸形蛋是怎样产生的,以解人们心中的疑惑。

母鸡的生殖系统主要分两大部分:卵巢和输卵管。卵巢的任务是形成和完成卵细胞

（蛋黄），成熟后的卵黄落入输卵管的喇叭管部分完成受精作用，接着又通过输卵管的蛋白质分泌部、峡部和子宫，逐次完成蛋白质包裹、壳膜形成、硬壳形成等过程，最后排出体外。如果家禽受到生理性、病理性、饲养管理方面或者精神的刺激，正常的生殖活动规律遭到破坏，发生了暂时性的兴奋或抑制，生殖系统的蠕动增强或减弱，甚至反蠕动，于是就产生出各种形状不规则的怪蛋来。

多黄蛋。这是家禽生理活动兴旺的表现。多见于当年的初产母鸡。因为初产母鸡年轻，代谢机能旺盛，有时两个或三个卵黄同时接近成熟，相差无几地落入输卵管中，于是被蛋白、蛋壳包裹在一起，成了双黄蛋甚至多黄蛋。

软壳蛋。鸡下软壳蛋大致有以下几个原因：第一，鸡蛋壳的主要成分是碳酸钙，约占蛋壳重量的 93%。鸡体缺钙，蛋壳就无法形成，因而下软壳蛋。所以，蛋鸡日粮中，钙的比例应保证达到 3.8%。第二，蛋壳中含有少量的磷，其作用很大。鸡体缺磷或钙、磷比例失调，也会下软壳蛋。所以，蛋鸡日粮中应有 0.6% 的磷；钙、磷的比例以 6∶1 左右为好。第三，鸡体缺乏维生素 D。维生素与钙、磷的代谢有密切关系。当维生素缺乏时，钙、磷比例即使恰当，吸收也受影响。因此，应喂给适量的动物性饲料；多让鸡晒晒太阳，或进行人工紫外线照射，以增加体内维生素 D 的含量。第四，鸡产蛋前因惊吓或剧烈地驱赶、殴打。鸡受惊后神经受刺激，小肠内的钙、磷运行受影响，输卵管收缩，造成早产，也会下软壳蛋。

蛋中蛋。蛋中蛋的发生是禽体生理反常、输卵管逆蠕动导致的。当蛋黄到达子宫部形成蛋壳，但尚未产出时，由于某种刺激输卵管道蠕动将已形成的蛋返送到输卵管前端，待输卵管恢复正常蠕动后，蛋又再次接受了蛋白包裹、壳膜形成等生理过程，于是就造成了有二重蛋壳、二重蛋白、一个蛋黄的蛋中蛋。输卵管的逆蠕动甚至还可将完整的蛋返送入腹腔，有时宰禽会在腹腔中发现完整的蛋，就是这个缘故。

特别小的蛋。有的母鸡在产蛋期间，有时产下特别小的蛋，打开后见不到蛋黄，仅在中央有一块凝固蛋白或其他异物。这是因为：初产母鸡产蛋无规律，输卵管受异物刺激，分泌蛋白，形成壳膜和硬壳后产出体外；母鸡在产蛋盛季输卵管的机能旺盛，有时分泌较浓或成块状的蛋白，这种块状蛋白刺激输卵管再分泌蛋白，形成小的无黄蛋产出体外；卵在卵巢的滤泡内成熟后，滤泡膜破裂，一般情况下不出血，但有个别情况出血，血液被输卵管接纳。如果在产蛋盛季，输卵管机能旺盛，在血液或脱落的黏膜组织等异物刺激下分泌蛋白,导致产小蛋:由于母鸡长期患白痢病,使母鸡卵巢发生病变,滤泡变性而形成一个个小黑硬块,被输卵管前端喇叭口纳入而形成小蛋。如果经常产小蛋,应将母鸡淘汰。

花纹蛋。有的蛋壳表面出现高低不平的花纹状,这是由输卵管反常收缩引起的。其中,尤其是子宫的分泌机能失调,分泌不均匀,子宫收缩时松时紧,使蛋壳表面的钙质厚薄不均而出现花纹。

鸽子参军

鸽子参军,无论中外,自古有之。第二次世界大战时,有一只名叫"森林汉"的军鸽,出生才 4 个月,便随美军航空队空降到被日军侵占的缅甸大后方。部队跳伞时不小心竟把无线电收发报机丢失了,与指挥所失去了联系。7 天后,侦察员收集到日军的重要情报,就让"森林汉"驮着这些情报,翻山越岭,飞行数百千米,送回美军指挥所,使盟军利用这一情报,设计战术,攻克了这个地区。

我国的军鸽早在 20 世纪 50 年代初便列入军事编制。我国幅员辽阔,国境线漫长,尤其是西南边疆,山高岭陡,地形和气候又相当复杂,有些边防哨所设在这里,交通、通信都极为不便。因此,利用经过特殊训练的军鸽来送军情、信件、报纸和急救药品,极为有效。

1952 年,边疆剿匪正急,仗打得很艰苦。狡猾的土匪钻在峰密重叠、树林茂密的大山里,凭借天然屏障,躲在暗处负隅顽抗。每天都有伤亡的消息传来。

20 岁的陈文广心潮澎湃,他想:不彻底消灭这一撮不甘心灭亡的反动势力,刚成立不久的人民共和国就不能安宁。他要当兵。他手头有 200 羽训练有素的信鸽,其中 5 羽担负过远征军的作战通信联络。在广西、云南那样的山岭地区剿匪,他知道信鸽的价值。

他想到周恩来总理。周总理在一个月后见到陈文广的信。总理看得很认真,眼睛盯着信的最后一句话:"我志愿将毕生精力献给祖国的军鸽通信事业。"经周恩来总理批示,陈文广很快穿上了军装,并被任命为我军的第一位军鸽教员。陈文广做梦也没有想到,40 年后,他成了我军唯一因为养鸽而获得教授职称的人。

昆明。中国唯一的军鸽基地——原成都军区昆明军鸽基地就坐落在这里。1985 年,中国百万大裁军。许多机构、部门都为了国家和军队的大局裁减了，而这个军鸽基地却反而得到加强。

晚霞正艳。一位发如银丝的老人，又准时来到春城西山之巅，托在他右手的那只名叫"归根"的瓦灰色军鸽，盯着主人的手势有节奏地进行着训练……

他，就是我国军鸽通信事业的奠基人陈文广教授，40年来，他与军鸽朝夕相伴，精心培育出了150多个优良鸽系共5万多羽，在国内外专业刊物上发表学术论文40多篇，出版了《通信鸽》《养鸽指南》等5本专著。权威人士称：这在世界上也是屈指可数的。

"高原雨点"是陈文广针对我国周边磁性强、老鼠多、寒热反差大等特点，十年呕心沥血培育出来的新型应验军鸽系列。为增强军鸽的抗药能力，他先在自己身上做试验。一次由于药量过大，他昏迷了3天……

1954年，中国军鸽队首次设立了军鸽往返通信点，拥有军鸽2000多羽。历40年之艰辛，军鸽队培育出了适应边防特点的特有品种60余类，保留、提纯外籍和国内优秀品种90余种，共拥有90多个国家150多个品种的名鸽，并为全军、全国培训出2000多名军鸽业务人员，培育、输送军鸽1万多羽。目前，在全国20多个省市，都飞翔着带有"KMIV"军鸽基地培训足环编号的军鸽。一羽军鸽，一串故事。每一位边防战士都忘不了军鸽的功绩，忘不了这些"会飞的战友"的英雄故事。

1956年冬，一个罕见的恶劣天气。驻守在深山峡谷的边防某连战士小刘患上了急病。往医院送吧，大雪封山；就地抢救，又没有药品。战士们急得团团转，怀着一线希望，他们放飞了配属在这里的几羽军鸽。谁也没有料到，半小时内，军鸽取回了处方和药品，战友得救了，战士们兴奋得又跳又唱，捧着军鸽狂吻不止……

1958年，边防某部小分队在边防巡逻途中与残匪遭遇。那是一场猝不及防的遭遇战。敌人仗着人多，步步紧逼。小分队且战且退，最后据险而守。

战斗异常激烈，而小分队的子弹却越来越少……危急关头，指挥员放出了一羽小黑鸽前往指挥部报警。

小黑鸽刚刚起飞，一颗罪恶的子弹就击中了它的胸部，指挥员清楚地看见小黑鸽往下一栽，段红的鲜血洒在阵地前的石板上。指挥员的心一下子提到嗓子眼，急得失声喊了起来："挺住！"

英勇的小黑鸽在空中摇摇摆摆向前飞，它以顽强的毅力，一路滴着鲜血飞达到目的地。指挥部接到小黑鸽的情报,立即派出骑兵救援,全歼了这股残匪,解救了被包围的小分队。战后,这羽小黑鸽被授予"英雄鸽"的光荣称号。

英雄的信鸽

在历史上,信鸽曾被誉为战争中的英雄。早在埃及第五王朝时期,信鸽就被当作快而可靠的联络工具。在第一次世界大战期间,信鸽曾为交战双方做出了不小的贡献。在比利时占领地,了解信鸽功能的德国人不得不把所有的信鸽统统抓起来。战争期间,森林里不好架设电线,在前后方联络有困难时,又是这种小巧玲珑的鸽子为主人传递信件。第二次世界大战时,特别是抵抗力量,常用信鸽充当可靠迅速地联络工具。如今,在法国和比利时都有为战鸽英雄竖立的纪念碑,甚至有些鸽子的标本和英雄事迹仍然珍贵地保存在美国的一家档案库里。一份美国发表的报告说,信鸽是忠贞不渝的,它们每时每刻都晓得怎样完成任务,它们当中没有逃兵,也没有降敌者。美国兵在法国打仗时,有 422 只信鸽往返前线与指挥员之间,其中有 50 多只信鸽在执行任务中英勇献身。多亏这些鸽子,将 403 封重要信件送到了收信人手里。美国著名的英雄鸽子乌斯曼,在一次送信途中,一只腿被流弹打断,它在身负重伤的情况下,坚持把信送到目的

信鸽

地,而自己却因流血过多死去。1918 年 10 月 20 日午后,阿戈纳战役进入了白热化,下午 2 点 40 分,美军司令通知信鸽队,放一只鸽子给参谋长送信。当乌斯曼带着信出发时,机枪扫射像雨点一般密集,炮火声震天动地,在形势极其不利的情况下,它仅用 25 分钟就飞行了 20 多海里,这是一位多么勇敢的战士啊! 1870 年德法战争时,法军被包围了,曾由信鸽送出许多急件。1916 年法国乌鲁要塞的通信设备被德军大炮击毁,幸亏放飞了一只信鸽求援,才使援军及时赶到而保住了要塞。

尽管现代技术如此先进,拥有各种尖端的通信设备,但是,信鸽的作用却是不能忽视的。在美国的卡尼亚维拉尔就利用鸽子把微型相机放到各个不同的地方或试验室。英

国目前利用鸽子把救护中心的血样送到专门进行化验分析的试验室,既经济又可靠。当然,从事间谍活动的也不乏使用鸽子,因为它们可以用微型相机拍摄照片。

家鸽目光敏锐异常,它不仅能从鸽群中找到自己的"伴侣",使人惊奇的是,在新西兰集成电路厂的成品检验车间里,家鸽竟在川流不息的传送带旁,准确无误地把印刷线路板的次品拣出来。原来,这位产品质量"检查员"的视神经,是由上百万根视神经纤维密集组成的,视网膜也具有复杂的特殊功能。

还有一件事,也证明了鸽子是一名优秀的产品检查员。事情是这样的:有一位搞电学的工程师,同一位心理学教授谈起了一件恼火的事情:他费了很长时间装配好了一台电子仪器,但由于其中一个零件有缺陷,这台电子仪器不能工作。他认为这主要是质量检查员的粗心大意,把有缺陷的零件当作合格的成品装箱出厂了。

教授对这位工程师说,用鸽子做检查员就不会发生这种事。工程师认为教授在开玩笑,但教授却郑重其事地说下去:"鸽子是一种奇妙的动物。它能不断重复一个单调的动作,长时间不睡觉,而一点也不会感到疲倦。鸽子用嘴啄食的动作是一个条件反射,大可利用。"

过了几天,教授请这位工程师到他的实验室去做客,并拿出一台奇特的装置给他看。这台装置很简单,是一个平放着的能转动的圆盘。沿着圆盘的圆周,放着一个个待检查的零件。另外还有一个铅制的盒子,上面并排开有两个小玻璃窗,一块玻璃是透亮的,另一块玻璃不透亮。

教授把一只鸽子放在铅制盒子里,鸽子恰好能通过透亮的小窗看到圆盘上的一个零件。鸽子看见一个零件,就啄一下不透亮的小窗,这不透亮的小窗户接着一个电开关,所以,鸽子每啄一次,圆盘就转一个角度,圆盘上就又出现一个新的零件。鸽子不停歇地啄着不透亮的小窗,圆盘不断转动,零件一个个通过。

突然,鸽子蓬松起身上的羽毛,急速地啄起透明的小窗,圆盘也就停止转动。

"废品!"教授说着顺手取下零件一看,果然有缺陷。

教授告诉工程师:"训练这种检验鸽只要 50~80 个小时就行,开始时让它辨认缺陷显著的废品,以后让它逐渐辨认越来越不明显的缺陷。教它如果看到零件没有缺陷就啄一下不透亮的小窗,如零件有毛病就啄透明的小窗。"

由于实验心理学的进步,科学工作者发现某些动物具有人们以前不知道的才能。现在已经有人提出利用猴子的特殊灵敏性和智慧来采集棉花;还有些人打算利用聪明的海豚做鱼群的"牧童"。

鸟话趣谈

提起鸟类语言时,人们总以鹦鹉、八哥模仿人讲话为美谈,殊不知在鸟类中还有一种世界闻名的珍禽——丹顶鹤会用它富有韵调的鸣叫声来表达感情。古人曾以"鹤鸣于九皋,声闻于天"来形容其鸣声之响亮。

在丹顶鹤的故乡——黑龙江省齐齐哈尔市东部扎龙自然保护区的科技工作者,多年来观察丹顶鹤小家族日常活动和它们生态习性的时候,听到了丹顶鹤发出的各种悦耳而又具有不同韵调的鸣叫声,每种韵调都表达了一定的意思。如丹顶鹤在寻找食物的时候,用喉内音即腔膛音鸣唱,喙部紧闭,音调由鼻部发出,音响低沉短促,即"GO——GO——GO"的声音;在天敌骚扰其营巢而情绪激动时,用喉外音鸣唱,喙部张开,由嘴部发出"KOGO——KOGO"的长鸣叫声,清脆嘹亮,能传至2~3千米远。它用这样的鸣叫声通知"亲友"或"子女",赶紧远走高飞或者悄悄隐蔽起来。

丹顶鹤在寻偶交配时,不仅双方相互追逐,而且雄鹤追引雌鹤,发出"KOO——KOO——KOO"的求偶单音鸣叫,雌鹤回以"KOKO——KOKO——KOKO"的双音鸣叫,一唱一和,宛如对歌,这时,雄鹤又向伴侣发出一种特殊的鸣叫声,倾诉爱情,这种鸣叫声像悠扬的箫声从远处传来,抑扬顿挫,热情而又柔和,是一曲富有音韵的乐曲。

在动物世界里,人们或许认为鸡是很笨的,因为它既不能高飞,又不能迅跑,反应也很迟钝。但事实证明恰好相反,近年的科学研究结果表明,鸡确实有几十种语言信号,例如:觅食、高兴、恐惧、报警、高温、寒冷、接触、求偶等等,甚至生病也会发出不同的语言信号。

人们经过观察就会发现,带仔鸡的母鸡会发出不同的叫声,仅惊叫就有许多种,如:表示遇有空袭的飞禽,遇有走兽的窜犯等,叫声各有不同。小鸡能够在这些不同叫声中做出不同的抉择:或团居于妈妈的羽翼之下,或四散奔逃,或寻隙隐藏。同是觅食,声音也有差异:遇有小虫之类的美味,鸡妈妈就会发出"咕咕"的声音,召唤着:"孩子们快来呀,这儿有好吃的。"鸡雏们听到这亲切的呼唤,就会从四面八方跑来抢食这些佳肴。平时,母鸡总是一边走一边发出咯咯咯的叫声,像是在说:"妈妈在你们身边。"鸡雏们听到这种声音后,就可以放心大胆地玩耍了。

更有趣的是,鸡,特别是小鸡,在高兴时会一边吃食一边不停地欢叫。所以,养鸡者把鸡在采食时发出的语言称之为"唱食"。

令科学家们惊喜的是,小鸡在破壳而出的前 3 天,就能发出"啾啾"的柔声细语,用以与鸡妈妈"讲话",这些牙牙学语声或是说"我热了",或是说"我冷了",或是说"我很好"。抱窝母鸡根据这些"宝宝"们的不同语言要求进行调整。这就是为什么用母鸡抱窝的鸡雏几乎同时破壳而出,而用孵化器孵化出的鸡雏却要相差十几个小时或更长时间才能出齐的原因。此外,还有一个奥秘:母鸡在孵化时会发出一种奇特的声音,对鸡胚胎的发育起到刺激与调节的作用,使鸡雏能同时出世。可惜的是,随着养鸡的机械化程度不断提高,母鸡孵卵将越来越少见,人们要听到母鸡与小鸡那些丰富有趣的对话也不是很容易了。

现代鸟类学已经能够了解各种鸟类的细微差别。莫斯科大学动物学研究员吉洪诺夫研究过大雁有组织的行为中,有声语言起着很大的作用。幼雁对成年雁的语言是分阶段学会的;有趣的是,有几组信号是幼雁在胚胎状况中就懂得的。

新生幼雏对它钻出蛋壳时听到的声音能马上记住,而且终生不忘。吉洪诺夫合成了模仿母鸡咕哒叫声的人工信号,刚出壳的小鸡听到后会立刻朝着这个声源跑来,就像跑向真母鸡一样。他在人工孵卵室的一些区域不断地传入模仿孵卵母鸡的叫声,结果雏鸡的出壳时间整齐,只用半小时就全部出壳了。

在养鸡场里,小鸡出壳的头几天就要将公母分开,用人工做这件事常常累得养鸡女工眼花手酸,还容易出错。为此,吉洪诺夫同声学工程师共同设计出一种电子装置,它能准确地辨别小公鸡和小母鸡的叫声,从而使雏鸡分类效率大大提高。

掌握了鸡的语言,在养鸡业高度发展的今天,给现代化养鸡场建立自动化生物技术系统管理铺平了道路。那时,尽管养鸡场千万只鸡叫声嘈杂,但应用现代电子技术仍能从中做出细致的分辨,并针对不同情况采取相应对策。

鸟儿的方言和外语

鸟儿的歌声真是复杂而多变,每一种鸟儿,都有自己的一套特殊的曲调,还有它们独有的"方言"呢!

一般说来,鸟儿每次啼鸣,总有一个含意完整、表达明确的内容,这样一个内容最少大约发出 10 个音节,最多可以发到 100 个以上的音节。音节越多,鸣声也就越好听。有的鸟儿,每次啼叫 2 秒钟,就要停顿一下;有的啼鸣可达 20 秒钟左右;也有的能连续不断地大放歌喉。

人们很早就注意到,鸟儿的啼鸣主要是为了寻找配偶,麻雀不是以善鸣著称的鸟儿,可是在寻求配偶期间,它们啾啾唧唧,也唱出许多调儿来。有一位鸟类学家,对一只雄雀作了 45 次记录,发现它在啼鸣中,有 13 种不同的声型,187 个小小的音阶变动。

鸟儿的善于啼鸣,除了有它的先天条件外,更重要的是后天学的。科学家把一只幼鸟单独饲养在与外界隔绝的环境里,结果这只鸟儿长大以后,只具有最原始的啼鸣能力。但同样的另一只幼鸟和同种的群鸟养在一起,它的啼鸣能力就强多了,它学会了群体的"语言",尤其是在有老鸟传带的情况下,它的啼鸣能力发展得更为完善。

鸟儿啼声的发展和它们的性激素分泌有直接的关系。从鸟儿的青春期开始,它们便一个音节、一个音节地练它们记着的曲子,在练的过程中,甚至还能对音调加以修饰,所以"新莺初试",往往悦耳动听。

鸟儿的啼鸣除了寻求配偶外,也为了表明它所占的"领地",在保卫它们"领地"的鸣叫中,有些鸟儿居然还会使用"空城计"呢!比方有一种红翅画眉,往往在一棵树上唱了一会儿之后,又飞到另一棵树上,引吭高歌。而在第二棵树上唱的,无论声型、音调高低,或者持续的时间,都与它在第一棵树上所进行的大不相同。这对于不明真相的其他鸟儿来说,仿佛林子的某一区域里,已经栖息着好几只鸟儿了,还是不闯进去为好,省得找麻烦。

为了证实鸟儿这一保卫领地的绝招,鸟类学家把鸟儿的鸣声录下音来,然后在林子里播放。他们连续 1 小时,反复播放同一个完整的内容,然后停播 1 小时,最后又交替播放同一只鸟儿的几个不同的完整内容,也是1小时。结果发现,在反复播放同一内容和停播的那两段时间里,别处有鸟儿飞进林子的这个区域里来了,而当交替播放几个不同内容的时候,别处来的鸟儿,即使飞经这个区域也不稍停。

美国鸟类学家路易斯·巴普蒂斯有一天漫步在旧金山街头,一只普通的棕色麻雀的叽叽喳喳的叫声吸引了他,他突然收住了脚步,用他那训练有素的耳朵倾听,他确信这只小鸟是在阿拉斯加而不是在北加利福尼亚的海湾地区长大的。这只鸟的叫声带有清晰的阿拉斯加麻雀的"方言",和加利福尼亚麻雀的叫声很不一样,后者又有几种地区性的西海岸"口音"。

同类的鸟儿会群集在一起,但是和人们通常的想法不同的是,它们在成长时鸣叫的声音却是跟它们的双亲学会的各种不同的"方言"。研究表明,虽然鸟在刚孵出来时的叫声都是一样的,即是一种天生的啼鸣,但是,它们很快就学会了当地的"方言"。

巴普蒂斯塔是研究鸟类鸣叫的权威专家之一,专门研究某一种鸟(比如普通麻雀)的叫声在世界各地有什么区别。二十多年前,他就动手把鸣叫声录下来,现在则借助于计算机进行研究。他从计算机里提取大量的用图表显示出鸟叫声的答案。这些计算机答案是一些散乱的黑线条,看上去就像地震仪记录的标记。但是,对他来说,看这些东西犹如读乐谱一样,他能毫不犹豫地用口哨吹出一种鸟叫声,并且指明它和其他鸟叫声的细微差别。

鸟儿不但有"方言",也有"外语"。

美国科学家用录音机录下了宾夕法尼亚州乌鸦的惊叫声,然后拿到美国其他州有乌鸦的地方去播放,听到录音的乌鸦都马上惊慌地飞走了。可是当他们把录音带送到法国对着乌鸦播放时,法国乌鸦不仅不飞逃,反而聚拢起来听得津津有味,它们对美国乌鸦的惊叫声没有做出相应的反应。美国海鸥惊叫的录音同样也只能在本国起作用,送到法国播放也不起作用。从上述实验可以看出,鸟类也有"外语"。

最早确定的国鸟

地球上的9000多种鸟类,都是大自然里与各种美丽生命共生存的朋友。它们以婉转的歌声、优美的体态风姿，为山水增添了无尽的诗情画意。正因为有了鸟儿，天空才格外蔚蓝，树木才愈加葱郁。人类和鸟的亲密关系远非自今日开始，其亲密程度更令人咋舌。为了号召人们保护鸟类，特别是以本国特产的珍禽为荣，许多国家都确定了自己的国鸟。1782 年，美国国会郑重通过决议，率先把白头海雕定为国鸟。

白头海雕在幼小的时候，生长在头部的毛是黑色的。可是，随着年龄的增大，它周身上下的毛呈现暗褐色的时候，头上原先黑色的羽毛，却渐渐变为白色。而且，从头顶一直覆盖到颈部，形成鲜明的对照，所以被称为"白头海雕"。尽管白头海雕性情凶猛，但是它的外貌还是美丽的。它的体长近 1.2 米，双翅展开有 2 米多长，最大的体重可达 10 千克。

白头海雕的飞行肌十分发达，占全身肌肉的 20%，肌肉收缩的力量比人类肌肉强 4 倍。故白头海雕飞行时显得十分威武雄壮。

白头海雕的配偶固定，恪守一夫一妻制。它的巢安置在高山的大树上，轻易不乔迁新居，而是每年整修加固，于是它的巢就越来越大。佛罗里达州曾经发现一只海雕巢，直径达 3 米，厚有 7 米，重达 2 吨。动物学家估计这对白头海雕已在这儿生活了 20 年。

白头海雕有很强的飞行能力，当它翱翔在万里晴空时，黑压压的双翅，犹如一架小飞机。它的声音洪亮，震撼山谷，吓得地上走兽四处逃散。所以在美国，人们称它为"百鸟之王"。白头海雕不仅飞得高，飞得快，而且眼睛异常敏锐，甚至能正视太阳。一旦发现猎物，就闪电般地猛扑下去，动作非常敏捷，能轻而易举地抓住猎物。

白头海雕母雕产卵一般在 11 月上旬，产两枚卵。先产一枚，在抱窝的过程中再产一枚卵。抱窝一个月后孵化出雏雕。白头海雕主要以大马哈鱼、鳟鱼等大型鱼类和野鸭、海鸥等水鸟，以及水边小型哺乳动物为食。美国三面环海，东北面有五大湖，鱼类资源相当丰富，为白头海雕的生活提供了优越的条件。但是，由于种种原因，如大量捕杀，鱼类受到工业污水的毒害，白头海雕捕食后慢性中毒，在不长的时间里，日益减少，走向了绝灭的边缘。美国国会为了使本国的特产白头海雕不致绝种，号召国民树立保护鸟类的思想，于 1782 年 6 月 20 日，通过提案，把它作为美国国家的标志，并推举为"国鸟"，同时把其雄姿铸入硬币。《美国大百科全书》（国际版）对白头海雕的解说是："雕是力量、勇气、自由和不朽的象征，自古以来就被作为国徽、军徽，有时也被用于宗教性的象征。"

但是，随着美国经济的发展，生态环境受到严重破坏。特别是由于农药的使用，导致白头海雕产卵异常，繁殖率下降；加上人为的捕猎，更使白头海雕的数量减少。过去曾遍布北美大陆的白头海雕,现在仅限于加拿大的魁北克省、美国的阿拉斯加州、缅因州、密歇安州和墨西哥的一部分有白头海雕繁殖,其他各地只能看到迁徙途中的白头海雕。美国政府在 1940 年制订了白头海雕保护法,来保护这一濒危的国鸟。1982 年,为保护白头海雕,里根总统宣布每年的 6 月 20 日为美国国鸟白头海雕日。

美国是世界上最早确定"国鸟"的国家。此后,很多国家认为,应用这种办法教育人民树立保护鸟类的意识有着积极的意义,便相继选出本国人民喜爱的,或者是这个国家特产的,或者是有重要经济价值的鸟,作为国鸟。目前已知一些国家的国鸟为:缅甸:孔雀;印度:蓝孔雀;斯里兰卡:黑尾原鸡;伊拉克:雄鹰;英国:红胸鸲;爱尔兰:蛎鹬;法国:公鸡;奥地利:家燕;爱沙尼亚:家燕;比利时:红隼;冰岛:白隼;瑞典:乌鸫;挪威:河鸟;丹麦:白天鹅;德国:白鹳;波兰:雄鹰;荷兰:白琵鹭;卢森堡:戴胜;津巴布韦:津巴布韦鸟;肯尼亚:雄鹰;毛里求斯:渡渡鸟;乌干达:皇冠鸟;赞比亚:雄鹰;南非:兰鹤;澳大利亚:琴鸟;巴布亚新几内亚:极乐鸟;新西兰:无翼鸟;美国:白头海雕;墨西哥:长脚鹰;危地马拉:彩咬鹃;萨尔瓦多:蛎鹬;巴哈马:红鹤;多米尼加:鹦鹉;巴巴多斯:鹈鹕;特立尼达和多巴哥:蜂鸟;厄瓜多尔:大秃鹰;委内瑞拉:拟椋鸟;智利:山鹰;阿根廷:棕杜鸟;日本:绿雉……

国鸟趣谈

1."无翼"的国鸟

鸟类一般都有翅膀,羽毛丰满。而在新西兰却生活着一种没有翅膀的鸟,这就是几维鸟。新西兰人骄傲地称自己为"几维人",把这种鸟尊为"国鸟"。在新西兰的钱币、邮票、明信片上,也可看到几维鸟的图案。至于物品的商标,商店的牌号,用"几维"两个字命名的就更多了。这些都表明,几维鸟的品格和精神已经深深地印入新西兰人的心田里。

2.追认的国鸟

在印度洋西部马斯克林群岛中有一个非洲岛国,叫毛里求斯。15 世纪以前,岛上的渡渡鸟数量很多,但自从欧洲殖民者相继在这里定居后,他们不仅带来了猪、狗、猴、鼠等动物开始捕食渡渡鸟的卵和雏鸟,还开始对大片森林进行砍伐,对肉味细嫩鲜美的渡渡鸟进行大肆掠杀,最终导致渡渡鸟于1681年灭绝了。为了记住殖民主义统治的历史罪恶,毛里求斯在1968年3月12日宣布独立的时候,将渡渡鸟刻在了国徽上,以此作为和平的象征。

渡渡鸟属鸠鸽目,又名愚鸠。这是冒险的葡萄牙人绕过好望角,登上毛里求斯的国土后,在饱尝渡渡鸟的美味之余,给它取的名字。"do-do"是葡萄牙语,愚笨的意思,说明它行动迟缓,易捕捉。遗憾的是现在连一只渡渡鸟的标本也没有保存下来,幸好,从美术家的画幅中,可以让后人一睹渡渡鸟的风采。

有趣的是,渡渡鸟的故乡有一种稀有的热带树种——大颅榄,这种只有毛里求斯才有的树,也只剩下13棵,寿命达300多年,虽开花结果,种子却不发芽。后来,科学家在渡渡鸟的残骸中发现了大颅榄的种子,猜想渡渡鸟应该是大颅榄种子的"臼磨机"。他们用吐缓鸡代替渡渡鸟,给它吃了17棵大颅榄种子,吐缓鸡的砂囊消化力极强,磨碎7棵,磨薄10棵,竟有3棵发了芽。

3.自豪而美丽的国鸟

1984年8月,丹麦电视台《与动物交朋友》节目,举办了一次选举丹麦国鸟的活动,选出了在丹麦野生的一种突顶天鹅为丹麦的国鸟。天鹅,也称"鹄",鸟纲、鸭科、天鹅属各种的通称。现在世界上共有5种天鹅:疣鼻天鹅、大天鹅、小天鹅、黑天鹅和黑颈天鹅。丹麦国鸟"突顶天鹅",就是疣鼻天鹅。丹麦的疣鼻天鹅约有4000对,约占欧洲这种鸟的1/4。丹麦人对白天鹅有着特别的偏爱,世界著名童话作家安徒生在《丑小鸭》的童话中,把丹麦誉为"天鹅之巢",把自己的一生喻为从丑小鸭成长为白天鹅的一生。丹麦人对此引以为豪,称天鹅是"自豪而美丽的鸟"。这是白天鹅能被选为国鸟的主要原因。疣鼻天鹅是天鹅中体型最大、最美的一种。它浑身雪白,白得一尘不染;它的鹅冠鲜红,红得如鲜血凝成。它的体态丰满雍容,犹如雪莲含苞怒绽;它的头颈长而高挺,嘴亦红,前额具有黑色疣突,好像庄穆圣洁、身披雪白羽纱、明眸丹唇的仙女。白天鹅的举止凝重、安详、娴雅、温柔,秉性高洁,所以人们常把它视为美好、纯真与善良的象征。

4."哑巴"国鸟

白鹳是德国人民选定的国鸟,象征吉祥。而欧洲的白鹳,基本是"哑"的。但是它们也有语言。当守在巢里的白鹳,看见亲人远远归来时,会高兴地敲起响板——上下嘴壳使劲拍打,发出"啪啪"的响声,数百米外都能听到。传说还有件有趣的故事:在一个动物园里,一只雄黑鹳竟然追求起雌白鹳来,而雌白鹳又真的与它热恋了,不久,两鹳便着手营巢。黑鹳传统的"爱情语言"是真诚地频频点头,邀请新娘进巢产卵。然而,雌白鹳不明其意,因为雄白鹳邀请它上巢时,总是敲打嘴巴,啪啪作响,仿佛在鼓掌欢迎一般。由于"语言"不通,最终无法占巢生儿育女。

红鹳

5.宁死不屈的国鸟

危地马拉的国旗、国徽上有彩咬鹃的图案。还种鸟羽毛艳丽、华贵,并具有一种向往自由的特性。一旦被捉,它宁死也不过笼中生活。热爱自由的危地马拉人民把彩咬鹃看作是自己国家的象征。

6.映红天空的国鸟

巴哈马是红鹳群栖之乡。它因为身披红羽而得名。每当红鹳云集,绵延一片,把那里的天、那里的水都映红了。真是景色秀丽,天下奇观。在巴哈马,人们把红鹳看成是这个国家的标志,在国旗上便是一只外貌端庄的红鹳。

奇鸟拾零

1.岩雷鸟

岩雷鸟生活在我国阿尔泰山一带,由于它的羽毛颜色随季节而变换,人们称它为"变色鸟"。它像鸽子,但比鸽子大,长约 33 厘米,重 0.5 千克。冬天,它银装素裹,浑身雪白;春天,它变成淡黄色;夏天,它的羽色变成了栗褐色;秋天,它又变成了暗棕色。

2.红腹锦鸡

红腹锦鸡,又名金鸡、锦鸡、彩鸡,是我国特产,也是驰名于世的名鸟。红腹锦鸡体型较雄鸡小,雄性色彩斑斓,长约 100 厘米,重 1 千克左右。头上有金黄色的丝状羽冠,披散到后颈。脸、颊、喉和前颈锈红色,后颈围以橙褐色镶有黑色细边的扇状羽,宛如披肩。上背除绿色外,大都金黄色,下体深红色,尾长超过体长 2 倍以上,色黑褐而杂有桂黄色斑点。全身羽色赤、橙、黄、绿、青、蓝、紫,相互衬托,美丽绝伦,显出一种雍容华贵的风采。雌鸡羽冠披肩不发达,尾羽很短,全身几乎都是棕褐色。

红腹锦鸡不仅体羽华丽,而且舞蹈也很奇特。雌雄常翩翩起舞,似急促的弧形或圆形奔走,两足前后站立,引颈挺胸,不断发出柔和的鸣声。红腹锦鸡是一种杂食性鸟类,既吃灌木的嫩芽、叶和种子,又吃各种昆虫。

红腹锦鸡形态华丽,是中外动物园中深受人们宠爱的观赏鸟禽之一,历来也为我国诗人所鉴赏。宋代诗人在咏吟红腹锦鸡的诗中,把它描绘得有声有色。

3.几维鸟

新西兰是世界上唯一有几维鸟的国家。几维鸟家族里实行母治,即雌性统治雄性。雌性几维鸟只卜 2~4 枚蛋,孵蛋的任务则由雄性几维鸟承担。而雌鸟则展"翅"抒怀,悠闲自在。雄性几维鸟要比雌性几维鸟小得多。

几维鸟的尾部光滑平坦,没有尾巴,也没有翅膀,因为两翼发育不全,基本没有用处。

几维鸟不能飞,因此当遇有紧急情况时,它只能借助其两条健壮的腿逃之夭夭了。它既没有尾巴,又没有翅膀,但在它那个长而弯曲的嘴上却有着稀奇之处:其他鸟类的鼻孔长在嘴的底部,而几维鸟的两个鼻孔却长在嘴尖上。

几维鸟这一名字是当地居民根据它的叫声而起的。几维鸟自己能力很弱,可是,由于它有夜间活动的习惯,加之它生活的区域内没有凶禽猛兽,因此,它还是长期生存了下来。

4.格查尔鸟

格查尔鸟，号称南美洲的"极乐鸟"，是危地马松的国鸟。

格查尔鸟又称彩咬鹃、凤尾绿咬鹃、长尾冠咬鹃。"格查尔"在印第安语里是金绿色的羽毛，格查尔鸟是世界上少有的最美丽的鸟，它如鸽子般大小，红腹绿背，头和胸部浅褐色，周身羽毛呈华丽的闪绿色，鲜红色的嘴很精巧，这一红一绿把整个身体衬托得楚楚动人。特别是雄鸟那雪白的羽冠，拖着一米多长中黑边白的尾羽，形态奇特。

格查尔鸟同"森林医生"啄木鸟是同一个家族。嘴喙强直有力，可凿开树皮。舌细长，能伸缩，尖端列生短钩，适于钩食树木内的蛀虫，是森林益鸟。它们是典型的栖树种，很少落于地面，喜欢成对生活，雌雄嬉戏，形影不离。食性杂，吃昆虫、果实，也吃蜥蜴、青蛙。

危地马拉选格查尔鸟为国鸟，不仅是因为它美丽，还因为它是自由的象征。有这样一个美丽的传说：1524年，西班牙殖民者入侵，决战前夕，一只格查尔鸟在奋勇抵抗的印第安人上空不停地盘旋，婉转啼鸣，大大地鼓舞了士气，印第安人最终赢得了胜利。后来战斗英雄特昆·乌曼不幸战死，一只格查尔鸟落到他胸膛上，英雄的鲜血染红了鸟的胸脯，所以它在危地马拉人心目中享有崇高的地位。格查尔鸟性情高洁，酷爱自由，无法笼养，故称"自由之鸟"。1871年，政府将该鸟定为国鸟。在国旗蓝色圆面的轴卷上有一只格查尔国鸟，它被视为自由、爱国、友谊的象征。1924年，又把格查尔定为货币名称，把它印刷在货币上。同时，还将格查尔勋章列为国家最高荣誉勋章。

鸟群撷趣

1.光明鸟

印度巴耶森林里的巴耶鸟叫"光明鸟"。"光明鸟"似鸽子大小，浑身长满乳白色的羽毛。白天它在晴朗的天空中飞翔、觅食，夜晚又用"食品"将萤火虫引到鸟巢周围为其驱散黑暗。雌鸟生蛋孵雏的夜晚，雄鸟不但要及时供应水，还要不停地引来萤火虫，以便让雌鸟在光明舒适的"产房"里"生儿育女"。

2.灯笼鸟

非洲的基尔森林里,有一种周身因长满含磷镁成分的羽毛因而发光的鸟,人们叫它"灯笼鸟"。"灯笼鸟"不但能发光,还有百灵的歌喉、鸳鸯的美貌。每当夜晚,"灯笼鸟"周身放光,恰似熠熠闪烁的灯笼。其他鸟类常常借着它的光芒,随它一起行动。森林里夜间迷路的人们,也可借助"灯笼鸟"的光亮识别方位、路途。

3.闪电鸟

印度尼西亚的布顿岛上,有一种腹部长着一块酷似玻璃镜的鸟,在光线照射下,闪闪发光,形若"闪电",因此被称为"闪电鸟"。该鸟常在明朗的夜空飞行,当如水的月光反射到"镜片"上时,灿若流星,快似闪电,令人叹为观止。

4.复仇鸟

古巴哈瓦那海滨的森林里,有一种疾恶如仇的鸟叫"复仇鸟"。这种鸟小似黄鹂,浑身翠绿。当雌鸟遭袭,鸟蛋被盗或雏鸟被偷时,雄鸟立即奋不顾身,冲上前与"敌人"搏击。如敌不过便尾随其后,跟踪至"敌人"住处,伺机叼瞎其眼睛,并把被盗去的鸟蛋或雏鸟抢回。

5.发光鸟

在非洲的喀麦隆有个鸟光节。每当夜幕降临、星斗初露的时候,来自村寨里的男女老少,每人手提一只闪闪发光的鸟笼,从四面八方走向附近的山坡、草坪。一时间,一只只鸟笼,宛若数百只光球,布满了田野、山坡。村里的男女青年,借此机会对歌诉情,尽情地跳着、唱着。

据最新研究得知,这种鸟的体表是由能发光的细胞组成的,硬皮通过吸收氧气,使细胞内的发光素和发光酵素氧化,发出光来。山区居民把这种鸟捉回来喂养在鸟笼里,利用它的光亮,作为人们夜间居室照明、行路、学生读书之用。

6.衔鱼翠鸟

"有意莲叶间,瞥然下高树;擘波得潜鱼,一点翠光去。"这是钱起的一首《衔鱼翠鸟》。诗句短短20个字,似乎抢拍了一只翠鸟捕鱼的精彩瞬间,真是妙笔传神!

翠鸟常常独栖在海水旁的树枝或岩石上,历久不动。然而一见水中有鱼虾游来,立即猛扑入水,用嘴捕取。有时鼓翼于离水面5~7米的空中,俯首注视水面,见铒便迅速直落水中,急掠而去。翠鸟嗜鱼,为养鱼人之忌,故有鱼狗、鱼虎、钓鱼郎等俗名。

7.筑室鸟

筑室鸟产于澳大利亚和新几内亚。雄鸟擅长"建筑"。所建房屋相当精巧,或二三居室,或配以3米高塔。甚至会用树皮搅和木炭、水和油漆,油饰房舍。

造花园更是筑室鸟的一大爱好。它们在住室外清理出一块圆形空地,然后衔来贝壳、叶子、花朵和草莓果。要是附近有人家,它们还会偷来钥匙、珠玉、玻璃块和金属块做装饰。有一位科学家竟然在鸟的花园里发现了一枚玻璃眼珠!

8.带着雏鸟飞行的丘鹬

丘鹬生长在罗新岛上,它会用爪子带着雏鸟飞行。狩猎家和自然科学家杰特洛夫曾观察过,当猎人走近丘鹬时,它就把一只幼雏夹在两腿的跗蹠骨之间飞向空中,把它带到大约15米以外的地方后,又飞回来陆续带走其他雏鸟。

9.鸟类中的全能冠军

一般鸟善走者不善飞,或者是能游善潜者不善跑和跳。唯独海雀,在海中取食能善潜,可以从水面上起飞,到悬崖上休息或生育后代,而且可在陆地上行走、快跑和跳跃,还能爬到人都难以攀登的陡峭的石坡上。真不愧为鸟中的全能冠军。

10.鸟卵趣话

青海湖古时候叫"西海",是我国内陆高原最大的咸水湖,面积4583平方千米,为山间断陷湖。青海湖蒙语叫"库库诺尔",藏语叫"错温布",意思是"青色的湖"。青海湖有两个子湖:东南岸有耳海,东北岸有尕海。湖中有海心山、海西山、三块石、沙岛、蛋岛(鸟岛)等。青海湖盛产无鳞湟鱼。

青海湖的岛屿最吸引人的是鸟岛(蛋岛)。如果你想了解这里鸟岛的盛况,那么最好是在春末夏初的时候到此一游。这时,正是"鸟城"建筑繁忙的季节。顽皮的鸬鹚,正在悬崖峭壁布窝,密密麻麻,形似城堡;气宇轩昂的斑头雁,衔枝运草,穿梭来往,忙造新居;

爱斗的鱼鸥、棕头鸥，常为抢占地盘吵闹不休。据统计，生活在鸟岛的"居民"就有 10 万多只。鸟岛真是名不虚传，天上、山上、水上，到处是白花花、黑压压的鸟，铺天盖地，蔚为壮观。一眼望去，岛上密密麻麻的鸟巢，一个挨一个，窝里窝外，到处是玉白色的、青绿色的、棕色斑点的大大小小的鸟蛋。雌鸟伏在窝里，一心一意地孵卵，雄鸟寸步不离地守卫在旁边。一个月后，各种雏鸟陆续破壳而出。这是鸟岛最热闹的季节。有时，凶猛的老鹰会突然从天外飞来，企图捕食雏鸟。每当这个时候，整个鸟岛就发出愤怒的呼叫，几千只鸟腾空而起，将老鹰赶出很远很远才胜利返航。

参观完了中国的蛋岛，我们再放眼世界，看看各种各样的鸟蛋。

各种鸟类的卵其外形颜色及大小都有区别，鸡蛋和鸭蛋可以代表最普通的鸟卵的形状。但在野生鸟类中鸟卵还有锥形、钝椭圆形、球形的。鸟卵的外形不同是和生活环境分不开的。如在悬崖峭壁或高大树木上营造简陋巢的鸟类的卵，大都一头较大，一头较小，这样有利于使它们只在很小范围内运动，不致滚落崖下而损坏。

鸟卵的外壳颜色也是各种各样，有白色的，黄色的；也有棕色的，绿色的，浅蓝色的；还有的鸟卵外壳上带有各种颜色的斑点，宛如斑斓的宝石。

鸟卵的大小更是千差万别了，迄今已知的世界上最大的鸟卵，是在不久前灭绝了的象鸟下的蛋。象鸟是一种很像鸵鸟的不会飞翔的巨型鸟类，产于非洲的马达加斯加岛上，其卵大致等于 6 个鸵鸟蛋那么大，与最普通的鸡蛋相比，两者差 148 倍。世界上最小的鸟蛋为蜂鸟蛋，只有一颗绿豆粒那么大，一个象鸟蛋大约等于 30000 个蜂鸟蛋。

生活在非洲草原地带的非洲鸵鸟，是现存鸟类中最大的一种。它体高身长，善于奔跑，适应于沙漠荒原中生活。其中最大的雄性鸵鸟身高可达 2.75 米，身长 2 米左右，体重约 160 千克。鸵鸟生的蛋平均重为 1.6~1.8 千克（大约是 24 只鸡蛋的重量），长度为 15~20 厘米，直径为 10~15 厘米。煮熟一只鸵鸟蛋要花 40 分钟。尽管其蛋壳的厚度只有 0.15 厘米，但它上面却足以承受一个体重 127 千克的人的重量。

1988 年 6 月 28 日，在以色列基普兹哈翁集体农庄，一只两岁大的北部鸵鸟和南部鸵鸟的杂交后代产下了一枚创纪录的鸵鸟蛋，这枚鸵鸟蛋重达 2.3 千克！

在美国的鸟类中产卵最大的鸟是号手天鹅，所产的天鹅蛋平均长度为 11 厘米，直径为 7.1 厘米。加利福尼亚秃鹰的蛋平均长度为 11 厘米，直径 6.6 厘米，重 269.3 克。

世界上最小的鸟类是蜂鸟，大小和蜜蜂差不多，身体长度不超过 5 厘米，体重仅 2 克左右，主要分布在南美洲和中美洲的森林地带。由于它飞行采蜜时能发出嗡嗡的响声，因而被人称为蜂鸟。蜂鸟种类繁多，约有300多种。鸟类中产卵最小的鸟是产于牙买加的马鞭草蜂鸟，迄今所见到的两只鸟蛋长度不到1厘米，分别重0.36克和0.37克。

在美国的鸟类中产卵最小的是卡斯塔蜂鸟，其鸟蛋长1.2厘米，直径0.8厘米，重0.48克。南非洲分布的蜂鸟卵长径为1.1毫米，宽径0.8厘米，卵重0.5克。

搜集保存各种大小、颜色不同的鸟卵是非常有趣的，用针管把蛋黄、蛋清抽去，干燥后就可以长期保存。把鹌鹑蛋、鸡蛋、鸭蛋、鹅蛋、各类火鸡的蛋及人工繁育的鸟卵搜集起来，在你的组合柜中陈列，那也是高级陈设之一呢！你若有兴趣的话，不妨寻找几枚鸟卵，自己动手制作成奇特而物美价廉的收藏品。

有趣的鸟的孵化

鸟类是卵生的，一到繁殖季节，鸟类就开始筑巢，然后产卵、孵卵，直到雏鸟出飞，完成生儿育女的任务。那么，你知道鸟一窝能产多少卵吗？

鸟类产卵数目因不同的鸟而差别很大。生活在南极的企鹅，居住在远洋孤岛悬崖绝壁上的海燕，因很少受到其他动物的干扰，每窝只产一枚卵。潜鸟、雕、鸠鸽、大角鸮和许多热带鸣禽，每窝都产2枚卵。大多数温带鸣禽和鸻、鹬、鸫、燕、画眉、莺、雀等每窝产3~5枚卵。许多食虫鸟，如山雀、鸭旋木雀等每窝产6~10枚卵。在地面上产卵的雉、野鸭等，遇到的危险比较多，一窝产卵都在10枚以上。

鸟类一窝产卵数的多少，还随季节而有所不同。有人曾对1800窝大山雀的卵做过调查，发现早期的巢（4月4日~4月12日）平均产卵数为10.3枚；而晚期的巢（6月6日~6月14日）平均产卵数只有7.4枚。这说明，鸟类每窝产卵数的多少是随着繁殖季节的延长而逐渐减少的。猛禽每窝产卵数的多少和它们的主要食物——啮齿类动物的多少有着密切关系。温度对猛禽的产卵数也有影响，在非洲、澳洲，每逢天气十分干燥的年份，产卵数就少一些，而在潮湿多雨的年份产卵就多一些。

许多鸟类，一年内不止产一窝卵，有时可以产两三窝以上，例如麻雀就是。有些鸟类，当它们产下的卵被拿掉一枚的时候，还会补上一枚；甚至全窝卵失掉了，如果生殖腺没有萎缩,还会接着补生第二窝卵。苇莺通常能产3~6枚卵,但是当人们取走它的卵以后,补生的卵数可以达到11枚;在人为的刺激下,寒鸦每窝能产15枚卵;啄木鸟在113天内可以产71枚卵。因此,利用这种特性,可以使许多益鸟增加产卵的数量。

鸟的孵卵多数由雌鸟担任,雄鸟一般只在附近"守卫",有些还携带些食物给正在孵卵的雌鸟。一般两性羽色区别不太明显的鸟类,雌雄都参加孵卵;而两性羽色有明显区别的,大多数由羽色较淡的鸟类担任孵卵。

当然也有个别的鸟自己不孵卵,比如杜鹃,它自己不筑巢,而是将卵偷偷地放在别的鸟巢中,为没有出生的小家伙选好"义亲"。然后把孵化抚育的事全推给"义亲"去做,自己一概不管。诗人杜甫的《杜鹃》诗中说:"生子百鸟巢,百鸟不敢嗔。仍为馁其子,礼若奉至尊。"这虽富有文学夸张成分,但所描绘的情况基本属实。

最懒的雄性鸟有蜂鸟、绒鸭和金雕,它们从不参与孵化工作,把孵化下一代的责任完全推给雌性鸟。而雌性的普通几维鸟却把孵化的责任完全留给雄性。

卵的孵化期,随鸟的种类的不同有长有短,但是同一种类却是相同的。

小型鸟类13~15天。大斑点啄木鸟和黑嘴杜鹃的孵化期最短,通常只有10天。中型鸟类为21~28天。大型鸟类则更长些。漂泊信天翁的孵化期是鸟类中最长的,一般正常的孵化期为75~82天。有一个反常的纪录是由产于澳大利亚的象雕创下的。这种鸟的一枚鸟蛋经99天的孵化后小鸟才出壳。正常情况下这种鸟的孵化期是62天。上面提到的几维鸟其孵化期是75~80天。

平常所说的孵化,实际上就是给卵加温,据三十多种正在孵化的鸟卵的测定,其平均卵温是34℃,一般在33.4℃~34.8℃之间。孵卵的时候,鸟体和卵接触的部分,羽毛脱落,形成孵斑。此时孵斑部分的微血管特别发达,孵斑部分的皮肤温度也特别高,对卵的孵化很有利。

下边我们谈几种人工繁育鸟的孵化。

金丝雀孵卵由雌鸟担任。孵化时间南方一般为14~15天,而北方则需16~18天才能孵出。由于雌金丝雀每天只产一个卵,所以雏鸟出壳的时间不一致,先产的卵雏鸟早出壳,后产的卵雏鸟晚出壳。同一窝的雏鸟个体差别较大。为了克服这个缺点,有的地方在雌鸟产卵后,用石膏制成的假卵换出真卵。到产下第四个卵时,才把另外3个卵同时放进巢里,拿出假卵,让雌鸟孵化。这样,4只雏鸟就可以在同一天出壳。入孵7天,可在灯光下看出卵内有血丝,如无变化则为未受精卵,可以挑出。

珍珠鸟,这是一种娇小美丽的笼养鸟,红嘴、红腿,煞是惹人喜爱。笼养时人工配对、自然配对都可。每窝产卵5~6枚,每天产卵1枚,卵白色,椭圆形,似中等花生米大。孵化期为14天左右,雌雄鸟共同孵卵育雏,但以雌鸟为主。有个别鸟只产卵不孵卵,若发生这种现象,应及时寻找代孵鸟,用十姊妹、白腰文鸟都可。

虎皮鹦鹉的孵化期为16~20天,完全由雌鸟孵卵。孵卵期间,全靠雄鸟叼食喂养。此时要喂主食饲料,停喂发情饲料,雌鸟从产第一枚卵起,即开始孵卵,以后边产边孵卵,雌鸟把腹部卧在卵上进行孵化。每天翻卵数次,更换孵卵方向,在孵化中,雌鸟可把未受精卵或中途死亡卵排出,不进行孵化,这是鸟类的本能。

"八仙过海",各显其能

1.鸭子报金矿

在金矿的找矿工作中,除了用一般的地质找矿方法外,还要采用生物方法找矿。有时在金矿区(特别是沙金矿区),发现鸭鹅竟成了"采金者"。如某地一农民在过节杀鸭子的时候,发现鸭子的胃中有重达20克的金粒,这真是比鸭子本身贵重得多的发现。接着他又杀了几只,发现鸭子的胃里都有金粒。后来便沿着这群鸭子活动的范围追寻,终于在一个水沟的上游发现了金矿。

2.鸽子的眼睛是"超级雷达"

在茫茫无际的大海里,要搜寻遇难坠海的飞行员,是一项相当艰难的事。但经过训练的鸽子,在飞越国际上空时,发现目标准确率却能达到96%,而人仅为35%。在美国海岸警卫队服现役的3只鸽子,在直升机上发现目标后,会啄动信号开关。在雷达技术已经极为发达的今天,鸽子的眼睛,竟是一架"超级雷达"。不仅如此,在新西兰的一家集成电路厂的成品检验车间里,有两只银灰色的鸽子监视在传送带旁,它俩能准确无误地拣出次品,甚至印刷线路板上的虚焊点也逃不过它们的"火眼金睛"。鸽子的视神经,是由上百万根视神经纤维组成,视网膜能完成多种复杂功能,如发现定向运动,鉴定颜色强度,扫描等。科学家正在模拟鸽眼的结构和功能制成警戒雷达,在国境线上监视敌机和导弹的侵袭。

3.鸟看门

美国圣地亚哥市动物园管理处,为能使游人在猴舍入口处养成脱鞋的习惯,不知花费了多少精力,不管贴上多少严厉的布告或是罚款,都无济于事。大约每100位游人之中,总要有那么一两个人违犯这一规定。后来,动物园管理处把一只经过训练的乌鸦放在猴舍口警戒之后,情况才有所改善。乌鸦对待违纪者的办法很简单,如果游人中有谁进门时没有脱鞋,它立刻就会跳到他眼前,利用嘴把鞋带给他解开,这样一来,不管他愿意与否,都只好把鞋脱下来。

在非洲布隆迪,有一种名叫"斯本大"的鸟,它的舌柔韧有力,能把100～150克重的石块卷起并弹射到5～6米远的地方。布隆迪农家大都养有家畜家禽,但常受野狼的袭击。他们就驯养对狼的气味十分讨厌的"斯本大",当狼来时它就会射石打狼,将狼赶跑,保护门庭。

4.鸵鸟牧羊

人们往往认为鸵鸟是胆小的家伙,一遇到危险,便马上把头埋进沙子里。但其实这根本就是误传。在非洲南部和大洋洲及南美洲等地,经过驯养的鸵鸟是很勇敢的,已成了牧羊人的得力助手。被驯服的鸵鸟看守羊群非常卖力,它能根据牧羊人发出的号令把羊群赶向指定的方向。少数羊走散了,鸵鸟会立即奔跑过去,把它们赶回羊群。鸵鸟两腿高大有力,善于蹦跳,遇到危险时,会用脚掌扑击。因此,陌生人或野兽看见鸵鸟在守护着羊群时,便会远远地躲开了。

鸵鸟

第十二章 动物之谜

动物认亲的秘密

近年来,生物界的重大发现之一就是探明动物可以识别它们的血缘,从而照料它们自己的子孙,援助它们的亲属,避免在择配时发生"乱伦",产生近亲繁殖的退化现象。

动物是如何识别它们的血缘呢? 生物学家们在进行了大量的实验后发现:动物识别血缘的能力与它们的遗传基因和环境因素有关。

动物可以根据气味来辨别血缘关系。例如母山羊对它刚出生的小羊的气味非常敏感,会对气味稍有差异的小羊拒乳。如果把一只刚出生的小羊从它母亲身边抱走,几小时后,再抱回到这只母羊的身旁,母羊对它这只亲生小羊也拒乳。由此可见,母山羊是通过气味来识别血缘的。

动物另一个识别血缘的办法是依据巢在何处。许多鸟慈祥地照看它巢内的小鸟,而全然不管巢边十几厘米远的地方亲生儿女的啼哭。

这两个实验使人很容易地看到动物识别血缘能力中的环境因素。

果蝇是遗传学研究中最常用的实验动物。学者们对果蝇的择配现象进行细微地观察后发现:对本家族的雌蝇,雄蝇花费的求爱时间为 68%,对异家族的雌蝇,求爱时间要升到 88%。学者们指出,雄果蝇较多追逐异家族雌果蝇的现象,提示遗传因素可能在识别血缘中起着重要作用。

更为明确的实验是在蜜蜂身上进行的。蜂房的卫兵不让外来蜂入内,是由于外来蜂的气味不同。学者们指出,气味和遗传因素是密切相关的,因为它与食物代谢和某些酶有关。但在蜜蜂分辨时,学者们发现血缘相近的蜜蜂一齐飞走,这是由于在蜂房内只有一个"后",而产生的子女是与几个雄蜂交配的结果,一箱蜂中就有同母异父和同母同父之分了。又因为有些雌蜂不能发育成"后"就被工蜂咬逐，在这种战斗中，咬异父姐妹的机会是咬同父姐妹的 2.5 倍。这些都说明识别血缘中的遗传基因问题。

测量一个单独饲养的蝌蚪与另两组蝌蚪在水池中的距离发现：即使这个单饲养的蝌蚪从未与其"亲属"接触过，它也总是靠近与其血缘相近者。有人认为，这一现象可能是与它们在水中释放的某种化学物质有关。动物学家们观察证实，松鼠在发现其亲属遇难时发出尖叫，而对邻居的遇险则漠不关心。

科学家又做了一个有趣的实验。他们把一次产下的卵长成的蝌蚪染成蓝色，与另一群蝌蚪一起放入水池，这些蝌蚪便迅速分成颜色截然不同的两群。显然，它们偏爱与亲兄弟姐妹集群游水，而不愿与无血缘关系的同伙为伍。作为对照，科学家又将一次产下的卵长成的蝌蚪，一半染成红色，另一半染成蓝色，再把它们放入水池。这次并不按颜色分成两群，而是紧紧地聚成一团。但是，一旦封闭它们的鼻孔，使其失去嗅觉，则上述的偏爱现象就会消失。

科学家认为，在蝌蚪卵外面包着的胶冻状化学物质的气味，可能为蝌蚪识别血缘关系提供了线索。

揭开动物如何识别血缘的秘密，无疑对生物进化的研究具有重大意义。

鱼类变性之谜

位于亚洲阿拉伯半岛和非洲东北部之间的红海，美丽动人，特别是日出和日落的时刻，格外壮美。海里红色的海草和无数红色的小动物，把海水也染成了红色。也许就是这个原因，古时候经过这里的水手把它称为"红海"。然而，比红海更吸引人的是这里的红鲷鱼，它有一种神奇的本领，能出人意料地由雌性变为雄性。

红鲷鱼一般都由十几条、几十条组成一个大家庭。在这个家庭里，只有一条雄鱼，它就是"家长"。平时，总是由它在前边开路，保护着跟随在后边的雌鱼。就这样，这个家庭里唯一的"男人"，领着它全部的"妻子"在大海中游来游去，寻食嬉戏。可称为"一夫多妻"吧。

生物和人一样，天灾病祸总是难免的。倘若这一"家"里的"男人"偶患"风寒"或遭敌害而死去,它那些忠贞的"妻子"绝不会变心"另嫁",也不会就此散伙,它们会仍然维护着这个"家庭"的延续。难道它们就此"寡居"一生吗?不,当然不会。于是让人费解的事情发生了:在这些忠贞的"妻子"中,身体最强健的一个体态发生了变化。它的鳍逐渐变大,体色变艳,卵巢缩小,精囊发达起来,竟然变得和它死去的"丈夫"一模一样。这样,它就接续了"丈夫"的职责,成了这一"家"中唯一的"男人",那些雌鱼又全部成了它的"妻子"。

如果这个接班的"男人"又遭到了不幸,在它全部的"妻子"中,另一个身体最强壮的又变成了"雄性"。

有人做过一个试验:把红鲷鱼一"家"全部放入一个鱼缸中,然后把它们的一家之主——雄鱼取出。两周后,便有一条雌鱼变成了雄鱼。此后,再将雌鱼变成的雄鱼取出,又有一条雌鱼变成了雄鱼。把变化的雄鱼一条一条取出,最后一条雌鱼也变成了雄鱼。结果等于这一"家"中所有的"女人"都变成了"男人"。

雌鲷的变性过程是:当雌鲷得知自己的"丈夫"不在时,它的神经系统首先出现变化,其他特性也随之发生变化,如雌鲷的鳍迅速变大,卵巢消失,最后精巢长成。这样,一条硕大、雄健的雄鲷便"诞生"了。

不过,红鲷鱼由雌变雄也是有条件的。请看一个试验:用两个透明的玻璃鱼缸,一个装雄鱼,另一个装雌鱼,将这两个鱼缸靠在一起,使两个鱼缸中的鱼能互相看见,这样雌鱼群中就不会有鱼变成雄鱼。如果在两个鱼缸中间放上一个不透明的物体,使两个鱼缸中的鱼不能互相看见,这样雌鱼鱼缸中便会有一条鱼变成雄鱼。看来,识别雄鱼的"视觉"起很重要的作用呢!

那么,红鲷鱼又是怎样通过视觉引起性的变化的呢?这个问题迄今没有明确的定论。有人认为,在雌性红鲷鱼体内也存在着雄性基因。平时,这些雄性基因总是关闭着的,所以,雌鱼就不会变成雄鱼。可是,如果在较长的一段时间里,雌鱼看不到雄鱼,那么,雌鱼的视觉就会发出信息,使得原来关闭着的雄性基因活跃起来,并分泌出一系列的雄性激素,从而使雌鱼变成雄鱼。由于体格健壮的雌鱼具有优越的转化条件,所以它便抢先一步变成了雄鱼。而当它变成雄鱼以后,别的雌鱼看到又有了雄鱼,也就用不着再变了。

不久前,美国和日本的科学家发现了一种根据环境需要可以随意变性的鱼类。

同变色龙改变身体颜色一样,这种鱼能够根据环境需要改变其生殖器官和求偶行为。这种命名为冲绳的热带鱼,能在 4 天内改变生殖器官并使其脑部功能与变性定位相协调。这种热带小鱼每群中仅有一条为雄性,其余均为雌性。产卵时,雄鱼给所有雌鱼产下的卵受精。

如果另一条体型更大的雄鱼闯入其中,那么原先的那条雄鱼便主动变成雌性,其睾丸萎缩变为卵巢并开始产卵。而当新的雄鱼消失后,原先的鱼群之首又可"重振雄风",变成雄性。

鱼类的性别转变有两种形式:一种是从雌鱼变为雄鱼,动物学上叫作"雌性早熟"。这种形式较为普遍,除了上面介绍过的,在珊瑚礁上常见的种类有大鳍、红鳍、隆头鱼、鹦嘴鱼等。不久前,生物学家又发现刺蝶鱼、雀鲷和虾虎鱼也能以此方式性变。另一种是从雄鱼变为雌鱼,动物学上叫作"雄性早熟"。这种形式并不常见,鲷科、裸颊鲷科鱼类以及细鳍鱼、海葵鱼、海鳝等会出现这种现象。

海鱼为何不咸

尝过海水的人都知道,海水又苦又涩,是根本不能喝的。据科学家研究,供人们饮用的水,含盐指标不能超过 5‰,而海水中的盐分,一般都在 35‰。有人细心地计算过,全世界海洋的总含盐量大约有 5 亿亿吨,体积合 2200 万立方千米。倘若把这些盐平铺在地球表面,盐层将足有 45 米厚;如果把它堆积到陆地上,陆地将增高 150 多米!

世界各地海洋的盐分含量并不完全相同。有的海域盐分很高,有的海域盐分很低,浓淡之差可达 130 多倍。世界上最淡的海是北欧的波罗的海盐度含量仅为 6‰ 左右,该海北部和东部的一些水域,盐度只有 2‰;世界上最咸的海是亚非大陆之间的红海,盐度可达 42‰,个别海底的盐度达 270‰,几乎成了盐的饱和溶液。

波罗的海和红海,两海一淡一咸,究竟是什么原因使它们具有这么大的差别呢? 说起因由,不妨让我们对它们的成因先来做个比较。

波罗的海的纬度较高,气候凉湿,蒸发微弱。周围有维斯瓦、奥得、涅曼等大小 250 条河流注入,每年有 472 立方千米的淡水注入。这些对保持其淡水环境非常有利。加上四面几乎为陆地所环抱的内海形势,即使盐度较大的大西洋水体,也很难对淡化了的波罗的海海水特性有所改变。

然而,地处北回归线附近的红海,情况则大为不同。红海纬度偏低,又居干热地带,盐度自然很高。科学家们又进一步发现,红海在其发展的历史沿革中,曾有几度海进海退现象。海进时期,封闭的浅海或海滨潟湖环境,有利于高浓度的海水储存保持;海退时期,浅海(包括潟湖)干涸,海底又形成了很厚的盐层。今日海下的饱和性盐水,其盐分就是由海底的古盐层供应的。

那么,海水中的盐是从哪里来的呢?长期以来,人们都认为海水里所含的各种盐类是由河流在千百万年中一点一点地带到海洋里的。然而,这一假设的支持者却不能解释为什么海水中盐的成分与河水中盐的成分相差那么悬殊。此外,科学家们确认,几亿年以来海盐的化学成分并无变化,而在漫长的岁月中,河水中的盐的化学成分是有变化的。旧假说的支持者对此也不能自圆其说。

最近又有一种新的说法:海洋中的盐分来源于海底火山爆发。海洋学的研究证明,海底火山远比陆地上的火山多得多。而在火山喷出物中,就有可溶解化合物,其化学组成与海盐十分相近。

海水中含有那么多盐分,鱼要喝海水,盐分自然会向鱼体内渗透,那海鱼应该和海水一样咸才对啊。可实际并不是这样。为什么海水是咸的,而生活在海水里的鱼却没有一点咸味呢?

原来,生活在海洋里的鱼类及其他一些生物的体内都有自己天然的"海水淡化器",能把海水中的盐分去掉,变成所需要的淡水。海龟在爬到岸边产卵繁殖后代时,两眼会淌着泪水,但这并不是因为疼痛而落泪,而是在排泄体内的盐液。"鳄鱼的眼泪"也是盐溶液。海鸥和信天翁等海鸟在喝海水时,把经过淡化的水咽下去,再把盐溶液吐出来。生活在海水中的鱼类虽然不具备海龟、鳄鱼和海鸟那样的盐腺,但它们能靠鳃丝上的排盐细胞——氯化物分泌细胞来排泄盐。这些细胞把海水过滤为淡水的工作效率非常高,即使是世界上最先进的海水淡化装置也望尘莫及。这种高效率工作的细胞,可把血液中多余的盐分及时地排出体外,使鱼体内始终保持适当的低盐分。

有趣的是,把淡水鱼跟其赖以生存的淡水相比,又可说淡水鱼不淡。淡水鱼体内保持的恒定的盐分要比淡水的含盐量高,这又是什么道理呢?原来淡水鱼的鳃丝上不是排盐细胞,而是吸盐细胞,也叫作吸氯细胞,它可根据需要把水中的盐分及时吸入体内。淡水鱼不仅鳃上有吸盐细胞,肾脏上也有吸盐细胞。另外,淡水鱼还用多泌尿的办法来维持体内盐分和水分的平衡。据说,淡水鱼比海水鱼的泌尿量要高几十倍。可见,咸水鱼不咸,淡水鱼不淡。这一有趣的生命现象,是生物在长期的适应环境条件的过程中形成的。

目前,地球的陆地上有60%的地区雨水稀少,淡水奇缺。像沙特阿拉伯,人们吃的、用的水,几乎全部是人造水。他们以很大的代价把海水淡化,有时甚至到南极拖运冰山。目前,海水淡化有许多新的方法,如用太阳能淡化海水等。但这些方法不是投资大,就是困难重重,都很不理想。所以科学家们正在积极研究海鱼鳃片氯化物分泌细胞的原理和结构,试图为人类设计最理想的海水淡化器。

鲑鱼的磁感之谜

1979年,在日本札幌市的丰平川里,人们30年来第一次看到成千上万的鲑鱼溯河而上。这些鱼是1975年从此地放出的鱼苗,它们游到大海里,经过4年的天然生长,现在又回来了!望着网中那一条条丰腴肥硕的鲑鱼,人们无不欢欣鼓舞。

鲑鱼的生长习性很特别。它在河流中孵化后,随即游向大海,在海中生活3~5年,长成成鱼,然后再洄游到自己出生的河流里,溯河产卵。产卵后的鲑鱼大部分很快死去。鲑鱼一生只有一次洄游,且距离极其漫长,有时竟达近万千米。

鲑鱼

在亚洲,每年的九十月间,大马哈鱼(鲑鱼常见的一种)成群结队地从海洋进入江河,寻找水清砂石底的山涧水流开始产卵。卵经过3个月后孵出小鱼,小鱼在河沙里生活一段时间,大约在第二年的四五月,就成群结队地游向俄罗斯的鄂霍次克海,然后进入日本海。在海洋里经过4年左右便发育成熟,体重一般在5千克左右,大的可达15千克。这时,它们又成群结队地游回原来孵化的江河产卵。

在北美洲,有5种太平洋鲑鱼把卵产于从阿拉斯加到加利福尼亚的小溪中。待小鱼孵出后,成群的小鱼便沿河游向太平洋。它们以1~5年的时间发育成长,并在北太平洋以逆时针的方向环游一个极其巨大的椭圆形。之后,它们一群群地离开了大椭圆形,往回游。不知为什么,它们不但找到了大河口、支流和小溪,并且准确地回到了它们几年前被孵出的地方。于是母鲑鱼在那儿产卵,公鲑鱼在那儿授精。

鲑鱼的一生只繁殖一次。当它溯流游往江河产卵时,昼夜不停地前进,遇到障碍物就跳跃而过,直到抵达产卵场时才停歇下来。由于它进入淡水后即停止摄食,体力消耗殆尽,所以产完卵后已奄奄一息,不久就死了。

其实,不光鲑鱼有这种远航本领,灰鲸的远航和准确性也颇负盛名。灰鲸能从它们的觅食地北太平洋游到它们的出生地贝加——加利福尼亚的近海地区。

不过,鲑鱼的长游比所有这些动物都神奇。它们游过淡水的小溪、小河,游向大海,完全适应咸水的环境,然后再从几千甚至上万千米之外找到正确的河口,游往支流、小溪、瀑布、急流、湍流,到达当初它们出生的小溪。

人们对鲑鱼的洄游和航行进行了研究,并终于有了线索。鲑鱼并不是只有一个简单的导航系统,它靠着自身的几个系统,既能看着回家,也能嗅着回家,还能用类似海员的罗盘侦察航线的方法,觉察地球的磁场。

鲑鱼用嗅觉回家是人们早已知道的。每块产卵地都有一种幼鱼熟知的气味,当鲑鱼向上游时,是随着由它们出生地飘动到下游的气味而游动的。

鲑鱼也能看着游。虽然它们不会用六分仪来测量太阳的高度,但它们能觉察出太阳在天空的位置,据此它们可以知道自己处在什么地方,而且决定游动的方向,最终游到大海或是游到产卵地。

而这两种方法都有缺点。出生地的气味到河流下游会被冲淡,而在经常阴天或多雨的太平洋西北部,太阳并非总是看得见的。这样一来,它的磁觉就很重要了。这是三元导航工具的一个重要组成部分。

美国科学家奎恩·汤姆建造了一个比照罗盘四个方向的四角星形的大箱子,在夜间把三四十尾幼鲑鱼连同原水放入其中。这些小鱼在华盛顿湖中是往北游动的,夜间也是如此,如今它们在箱子中也游向北边的那一角。

但这还不能说明什么问题。这可能是鲑鱼通过敞着的箱子看见了箱顶而仍向北游动。难道是鲑鱼有很好的记忆力？也许是的。奎恩·汤姆后来又用一块极强的电磁体使鲑鱼可能感知的磁场的方向改变90度。这回鲑鱼改变了方向，不管箱顶是敞向夜空，还是用黑塑料布遮着，鲑鱼都改变了90度的航向，而且朝着改变了的磁场方向游去。

那么，鲑鱼如何在太平洋做逆时针的环游？当它们游回家时，它们如何发现原河口？这些问题的答案我们都还不清楚。很可能磁觉在这两件事中都起作用，但也没有足够的证据来证明。还有，鲑鱼是如何感知地球磁场的？在家鸽、蜜蜂、蝴蝶的某些细菌体中都发现了磁微精——磁化的铁，然而，迄今为止在鲑鱼体中还没有发现这种微粒。这些问题都有待科学家们去继续研究、探索、揭示。

海豚睡眠之谜

据2005年6月29日美国雅虎网站报道，科学家们发现，新生海豚和虎鲸生下来的第一个月可以完全不睡觉。

研究发现，这两种哺乳动物出生后可每天24小时、一周7天、连续几周保持活跃。由此可以想象，它们的妈妈也只能得到很少的睡眠。研究人员在一篇研究报告里说，在接下来的几个月中，海豚和虎鲸母子才逐渐增加它们的睡眠时间。此前的研究发现，这种睡眠缺失会导致老鼠和苍蝇死亡。而对其他哺乳动物的睡眠行为的研究则表明，它们在刚出生时的睡眠时间往往比成年时期长。

人类1/3的时间都在睡觉，只要一个晚上睡得不好，就会感到难以忍受，这时会出现各种机能下降的情况。兰迪·加德纳于1964年连续11天没有睡觉，创下了人类连续不睡觉时间最长的纪录。在连续4天不睡觉后，他开始产生幻觉，但经过11天的折磨后，他仍坚持着举办了一个新闻发布会。

科学家们并不真正了解睡眠为什么对人类如此重要。答案可能与人脑需要重新"充电"有关。科学家已经发现睡眠能强化和巩固记忆。

当然，与鲸类一样，孩子也会使父母睡眠减少。澳大利亚的一项综合研究结论是，在孩子出生的第一年，父母亲一般要牺牲400~750个小时的睡眠。而对海豚和虎鲸而言，进化显然已经决定，与生存相比，睡眠只能是一个次要问题。研究人员杰罗姆·西格尔说："这些海洋哺乳动物找到了对付睡眠缺失的办法，使其不会成为它们的后代在一个重要时间的发育障碍。"

在海洋中，能够不睡觉是一种优势。如果能够时刻保持警觉，小鲸就能更好地逃生，而且在脂肪堆积起来前，保持警觉还可以使体温维持在较高水平。科学家们说，睡眠缺乏还可刺激脑部迅速发育。

海豚睡觉时的状态更耐人寻味。谁也没见过睡着了的海豚，难道它日夜搏击风浪，竟不知疲倦吗？

有人说，海豚是在水面上睡觉的。因为海豚和其他哺乳动物一样，是用肺来呼吸的，它的鼻孔，即呼吸器官的出口处，位于头顶凸起的部位。然而，任何动物在睡眠时总有一定的姿势，这时身体的肌肉是完全松弛的，可是从未出现过肌肉完全松弛的海豚，难道海豚真的从来也不睡觉吗？

一批苏联科学家曾用记录脑电波的方法，详细地研究一种称为"阿法林"海豚的睡眠。结果发现，这些海豚具有奇特的睡眠方式：它们在沉睡时，是大脑的左右两半球交替休息的。

后来，他们又对海豚科的另一种海豚（被称为"黑海豚"）进行研究。在一个25平方米的水池里，对三条"黑海豚"进行了昼夜不停地观察。这些海豚虽然昼夜不停地在池内转圈，可是，它们的大脑却有时处于清醒状态。脑电流记录表明，当"黑海豚"处于清醒和不深沉的睡眠状态时，都有波出现，不过这种脑电流来自海豚大脑的两个半球。当它们处于沉睡之中，贝塔波只来自其中的一个大脑半球。而且，这两个大脑半球是轮流休息的。无怪乎处于沉睡之中的海豚，仍能不停地游动。有趣的是，处于沉睡之中的海豚，其大脑右半球的休息时间比左半球的休息时间要长。

目前尚不清楚，大脑的左右两半球轮流休息这种睡眠方式，是海豚独有的还是所有的海洋哺乳动物共有的；为什么海豚大脑的左、右两半球休息时间长短不一。

那么，人类的睡眠是怎样引起的？它为什么是必需的？至今科学上还缺乏精确的解说。有些人认为，睡眠是机体疲劳时由各种沉积在脑脊髓液、血液和其他组织中的"催眠素"促成的，这种催眠素是由蛋白质组成的。有人把几夜不眠的狗的血清和脑髓液注射到处于正常觉醒状态的狗的身上，结果后者便昏昏欲睡了。不过，这一观念在下列事实面前却无法自圆其说：一对具有共同的血液循环系统的连体的孪生子，他们的睡眠时间却各不相同。

另一种观点认为，睡眠是一种对大部分大脑半球进行积极抑制的过程，睡眠是大脑的一种特殊的工作，甚至同一个机体的大脑两半球也可能不是同时处于睡眠状态。

目前，尽管人们还未真正看到睡眠中的海豚，但科学家们坚信，研究海豚的睡眠，将为揭示人类睡眠的奥秘提供一些新的启示。一旦睡眠的秘密被彻底揭示，人类将按自己的愿望睡眠和觉醒：或者也像海豚那样，大脑两半球轮流处于睡眠状态，使工作和学习的时间大为延长。

奇特的海豚皮肤

在所有陆地动物中，短距离的速度冠军是猎豹。它们生活于东非、伊朗、图库马尼亚和阿富汗开阔的草原上。在适宜的平地上，猎豹的最高时速为 96.5 千米~101.4 千米。

速度最快的海生动物是逆戟鲸。1958 年 10 月 12 日，在东太平洋测得一头体长 6~7.6 米的雄性逆戟鲸游行速度为 30 节（55.5 千米/时）。也有报道说，多尔氏钝吻海豚短距离的爆发速度也超过 30 节。

人们惊奇地发现：当海豚受到惊扰，或者诱捕其他海中动物时，时速竟达 100 千米！别忘了，这是在阻力很大的海里啊！目前，世界上最先进的以燃气轮机作动力的导弹快艇，时速也不过七八十千米。

一般来说，在其他条件不变的情况下，发动机的功率越大，速度越快。但是，终究不能无限制地增大发动机的功率。那么，能不能找到一种新的设计，使之能够在不增加发动机功率的情况下，来大大提高飞机和轮船的速度呢？

科学家在研究这个问题时，很自然地想到了人类的老朋友海豚，并期望通过海豚游速的研究，让轮船、飞机穿上"海豚服"，借以大幅度地提高它们的航速。

科学家不仅研究海豚奇妙的流线型体结构，还深入细致地研究它的皮肤。日本一位船舶设计师按照海豚的形体设计客、货船的水下部分，结果比传统的刀形所受到的阻力减少了 20%。

实验表明，海豚之所以游得快，除了它的形体能使水流形成阻力最小的"层流"之外，的确还跟它特殊的皮肤结构有关。

海豚的皮肤分五层：表皮、真皮、密质脂层、疏质脂层、筋腱。在真皮里，有无数个细细的、内有水质物的管状突。当海水冲击皮肤时，管状突内的水质物就相应地流动，形成波浪形的起伏。由于管状突的作用，皮肤的伸缩性和弹性始终适应海水的冲击力，呈相应的波浪形状，使皮肤与水的摩擦力减到最小。这样，海豚本身的动力几乎全部用于增加游动的速度上了，每秒可达 20 米！

科学家已经根据海豚的皮肤结构仿制成了"人造海豚皮"。这种厚度只有 2.5 毫米的人造海豚皮，如果"穿"在形状、大小和动力都不变的鱼雷"身上"，它所受到的水的阻力至少可以降低 50%，换句话说，前进速度增加了一倍。

目前，科学家们正努力研制一种更接近于海豚皮肤的人造材料。假如能够成功，从轮船、舰艇的形体到表面都将采用比较合理的"海豚型"，到那时，我们就可以得到一个令人欢欣鼓舞的航速！再进一步，假如我们依此原理，对气流再进行深入研究，改造飞机和宇宙飞船等的"皮肤结构"，也让它们穿上"海豚服"，相信它们一定会获得更高的飞行速度！

人们发现，细胞也有"皮肤"，这就是把细胞与外界环境隔开的细胞膜，统称叫"生物膜"。生物膜像个"海关检查站"，对有些物质"大开绿灯"任之通行，对有些物质则下"禁令"，不得"入内"。根据生物膜对各种物质具有不同通透性的功能，模拟制造出人工膜。人工膜这层特殊的"皮肤"，不仅在工业上能分离液体混合物，咸水和海水淡化、污水处理，气体分离，净化、浓缩某些物质，而且在医学上还能研制人工肾和人工肺。

不久前，英国哥伦比亚大学的动物学家罗伯特·布莱克经过研究并按数学模式计算之后，得出一个结论：对海豚，以至对某些企鹅和形体较小的鲸来说，跳跃能使它们比较轻松地加快游动速度。布莱克发现，由于洋面波涛汹涌，一头以每秒 3 米的速度快速游动的海豚，通过跳跃的方式可以节省一些能量，甚至比在深水以同样速度流动还要省力。即使以每秒 4.8 米以上的速度游动，跳跃仍是最有效的推进方法。由此可见，人们说海豚比猴子机灵，的确很有道理。海豚的这种跳跃节能的手段，是值得仿生工程研究的学者们参考的。

人们从动物所得到的启示，不过是"沧海一粟"而已。自然界生物的奥秘，尚有多少等待人们去揭示啊！随着人类不断探索并征服其他行星,仿生学又将产生一个独立的分支——宇宙仿生学。这种未来的科学不仅能使我们认识宇宙中新形式的生命,而且能模拟其他行星上生物的功能,创造出地球上前所未有的技术装置来。仿生学为人类的科学技术开拓了多么光辉灿烂的前景啊！

海兽能长时间潜水的奥妙

海兽擅长潜水。如长须鲸可潜水 355~500 米;海象能潜水 60~80 米,持续 10 分钟;抹香鲸可潜水 900~1134 米,一头长 15 米的雄抹香鲸可潜水 1 小时。

海兽不比鱼类,它们的祖先本来是陆地上的"居民",直到现在,它们依然依靠肺部进行呼吸,可为什么能屏气几十分钟乃至几个小时呢?

海兽之所以擅长潜水,是由于其有独特的内部构造和生理功能,以及适应的外部形态。

海兽没有鳃,不能从水中摄取到氧气,跟我们人类一样只能靠屏气潜水。不过,长期的适应性发展,使海兽成为海洋的真正"公民"了,其体内储备的氧气比陆生动物多。例如一头斑海豹体内的储氧量,约为一个与其同体重的人的两倍多。

然而,奇怪的是海兽的肺与其身体相比,并不比陆生兽大;里面容纳的空气与单位体重相比,也不比陆生兽多。由此看来,海兽潜水时所需的氧气,主要并不是储存于肺中。

我们知道,动物的血液担负着输送氧气的重大使命,这是早就被人们认识了的。其实,血液也是储存氧气的重要场所。动物的血液越多,它所能携带的氧气越多,潜水时间也越长。实验证明,海兽的血液所占其体重的比例,比陆生动物大得多。人的血液一般约占体重的 7%,而镰鳍斑纹海豚的血液却占其体重的 10%~11%;斑海豹约为 18%;海象则为 19%~20%。这就说明,海兽潜水所需的氧气,并不是靠肺部储存,而是以血液作"氧气仓库"。

除血液以外,动物的肌肉也能储存氧气。肌肉中的肌红蛋白(也称呼吸色素)很容易和氧结合,储存在肌肉中,供肌肉活动消耗。显然,肌红蛋白越多,储存氧气也就越多。海兽的肌红蛋白比陆生兽多得多,鲸肉经太阳暴晒很快就会变成铁黑色,原因就是鲸的肌肉中含有丰富的肌红蛋白。海兽肌肉所储存的氧气,有的竟高达其全身储氧量的50%!

除了储氧广的特点以外,海兽还具有很强的忍耐二氧化碳的能力。陆生动物,包括人在内,对血液中的二氧化碳非常敏感。空气中的二氧化碳含量过多,人的呼吸频率就会加快,吸入空气的二氧化碳量一旦达到5%,呼吸频率就会急剧增加到静止状态时的5倍!所以,陆生动物不能作长时间的屏气,海兽却不然。例如海豹,即使二氧化碳含量高达10%,其呼吸活动仍然保持正常。

此外,海兽还具有摄取氧气能力强、效率高的特点。人平时呼吸,一次只能更换肺中气体的15%~20%,而鲸类却能更换80%以上。例如巨鲸出水换气,呼吸声音宛如开放蒸汽机阀门那样短促而激烈,喷出高高的雾柱,十分壮观。

有的海兽如鲸类,其支气管短,直径大,具有完整的软骨环支持或仅具有微小的间隙,支气管直接连于肺泡,肺泡上有丰富的弹性纤维,壁上有双层微血管网,而陆生动物只有单层微血管网。这样的结构可以加速气体交换,使氧气得到充分利用。

另外,海兽的外部形态为鱼型或流线型,附肢呈鳍状,尾鳍呈水平状,皮下脂肪丰富,潜水时关闭鼻孔和耳孔的活动薄膜。

通过众多的实验,人们还发现海兽潜水时有一种颇为奇怪的生理现象:心律显著变慢。例如宽吻海豚,在水面活动时每分钟心跳约90次,深潜时可降到12~20次;海豹从100~150次降至10次;海狮从95次降到20次。据实验计算,海豹潜水时的氧气消耗量竟降到平时的1/50!所有这些,为海兽长时间潜水,在海水中自由自在地生活,提供了有力的保障。换句话说,海兽能够长时间潜水的秘密也就在这里。

海豹之谜

在美国缅因州,有一个叫康迪的沿海村庄。这里居住着一位年轻妇女,名叫艾丽斯。一天她和丈夫乔治在海滩上散步,发现了一只幼小的孤单的海豹,他们把它带回家养了起来。这只小海豹非常聪明,很快就学会了用鼻子开门,它还会模仿人的动作。主人来到池塘边找它时,经常喊:"喂,出来吧,小海豹!"

有一次,小海豹躲在宽叶香蒲里,主人亲切地喊道:"傻瓜,快出来吧!"这时,使主人大为惊讶的是它竟回答说:"喂,你好吗?"几天以后,主人路过池塘边,又听到小海豹顽皮地在学舌:"喂,出来吧!"

不久,波士顿英格兰水族馆收养了它,并对它进行了训练。后来,这个会说话的"超级明星",成了水族馆的杂技演员。晚上,人们来到池塘边,常可听到海豹在池中向观众问候:"你好!"但科学家对小海豹会说话之谜,即始终未找到答案。

另一个不解之谜是,贝加尔湖为什么会栖息着海豹?

一次,贝加尔湖生态研究所的科研工作者正在湖面上考察。当驶到贝兰湾的时候,突然看见一只黑色海豹游弋在水面上。淡水湖中为什么会生活着海豹?

研究人员的第一种回答是:北冰洋的海豹顺着叶尼塞河、安加拉河,一直迁徙到贝加尔湖而定居下来。第二种回答是:这个地区一亿年以前就是海,后来随着地壳的变动,切断了与外海的联系,由于地面河流和地下涌泉的不断注入,海水逐渐淡化了,大批的海洋生物因无法适应而归于灭绝,而海豹却适应了这种变化延续了下来。还有一些属于海洋性的鱼类,也成为孑遗种类。第三种回答是:贝加尔湖的海豹历来就是一种不同于海洋性海豹的淡水动物。

在这三种答案中,多数人倾向于第一种。但是也有人认为,海豹不是一种迁徙动物,完成这样长途的跋涉是不可理解的。说海豹历来是淡水动物,证据不足。说海豹是孑遗动物,但贝加尔湖是古海的时候,地球上还没有哺乳动物,更没有海豹。海豹为什么会在贝加尔湖栖息这个谜,还有待科学家们进一步考察、研究。

海豹之谜还不止这两个。在南极,有一种威德尔海豹,它们为了躲避零下六七十摄氏度的严寒,整个冬天都生活在冰层下-2℃的海水里。海豹没鳃,不能直接从水中摄取氧气。为了呼吸,它们用锋利的牙齿在冰层上凿出一个个圆圆的"呼吸洞"。当它们屏气潜水一段时间以后,必须把头探出"呼吸洞"的水面换气。威德尔海豹往往吸一口气后就又潜入几百米深处追捕鱼和乌贼。一个多小时后再返回"呼吸洞"。倘若它们屏气一个多小时后不能准确而及时地找到"呼吸洞",就会活活憋死在冰层下。但令人惊奇的是,它们每次都能在合适的时间内准确地返回原出发地点。威德尔海豹这一使人叫绝的本领至今仍让科学家们迷惑不解。

为了揭开威德尔海豹之谜,美国科学家在南极冰原上搭起小窝棚,进行了许多有趣的现场实验。他们给海豹戴上能传递潜水深度、速度、方向和时间的仪器,然后再把它们从"呼吸洞"放入海里。有一只海豹毫不费力地一直下潜到540米的深度,然后又很快地返回"呼吸洞",往返一共才用去12分钟的时间。我们知道,海水深度每增加10米,压力就增加一个大气压。在50多个大气压的深海,如果没有潜水装备,人的眼睛、肺、气管及内脏都会被压破,无法生还。而海豹却能在几百米的深海里随意沉浮,奥秘在哪里呢?科学家发现,海豹的肺随深度的增加而缩小,并把全部气体排入支气管,气管也变成扁平状,可能这种弹性变化使海豹能耐受深海的高压。但是,肝脏和消化系统为什么也不受伤呢?

科学家还发现,海豹潜水时所需要的氧气不是储存在肺部,而是储存在血液和肌肉中。海豹身体中的血液量约占体重的18%,而人一般只占7%。血液越多,所携带的氧就越多;另外,海豹肌肉中能储存氧的肌红蛋白的量比人要多得多,其中所储存的氧气量约占海豹全身储氧量的一半。海豹潜水时所需要的氧气就是由这些"输氧站"供应的。更奇妙的是,当海豹鼻腔刚一浸入水中,心跳立即从每分钟100次降到每分钟10次;同时,血管收缩,血液除照常供应脑、心脏和鳍肢外,身体其他部位一律停止供应。这样就可以大大降低潜游时的耗氧量。

海豹之谜,将吸引更多的科学家去观察、探索和研究,人类在制造潜水装备等方面,将从海豹那里得到借鉴,以便更快地去开发海洋资源。

揭开"美人鱼"的谜底

关于"美人鱼"的传说,已有2000多年的历史了。

17世纪时,在《赫特生航海日记》中就对"美人鱼"做了描述:"美人鱼"露出海面的背和胸部很像一个女人,它的身体跟人差不多,皮肤很白,背上还披着长长的黑发。当它潜下水去的时候,人们还能看到和海豚相似的尾巴,在尾部还有许多斑块。

在1726年出版的《安波拿自然历史》一书中,有许多关于"美人鱼"在南太平洋出现的记载。

1830年,在伦敦的一家博物馆里还展出了"美人鱼"的标本,曾经轰动一时。观众蜂拥而至,使主办者大发其财。后来这个"美人鱼"标本被意大利人以千万美元的高价买去。不久各地都相继举行了这样的展览,人人都想亲眼目睹一下这位海中美女的风采,这让江湖骗子们大发横财。其实,这些所谓的"美人鱼"标本,都是动物标本制作商用鱼皮、猴子、海豹等材料镶嵌组合而成的。英国科学家弗连希·巴克连德曾经仔细地观察过一件所谓"美人鱼"标本的展品,发现那怪物其实是用大鳕鱼的皮缝在猴子的脑袋和躯干上做成的,下腭还长着人一样的牙齿。与此同时,马戏团的班主们也充分估计了美人鱼可能带来的巨大收益,于是把假造的"海姑娘"带到演艺场上,以欺骗观众,牟取暴利。

关于"美人鱼"的臆造和传说,不仅古代的外国有,中国也有。在司马迁的《史记》中,就已经有了关于"美人鱼"的记载。到了宋代,在《徂异记》里曾记载:"在查道出使高丽时,曾在海面上看到一妇人,红裳双袒,髻发纷乱,腮后微露红鬣,乃'人鱼'也。"

那么,到底有没有"美人鱼"呢?没有。人们看到的不过是属于哺乳类动物的儒艮。人们之所以把儒艮称为"美人鱼",可能是由于雌儒艮在哺乳幼子的时候,有时用鳍状的前肢夹着幼子,把头和胸部露出水面。这时远远望去,很像一位妇女抱着婴儿在喂奶。

儒艮属海牛目,儒艮科,主要分布在印度洋和我国的南海,以及澳洲北部海洋和红海等。

不过,过去人们常见有数十头组成的儒艮群体,现在数量大大减少了,见到的也只有一两头在一起了,因而应注意保护。

后来人们还发现,儒艮并不会唱歌。"美人鱼"歌声之谜,一直到不久前才得以揭晓。那是美国海洋动物学家佩恩和埃尔经过长期的水下考察才发现的。不过谜底可有点大煞风景,原来,在海里"唱歌"的是个丑八怪——座头鲸。它体重达四五十吨,看上去笨头笨脑,但却有一副迷人的"歌喉"。它们唱起歌来是那样地强烈,歌声在水下能传播10多千米,以至在海面上也能透过船底的振动而听到歌声。

更有趣的是,座头鲸不但是优秀的"歌唱家",还是天才的"作曲家",它们能"创作"新歌,一到冬天就放声歌唱。这些优美的鲸歌是"世界流行"的,无论是太平洋夏威夷的鲸鱼群,还是大西洋百慕大鲸鱼群,都唱同一旋律的鲸歌。根据佩恩和埃尔的水下录音,还可以听出20世纪70年代的鲸歌富于节奏感,很像摇摆舞乐队歌手的演唱,但旋律远远比不上60年代的鲸歌那么优美。座头鲸发声的方式也很奇特,它们不是用嗓子唱,而是靠贮在头部的空气震动来发音的。因为座头鲸"引吭高歌"时不需要换气,也不受呼吸的干扰,高兴起来竟能够一口气唱上半个小时!

那么,座头鲸为什么要唱歌呢?有人认为它们是为了爱情而歌唱的,从鲸鱼在冬季唱歌,又在冬季繁殖这一点来看,"鲸歌就是情歌"的说法似乎有点道理。不过,至今还没有确切的事实说明这一点。

所谓"美人鱼"的歌声之谜,其实是人们张冠李戴了。

鲸"集体自杀"之谜

大约在 7000 多万年以前,鲸是一种巨型的陆地哺乳动物。后来由于地壳变迁,沧桑巨变,它被迫下海,前肢变成鳍状,后肢退化,尾巴成了平展展的两叶尾鳍;成为胎生哺乳、用肺呼吸、用鳍游泳、长期不离开水的温血海兽。

鲸

大型鲸体重有 100 多吨,个别的重达 200 吨,小的也有三五吨。目前,鲸可分为两类:一类是没有牙齿的,叫须鲸。它的口部上牙膛两侧生有几百片角质的须板,长出密密的一排须毛,像梳头用的梳子一样。它在一大群浮游生物之间游过时便张开嘴巴,将浮游生物和水一齐喝进嘴里,再猛然把上下腭闭上,水便从"梳子"里流了出来,而食物却留在口中。它还具有身躯长、鼻孔成对、下腭比上腭长的特点。如长须鲸、蓝鲸、鳁鲸、灰鲸等。

另一类生有锐利的牙齿,叫齿鲸。它性情凶猛,能猎食海兽和大章鱼等。它身躯较短,只有一个鼻孔,并和两肺相通,下腭比上腭短或相等,比须鲸能在水底多待很长时间。如抹香鲸、独角鲸、逆戟鲸、虎鲸等。

鲸有十多米长的尾巴,刚劲有力。一头大鲸的力量,相当一辆火车头的力量;鲸每小时能游 50~60 千米,最快可达 100 千米以上。由于生殖、找食等原因,鲸常在每年春秋两季洄游至我国东部和南部海域近岸。

各种新闻媒体不时有报道鲸鱼"集体自杀"的消息。例如,1980年6月30日,大约有50头鲸冲上澳大利亚悉尼以北的海滩,它们在岸上使劲拍打着尾巴,拼命地哀叫。人们想尽办法往大海里赶,都没有成功,只得眼巴巴地看着它们死去。

美国佛罗里达州的海岸边,一天,突然有250条鲸游入浅水区。当潮水退下后,发现这些自然界的巨人竟搁浅在海滩上。水警们急忙用消防水龙向它们喷水,因为鲸如果缺水很快就会死去;一些人试图将它们拖回深水区;还有一些水警带领众人进入海中,企图阻止另外一群不速之客在佛罗里达州北部的圣约翰河口附近搁浅。据说,这次鲸集体"自杀",是由于领航鲸失去方向感所致。美国海军出动起重车,想拖走死鲸,不料鲸太重,反而拖翻了起重车。

鲸"集体自杀"自古以来是一个解不开的自然之谜。对于鲸群这种反常的行为,科学家们提出种种推断。有的认为,这是海洋中水流的突然变化或水温的反常引起的;有的认为,它们吞食了有毒物质,破坏了运动系统的协调;有人认为是领头鲸迷失了方向酿成的;有人认为是海洋噪声太大引起的;还有人认为,鲸本是陆地上的哺乳动物,游向海岸是一种返祖现象;等等。这些说法,至今未能使人信服,有待人们继续探索、研究。

两位英国学者对数十头搁浅"自杀"的鲸进行了尸体解剖,弄清了它们"自杀"的原因:在鲸尸的耳朵里,都找到了一种身长2.5厘米的小虫。他们认为,这种小虫才是杀害这群庞然大物的凶手。他们解释说,鲸是靠自己耳朵内的天然"雷达"发射和接收超声波来测定方位的。耳朵内一旦被小虫入侵,发射和接收超声波的操作便受到致命的干扰,"雷达"失灵,鲸则无法测定方位,只能在海中瞎游,直至撞到海滩搁浅身亡。

经过多年来的研究,科学家认为:"鲸集体自杀,是它们身上的回声定位系统失灵了。"

什么叫回声定位?原来鲸的眼睛不太灵敏,看不远。为了探清水下的道路和寻找食物,它们不断地向四周发出声音。这些声音碰到物体以后就被反射回来,鲸根据反射回来的声音可以判断方位和寻找猎食目标。倘若鲸的回声定位系统失灵了,它们就会因为找不到前进方向,而硬往岸上冲。鲸的回声定位系统怎么会失灵呢?科学家们设想了许多可能。

有的人认为,鲸"集体自杀"的地点,大多在地势比较平坦的海滩,那里堆积了很多泥沙,水很浅,鲸的喷气孔又不能完全浸没在水里,这些都妨碍了鲸的回声定位系统的功能,使得鲸不能对周围的环境做出准确的判断。也有人认为,鲸群可能碰到了水下异常的声音,比如水雷爆炸和水下火山的爆发,它们受到惊吓,才闯上了浅滩。还有的人在搁浅的鲸的脑袋里或耳朵中发现了许多寄生虫,他们认为是这些寄生虫破坏了鲸的回声定位系统。究竟是什么原因,还在研究、考证中。

那么鲸为什么常常几十只甚至几百只地"集体自杀"呢?原来最早遇难的鲸,会不断地发出呼救信号。鲸是习惯成群生活的,从来不肯舍弃遇到危险的伙伴,它们只要听到这种信号,就会奋力去抢救,结果造成了集体死亡的悲剧。

蝴蝶迁徙飞行之谜

蝴蝶种类特别多,全世界大约有 14000 多种,大部分分布于美洲,尤以亚马孙河流域为最多;我国大约有 1300 多种,分别隶属于弄蝶、凤蝶、绢蝶、粉蝶、灰蝶、喙蝶、眼蝶、斑蝶等科。

目前,已知最大的蝴蝶是亚历山德拉女王鸟翼蝶,这种蝴蝶仅见于巴布亚新几内亚的波蓬丹达平原。雌蝶翼展可超过 28 厘米,重量在 25 克以上。

蝴蝶是美丽的,蝶翅上的天然色彩是自然界无法复制的恩赐,其配置得体的图案花纹,应用在绘画、工艺美术和纺织品设计等方面,绘制出了多少精美的艺术品啊!

蝴蝶虽小,翅薄力单,却能飞渡重洋,到千里之外的大海彼岸去。

迁徙飞行是某些种类的蝴蝶所具有的一种特性。每次参加飞行的蝴蝶数量都有成千上万只,最多的能达数十亿只。一般只有单一种类的蝴蝶,有时也有两三种蝴蝶的混合编队。迁徙的距离不等,短的千八百米,长的可以横渡大洋,作国际旅行。1935 年曾有大群蝴蝶从墨西哥飞迁到加拿大和阿拉斯加,行程达 4000 千米。又一次数万只粉蝶从南美的委内瑞拉陆地飞向大洋,浩浩荡荡,一望无际,极为壮观。据文献记载,我国蝴蝶的迁徙飞行,大都发生在云南、广西两省。最近的一次发生在 1933 年,当时报纸曾报道说:"民国二十二年五月二日正午天阴,云南昆明距市东方 40 千米之大板桥,忽有白蝶数千万漫天蔽野,由东面飞来,遍布于该镇之田亩林木及房角墙壁等处,白茫茫毫无空隙……此蝶群休息 2 小时后,又行飞起……"

小小蝴蝶为什么竟有这么强的飞翔能力呢？这同它们翅膀的发达分不开。一般蝴蝶翅膀面积都要大于它身体的十几倍，稍稍扑动就能产生很大浮力。特别薄的一层翅膜上布满许多纵向的"翅脉"，犹如牢固的骨架。前后两对蝶翅分别长在它的中胸和后胸上，这里胸壁坚厚，肌肉强健，富有弹性，因此能省力地鼓动双翅作长途旅行。

当然，蝴蝶翅膀再发达，想要一连几十个小时不停顿地越洋过海，仍是困难的。除了中途在大洋中寻找岛屿歇息外，恐怕还要靠它们的滑翔本领。

由于蝴蝶大迁徙的次数很少，所以人们一般很难见到。

说到这里，很容易使人联想到一个问题：蝴蝶长途旅行为什么不迷路呢？

据美国每日科学网站 2005 年 8 月 18 日报道，黑脉金斑蝶几千年来每年秋季都要从加拿大飞行大约 4800 千米到墨西哥却从不迷路。网站揭开了这个秘密。

鸟类的长途迁徙是一个众所周知的现象，但在昆虫世界这种情况却并不为人所知。另外，鸟类的迁徙是往返的旅程，它们在一生中要经历多次这样的旅程，但对于黑脉金斑蝶来说，它所经历的是一次单程旅行。它们是如何做到这一点的呢？科学家解释了此种现象所牵涉的神秘的生理机制，他们研究了蝴蝶极小的大脑和眼组织，来揭示引导这种纤弱的动物长途飞行的生物学机制。

该研究小组是由马萨诸塞大学医学院的史蒂文·里珀特教授领导的。

一般而言，光线对蝴蝶大脑中的"生物钟"的运行十分重要——"生物钟"控制着包括迁徙"信号"的代谢周期——但研究人员发现，光线中的紫外波段对于蝴蝶的方向感尤其重要。蝴蝶的眼中有能够接收紫外线的特殊感光器，使它们获得方向感。

研究人员将蝴蝶放在一个飞行模拟器中，当在模拟器中使用紫外线过滤器时，蝴蝶就迷失了方向，由此证明了紫外线"导航"的重要性。

进一步的研究显示，蝴蝶眼睛中的探测光线的导航传感器和它大脑生物钟之间存在着一条重要的连线。由此显示，以两个互相联系的系统——眼睛中的紫外线探测器和大脑中的生物钟——输入的信号一起引导着蝴蝶，在为期两个月、行程数千千米的旅程中，使它们在特定的时间"有序而准确地"飞向目的地。

不过，蝴蝶远渡重洋去干什么呢？去传播花粉？还是去觅食、游览、"谈恋爱"？至今仍是昆虫界的一个谜，目前我们只知道蝴蝶具有"迁徙飞行"的习性。

信鸽识途之谜

人们常赞美家鸽为"和平鸽",其中有一段神话故事:据说,在太古时候,发生过一次大洪水,挪亚全家乘一只小船,漂浮在茫茫无际的洪水上,因急于寻找陆地,便把家鸽放飞。晚上鸽子返回,衔了橄榄枝叶,为挪亚全家带来了希望,知道快要接近陆地了……从此,鸽子、橄榄叶便成为和平幸福的象征。

我国驯养信鸽有着悠久的历史。据传说,汉朝张骞、班超出使西域时,就利用信鸽来传递信息。唐朝宰相张九龄幼年时用"飞奴传书","飞奴"就是信鸽。古希腊在举行奥林匹克运动会时,就用信鸽把优胜者的名字传报四方。古代不少航海者出海时,常携带信鸽数只,用它来传递消息,或者把归期带给远方的亲人。在军事上,军鸽准确无误地传递情报的事例更是不胜枚举。公元前43年,罗马军队把穆廷城围困得水泄不通,又在城的四周掘了又宽又深的沟。守城的军队靠鸽子送出告急文书得到增援,打败了罗马军队。1870年9月,普鲁士军队围攻巴黎城,孤城巴黎靠信鸽同各地联系。这些空中信使,在硝烟弥漫的巴黎上空飞来飞去,两个月里传递了大量邮件。1916年法国乌鲁要塞的通信设备被德军炮火击毁,幸亏放飞了一只信鸽求援,使援军赶到而保住要塞。

在通信技术高度发达的今天,鸽子仍然是不可缺少的通信工具。不久前,英国一家医院经过实验,用信鸽传递急用的血样,在饲养训练的12对信鸽中,传递血样1000份,均完好无损。

信鸽为什么能认路、辨别方向呢?

一是以"地磁感"导航。动物的某一器官发达到惊人的程度,这在生物界是常见的现象。譬如蛇能看见红外线,蝙蝠能听到超声波,而鸽子却能感觉到地球磁场作用力的方向和强度的微小变化。地球是一个巨大的磁体,它的磁性集中在地球的两极,即磁南极和磁北极。地球上任何一个带磁性的物质,都受到地球磁场作用力即吸引力和排斥力的影响。信鸽的眼内有一块突起的"磁骨"。这块磁骨能测量地球磁场的变化。有人做过这样的试验,用20只飞翔素质基本相近的鸽子,其中10只翅膀下装上小磁铁,另10只装上小铜片,然后一齐放飞,结果是装铜片的10只鸽子一天内有9只返回,而装有磁铁的

10只鸽子4天后才有一只飞回来,而且显得精疲力竭。这说明鸽子身上所带磁铁的磁场,干扰了它对地球磁场先天具有的灵敏判断,产生了误差,造成不能准确、迅速地寻路归巢。

二是以"飞返逆行"定位。信鸽经过长时间的训练和使用锻炼,环境和外部因素通过鸽体内部器官发生作用,养成了信鸽的使用地点向原住地飞回去的飞返逆行的习性。鸽子从住地携带信息出发,经过很多地方,因地形的差异,造成地磁数据信号、气压数据信号、颜色光反映信号等,在鸽子的神经、循环和呼吸等系统留下不同的"印记"。到目的地放飞后,它就根据来时的这些"印记",判断方向飞归返航。这种现象,又称为"复印迹线定位"。

三是凭体内"震撼小体"导航。经过科学试验,弄清鸽子的腿部、胫部和腓骨之间的骨间膜附近,有一种葡萄状的能感觉机械振动的小体,每个大小为0.01毫米左右,每条腿约有一百多颗,由坐骨神经的一个分支支配着。这许多震撼小体对几十赫至一两个赫频率的微小振动非常敏感,信鸽在飞行途中,就是根据这些小体提供的信号参数来定位的。它还可以测定气候的变化以及地震的发生。

四是靠"大气压数据"定位导航。信鸽对海拔高差产生的随季节变化的大气压数据,有灵敏的感觉。信鸽长期饲养在一个地方,它的循环系统、呼吸系统,对当地的地理气候条件很适应、很熟悉,一旦携带到陌生的地理位置上,鸽子感到大气压数据"负荷系数"不一样了,就感到不习惯,放飞后,它通过气囊、血管、肺部等进行双重呼吸时,很敏感地向适应的方向定位。这称为嗅觉信息导航。

五是以"生物钟"导航。信鸽体内有计量太阳位移的生物钟,这是它寻找归程的途径之一。信鸽为了适应环境,它的时间观念很强,例如信鸽在繁殖期内,雄鸽每天上午9时入巢孵蛋,换雌鸽出巢觅食饮水,下午4时雌鸽准时入巢孵蛋至第二天上午9时,换雄鸽出巢,日复一日直到孵出幼鸽为止。更引人注意的是,鸽子的孵化期一般是17天,超过这个时间孵不出幼鸽,它们就放弃旧巢,另寻新巢产蛋再孵。这种掌握时间的精确程度,确实是罕见的。信鸽在归航途中用它的生物钟来校正时间,测量太阳位移和方位角的变化,确定自己的位置和运动方向,准确地判明应向哪里飞行。可以说:太阳是信鸽的定向标。

信鸽除了以上五方面能够自行导航定位的本能外,信鸽品种的选择、饲养技术和严格训练,也都是很重要的因素。

动物为何雌雄互变

1.雌雄同体现象

男变女、女变男,平常对人类来说是不可能的,即使是在高科技的今天,在医学手术的帮助下,变性也是一件不容易的事。但在生物界中,却是一种司空见惯的现象。大多数动物和人类一样,有着不同的性别。一出生,性别就已经确定。然而,有些动物却不是这种情况,它们的性别可以改变,它们生命的前一部分是一种性别,之后,变成另一种性别,科学家称这种现象为序列性雌雄同体。

2.低等生物的性逆转

人类对这种性逆转现象的研究,首先是从低等生物——细菌开始的。在人的大肠里寄生着一种杆状细菌,被称为大肠杆菌。在电子显微镜下可以发现,大肠杆菌有雌雄之分,雌的呈圆形,雄的则两头尖尖。令人惊奇的是每当雌雄互相接触时,都会发生奇异的性逆转,即雄的变为雌的,雌的则变为雄的。

后来经科学家研究,发现雌雄互变的媒介在于一种叫性决定素的东西,当雌雄接触时,就将彼此的性决定素互赠给对方,从而改变了彼此的性别。

3.高等生物的性逆转

科学家们又发现,在比细菌高等的生物体上,也存在性逆转现象。有人认为这些生物的原始生殖组织同时具有两种性别发展的因素,当受到一定条件刺激时,就能向相应的性别变化。

沙蚕是一种生长在沿海泥沙中的动物。当把两只雌沙蚕放在一起时,其中的一只就会变为雄性。但是,如果将它们分别放在两个玻璃瓶中,让它们彼此看不见摸不着,则它们都不变。

还有一种一夫多妻的红鲷鱼,也具有变性特征。当一个群体中的首领——唯一的那条雄鱼死掉或被人捉走后,在剩下的雌鱼中,身体强壮者,体色会变得艳丽起来,鳍变得又长又大,卵巢萎缩,精囊膨大,最终成为一条雄鱼而取代原来雄鱼的职位。但是如果把一群雌红鲷鱼与雄红鲷鱼分别养在两个玻璃缸中,只要它们互相能看到,雌鱼群中就不能变出雄鱼来。但如果使它们互相看不见,雌鱼群中很快就变出一条雄鱼。再有,海边岩礁上常见的软体动物——牡蛎,也是一种雌雄性别不定的动物。有一种牡蛎,产卵后变为雄性,当雄性性状衰退后又变为雌性,一年之中可有两次性转变。

4.由雌性向雄性的转变

只要在雄性动物之间存在择偶竞争,通常就是只有个体最大和最强壮的雄性才占有最大的生殖优势,而小者或弱者为了回避和强大对手的直接竞争往往采取偷袭交配的对策。但是,它们有一个更令人吃惊的对策就是改变性别,借助性别转化来改变自己的不利处境,以获得生殖上的较大成功。

雌性变雄性往往是当动物还没有充分长大时,它先作为一个雌性个体参与繁殖。当它一旦长大到足以赢得竞争优势的时候便转变为雄性,开始以雄性个体参与繁殖。

性别发生转变往往比终生保持一种性别能在生殖上获得更大的好处,因为对改变性别的个体来说,它无论是在小而弱时,还是在大而强时,都能得到生殖的机会。就其一生的生殖来说,改变性别的个体也比不改变性别的个体更为成功。在大西洋西部的珊瑚礁上生活着一种蓝头锦鱼,雌鱼体色单调,只选择最大、最鲜艳的雄鱼与其婚配。因此,珊瑚礁上最大的雄鱼在生殖季节高峰期,一天便可与雌鱼婚配 40 多次。由于个体最大的蓝头锦鱼总是在生殖上占有最大优势的雄鱼,所以当鱼体还小时,总是表现为雌性,并进入生殖期开始产卵。一旦鱼体长到足够大时,便由雌鱼转变为雄鱼,开始执行雄性功能。蓝头锦鱼的性别转变是受社会环境控制的,如果把珊瑚礁上最大的一条雄鱼移走,次大的一条雌鱼就会改变性别,转变为色彩鲜艳的雄鱼。

5.由雄性向雌性的转变

双锯鱼生活在印度洋的珊瑚礁上,与海葵密切地共生在一起。由于海葵的大小通常只能容纳两条双锯鱼生活在一起,这种空间上的限制便迫使双锯鱼只能实行一雄一雌的配偶制。此外,一对双锯鱼在生殖上的成功主要决定于雌鱼的产卵量,而不决定于雄鱼的精子生产量。因此，只有当最大的个体是雌鱼时才对两性最为有利。在这种情况下，最好的对策便是双锯鱼在小个体时表现为雄性，待长大后再转变为雌性。据研究，双锯鱼的这种性别转变也是受环境控制的：如果把雌鱼拿走，失去配偶的雄鱼便会与一个比它更小的雄鱼相结合，而自己则改变性别，转变为雌性并开始产卵。就这样，通过性别转变，一个新的家庭就建立起来了。

6.对动物变性的研究

有人对鱼类的变性之谜进行了研究，认为鱼类改变性别的目的，主要是为了能够最大限度地繁殖后代和使个体获得异性刺激。美国犹他大学海洋生物学家迈克尔认为，在一种雌鱼群或一种雄鱼群中，其中个头较大者，几乎垄断了与所有异性交配的机会。当雌鱼较小的时候，能保证有交配的机会，待到长大时，就变成雄性，便又有了更多的繁育机会。与性别不变的同类相比，它们的交配繁育机会就相对增加了。同样，在从雄性变为雌性的鱼类中，雌鱼的个体常大于雄体。雄鱼虽小，但成年的小雄鱼所带有的几百万精子，足够使大的雌鱼所带的卵全部受精。另外这些雌鱼与成熟的无论个体大小的雄鱼都能交配。因此，它们小一点的时候是雄鱼，长大以后变雌鱼，便得到双重交配的机会，与那些从不变性的鱼类相比，又多产生一倍的受精卵，这对繁殖后代大有益处。

性别转变现象可以说是行为生态学中最有趣、最奇异的现象之一。在动物界里频频发生的性变现象，至今仍没有一个令人满意的、科学的解释，还需要人类进一步的研究、探索。

动物预感之谜

1.海啸中奇迹生还的动物们

2004 年 12 月 26 日圣诞节翌日，一场史无前例的海啸席卷印度洋沿岸各国，数十万生命瞬间被吞没，昔日的椰风海韵顿成人间炼狱，遇难者的尸体布满海滩。为了统计在海啸中印度洋沿岸的野生动物损失情况，一些动物观察家来到了斯里兰卡。让他们吃惊的是在这个地区面积约 1000 平方千米的动物自然保护区里，横七竖八躺在泥泞当中的都是人的尸体,而没有一具动物的尸体。

不仅如此,早在海啸发生的前两天,一些深海鱼类也出现了集体大逃亡的现象。据马来西亚库洼拉姆达海啸灾区的渔民报告说,当时有很多的海豚游到离海滩非常近的地方,而且纷纷跃出海面摆动尾巴。在海啸发生的前三天,当地渔民捕获到鱼的总量是以前的20倍,这可是一个相当惊人的数字。可正当人们为这难得的"丰收"庆祝时,海啸就来临了。

一个美联社的记者在海啸发生时,正好乘坐直升机飞在斯里兰卡一个小岛的上空采访。据他后来回忆说:"当时无数只蝙蝠在岛上的岩洞里栖息,它们白天进洞睡觉,夜晚才出来活动。但是海啸发生的那天早晨,蝙蝠全从岩洞里飞了出来。"

2.动物的异常表现

据史料记载,1971年地震前夕,人们在圣弗兰西斯科的都市大街上曾经看到过从街区逃来大群大群的老鼠。不仅是老鼠,其他动物似乎也具有这种神奇的本领。

1853年查乐斯·达尔维乘"比格利号"船在南美洲海岸航行时,突然发现海鸟大群大群地升空,匆匆往大陆纵深处逃离,正当他为这罕见的景观惊叹时,历史上著名的智利地震发生了。

1969年,有一天,塔什干地区动物园里的老虎、狮子前所未有地坚决拒绝进入窝房,放弃了舒适的床铺的兽中之王们,宁愿待在露天土地上过夜,这让在场所有的饲养员们大惑不解,几天后塔什干地震爆发,结果这些动物们因为睡在露天土地上,在灾难来临之际幸免于难。

1975年2月,在我国辽宁省海城发生了一次7.4级的大地震,在这个地震发生之前就有人观察到,有一些动物出现了反常现象。

那可是隆冬季节,原本冬眠的蛇却突然都醒了,总共有上百条的蛇在路上到处爬,有的是爬到屋里面,有的甚至都爬到井里去了。

河北省唐山市殷各庄公社大安各庄李孝生养了只狼狗,那一夜死活不让他睡觉,狗叫不起他,便在他的腿上猛咬了一口,这下可够狠的,疼得李孝生当时就蹦起来了,提上鞋就去打狗。边跑边琢磨,这狗今儿是怎么啦。李孝生犹豫了一下,可就这么会儿工夫,四周突然摇晃起来,震惊世界的唐山大地震爆发了。

丹麦的一个女主人领着自己心爱的猎犬出门散步，走了没有多久，爱犬竟然死也不肯再向前一步，主人怎么劝说都没有用，只好悻悻而归，一路还在奇怪自己的宝贝怎么会变成这样。可没想到等他们到家后一个小时，天空开始出现电闪雷鸣，过了3个小时，狂风暴雨骤然而降，这令女主人震惊不已，望着爱犬说不出话来。

3.科学家的不同观点

有人认为这只是一种巧合。这些动物行为之所以被称为异常，是因为在某地某时比较罕见。但是一旦把观察范围扩大到整个城市辖区内，把时间范围扩大到一两个月，针对的又是多达上百种动物的无数个体，那么异常行为就变得常见了。如果没有地震发生，这些异常行为不会有人长久记得；但是在地震发生之后再回头去回忆，就总能发现动物异常行为的案例。

这能证明这些动物异常行为与地震有关吗？不能。有许多更为常见的因素能让动物行为出现异常：饥饿、发情、遇到天敌、保护领地、受到惊吓、气候变化等。如何证明震前动物异常行为不是这些更为常见的因素引起的，有人认为动物有预感灾难的能力。

大地震前，家禽、家畜、鱼类、鸟类、穴居动物等都普遍有异常反应。其中，穴居动物反应最灵敏，反应时间最早，有的在震前几天，甚至一个月前就出现异常。还认为老鼠的异常在动物中最普遍，反应敏感性最高，时间最早；大牲口则比较晚，往往临震才有反应；虎皮鹦鹉在震前10天以内也会出现行为异常，北京工业大学地震研究组就曾根据其跳动频度的相对值来预报地震，并取得过几次成功。动物预感是否真的存在？在历经上亿年的进化过程中，为何每当灾难来临，总有物种能奇迹般地生还？印尼海啸、唐山地震一次次的灾难来临前夕，动物的反常行为告诉了我们什么？

动物真的有思维吗

1.动物的喜怒哀乐

动物也和人一样，有着表达感情的喜怒哀乐，甚至也会做出和人一样的行为。

欧洲有一种叫白头翁的鸟，雄鸟从远方归来时，常常给未婚妻带来一支艳丽的鲜花，以表示对爱情的忠诚。

巴西有一种性情温和的稀有动物——狮子麒,在自己的主人被杀害后,它竟会为自己的主人报仇。

西伯利亚的灰鹤,有着奇特的葬礼风俗:它们哀叫着伫立在死灰褐跟前,突然头领发出一声尖锐的长鸣,顿时其他灰褐便默不作声,一个个脑袋低垂,表示沉痛的悼念。

燕鸥在举行婚礼之前,雄燕鸥总要叼着一条小鱼,轻轻放在雌燕鸥身旁。对方收下这份聘礼后,便比翼双飞。

2.猩猩的计谋

有许多动物在觅食时非常狡猾,如果你仔细观察一下,一定会大开眼界。

美国威斯康辛州灵长类研究中心的工作人员,做了一项有趣的实验:故意让一只小黑猩猩,独自看到工作人员在园中某处埋下葡萄,接着再把它的几十个同伴放到园区。知情的小黑猩猩与同伴同行时,会装着若无其事的样子。3个小时后,等同伴们全睡着了,它才悄悄起身,摸黑来到"藏宝处",神不知鬼不觉地挖出葡萄,吃个精光。这个小黑猩猩机灵得很,它知道如果当着大伙的面挖葡萄,也许就没有自己的份了。

3.狮子的策略

在肯尼亚原始森林里,有人发现4只母狮联手出击。两只母狮高高地立在土岗上,有意让猎物知道这儿有恶狮,此路不通。第三只母狮钻进草丛,神秘地向猎物潜行,而第四只母狮从另一个方向咆哮而出,虚张声势地试图把惊慌失措的猎物赶向设有埋伏的草丛。

而此时受惊的猎物眼看三面被围,便拼命向草丛奔去,这可中了恶狮的计。恶狮毫不费力地咬住了送上门来的美食,然后狮群一拥而上,狼吞虎咽地分享起来。

4.复仇的大象

象的复仇心很强。有一家动物园里的雄性大象因不听话而被主人打过,它记恨在心,伺机复仇。有一天机会终于来了,它拉了一堆粪便,主人看见后立即拿扫帚簸箕进去为它打扫,它趁机用长鼻将主人顶死。

非洲的一头小象亲眼看到它的母亲被猎人杀死后,它被捕捉卖到马戏团里当了"演员"。它渐渐地长大了,但杀害母亲的仇人它一直没忘。它利用每场演出绕场的机会巡视着观众。有一天,当它绕场时终于发现了那个仇人,它不顾一切地冲到观众席上,用长鼻将仇人卷起摔死在地上。

5.人类的疑惑

像一些较高级的哺乳动物,有类似的举动我们可以理解;而鸟类、蚁类的做法,便令人不解了。

它们没有思维,靠本能来生活,而爱和哀是一种情绪反应,这也是本能吗? 鸟类用不同的方式表达感情,为什么与人的表达方式如此相像呢?

有人说,这些动物可能与人有着或近或远的亲缘关系,但这只是人们的一种猜测。究竟是什么原因,没有人知道。

动物是怎样自杀的

1.蝎子的自杀行为

动物学家研究发现,无论是在自然条件下,还是在实验条件下,蝎子对火都非常恐惧。如在野外发现火,便躲在碎石下、树叶下或土洞中不出来。要是大火把它们团团围住,便只见它们弯起尾钩,朝自己背上猛刺一下,然后便软瘫在地上,抽搐着死去。

2.旅鼠的自杀行为

在欧洲北部挪威的高寒地区,生活着一种奇怪的小老鼠。它们黑褐色的皮毛中夹杂着白斑花点,短小的身躯仅有成人手掌那么长。由于它有迁移的习性,因此人们叫它北欧旅鼠。

令人不解的是每隔三四年,人们就看到这种鼠大批大批地集体在挪威海岸自杀。从最早的目击者记录至今已 100 多年了,这种现象至今仍然有增无减,继续有规律地发生着。

3.自寻死路的青蛙

在美国的夏威夷檀香山附近,有一个小镇,这里以高超的烹食青蛙的手艺而出名。

故事发生在1993年,在这一年的年初,成千上万的青蛙前呼后拥,冲进了这个小镇。每到夜里,镇里到处蛙声阵阵,吵得居民无法入睡。青蛙还会往屋里跳,进屋之后,不是叫个不停,总是往火坑里跳,或者往碗里、盆里、床上、家具上、衣柜里乱钻乱蹦。

整个小镇已经成了青蛙的世界,没有一处空地。交通也被堵塞了,前面的死了,后面的又拥了上来。它们并不向人进攻,只是自寻死路。

青蛙的到来,又引来了无数吞食青蛙的毒蛇,给这个小镇带来了意想不到的灾难。当地政府不得不派出人员,一方面清理死去的青蛙,一方面消灭毒蛇。就这样,足足一个多月,才逐渐平静下来。

可是从此以后,这里再也没有出现过一只青蛙。就在这一年,在这个镇的百里范围之内,连连不断发生虫害,毁坏了大批果树和庄稼。而死青蛙给这个小镇带来的臭气,也久久不能散去,也就再没有游客光顾这个小镇了。

令人困惑不解的是发生的所有这一切,到底是怎么回事呢。至今人们对此仍然百思不得其解。

4.大王乌贼神秘死亡

1976年10月,在美国科特角湾沿岸辽阔的海滩上,突然涌来成千上万只乌贼,它们前仆后继、勇往直前游向海岸,搁浅死亡,尸体布满了沙滩。人们目睹了这番情景,采取了各种办法救援,却毫无效果。事态并没有到此结束。11月,乌贼集体死亡现象又沿着大西洋海岸向北蔓延。有时,一天死亡的乌贼竟达10万只之多。

近几年来,在英国、冰岛、丹麦、挪威、芬兰、日本、新西兰等国沿海也发现了成批已死或半死的大王乌贼,它们成了海鸥的口中之物。

5.鸟儿的自杀行力

一件怪事发生在印度北部的一个小村镇。一个风雨交加的晚上,一伙村民正打着火把,焦急地寻找一头失踪的水牛。忽然发现大群的鸟儿迎着火光飞来,纷纷落在地上。

由于这里粮食不足，村民们经常挨饿，见到这些送上门来的鸟儿自然惊喜万分，可以美餐一顿。打这以后，每逢刮风下雨的晚上便打着火把，在院子里坐等飞鸟送上门来。

6.对鸟自杀的研究

常言道："人为财死，鸟为食亡。"按常理，轻生之举，跟鸟类无缘。因为在我们的印象当中它们都是些活泼开朗、能歌善舞的乐天派，怎么可能自寻死亡呢。

近年来印度动物研究所和阿拉姆邦林业局，为了揭开鸟类自然之谜，在村庄附近设立了一个鸟类中心，修建了一座高高的观察塔。他们收集到飞来这个村庄寻死的鸟，共有将近20种：有牛背鹭、王鸠鸟、绿鸠鸟、啄木鸟和4种翠鸟，还有许多叫不出名的鸟。

另外，观察中心还在这里修建了鸟类图书馆和饲养场，把飞到这里的活鸟弄来饲养。奇怪的是前来寻死的鸟拒绝进食，两三天内便都死了。

有人认为这种现象可能与这里的地理位置有关。黑暗、浓云密雾、降雨和强烈的定向风，是这些鸟类诱光必不可少的条件。

那么，这些鸟都是从哪里来的呢？只因诱光，便非得集体与火同尽？更有那些自寻而来的鸟为何拒绝进食？

7.数万只梭子蟹丧命

2010年12月，约4万死蟹沿英国肯特郡的海岸线被冲上岸，环境专家认为，寒冷天气可能是导致梭子蟹死亡的原因。梭子蟹一般在3米至5米的深海底生活及繁殖，冬天移居到10米至30米的深海，喜在泥沙底部穴居。最适宜的温度在22℃至28℃。水质要求清新、高溶氧，当环境不适应或脱壳不遂时有自切步足现象，步足切断后能再生。

梭子蟹

2010年冬是英国120年来最寒冷的时候，寒冷的天气使海水温度比平常值低了不少，梭子蟹是这种天气最大的受害者。

海岸看守人托尼·斯亚克斯称："我们怀疑气候变化和更温暖的天气诱使蟹前往海岸线，它们进入这些海域可能是为了寻找海藻。我们认为，温度突然下降使蟹因温度过低而死亡。"当地海岸项目经理表示对防止大量海蟹死亡无能为力。

8.寒鸦集体自杀

2011年1月5日,在瑞典斯德哥尔摩的一条街道上发现了100多只寒鸦的尸体。专家接到报告后,专门对这些神秘死亡的寒鸦进行了检测。检查发现,这些死鸟中有的被车撞过,其余的没有明显伤痕。

瑞典官方兽医对当地电台表示,这种情况非常少见,可能是疾病或者中毒。兽医称,4日晚上事发地曾燃放过焰火;寒冷的天气和难以找到食物也可能是死因。在巴西巴拉那瓜海岸附近,科学家发现了至少100吨死去的沙丁鱼、大黄鱼和鲶鱼。

动物自杀的现象已持续将近百年,但无人知晓是什么原因。虽然这种现象早已吸引了有关专家的注意,但至今仍无令人信服的权威性答案。看来解开动物自杀现象的科学谜底,只有待动物学家们去探索。

动物为什么要杀婴

1.动物杀婴发生频繁

从几十年野外工作取得的资料表明,野生动物中杀婴现象经常发生。动物杀婴的死亡率,比人类中的谋杀和战争造成的死亡率还高。

因此,当近10年来有关动物杀婴的报告开始频繁地出现时,许多科学家都感到困惑。围绕动物杀婴的原因,动物学家、人类学家、生物学家展开了激烈的争论。

2.猩猩为何虐待小崽

猩猩力大无穷,可以说在动物世界里,大猩猩是人类的近亲。凡是生活在动物园里的大猩猩,人们都让它们成双成对,以便繁衍后代。可大猩猩却很不配合。

在北京动物园里,有一次,一只雌猩猩生了一只小崽,开始时雌猩猩对小崽还算爱护。可是一周之后,它不但不给孩子喂奶,还经常耍弄小崽,时不时把小崽举起来使劲摇,吓得小崽"嗷嗷"直叫;没过多长时间,小崽就被折磨得骨瘦如柴。管理人员只好把它们隔离开,对小崽进行人工饲养。

3.科学家的猜测

大猩猩为什么要如此虐待它的孩子呢?难道是因为小崽妨碍了它的活动吗?还是因为雌猩猩缺乏某种营养而疲劳过度,力不从心所致?或者是因为生的是第一胎不会抚养小崽?

这其中的奥秘,还有待于科学家的进一步探索和研究。

4.对动物杀婴的分析

以美国伯克利大学的人类学家多希诺为代表的一些学者认为,杀婴是由环境拥挤造成的一种压迫效应。

野外条件下,一些较高等的社群动物,如猩猩、狒狒和猴子,在发生种内冲突时,也常杀戮幼体。当种群密度升高,食物供应不足时,淘汰幼体是为了减少对食物的竞争,如黑猩猩会咬死并吃掉非亲生的幼体、姬鼠会咬死企图吃奶的病弱幼体、黑鹰会啄死第二只孵出的雏鸟。

多希诺还指出,动物在受到惊扰威胁或嗅到特殊气味时,也会杀婴,如母兔在刚产下幼兔时,受到外界惊扰就会吃掉幼兔。

另外一种观点认为,杀婴是一种结偶生殖的需要。持这种观点的日本京都大学的动物学家杉山、美国生物人类学家联合会的一些科学家、卡里索克研究中心的迪安·福西等,他们提出了一种生殖优性假说。

杉山曾长期研究长尾叶猴的野外生活。杉山发现,在一个由1只至3只成年雄猴为头领、带领25只至30只个体猴群中,年轻雄猴在登上首领宝座接管一个种群时,会杀死几乎所有未断奶的幼猴。

他们认为,接管种群的新雄体杀死未断奶的幼猴,是为了更快地得到自己的子孙。因为一般哺乳动物在授乳期不发情,杀死。幼猴可促使母猴早发情,从而早生育新头领的子孙后代。

因此,这种表面看来有害的破坏行为,除了使新头领得到利益外,对整个种群可能仍是一种生殖上的进步。就是被杀婴的母兽，也往往能从自己子孙后代的死亡中受益。当被屠杀幼仔的场面惊扰后不久，通常母兽就与杀婴凶手结偶。这些地位较低的雌体，会通过与新头领结偶尔获得较高的地位，得到较好的食物和较多的保护。它的后代会受到保护而不致被杀。

还有一种观点认为，动物的嗅觉灵敏性远远胜过人类，而嗅觉辨认是母子相认的关键因素。有实验证明，非亲生的幼兽由于身上的气味与母兽气味不相投，不仅得不到母兽照顾，反而会遭到攻击。

但若用母兽的尿涂抹在非亲生甚至不同种的幼仔身上，母兽则会把它们当作自己亲生孩子般地照料，因为其身上的特殊气味与母兽气味相投了。

实际上，动物园里就常用这种办法让哺乳期的雌狗给刚生下的小老虎、小狮子喂奶。相反，如果母兽自己的亲生孩子身上带有特殊气味，这气味与母兽气味不相投，则会导致母兽不认自己亲生孩子的现象。例如某些啮齿类的幼鼠如果被人用手摸过，母鼠不久就会将带有异味的幼鼠咬死，甚至吃掉。可见，特殊的气味是动物母子联系的纽带，"气味不相投"是导致动物杀婴现象的原因之一。

事实上，动物借助于气味联系形成的纽带对于动物个体生存与种族繁衍具有积极的意义。

一方面，幼仔可以通过这种气味信息与自己的亲代相互辨认，并得到亲代的保护与喂养，获得生存机会；另一方面，它可以使幼兽形成早期印象，甚至在成年之后还会根据这种早期印象寻找自己的同种配偶，以便防止种间杂交。动物正因具备这一系列本能才有可能在复杂的生存竞争中被自然选择保留下来。因此"臭味不相投"导致动物杀婴现象，就不足为奇了。

5.科学不断进步

但以上假说也证据不足。因为有些动物如兔、绒鼠、袋鼠，黄麂等产后即会发情，对于雌体杀婴以及鸟类、鱼类中的杀婴，很多原则都无法解释。因此以上假说都有明显的局限性，动物杀婴的原因究竟何在，还是个待揭之谜。希望科学的进步能早日解开这个谜。

动物为什么要冬眠

1.动物冬眠的现象

一些不耐寒的动物,经常用冬眠度过寒冷的季节,这已经成为它们的一种习性。每年霜降前后,气温就逐渐降低,池塘中的蛙鸣便消失了;令人生畏的蛇也不知盘缩到什么地方去了;长着肉翅膀的蝙蝠倒挂在阴暗的屋梁或洞壁上,开始它的长睡;鼹鼠、仓鼠、穴兔、刺猬等也躲入洞穴,进入一种不吃不动的休眠状态。

此时,休眠动物的体温不断下降,直至同气温接近,呼吸和心率极度减慢,机体内的新陈代谢作用变得非常缓慢,降到最低限度,仅仅能够维持它的生命。

2.不同动物的冬眠

热血动物与冷血动物的冬眠是不同的。冷血动物的温度,取决于外部的环境,它们体温的升高或降低完全是被动的。而热血动物的冬眠,则能把自己的体温精确而有目的地加以控制。它们能够逐步降低体温,一直降至一定的限度,进入冬眠状态。当它们出眠时,便把制造热量的器官充分调动起来,在几小时内把体温恢复到原有水平。

这种热血冬眠动物所具有的制造热量、补偿体温消耗和保持恒温的高级、复杂的生理现象,引起了科学家的注意,于是它们做了许多研究。但迄今为止,有关动物冬眠诱因和生理机制还是各有各的说法。

3.动物冬眠各具特色

在加拿大,有些山鼠冬眠长达半年。冬天一来,它们就掘好地道,钻进穴内,将身体蜷缩一团。呼吸由逐渐缓慢到几乎停止,脉搏也相应变得微弱,体温直线下降,可以达至5度。这时,即使用脚踢它,也不会有任何反应,简直就像死了一样。

松鼠睡得更死。有人曾把一只冬眠的松鼠从树洞中挖出,它的头好像折断一样,怎么摇都始终不睁开眼,更不要说走动了。把它摆在桌上,用针也刺不醒。只有用火炉把它烘热,它才悠悠而动,而且需要经过很长的时间。

刺猬冬眠的时候，简直连呼吸也停止了。原来，它的喉头有一块软骨，可将口腔和咽喉隔开，并掩紧气管的入口。生物学家曾把冬眠中的刺猬拿来，放入温水中，浸上半小时，才见它苏醒。

蜗牛是用自身的黏液把壳密封起来。绝大多数的昆虫，在冬季到来时不是成虫或幼虫，而是以蛹或卵的形式进行冬眠。

动物冬眠的姿势也各不相同。蝙蝠往往在屋梁上或山洞顶部的隐蔽处，把身体倒挂着呼呼熟睡；刺猬、松鼠和狗獾等在洞穴或窝巢中抱头大睡，蛙和蟾蜍埋在池底的泥里睡觉；石头下、枯叶堆、树洞里都可以成为蜥蜴的冬眠场所；蜗牛则躲藏在石缝或枯叶间，连自己的壳也封闭起来，只留一个小孔供呼吸用。

4.生理学家的观点

行为生理学家把引起动物特有行为的外界信号称为刺激。外界刺激越多，内部本能的适应能力越强。因此，他们认为动物冬眠主要是外界刺激所致。

这个刺激主要来自两方面：一是环境温度的降低；二是食物不足。上述观点遭到许多人的反对，他们的理由是：人工降温并不能保证所有的冬眠动物都入眠；不少冬眠动物每到冬季就会自动停止或拒绝进食，而并非是食物不足。

5.科学家们的探索

科学家们用黄鼠进行试验。他们从正在人工条件下冬眠的黄鼠身上抽出血液，注射到活蹦乱跳的生活在盛夏的黄鼠静脉中，后者随即进入了冬眠状态。这表明，正在冬眠的黄鼠血液中，可能存在一种诱发冬眠的物质。

1983 年，科学家从松鼠脑中抽提了一种抗代谢激素，并用这种激素注射到无冬眠习性的小鼠身上时，会明显降低它的代谢率，体温也降到 10 度左右，由此可见激素代谢也可能是诱导冬眠的另一途径。

又有科学家从动物细胞膜上的变化，这一新角度探讨了冬眠机理。但细胞膜变化与神经传导如何联系作用、细胞膜变化是否真是冬眠的关键因素还有待研究。总之，要解开冬眠之谜，还有待于人们努力探索。

动物禁圈是怎么回事

1.动物禁圈的含义

什么是禁圈呢？但凡看过《西游记》的人都知道,孙悟空用金箍棒画禁圈的故事,妖魔鬼怪无法进入圈里,唐僧等坐在圈里安然无恙。

在动物中出现的这种现象,就叫动物的禁圈。

2.各种动物的禁圈

我国东北大兴安岭深处林海中,有一种貂熊,体形没有熊那样大,头部像貂。它不是直接攻击或迂回偷袭,而是用自己的尿在地上洒一个大圆圈,被圈进来的小动物,像中了魔法一样,不敢越出圈外。

貂熊就不慌不忙地把这些小动物一个个吃掉。一条一米多长的蛇,沿着葡萄藤滑行而下。突然,蹿出一只黄鼠狼,绕蛇一圈,然后走了。这条蛇立刻停止滑行,一动不动地吐舌头。过一会儿,来了5只黄鼠狼,各叼一段蛇肉扬长而去。水田中,有一只田螺绕螃蟹"画"了一圈,这只螃蟹再也动弹不得。几天后,螃蟹死亡、腐烂,成了田螺的美食。

到春天繁殖期,雄棘鱼就离群,"圈"占一块地方筑巢,欢迎雌棘鱼来圈内安家。而对游近的其他雄棘鱼,则立刻冲上去在圈占的边界上决斗,要"御敌于国门之外"。

3.动物的禁圈之谜

动物的怪圈生动有趣,但其中的奥秘却令人不解。不过从大量的事实可以看出,画圈并不是动物对空间本身的欲望,而是根据生活需要产生的一种本能。

它们或是像貂熊一样,通过画圈取得食物,并保证摄食的安定性;或是像雄棘鱼一样,通过圈占领地招来异性,进而生儿育女,繁殖后代。

动物为何能有这种本能,这一谜团的答案将具有深刻的生态学研究价值,因此也促使科学家们为之不懈地努力。

动物躯体再生之谜

1.动物躯体再生的含义

适者生存,不适者被淘汰,这就是生物的进化规律。在这无情的大自然激烈的竞争中,生物具有了各种各样的本领。其中有一部分生物为了保全生命,暂且舍弃身体中的某一部分。不过,舍弃的那一部分还会重新长起来的。我们把这种现象称之为动物躯体的再生。

2.章鱼遇险自救的方法

章鱼也有自断其腕的本领。平时章鱼的腕手是很结实的,当某只腕手被人抓住时,这只腕手肌肉会痉挛地回缩,像被刀切一样地断落下来。掉下来的腕手不断蠕动,还会用吸盘吸在某种物体上,当然这只是障目法。

章鱼断肢一般是在整个腕手的 4/5 处,它的腕手断掉后,血管极力收缩,自身闭合,避免伤口处流血。自行断肢 6 小时后,血管开始流通,血液渐渐流过受伤的组织,结实的凝血块将尚未愈合的腕手皮肤伤口盖好。第二天伤口完全愈合后,开始长出新的腕手,一个半月后,即可长到原长的 1/3。

3.海星的再生能力

海星长得像一个五角星,进餐时,海星先将贝类包住,然后从口中翻出胃来,再从胃里分泌出一种液体,使贝类麻醉而张开贝壳,最后,就可吃掉贝类的肉。因此,养殖贝类的渔民们往往想方设法消灭海星。

起初,他们以为只要把海星撕碎就可以消灭它,没想到海星繁殖得更多了。这到底是怎么回事呢?

原来,海星的再生功能很强。因为它的行动又笨又慢,所以常常会被鱼、鸟撕碎,它的这种本领就是它防御和繁殖的手段。再生能力如此强,以致只要还有一个腕,过了几天就能再生出 4 个小腕和一个小口,再过一个月时间,旧腕脱落,又再生一个小腕,于是,一个 5 腕的海星得以重现。

海星

4.各种动物的再生本领

壁虎在处于险境时,可以折断尾巴,让扭动的尾巴迷惑敌人,自己则逃进洞穴,过后,一条新的尾巴又会从折断的地方长出来。

兔子也有它独特的再生本领,当狐狸咬住兔子肋部时,它却会弃皮而逃。兔子的皮跟羊皮纸一样薄,被扯掉皮的地方一点儿血也没有,并且伤口处会很快长出新的皮毛。

还有样子像小松鼠的山鼠,一旦被猛兽咬住尾巴,毛茸茸的皮很易脱落,秃着尾巴逃跑。据说黄鼠、金花鼠也有这样的绝技,并且又都具有再生的本领。

海参遇险时,它可以倾肠倒肚,把内脏抛给敌害,留下躯壳逃生,过不了多久,它又再造出一副内脏。

海绵是动物界的再生之王,是最原始的多细胞动物,它的再生本领是无与伦比的。若把海绵切成许许多多的碎块,抛入海中,非但不能结束它们的生命。相反它们中的每一块都能独立生活,并逐渐长大形成一个新海绵。即使把海绵捣得稀烂,在良好的条件下,只需几天的时间也能重新组成小海绵个体。

5.对动物再生力的研究

研究动物的再生能力,无疑对探讨人的肢体再生途径有很大的启发。美国的贝克尔在研究中发现:蝾螈被截断的肢体在未复原时,会产生一种生物电流,这种电流逐渐增强,仿佛由于电流输送了一个信息,而使残肢末端的细胞分裂,形成新的组织,最后长成新的肢体。

而不能再生失去肢体的青蛙,就不能产生这种电流。贝克尔还把老鼠前腿的下部切断,并让电流从此通过。实验的结果是失去的肢体开始复原了。

有研究显示,通过去分化产生的间质细胞的分化潜能是有限的,大多只能重新分化为原来类型的细胞。例如,肌细胞去分化后产生的间质细胞能再分化为肌细胞而不能分化为软骨或表皮,软骨细胞去分化后可再生为软骨细胞而产生肌细胞,血管内皮细胞去分化后产生的间质细胞只能再分化为血管内皮软骨细胞,皮肤细胞去分化后可分化为软骨细胞但不能分化为肌细胞等。

蝾螈肢体截肢后再生过程中最奇妙的现象是,再生只重新长出被截除的所有部分,而不会长出未被截除的部分。例如,从臂区截肢,则会依次再生出截口以远的肢体部分;如果从腕区截肢,则再生出掌指区。显然,肢体沿着自身轴线存在着特殊的位置信息,这种位置信息可以被肢体自身所识别。

研究发现,并非所有类型的细胞都承载了位置信息,如软骨细胞含有位置信息,而神经髓鞘细胞不含位置信息。但这一理论只是生物躯体再生的一个小小的方面,并不能适应所有的有再生能力的动物。所以说我们并没有完全揭开动物再生之谜。

白色动物从何而来

1.白色动物的出现

近些年来,在世界各地发现了一些白色动物。在韩国的京畿道的山区里,发现了一种喜鹊,它通身都是白的。在亚美尼亚的一家国营农场,生出了一头白毛水牛。此外,在印度还发现了白虎,在非洲发现了白狮,在我国台湾和云南发现了白猴等。在我国湖北省神农架发现了白金丝猴、白熊、白狼、白蛇、白松鼠、白乌鸦、白龟、白鹿、白麝、白蜘蛛等20多种白色动物。

2.神农架白熊

1954 年,一位当地的农民到树林里采药时,偶然发现了一个熊窝。老熊可能出去找吃的去了,令人惊奇的是熊窝里竟然有一只白色的小熊。它全身的白毛就像细绒一样,上唇和鼻子尖是淡红色,而且眼睛也是红的。他把小熊装进药筐里,送给了武汉动物园。

3.台湾的白化猴

1977 年 11 月,在台湾捕获了一只体色纯白的幼年白化型台湾猴雌兽,取名为"美迪"。马上轰动了整个世界,美国、英国以及一些国家的新闻机构大多报道了这件"奇闻"。

由于"美迪姑娘"已经到了"出嫁"的年龄，仍然没有合适的白色配偶，便在1980年7月5日由台湾各报向全世界发出了"征婚"启事，希望能继续繁育出纯白的后代。

恰好云南省永胜县在1980年9月捕获一只毛色纯白的猕猴，收养在中国科学院昆明动物研究所，名叫"南南"，便发出了"应征"信。由于种种原因，这个美好的愿望并未能实现。

4.其他地方的发现

在广西大新县曾发现若干白色的黑叶猴，捕获到的一只被放在柳州市的柳侯公园中展出。

另外据说分布于我国的金丝猴也有白化型，有人曾在湖北省西部神农架林区考察时见到过一些白色的金丝猴，但没有捕捉到。

5.动物界中的白色动物

2003年11月，世界上已知的唯一一只白化猩猩"雪花"在西班牙巴塞罗那动物园里去世。它身患皮肤癌，最终因病情恶化被兽医实施安乐死。"雪花"生前深受人们喜爱，西班牙人为它的离开非常难过。

2006年1月，美国圣路易斯市的世界水族馆曾经拍卖过一条白化双头蛇。这条白化蛇长着两个头、两张嘴，一直是"明星动物"。

2007年11月，阿根廷布宜诺斯艾利斯动物园一对澳洲红袋鼠生下了两只小袋鼠，其中一只是灰色的，另一只竟然是纯白的，看起来像一只"大号白兔"。据悉，袋鼠患先天性白化病现象非常罕见，特别是在人工饲养的条件下。

2009年3月，英国摄影师迈克·霍尔丁在非洲博茨瓦纳的奥卡万戈三角洲拍摄象群时意外发现一头粉色小象。专家称，患白化病的象的皮肤更多是红褐色或者粉色的。白化病在亚洲象中比较多发，但是在较大的非洲象中极为少见。

2009年8月，一对英国夫妇在自家花园内拍摄到了一只患有白化病的画眉鸟，更奇妙的是这只画眉仅头部为白色，身体其他部位都为正常的黑色。鸟类学家称，这只脑袋为白色的画眉相当稀有，它能活到成年很不容易，因为白色的脑袋更显眼，更容易受到天敌的袭击。

6.科学家的观察发现

科学家对白色动物观察最多的是最先发现的白熊。他们发现,白熊从不在一地长期停留,一般生活在海拔 1500 米以上的原始箭竹林里,以食野果、竹笋为主。它们虽然看起来像黑熊,但脸比黑熊短,视觉比黑熊强,而且没有冬眠的习惯。白熊性情温顺,高兴时会直立起来,手舞足蹈,有时还模仿人的动作。

对于神农架的白色动物,有的科学家认为是远古残存下来的品种,有的认为是该地区独特的水文气候、地理环境等因素造成的。究竟是什么缘故,仍有待考证。

7.动物变白原因假说

这类动物的白色是怎么形成的呢?有人认为,其中可能有一部分是远古残存下来的,一部分是后来变白的。

有人分析,变白可能是地区独特的地质条件,以及水文、气候、环境等因素,导致了白色动物的大量产生。但真正的答案还有待进一步探究。

猛犸象为什么会灭绝

1.史前动物猛犸象

作为一种统治了北半球几百万年的巨大的动物,猛犸象曾经遍布各个大陆。源于非洲,更早时分布于欧洲、亚洲、北美洲的北部地区,可以适应草原、森林、冻原雪原等环境。有研究指出,猛犸象和大象拥有共同的祖先。这两个物种是在 500 万年前分化出来的。大象一直繁衍至今天,然而,猛犸象却灭绝了。

猛犸象是最负盛名的史前哺乳动物,夏季以草类和豆类为食,冬季以灌木、树皮为食,以群居为主。距今 4000 年前完全灭绝。其生存的时代为冰河世纪,它们在极地附近的冰原上觅食与生活,为抵御严寒,猛犸象的皮下脂肪和皮上浓密绒毛层皆厚达 0.1 米,绒毛层之外还披覆长毛层,毛色呈黑色或深棕色,因此也被称为"长毛象"。

2.猛犸象的尸体

在 20 万年前,地球就出现了猛犸象,它曾经遍布北半球的北部地区,分布如此广阔的猛犸象为什么灭绝了呢？真让人不可思议。

在苏联西伯利亚北部的冻土层中,科学家们曾发现 20 多具皮肉尚未腐烂的猛犸象尸体。

这些尸体在大自然的冰库里保存得相当完好。尸体肌肉的血管中充满血液,胃里还有青草、树枝等未消化的食物。

经科学家考查证实,这些尸体已冰冻了 10000 多年。

几十年前,国际地质学会在苏联召开期间,许多国家的科学家还尝到了这已冻了 10000 多年的猛犸肉。

据说味道虽不十分可口,却别有风味。

3.猛犸象的足迹

据科学家证实,大约在距今 20 万年前,最早的猛犸象就出现在地球上。它的足迹遍布北半球的北部地区,我国北部也有发现。特别是北冰洋的新西伯利亚群岛,更是猛犸象的世界,人们在那儿发现许多猛犸象牙。

在西班牙的洞穴岩壁上,30000 年前的古人就用红赭石画出猛犸象轮廓图;在法国的洞穴岩壁上,也有 10000 年前的人雕刻的猛犸象作品。直至距今约 10000 年前,猛犸象才随着冰川的消退而消失。在严寒的西伯利亚地区,人们发现猛犸象化石遗骸非常多,大约有 25000 万具。

4.猛犸象灭绝假说

气候说。认为气候变化是导致猛犸象灭绝的最重要因素。冰期结束,气温上升,随之而来的干旱让极地的生态环境发生了巨大变化。体型庞大的动物于是更敏感地被这种变化所影响。

在美洲发现的猛犸象遗骨表明,猛犸象数量下降的时候,正是冰川期结束和地球开始变暖的时期。20000 年前气温开始上升,改变了美洲的环境。美国西南部的草地逐渐转变成长着稀疏灌木和仙人掌的沙漠,导致猛犸象无法生存而死掉。

环境说。认为由于猛犸象居无定所,当迁到一个新地方后,对新环境不适应,而导致猛犸象大批死亡,最终走向灭绝之路。人类猎食说。认为猛犸象的灭绝与人类有关。北美古印第安人对猛犸象的大肆捕杀,才是它们灭绝的直接原因。

在猛犸象骨骼上发现有刀痕,用电子扫描显微镜分析证明,这刀痕是石制或骨制刀具砍杀所致,而不是猛犸象间互相争斗的结果,更不是挖掘过程中造成的外损。

古印第安人捕杀猛犸象,除食其肉,用其皮外,还用其骨,因为猛犸象的骨骼有类似玻璃的光泽,也许能把它作为镜子用。

考古学家也发现史前人类对猛犸象的杀戮遗迹,例如有一些留有刀伤的猛犸象牙,以及猎捕猛犸象的工具,证实人类会组成群对,以陷阱或火烧等方式去捕捉猛犸象。

食物匮乏说。指出由于环境的改变致使猛犸象喜欢吃的食物在生存的地区大量消失,而开花植物增多,使猛犸象短时间内无法适应恶劣环境,而又加上食物短缺,雪上加霜,最终走向灭绝之路。

繁衍过慢说。繁衍很慢,致使族群数量日益稀少。一头母猛犸象的妊娠期长达两年左右,而且通常一胎只生一头小猛犸象,幼象要长成到具有生殖能力的成年象,至少又要再等 10 年。

因此,猛犸象减少的速度远大于繁衍新生的速度,族群数量日益稀少,最后终于走上绝种的命运。

目前,对大型动物灭绝的原因仍然众说纷纭。猛犸象灭绝的疑案,至今都在讨论,相信不久的将来,科学会给我们一个答案,让猛犸象灭绝的真相大白于天下。

大熊猫稀少的缘由

1.大熊猫繁殖能力低

人们都知道,可爱的大熊猫是世界上最珍贵的动物之一。但是大熊猫繁殖困难,面临灭绝的危险。

大熊猫繁殖困难这个问题,一直困扰着人们。从 1937 年至现在,我国出口的大熊猫已有 39 只,存活到现在的还有 14 只。在这么长的时间里,只有日本的"兰兰"怀过一次孕,墨西哥的"迎迎"产过一次崽。这是什么原因呢?

美国华盛顿动物园主任里德博士说,由于大熊猫的生殖器官发育得不健全,因此不能顺利地进行交配。生殖器官的先天性缺陷,可能是导致大熊猫濒临灭种的主要原因。还有人发现,雄性大熊猫不发情或很少发情,这也是导致它繁殖能力低下的原因之一。

2.大熊猫的食物习性

除此之外,大熊猫奇特的食物习性也令人不解。它吃东西很挑剔,只吃很少的几种竹子,并且不吃老竹,不吃开花结籽的竹,只吃竹子的中段;竹笋只吃笋肉;但若被其他动物碰过,它绝对不吃。可有时也吃草、树皮、朽木、沙土、石块、铁、山羊肉、野兽尸体等。

它们的活动范围又很小,只局限在海拔 3000 米左右。如果大熊猫生活范围内的竹子枯死,它们宁肯饿死,也不到别的地方去觅食。这实在让人费解。

3.大熊猫的人工饲养

1963 年 9 月 14 日,第一只人工圈养的大熊猫在北京动物园诞生。那时,何光昕作为北京动物园的工作人员,值了两个月的夜班。他回忆说,那时环境绝对安静,除个别投食的饲养员,任何人不得接近大熊猫母子。但是,大熊猫毕竟与黑熊和小熊猫不一样,它应该有自己的行为学。不弄清楚熊猫妈妈的行为规律,就无法提高幼仔成活率。大胆接近熊猫妈妈,把丢弃的幼仔拾去人工喂养,又引发两大难题:一是育幼箱保持多高的温度;二是给它喂什么奶。他们沿用人工哺育老虎、狮子幼仔的经验,因陋就简,钉个木箱,在木箱里吊上个灯泡,保持 30 度左右的温度,结果幼仔冷得不行,两三天就被冻死了。

巨型鲸鱼之谜

1.抹香鲸的体态特征

抹香鲸不但个头大,捕食凶猛,其外形也很奇特,就像一个大大的蝌蚪,而脑袋就占了整个身体的 1/4,看上去有头重脚轻之感。它那个大脑袋可不是空的,里面储满了鲸油,一头火抹香鲸脑袋里的油,重达 1000 多千克。

人们还发现,抹香鲸的油是所有鲸类中最纯净的。这样一来,抹香鲸就遭了殃,人们为了牟取暴利,肆意捕杀,抹香鲸的数量锐减,从原来的 100 多万头,减少到现在的几万头,面临灭绝的危险。为了挽救抹香鲸的命运,世界各国都制订了一些保护措施,并在海洋里划出禁猎区。

抹香鲸

2.科学家的各种看法

科学家们对抹香鲸最感兴趣的还是它奇特的大脑袋。它长那么大个脑袋,是干什么用的呢?人们对此提出了各种不同的看法。有人认为,抹香鲸大脑袋里面的脂油,起着回声探测器的作用。抹香鲸的食量很大,平均每天需要捕食 300 千克,它不仅白天要捕食,晚上也要进食。

抹香鲸的食物主要是章鱼和大乌贼,在嘈杂的海洋世界里,如果不用回声定位法来探测猎物的方位和数量,行动就不会灵敏和迅速。而抹香鲸大脑袋里的脂肪,就像声学中的透镜体,把复杂的回声折射成灵敏的探测声束,传入耳中,这样才可让大脑做出快速准确的判断。

有人不同意以上这种说法,认为抹香鲸大脑袋里面装了那么多的油,是为了潜水用的。因为抹香鲸的食物——章鱼和乌贼都生活在深海区,它为了捕捉到更多的食物,必须延长潜水时间,它那个大脑袋里面装的那些油脂,就起到了浮力调节器的作用。这两种说法谁是谁非,还有待于进一步研究。

3.抹香鲸集体自杀

高度智能的鲸和海豚弃海集体登陆自杀,海洋生物学家对这一现象一直迷惑不解。

在澳大利亚,有人认为这是鲸为了躲避鲨鱼,企图在多石的海湾中找到庇护所;有人说是船舶发动时的噪声使得它们迷失了方向。

美国鲸学家阿·格奥德教授认为，抹香鲸是一种眷恋性很强的动物。当一头抹香鲸在海滩遇难的，只要它通过定向声响系统发出呼救信号，其他同类便迅速赶来奋力相救。如果没有脱险，其他同类也不会弃而离去。正是这种长期的种群生活方式就了它们保护同类的本性，最后酿成了它们集体自杀。

美国加州理工大学的卡西别克博士等人通过研究发现，抹香鲸是通过磁性感觉器官来辨别前进方向的。而大海中的地球磁场分布有两种情况，一是逐步增强的磁区域，它到了海底大山等处就成了磁场极强区；二是在磁场增强区的外围有一磁场减弱区，它的临近一端是极弱的磁区域。

而抹香鲸必须经过极弱区才能游往磁场极强区附近。虽然这里的磁力极弱，会使抹香鲸的第六感官失灵。但凭着经验，在绝大多数情况下，会本能地继续勇往直前，到达磁场极强区附近，追捕猎物。可哪里知道有些海岸也是局部磁场的极弱区，于是在磁感失灵的情况下，抹香鲸依然本就地冲向海岸，企图游到磁场极强区。这种徒劳致命的冲撞造成了集体自杀的悲剧。

美国国立海洋渔业处的市赖恩·戈尔曼博士，通过仔细查看自杀抹香鲸的尸体，发现它们的皮肤和嘴部都有严重溃疡，特别是皮肤都出现了同肌体分离的现象。解剖尸体后，又发现其胸腔、腹部、心脏及肺部均有红色液体。

细菌培养的结果表明，这些鲸都感染了弧菌属或其他病菌，它们的免疫功能已相当脆弱，正是这种传染病夺去了他们的生命。因此，戈尔曼认为，抹香鲸集体自杀是人类对海洋的严重污染，致使病菌迅速繁殖的结果。

4.科学家的又一发现

此外，科学家们还发现抹香鲸另外一个奇特之处，即它只有下牙，没有上牙。下牙很大，足有 0.02 多米长，每侧有 40 颗至 50 颗，这些牙齿把上颌刺出了一个个洞。别看它牙齿长得怪，一旦被它咬住，就休想脱身。

有人分析，抹香鲸捕捉大王乌贼，不是靠它的牙齿，也不是因为它那个庞大的身体，而是它在捕食之前要大吼一声，这一声会把动物吓昏，然后它再慢慢品尝。事实是不是这样呢，还有待于科学家们进一步的探索和研究。

5.俾格米逆戟鲸是什么样的

俾格米逆戟鲸由于数量极少,加上其深居简出,时至今日,人们还很难认识它的庐山真面目。

据记载,人们只捕获过两次俾格米逆戟鲸。一次是在 1963 年,在夏威夷的近海海面上,一些海洋学家意外地用渔网捕到一条俾格米逆戟鲸。但是,一个星期以后,这头逆戟鲸死了。经检查它是因呼吸道感染而死。

第二次捕到这种鲸是 1970 年,在南非开普敦的海滩上。当时一头俾格米逆戟鲸正搁浅在那里。人们及时把它送到南非国家水族馆中。之后过了 6 天,这头逆戟鲸因绝食而死。此外人们还曾两次获得死去的俾格米逆戟鲸的遗尸和遗骨。

最幸运的要算是夏威夷海洋学院的几位教师了。一次,他们到水下拍摄有关海洋哺乳动物的电影,意外地发现了一批从未见过的鲸鱼。他们拿着摄影机在鲸群中游动拍摄。他们回来后,就拿着这个片子去请教夏威夷海洋研究所的鲸类专家纳利斯博士。纳利斯看了影片后,说他们遇到的是世界上摄少见的、也是最神秘的一种鲸——俾格米逆戟鲸。

为什么俾格米逆戟鲸这么少见,它们有着每样的生活习性,有多少种群和数量,这些对我们来说,还都是未知数。

海豚是飞毛腿吗

1.格雷怪论的产生

海豚可算得上是游泳健将,它平常的速度每小时可游 40000 米至 48000 米。当它全力前进的时候,就可以达到每小时 80000 米。这样的速度足可以让其他鱼类望尘莫及,因此人们便把海豚称为海洋里的飞毛腿。

但科学家们认为,根据海豚的自身特点及形体,它的游速每小时怎么也不能超过20000 米。如果海豚的游速超过了它的肌肉所能承受的限度,只有在以下两种情况下才能得以实现:

一是海豚的肌肉具有超自然的高效率,比一般哺乳动物强 6 倍;二是它采用某种奇特的方法减少阻力。

这种假说,是 1936 年英国的一位水生动物研究专家詹·格雷提出来的,人们便把这一理论称为格雷怪论。

2.格雷怪论的阐述

自从格雷提出这一怪论以来,科学家们围绕这一问题进行了广泛的研究和探讨,海豚的游速问题成了热门话题。

人们很快就证实了海豚的肌肉没有特殊的构造,当然也就不具备超自然的高效率。那么,它的超速动力源究竟来自哪里呢?

有人把研究的焦点,放在海豚那流线型的体形上。为了证实这种假说的可能性,便做了一个海豚的模型,从体型到体表都与真海豚别无二致。

另外,在模型上还安了与海豚尾鳍所产生的推力相同的推进器。实验的结果却让人大失所望,它与海豚的速度比起来要慢得多。这一假设被推翻了。尽管如此,人们仍然觉得海豚的游速与其皮肤有关。因为海豚的皮肤很特别,光滑而富有弹性,同时它还不沾水。有人分析,它那光滑的皮肤可能会分泌一种润滑物质,用来减少水中的阻力。这一假说也被推翻了,因为经研究发现,海豚没有皮脂腺,无从分泌润滑物。

3.格雷怪论的证实

科学家们进一步研究发现,海豚的皮肤分上下两层,上层也就是外层,弹性很强;下层也就是内层,也有很好的弹性。上层皮肤在受到水的压力时,会根据水压的程度而变得凹凸不平。形成很多小坑,把水存进来,这样,在身体的周围就形成了一层"水罩"。

而当海豚进入高速运行时,身体振动所引起的紊流,就会在皮肤的凹凸变化中得到调整,这样就能天天减少阻力。

有人根据这种说法,研制了人造海豚皮,把它贴在鱼雷模型上,结果相当令人满意,其受阻情况比普通模型减少了 60%。

可以说问题至此有了极大的进展,但人造海豚皮还不能令鱼雷模型达到让人满意的高速度。它与真的海豚皮差在哪里呢,这还是一个尚待破解的谜。

4.海豚的声纳

所谓声纳,原意为声音导航和测距,是利用水下声音来探测水中目标,及其状态的仪器或技术。常用来搜索潜艇、测量水深、探测鱼群,是航海中不可缺少的导航设备。

这项技术是本世纪才发明的。但是这种人造声纳技术与海豚一比,就显得相形见绌。

有人曾做过这样的实验,在水池里插上 36 根金属棒,每排 66 根,然后把海豚放进去。只见海豚在棒中间游来游去,而绝不会碰到金属棒。即使把它的眼睛蒙上,它也照样畅游无阻。如果偷偷地在水池里放进一条小鱼,它就会立刻游过去进行捕捉。

人们发现,海豚在捕食时,会发出一系列探测信号。由于有了这种信号,它可以在几种鱼都存在的情况下,准确地捕捉到它最喜欢吃的鱼。

海豚之间的交流

海豚之间还有一种独特的交流方式。比如把一对长期生活在一起的海豚分开在两个水池里,相互无法接近和看见。

然后,再用一根电话线把两个水池连起来,只要电路一通,人们就会惊奇地发现,两只海豚竟然用一种特殊的声音交谈起来。如果电路一关,它们就中止了谈话。

即使把两只海豚,分隔在遥远的太平洋和大西洋,它们也会通过电路进行谈话。有人还把海豚娃娃的声音录下来,放给海豚妈妈听。当海豚妈妈听到之后,显得很焦躁,四处寻找它的孩子。海豚还可以用这种声音向同伴发出警报。

1.海豚发声的疑惑

海豚的这种奇妙的声纳系统,引起了科学家们的兴趣,人类试图揭开这一秘密。

首先让人们感到奇怪的是海豚没有声带,为什么会发出音域极宽的声音呢?

有人认为,海豚主要是靠跟喷气孔相通的鼻囊系统发声的。可是如果说它在水上用鼻孔发声还说得过去,那么它在水下发声又怎样解释呢?

因为它潜入水下时,鼻孔就会闭合,可它仍然可以发出声音来。

科学家们又发现,在海豚的脑门上,有一块圆圆的像西瓜一样的组织,大概是这块组织起到了声透镜的作用,声音就是从这里聚焦成声束向水中发射的。

有人不同意上述说法,因为他们发现,海豚虽然没有声带,却有发达的喉头,当它吞咽食物时,发声就会停止。他们认为,海豚的声音大概是从喉头发出的。

2.海豚有探测能力

人们还发现,海豚有很强的超声波探测能力,即使把它眼睛给蒙上,它也能找到目标。这种能力从何而来呢?

有人认为,海豚的外耳已经退化,已起不到耳朵的作用,其声音是通过下颌的脂肪传到内耳的。对这种说法有人表示反对,他们看到海豚的耳道中充满了水,认为海水对声音有很好的传导作用,因此,它的耳朵仍然是主要的听觉器官。

围绕着海啄声纳问题,科学家们进行了各种各样的实验,但问题还是没有得到最终的解决,仍然是迷雾重重。

3.海豚睡眠的研究

任何动物在睡眠时,都有一定的姿势,使全身叽肉完全松弛下来。可海啄却从没有出现过这种状况,难道海豚不睡觉吗?

美国动物学家约翰·里利认为,海豚是利用呼吸的短暂间隙睡觉的。这时睡眠不会有被呛水的危险。

经过多次实验,他还意外地发现,海豚的呼吸与其神经系统的状态有特殊的联系。他曾给海豚注射适当剂量的麻醉剂,半小时后,海啄的呼吸变得越来越弱,最后死了。

为什么会有这种现象呢?

动物学家们认为,海啄是在有意识的情况下睡眠的,麻醉剂破坏了海豚的神经系统,使它们都处于休眠状态,从而阻塞了呼吸的进行,便导致海豚死亡。

海豚睡眠之谜,使研究催眠生理作用的生物学家,产生了浓厚的兴趣。他们将微电极插入海豚的大脑,记录脑电波变化。还测定了头部个别肌肉、眼睛和心脏的活动情况,以及呼吸频率。结果得知它们某一边的脑部,会呈现睡眠状态。

即使它们持续游泳,左右两边的脑部却在轮流休息,每隔十多分钟活动状态变换一次,而且很有节奏。正是由于海豚两边脑部的睡眠和觉醒的更替,才能使它维持正常的呼吸和游动。

4.海豚智力之谜

海豚的智力也是科学家们争论不休的话题。在水族馆里,海豚能够按照训练师的指示,表演各种美妙的跳跃动作,似乎能了解人类所传递的信息,并采取行动,许多人坚信,海豚要比任何一种类人猿都聪明,有人甚至认为它们的智力与人类不相上下。

根据观察野生海豚的行为,以及海豚表演杂技时与人类沟通的情形推测,海豚的适应及学习能力都很强;但目前尚无法证明海豚运用语言或符号进行抽象式的思考。

不过,即使没有科学上的确凿证据,也不能就此认为海豚没有抽象思考能力。倘若海豚真的具有抽象总考能力,那么它究竟是如何运用这一种能力,而其程度又是如何。

这些问题都是很有意思的。但现在,想找出这些问题的答案并不容易,因为即使是人类所拥有的智慧,也还有许多未知之处。

虽然海豚与人一样都属于哺乳动物,但因生活的环境不同,相互接触的机会不多,所以,人类对海豚潜在能力的了解是很有限的。看来,海豚之谜暂时还无法得到圆满的答案。

海龟为什么埋自己

1.海龟的自埋现象

在航海史上,曾多次记载着海龟救人的传奇故事。海龟是我们人类的好朋友。海洋生物学家们对它的生活习性进行过不少研究,但一直不知道海龟还有自埋的行为。

前几年,在美国佛罗里达州东海岸的加纳维拉尔海峡,有人发现了把自己整个身体都埋在淤泥里的海龟。当时,他们还以为是个海龟壳。扒开淤泥,挖出来一看,原来是只活海龟!

这个奇闻一传开,很多潜水员都觉得新鲜。因为在他们的潜水生涯中,从来就没有听说过,更没有见过这种海龟自埋的怪事。

2.探究海龟的自埋

究竟是什么原因,使海龟把自己活埋在淤泥里呢? 为了探索海龟自埋之谜,海洋生物学家们到实地进行了观察和研究。

有的科学家发现,在一些个子较大的雄海龟身上,常常寄生者好多藤壶。所以他们认定,海龟要摆脱藤壶的纠缠,才钻进淤泥里去的。

而另一些科学家却亲眼观察到,海龟自埋的时候,是把脑袋扎到淤泥里的。在它们头上寄生的藤壶,虽然因为陷入淤泥,缺氧而死。可它们身体中部和尾巴上的藤壶,却仍然活得好好的。

海龟是海洋中躯体较大的爬行动物,它们用肺呼吸,因此每下潜 10 多分钟就要浮到水面上换一次气,不然就会被憋死。究竟是什么原因导致海龟自己把自己活埋起来呢? 它们全身埋在淤泥里为什么不会憋死? 这是它们冬眠的一种形式,还是它们清除藤壶的一种方法? 或者是它们在冰凉的海水中自我取暖的一个窍门?

藤壶是一种小型甲壳动物,体外有 6 片壳板,壳口有 4 片小壳板组成的盖,固着生活于海滨岩石、船底、软体动物以及其他大型甲壳动物身上。

专家们观察发现,在一些大个儿的海龟身上也常常寄生着许多藤壶,这既影响它们游泳,又会使它感到难受。

因此,有人猜测,可能是为了要摆脱藤壶,海龟才钻进淤泥。但是,埋在淤泥中的海龟是头朝下,尾巴朝上,它们头部和前半身的藤壶因陷进淤泥较深而缺氧死掉,可后半身和尾部埋得很浅的藤壶却依然活着。这不是解决问题的办法。因此,关于藤壶的猜测就难以成立了。

另外,一些身上没有藤壶的大个儿雄海龟,在海底也有这种自埋的习性。所以,认为海龟是为了清除藤壶而自埋的说法,就站不住脚了。

3.发现自埋的海龟

过了些日子,一个潜水俱乐部的会员们,来到一个港湾里进行训练。当女潜水员罗丝潜入海底的时候,她发现淤泥里露出一只海龟壳,像是被人扔掉的。罗丝游了过去,先慢慢地检查了一下四周的环境,拍下了照片,然后伸手把海龟壳提起来,原来这是一只活海龟!

此刻,这个活埋自己的家伙被惊醒了,它不满意地抖掉了身上的淤泥,转身游走了。没过多久,罗丝又发现了一只海龟壳。不过,这是一只大个子雌海龟,它并没有睡觉,反应特别敏感,罗丝还没碰到它,它就搅动起淤泥,乘海水一片浑浊什么也看不清的时候,逃之夭夭了。

不一会儿工夫,罗丝的同伴们也发现了两只埋在淤泥的大雌海龟。后来,她们在海底只找到了一些海龟待过的泥穴,再也没有看到一只自埋的海龟。

4.生物学家的猜测

佛罗里达州的一些海洋生物学家,根据罗丝他们的新发现,否定了前些时候的种种猜测。他们认为:

第一,在潜水员发现的 4 只自埋海龟中,有 3 只是大个子的雌海龟,这就推翻了大个子雄海龟为摆脱藤壶而自埋的说法。

第二,从潜水员们观察到的情况来看,海龟的自埋仅仅是一个短暂的现象,所以不能认为它们是在冬眠。

第三,根据罗丝的记录,她发现海龟自埋的时候,海底水深是 27.4 米,水温是 21.7 度。这就说明,海龟自埋也不是为了取暖。

那么,海龟自埋到底是为了什么呢?海龟自埋的现象是偶然的,还是经常发生的?对于这些问题,目前有以下解释。

第一种解释:这可能是海龟冬眠的一种方式,因为海底的动物和许多陆地动物一样,也有这种长时间睡眠的方式,比如海参就有夏眠的习惯。

第二种解释:这是一些海龟清除身上的藤壶而采取的方式。在淤泥里的长时间的浸泡,会让这些讨厌的寄生虫窒息。

第三种解释:这是海龟在冰冷的海水里取暖的一种方式。可是这些猜测很快就都被不久后的各种发现给否定了。此后生物学家们又做了各种各样的假设,却都难以自圆其说。

那么究竟为什么海龟要把自己藏起来呢?相信终有一天人们会揭开这个谜团的。

鱼也能当医生吗

1.科学家的发现

人一旦有了病,都要到医院去看医生,经过医生的治疗,使疾病得到解除。那么,生活在水中的鱼得了病之后,也有医生看吗?有,那就是清洁鱼,鱼一生了病,它们就去找清洁鱼。

这一秘密是科威特的海洋生物学家库拉达·兰姆布发现的。有一次,他在美国加利福尼亚海岸附近的水域进行科考时,发现有一条大鱼突然离开鱼群,向一条小鱼冲去,这条大鱼要比这条小鱼大10多倍。库拉达·兰姆布以为那条大鱼要去吃那条小鱼呢。可出乎意料的是,那条大鱼到了小鱼面前,温顺地呆在那里,乖乖地张开了鳍。小鱼则靠上前去,用自己尖锐的嘴紧粘在大鱼身体上,就好像在吸吮乳汁。过了一会儿,小鱼突然跑出来,消失在水草之中。大鱼也回到它的同伴那里去了。

2.会看病的小鱼

这究竟是怎么回事呢?原来小鱼就是鱼的医生,这是在给大鱼看病。

生活在海洋里的鱼和人一样,不断地受到细菌等微生物和寄生虫的侵袭。这些令人讨厌的小东西粘附在鱼鳞、鳃、鳍等部位,就会使鱼染上疾病;同时,鱼之间也在不断发动战争,一旦受了伤,也需要治疗。那么谁来给它们治病呢?医生就是前面提到的那种小鱼,人们给它起了一个好听的名字——清洁鱼。

清洁鱼给鱼治病,既不打针,也不吃药,而是用它那尖尖的嘴巴清除病鱼身上的细菌或坏死的细胞。不过它在给鱼治病的时候,对病鱼也有很严格的要求,要求它们必须头朝下,尾巴朝上,笔直地立在它面前,否则它就不给予治疗。假如鱼得病位置是在喉咙里,那么,病鱼就必须乖乖地张开嘴巴,让医生进去清除病灶。

3.试验后的结论

科学家们曾做过实验。他们在一定的水域里,把所有清洁鱼都请出去,只过了两周,他们就发现不少鱼的鳞和鳃上都出现了肿胀,有的还得上了皮肤病,而有清洁鱼的水域,鱼则生活得很健康。由此可以证明,清洁鱼是称职的鱼医生。在海洋里,大约生活着40多种清洁鱼。它们的医院一般设在有珊瑚礁或岩石突出的地方。有人曾发现,一条清洁鱼在6个小时内医治了几千条病鱼。

4.海洋馆请来"医生鱼"

广州海洋馆的海底世界里,饲养着3条身长超过1.8米的豹纹海鳝,饲养员发现大海鳝口腔牙缝中的食物残渣不少,身上附有外来寄生虫,考虑到这将会影响到它们的健康,海洋馆工作人员及时采取措施引进一批"医生鱼"为它们治病。

2005年8月2日,广州海洋馆把100多尾"医生鱼",分别放养在海底世界的各大鱼缸。一到"新家","医生鱼"就开始忙碌,东游西窜在鱼群中穿梭,认真地寻找有病、有寄生虫的鱼。奇怪的是凶猛的鲨鱼、威猛的龙冠、尖齿獠牙的裸胸鳝……见到这些"医生鱼"游来,都显得十分温驯,并张开大嘴、打开鳃盖,任由"医生"进入"清污治病",而不会吃掉它们,情景相当有趣。

5."医生鱼"给人类治病

在土耳其的温泉里,栖息着许多能治病的"医生鱼"。医生鱼的绝活是为人治疗各种皮肤病、皮肤溃疡和丹毒。世界各地有不少人慕名而来,希望享受到医生鱼的神奇治疗。当患有皮肤病的人进入温泉时,成群的"医生鱼"就会团团围过来,对准患处开始啄咬。小鱼的啄咬加上温热的泉水不断冲洗患处,就好像在做全身按摩,使患者感到十分舒服。

"医生鱼"的治疗十分有效。9天内,"医生鱼"就可以替人治愈奇痒难忍的皮肤病,而且再也不会复发。

动物因何能充当信使

1.鸽子充当信使

1815年,法国拿破仑在滑铁卢战役中被击败。得胜的英军把写有这个消息的纸条,缚在一只信鸽的脚上。结果这只信鸽飞越原野，穿过海峡，回到伦敦，第一个把胜利的消息送到了伦敦。

1979 年，我国的对越自卫反击战中，某部一个侦察员得了急病，医生诊断需用一种药品，可身边没有，如果派人去后方取药，已经来不及了。他们便用军鸽去后方取药，仅用 30 分钟就取回来了，使病员得到及时抢救。

2. 狗当信使

据《晋书》记载，陆机育养一犬，名叫黄耳，陆机到洛阳做官时，很久都没有家里的消息，于是，他对黄耳开玩笑说："吾家绝无书信，汝能书驰取消息不？"

这条狗竟然摇尾答应了。陆机就试着写了一封信，装在竹筒中，系在黄耳的脖子下，它就寻路南走，一直送到了陆机家中。

3. 野鸭充当信使

美国著名的动物学家佛曼训练了一批野鸭，让它们把气象表和各种科学情报，送到很远的地方去。这些野鸭能将捆在爪子上的照片和稿件准确地送到报社。

4. 蜜蜂充当信使

野鸭

法国科学家捷伊纳克还利用蜜蜂，和 5000 米以外的朋友保持通讯联系。他们互相交换了一些蜜蜂后，便将它们禁闭起来。需要传递信件时，就把写满字的小纸片粘在蜜蜂的背面，然后放飞。蜜蜂信使便向自己的家飞去。

5. 充当信使的条件

有些科学家认为，鸽子两眼之间的突起，在长途飞行中，能测量地球磁场的变化。有人把受过训练的 20 只鸽子，其中 10 只的翅膀装了小磁铁，另外 10 只装上铜片。放飞的结果是：装铜片的鸽子在两天内有 8 只回家，可是带磁铁的鸽子 4 天后只有一只回家，并且显得精疲力竭。

这说明，小磁铁产生的磁场，影响了鸽子对地球磁场的判断。从而断定，鸽子对飞行方向的判定的确与磁场有关。更多科学家认为,鸽子能感受磁场和纬度,它们用这些感受来辨别方向。

科学家们不但对鸽子为什么不迷路各持己见,对其他动物长途跋涉不迷路也是众说纷纭。谁是谁非,有待进一步研究。

动物之间的互助精神

1.帮助对方剔牙的猩猩

我们经常可以看到,各种动物为了自己的生存,与不同类甚至同类动物,展开你死我活的斗争。然而,在少数动物间也有互助互爱,乃至舍己救人的行为。

在一个动物园里,美国斯坦福大学的生物学家们发现,一只名叫贝尔的雄性黑猩猩,常常从地上拣起一根根小树枝,并认真地摘掉枝上的叶子,站在或跪在其他雄性黑猩猩身边,一只手扶着它的头,另一只手拿着光秃秃的小树枝,伸到那雄性黑猩猩的嘴里,剔去它牙缝中的积垢。原来它是用小树枝作为牙签,给别的雄壮黑猩猩剔牙呢!

有时,贝尔还直接用手指给雄性黑猩猩剔牙。科学家们观察了6个月,发现几乎每一天,贝尔都会给别的猩猩剔一次牙,每次3分钟至15分钟。

2.共享食物的白尾鹫

生活在草原上的白尾鹫,互敬互爱的行为更是让人敬佩。这种专门以野马等动物尸体为食的鸟类,在发现食物之后,会发出尖锐的叫声,把自己的同伙招来共享。吃的时候总是先照顾长者,让年老体弱的鹫先吃饱以后,其他鹫才开始吃。家里还有幼鹫的母鹫,回家之后,还会把吃下去的肉吐出来喂幼鹫。

3.联合对敌的狒狒

非洲坦桑尼亚的坦噶尼喀地区是狒狒的栖身之地。狒狒晚上宿在树林里,临睡之前,它们总要看看周围是否有狮子、巨蟒等天敌。

据美国科学家实地考察,狒狒群通常到有水源的地方去饮水,而狡猾的狮子和巨蟒,常常在水源处等候着它们的到来。因此,每一次饮水,都是狒狒群的一次计划周密的集体战斗行动。

它们出发之前,总是由最强壮有力的狒狒在前面开路,中间是雌性、幼年狒狒,后面是一些成年雄狒狒。一旦遇上潜伏的狮子或巨蟒,打先锋的狒狒便与来犯者进行勇敢的搏斗,其余的狒狒从地面抓些石块迅速上树,一齐大声吼叫助威,并向敌害猛烈投掷石块和果实。在这种情况下,狮子或巨蟒往往是心虚胆怯,狼狈而逃。

除了自己团结对敌以外,还能与周围其他受威胁的动物结成统一战线,一起防范凶暴的敌人。狒狒最可靠的盟友是羚羊和斑马,因为它们共同的敌人是狮子。

4.异类动物互助现象

不仅同类动物之间互帮互助,而在不同类动物间也有这种行为。在非洲,有一只小羚羊和一头野牛结伴而行。羚羊在前走,野牛在后面跟着,每走几步,野牛便哀叫一声,小羚羊也回过头来叫一声,似乎在应答野牛的呼唤。

假如小羚羊走得太快了,野牛就高喊一声,小羚羊马上原地立定,等那野牛跟上后再走。这是怎么回事呢?原来野牛眼睛害了病,红肿得厉害,已无法单独行动,小羚羊在为它带路。

河马见义勇为的精神,曾经使一位动物学家感叹不已。在一个炎热的下午,一群羚羊到河边饮水,突然一只羚羊被凶残的鳄鱼捉住了,羚羊拼命抗拒可也无法逃命。

这时,只见一只正在水里闭目养神的河马,向鳄鱼猛扑过去。鳄鱼见对方来势凶猛,只好放开即将到口的猎物逃之夭夭。河马接着用鼻子把受伤的羚羊向岸边推去,并用舌头舔羚羊的伤口。

5.动物互相帮助之因

有关动物互帮互助的例子不胜枚举,科学家们已经肯定动物之间有互助精神。

那么动物为什么会有互助精神呢?

有的科学家认为,动物的这种行为是自然选择的结果。因为在求生存的斗争中,一种动物间如果没有互助精神,就很难生存与发展;有的科学家认为,近亲多半有着同样的基因,同一种群动物的基因较为接近,因此会有互助精神。对于动物为什么会有互助精神这一问题,科学家们各执己见,始终没有一个完美的答案。

动物嗅觉之谜

1.利用狗的嗅觉破案

在感觉和判断微量有机物质方面,任何先进的检测仪器都不能超越人的鼻子。自然界中的气味多于几十万种,一般人可以嗅出其中几千种气味,而经过训练的专家则能嗅出几万种气味。和人鼻相比,狗鼻子更加灵敏。

警犬破案用的就是它灵敏的鼻子。我们知道,人身上有着丰富的汗腺、皮脂腺,每个人分泌出的汗液和皮脂液味道是不同的,我们称之为人体气味。人鼻子较难分辨不同人的人体气味,而狗却可以。将犯罪分子穿过的衣服、鞋子或用过的用品给警犬嗅过后,它就能顺着气味去追踪逃犯,或者将混在人群中的坏人嗅出来。

海关人员利用狗的特殊嗅觉功能,训练它们搜寻毒品。目前,贩毒、吸毒已成了世界性的犯罪行为。经过训练的狗,能够搜寻出藏于行李中或汽车中各个角落的毒品,它们屡建奇功,使得贩毒分子闻狗丧胆。

2.利用狗的嗅觉救人

在瑞士等多山国家中,高山滑雪是人们喜爱的一种运动,由于雪崩等自然灾害造成事故时,常常有滑雪者被埋于雪中。当地人训练了一批救护犬,每当发生滑雪者失踪事件时,就派这种救护犬上山寻找。它们身背标有红十字的口袋和救援队员一起跋涉于高山积雪之中。由于它们的努力,不少遇险者获得了第二次生命。

在欧洲的一些城市,煤气公司训练了一批狗,作为"煤气查漏员"。由于管道煤气的使用日趋广泛,要查找埋藏于地下的泄漏煤气管道是一个难题。如果不能找到泄漏处,漏出的煤气在地下某一地方会积累起来,它们一遇上明火就会发生爆炸或燃烧。在查漏方面,狗是人类得力的助手,一发现问题,它就会狂吠不止,以引起人们的重视。

3.利用狗的嗅觉扫雷

狗还是很好的地雷搜寻者。现代化的战争中,布雷成了保护自己、消灭敌人的重要手段。过去多用金属探测器来查找地雷，因为大多数地雷是用金属作为外壳的。

后来，兵工专家改进了外壳材料，采用塑料或其他非金属性材料来做外壳，一般的金属探测器就找不出它们。经过训练的狗能够嗅出火药的气味，所以不管用什么材料做外壳，它们都能把地雷查找出来。在战争中，它们的工作挽救了成千上万战士的生命。

还有的地质部门，训练狗帮助人们查找矿藏。

4.金丝雀会预测毒气

在煤矿中有毒或易燃气体的存在，常引起井下爆炸，或发生煤矿工人中毒的事故。

人们发现，金丝雀对于这类气体很敏感，矿井中存在的微量有毒气体，在对矿工尚未造成威胁时，金丝雀就会出现窒息中毒的症状。所以，一些矿工在下井时带着金丝雀，将它们作为"生物报警器"。同样的办法，也在某些生产有毒气体的工厂中使用。

5.昆虫的化学感受器

和人类、鱼类不同，昆虫的嗅觉既不靠鼻子，也不靠皮肤或嘴唇上的感受器，它们靠的是嘴巴周围的触角或触须，这是昆虫的化学感受器官。在触角上，遍布着接受和处理气味信息的嗅觉细胞和神经网络。在麻蝇的触角上有 3500 个化学感受器，牛蝇的触角上则有 6000 个，而蜜蜂的触角上更有 12000 个化学感受器。正因为有了这些先进的工具，它们的嗅觉才特别灵敏，普通的家蝇可以识别 3000 种化学物质的气味。

6.昆虫靠嗅觉寻配偶

昆虫嗅觉还用于寻找配偶。在昆虫繁殖期，雌性的昆虫能释放出一种叫作性引诱剂的激素。雄性的昆虫嗅到了这种气味后，就飞向雌性的昆虫。雄昆虫对这种性引诱剂的嗅觉特别灵敏。科学家实验发现，性引诱剂的含量已稀释到每立方厘米的空气中只有一个分子，而雄蛾依然能分辨出。科学家们利用现代的分析手段，搞清楚了一些昆虫性引诱剂的结构，并且在实验室中，用化学方法合成了同样的激素。利用这些人造的性引诱剂，在农田中捕杀害虫，已成为一种新的植物保护手段。

7.不同动物的灵敏嗅觉

大象的视力很差，它全靠灵敏的嗅觉去寻找食物、发现敌害。而这种有选择性地敏感性还在生命的繁衍中遗传给后代,使之天生就具有遗传气味选择记忆能力;骆驼能在80000米外闻到雨水的气味;牛能嗅出浓度低达 1/10 万的氨液;猴子、野猪等动物中的领袖能够发出使其他雄性动物屈服的气味,只要闻到这种气味,即使没有见面也马上服服帖帖。

动物身上的年轮揭秘

1.不同动物身上的年轮

锯倒一棵大树,观察树桩断面上的年轮,就可以知道这棵大树的年龄。那动物身上也有年轮吗?

不同动物的年轮隐藏在不同的部位,五花八门。鲤、鲫鳞片上的同心圆,就是显示鱼龄的年轮。为了看得很清楚,一般将鳞片洗净,煮一下,再把它浸入两份苯和一份乙醚中,去掉脂肪,使它干燥后观察。河蚌的贝壳上有明显的一圈圈生长线,那就是它的年轮。大黄鱼、小黄鱼的耳石上也可以找到年轮。

怎样了解庞大的鲸的年龄,多年来一直是个难题。过去曾用许多方法来测定:一是有人认为鲸出生时是雌鲸体长的 1/3,根据幼鲸体长的增长,可以推算年龄;二是观察鲸体上白色伤痕数目,测算年龄,因年龄越老的鲸,受细菌、寄生虫寄生后留下的伤痕越多。以上方法都有缺点,测算的年龄不够准确。1995 年发现鲸的耳垢是推算年龄的最好办法。

2.鱼类的年轮的表现

生活在水中的鱼类是个庞大的家族,它们的年轮表现有所不同。如产于我国东北的大马哈鱼,它的年轮在鳃盖骨上;鲨鱼的年轮在背鳍棘上;著名的大小黄鱼的年轮则在耳石上。此外,一般鱼类的年轮记录在鳞片上。仔细观察,会发现上面有许多同心的环纹,一个环纹代表一年。

大自然年复一年的周期变化,决定了鱼类生长的快慢,而鱼的生长状况便在鳞片上留下了真实的痕迹。春夏时节,鱼儿的食饵丰富,水温又较高,正是生长旺季,鱼儿长得快,鳞片也随之长得快,便产生很亮很宽的同心圈,圈与圈的距离较远,这是"夏轮"。

进入秋冬后,水温逐渐下降,水域中食饵减少,鱼儿的生长放慢,鳞片的生长也随之放慢,产生很暗很窄的同心圈,圈与圈的距离较近,这是"冬轮"。这一疏一密,就代表着一夏一冬。等到翌年的宽带重新出现时,窄带与宽带之间就出现了明显的分界线,这就是鱼类的年轮。

3.鲸的耳垢的特殊结构

鲸的耳垢与人的耳垢大不相同,耳垢不能从外耳道掉出来。鲸的外耳道不是一直管,而是呈S型。耳垢积存在耳道中,由表皮角质层脱落的细胞和脂质所构成,脂质少、角化程度高、呈长圆锥形,像一个栓,所以又是耳栓。把耳栓切成纵剖面,上有交替的明亮层和暗色层,数清多少明暗交替的条纹,就可以推算出鲸的年龄。

鲸的耳栓上的明暗条纹,就和树木的年轮相似。明亮层是夏季索饵期形成的,那时候营养条件好,形成的脂质多;暗色层是冬季繁殖时期形成的,那时鲸几乎过着绝食生活,耳轮上的角质多。真奇怪,鲸的年轮竟会在耳垢形成的耳栓上。

4.判断动物年龄的方法

在购买骡、马等家畜的时候,知道它们的年龄是相当重要的。因为家畜的年龄大小直接影响它的价格。所以在农贸集市上,在买卖牲畜时,买主要掀起牲畜的嘴唇,仔细观看它们的牙齿,以确认牲畜的真实年龄,进而考虑价格是否适当。

另外,像鹿等野生动物,知道它们的年龄也具有重要的意义。这样可以使其群体经常保持年轻健壮,以保证它们能良好地繁衍后代。如果是年老的雌雄交配,生育出来的后代就较差。因此,一些动物园和动物保护区,年老的动物都不用来繁殖后代,而是淘汰掉。

其他野生动物,没有鹿那样的年龄特征,则只能根据体格和毛色的浓淡,以及行动来判断它们的年龄。

现在已有了利用显微镜,检查兔子、黄鼠狼等动物的骨头,来确定其年龄的方法。这种方法是切取野兔等动物的下颌骨,将其磨制成薄片,染色后在显微镜下观察,能看到骨头的层次,根据骨层的多少,便可准确地推断动物的年龄。因为小动物的寿命都较短,所以使用这种方法是相当有效的。如果是象和鲸那样的大动物,则只要取其牙齿在显微镜下鉴定,就可知道它的年龄了。

动物也有语言

1.同地异类无法沟通

每一种飞鸟几乎都有自己独特的语言,而且互不相通。有这么一个故事,在某个动物园中,一只野鸭闯入了红鸭的窝中,把老红鸭赶走,自己帮助红鸭孵出了一窝小鸭。可是这些小红鸭根本听不懂野鸭的语言,不听从它的指挥。小鸭们乱成一团,野鸭也毫无办法。后来来了只大红鸭,它只讲了几句土话,小红鸭就乖乖地听它的话了。

2.异地同类无法沟通

不仅不同种动物之间语言不通,而且同种动物之间也有方言。美国宾夕法尼亚大学的佛林格斯教授研究了乌鸦的语言,而且将它们的语言用录音机录制下来。当成群的乌鸦从天上飞过时,佛林格斯教授在地上播放他先前录制的乌鸦的"集合令",这时乌鸦群就乖乖地降落在地上。当他将乌鸦的"集合令"录音带,带到另一个国家去播放时,就不灵了。

佛林格斯教授发现,居住的国家和地区的不同,乌鸦的语言也不一样。法国乌鸦对美国乌鸦讲话录音就一窍不通,甚至于对它们的呼叫也毫无反应。

3.行为语言交流

动物还会运用各种不同的行为来表达它们的意思,这也是一种无声的语言。例如长颈鹿在发生危险时,会用猛烈的惊跑来向同伴传达警报;野猪在平时总是把尾巴转来转去,但一旦觉察到有危险时,就会扬起尾巴,在尾尖上打个小卷给同伴报警;蜜蜂在发现蜜源以后,就会用特别的"舞蹈"方式,向同伴通报蜜源的远近和方向。

有一种小蟹,雄的只有一只大螯,它们在寻求配偶时,便高举这只大螯,频频挥动,一旦发觉雌蟹走来,就更加起劲地挥舞大螯,直至雌蟹伴随着一同回穴。有一种鹿是靠尾巴报信的,平安无事时,它的尾巴就垂下不动;尾巴半抬起来,表示正处于警戒状态;如果发现有危险,尾巴便完全竖直。

4.蜜蜂的交谈方式

蜜蜂之间的交谈,是通过舞蹈来表达的。蜜蜂除了舞蹈的姿势以外,还要用翅膀的振动声来表达。振翅声的长短,表示蜂巢到蜜源距离的远近,振翅声的强弱则表示花蜜质量的好坏。这样,蜜蜂就能通过舞蹈语言和振翅语言,把蜜源的方向、距离、蜜量多少等信息通报给伙伴。

5.训练黑猩猩"说话"

美国有一对夫妇,采用美国聋哑人通用的哑语,去教一只名叫娃秀的雌性猩猩。他们非常用心地训练娃秀,和它生活在一起,给它创造非常好的学习环境。经过两年的训练,娃秀可以理解和领会60种手势,其中有34种可以在日常生活中灵活运用,如吃、去、上、请、内、急、听等,它还能将一些手势连贯起来。

人们期望,将来能训练猩猩来进行一些简单的劳动。

动物生物钟之谜

1.动植物的生物钟

在自然界里,很多生物的活动都受到"生物钟"的影响。如雄鸡黎明报晓,猫头鹰昼伏夜出,在潮水到来时招潮蟹就出现在洞口,都是生物钟在起作用。

有些植物也是按照自己的生物钟来活动的,如牵牛花在太阳出来之前就打开了喇叭,蒲公英在清晨6点才绽出花蕊,该中午开的花就中午开,该晚上开的花就晚上开。

2.生物学家的实验研究

有人发现,许多昆虫都能利用自己体内的天体定向器来保持正确的行动方向,即借助于阳光来定向,蜜蜂和大蚂蚁等昆虫就是这样。

可德国的生物学家贝林通过实验发现，一些动物的定向不一定非借助阳光不可。他将蜜蜂关在暗室里，发现即使没有阳光，甚至在完全黑暗的情况下，它们也能察觉出昼夜的变化。

瑞士昆虫学家维纳尔和兰费郎科尼利用大蚂蚁做的实验，更能说明这个问题。

大蚂蚁中的工蚁常常到几百米以外的地方觅食，他们就把这些工蚁放进黑洞洞的潮湿的容器里。过了6个小时，带到一个它们不熟悉的地方放出来，同时在它头上安装一个特制的东西，使蚂蚁看不见能够当作定向目标的各种物体。其结果令人惊讶，153只蚂蚁都顺利地找到了自己的家。这个实验表明，这种蚂蚁既具有稳定的记忆力，能够记住太阳在一天的不同时间里在天空运行所走过的路线，而且还具有时钟系统，这使它们能够找出正确的方向。

3.未解之谜

怎样来认识动物体内的生物钟，至今还是一个悬而未绝的谜。有人分析这可能是来源于动物空腹感的"腹时钟"；还有人认为这种时钟可能与物质代谢的速度有关。

不过这些还都仅仅是猜测，其具体的生理机制，还有待进一步研究。

揭秘动物的超常感

1.对小狗旅程的研究

动物和人一样，也县有超常感本能，它们也能够预感危险，这就是它们的心灵感应。

1923年8月，在美国俄勒冈州，布雷诺带着两岁的小狗博比去印第安纳州的一个小镇度假时，博比不幸走失了。结果6个月后，博比历尽千难万险，历经3000千米路程，终于从印第安纳州回到了俄勒冈州的家。

之后，俄勒冈州的动物保护协会主席，返回到博比走失的原地点。沿途访问了许多见过、喂过、收留它住宿，甚至曾经捉过它的人，最后证实了这一切确实可信。

与此同时，科学家却想到一个问题，博比并没有沿着它的主人往返的路线走，而它走的路与主人走过的路相距甚远。博比所走过的几千千米路，是它根本不熟悉的道路。那它是怎么找到回家路的?

2.什么是动物超常感

研究结果使人们相信,这只小狗之所以能回家,是靠着一种特殊的能力和感觉找路的,这种本领与已知的犬类感觉完全不同。有人认为动物这种神秘的感觉和能力,是一种人类尚未了解的超感知觉,或者称之为趔常感。

超常感指的是有些动物能够以超自然的感觉感知周围的环境,或者与某人、某事,或与其他动物之间心灵相沟通。然而,这种沟通似乎是通过我们人类并不知道,又无法解释的某些渠道进行的。

3.动物超常感的反应

多少年来,在世界各国都发现了很多动物的超常感行为。例如,它们有的会跑到从来没去过的地方找到主人;有的似乎还能预感到自己主人的不幸和死亡;有的能预感到即将来临的危险和自然灾害,如地震、雪崩、旋风、洪水以及火山爆发等。

1976 年我国河北省唐山大地震之前的四五天,一向很怕见人的老鼠,一反常态拼命地逃离房屋,在大街上乱窜,动物园里的动物也莫名其妙地横冲直撞。

动物的主人在大祸来临时,可能会影响动物的超自然感觉。反过来,也可能影响动物的主人。曾担任加拿大总理 22 年的麦肯齐·金,就曾预感到他自己十分喜欢的爱犬帕特要大祸临头。

有一次,总理的手表突然掉在地上,时针和分针在 4 时 20 分停住了。这位总理就感觉帕特在 24 小时内就要列了。第二天晚上,帕特爬到它主人的床上,躺在那里静静地死去了,时间恰好是 4 时 20 分。

4.动物超常感的研究

动物的超常感,引起了世界各国的科学家的重视,并做了大量的研究。科学家们发现,某些动物确实具有一些非常奇特的感觉本能,并能以独特的方式,利用人类具有的感觉本能。还有一些动物的某些感官功能,是我们人类完全没有的。而还有一些动物的超常感,则是我们现在还没能完全了解到的。

1965 年,荷兰的动物行为学家延伯尔根在他著的书中写道:"多动物的非凡本能,以特殊生理作用为基础。至今,我们还没有了解这些作用。因而,才把这些本能叫作'超感知觉'。"

动物世界有着许许多多我们未知的领域,在这些领域里,充满了神奇和奥秘。即使今天的动物学研究已经有了很大的发展,但动物的超常感本能的奥秘,仍然是我们所不了解的。

老鼠不能绝迹的奥秘

1.捕杀老鼠的方法

多少年来,人们一直在想方设法消灭老鼠,但始终不能使它绝灭。

人们先用机械的办法捕杀老鼠,但这种办法杀灭老鼠的数量大分有限。近几十年来,人们发明了许多杀灭老鼠的药物。可每次用一段时间后,这些药物也就失去了作用。

2.老鼠的抵抗能力

据说,苏格兰的一个农户,发现了不怕老鼠药的老鼠。科学家研究发现,这种老鼠已具有遗传性的抗药能力。也就是说这种老鼠已具备了抗药的基因,它们的子子孙孙也都能抵抗药害。

老鼠不但不怕药害,而且连具有强大杀伤力的核放射也不怕。据 1977 年 7 月的美国《地理杂志》报道:第二次世界大战之后,美国在西太平洋埃尼威托克环礁的恩格比岛和其他岛屿上试验原子弹,炸出一个巨大的弹坑,同时放射出强大的射线。

几年后,生物学家来恩格比岛,发现岛上的植物、暗礁下的鱼类以及泥土,都还有放射物质,可是岛上仍有许多老鼠。这些老鼠长得健壮,既没有残疾,也没有畸形。这可能与老鼠洞穴有一定的防御作用有关。然而,老鼠本身的抵抗能力,也是十分令人惊讶的。

3.集体自杀的老鼠

1981 年春,在我国西藏墨脱的一个江边拐弯处,成群的老鼠从四面八方聚集在那儿,集体从山崖顶上往江里跳。结果所有老鼠都被翻腾的江水淹死了。

老鼠集体自杀的原因还不清楚,有的科学家认为,可能那些到了海边的老鼠,认为海洋也只不过是一条它们可以游过的小溪或一潭水,而没有意识到那是游向死亡。

4.老鼠的繁殖力强

一只母鼠在自然状态下,每胎可产出 5 只至 10 只幼鼠,最多的可达 24 只,妊娠期只有 21 天。幼鼠经过 30 天至 40 天发育成熟,雌性即加入繁衍后代的行列。如此往复,母鼠一年可以生育 5000 左右子女,所以说自杀的老鼠与老鼠的总体数量相比,那就像大海中的一滴水了。

老鼠为什么不能灭绝,它为什么有如此大的抵抗能力呢? 要揭开这些令人费解的谜,还需要科学家们不断地探究。

鱼类洄游的秘密

1.鱼的嗅觉器官

人和高等哺乳动物是依靠鼻子来辨别气味的,而鱼却不一样。鱼类的嗅觉器官和味觉器官,都长在嘴巴周围和唇边上。

有些鱼的同类器官分布在鳍上或在鱼皮上,在这些地方有一种纺锤状的细胞。这些细胞是一种感受器,能从周围的水中接受各种信息。

鱼类在水中运动,大体上可分为两种:一种是没有一定规律的,如临时躲避敌害的袭击,追逐俘获物,或其他偶然性的运动等。这类运动有时连续发生,有时则很长时间没有出现,移动的距离或持续时间一般较短,而且没有一定的方向和周期性,因而被称为"不定向移动"。

另一种则相反。它的运动是有目的性的,时间和距离相当长,有一定路线和方向,而且在一年或若干年中的某一时间,某些环境条件下,做周期性的重复,因而形成了所谓"定向移动",这就是通常所说的洄游。

2.大马哈鱼洄游现象

在海洋中度过青少年时期的大马哈鱼,到了性成熟的时候,就成群游向河口,并以一昼夜四五十千米的速度,逆水而行,到离海洋数百千米的河流上游产卵。

它们在洄游途中,不思饮食,只顾前进,遇到浅滩峡谷、急流瀑布也不退却。有时为了跃过障碍,竟碰死于石壁上。到达目的地后,因长途跋涉,体内脂肪损耗殆尽,憔悴不堪。绝大多数大马哈鱼在射精及产卵后就死去,不能看护自己的后代。受精卵在河水中发育成小鱼后,

大马哈鱼

顺水而下,回到海水生活四五年,又沿着父母经过的路线,回到河流的上游产卵。

3.鳗鱼洄游现象

生活在江河中的鳗鱼,却与大马哈鱼相反。它们长大以后要在海洋中产卵。鳗鱼在繁殖季节也有勇往直前的精神,当它们遇到河道阻塞,无法前进的时候,会不顾死活地离开水面,沿着潮湿的草地,翻越重重障碍,奔赴大海。鳗鱼在完成繁殖后代的使命之后,有的累死了,有的同子女一道回到故乡。

在许多情况下,洄游的鱼类是成群结队的。例如黑海里的鳀鱼,就是著名的例子。成群结队的海鸥,常因饱食了拥挤在海面的鳀鱼而不能飞翔,有时鱼群大量游来,竟使海湾淤塞。100多年前,巴拉克拉夫海港,曾因大量鳀鱼拥进,挤得水泄不通,大量的鱼因而闷死腐烂,臭气弥漫,竟然成灾,成了世界奇奇闻。

4.鲑鱼洄游现象

鲑鱼是一种非常著名的溯河洄游鱼类,是一种相当奇妙的鱼类,出生于淡水的河流,却在成长期游入大海,在咸水的环境中长大,觅食,等到产卵期时却又跋涉千千米,再一次回到淡水环境的故乡生出下一代,如此循环不已,生生不息。

在西雅图东方的鲑鱼产育中心,来自几千千米外的鲑鱼努力地溯游而上,与急湍而下的水流搏斗,偶尔一个腾跃,身长可达0.6米的大鲑鱼"刷"的一声跃上1米高的鱼梯,

充满了动感之美。

在大自然中，鲑鱼的伴侣亲子关系是很令人动容的，在秋日的产育中心里，我们看见许多长相狰狞的奇怪鲑鱼，原来在长达几千千米的溯游过程中，鲑鱼会遇上千奇百怪的天敌，因此为了吓跑敌人，雄鲑鱼会在这段时间长出狰狞的下巴尖刺，尽职地护卫母鲑鱼。而等到它们完成产卵责任时，便会满身伤痕地力尽而死，而沉在水中的身躯，便是日后出生小鲑鱼的食料，小鲑鱼成长后再流入大海，等到产卵期再次回来，如此世世代代，绵延下去。

5.洄游的原因

究竟什么原因促使鱼类做这样的洄游呢？首先是受到外界条件的影响。鱼类也和其他动物一样，它的活动受到温度的影响。由于鱼类在水中生活，除了温度，水流和盐度等对鱼类的洄游都有影响。

水流对鱼类的洄游，特别是对幼鱼的洄游起着重要作用。因为对幼鱼来说，它们缺乏必要的运动能力，不能与强大的水流做斗争，因而只能完全被水流所"挟持"，随着水流而移动。许多成鱼的洄游，在很大程度上也受水流所左右。

是什么因素引导着鱼类，游向它们的家乡呢？

根据研究，是它们家乡溪流中水的成分和水的气味。它们家乡的土壤、植物和动物持有的气味溶解在河水之中后，成为引导鱼类洄游的路标，在这中间，鱼类的嗅觉起了至关重要的作用。

至于鱼类如何在海中寻找到它们熟悉的江口。从而循气味游向家乡，这仍然是一个未解之谜。

蝙蝠之谜

1.蝙蝠大量捕食之因

蝙蝠是一种能飞翔的哺乳类动物。每当夜幕降临的时候，空旷寂静的山坳间、崖洞内、湖塘上，成群的蝙蝠舒展灰黑色的肉翼灵巧翻飞，穿屋越脊觅食蚊蝇飞虫。

蝙蝠捕捉蚊虫的效率惊人。它们从秋天开始冬眠,直至来年春天才苏醒。因此,它们必须捕食成千上万的蚊虫,以便使体内积蓄足够的脂肪,才能保证冬眠时的消耗。

2.蝙蝠不靠眼睛捕食

蝙蝠究竟怎样在能见度较差的黄昏,捕捉到如此多的蚊虫呢?

18世纪意大利生物学家、天主教士斯帕朗扎尼,试图解开这个谜。他抓了一只蝙蝠,用蜡封住它的双眼,然后把它放走。那只被蜡封住双眼的蝙蝠,居然若无其事地飞上天空捕捉蚊虫。这证明它根本不借助眼睛捕食。

3.蝙蝠依靠回声捕食

那么,蝙蝠是用嗅觉捕食吗?斯帕朗扎尼又用蜡封住蝙蝠的鼻子,然后放飞,蝙蝠照旧不受影响。斯帕朗扎尼又假设蝙蝠靠听觉去捕食,于是又用蜡把蝙蝠的耳朵堵上进行试验。只见它在空中盲目地飞行,可怜地东碰西撞,最后掉落地面。设想被证实了。

斯帕朗扎尼将自己的发现,写信告诉法国大名鼎鼎的动物学家居维叶。居维叶看了信后朗声大笑,不无讥讽地说:"这个用耳朵看东西的动物故事,到底是怎么一回事?斯帕朗扎尼教士最好还是去做他的弥撒……"

此后几十年,再无人提及此事。

直至18世纪后期,法国物理学家朗之万发现声纳,才又对蝙蝠进行观察研究。最终才明白,蝙蝠飞行时,能发出一种人耳听不到的超声波。超声波与飞虫相遇后,反射回来经耳道传人大脑,大脑对回声进行分析对比,迅速判断出飞虫位置,随后蝙蝠便以迅雷不及掩耳之势将飞虫吞食。

解开这个谜后,人们对蝙蝠的认识还是很有限,它的特殊习性又引起人们的好奇。

4.蝙蝠识别方向之谜

法国洞穴专家卡斯特雷在西班牙的岩洞中,发现了一种随季节迁徙的巨型蝙蝠——灰顶飞狐。这种蝙蝠寻找家乡的本领,也是受其声纳系统指挥的吗?卡斯特雷从洞中捉了10多只蝙蝠,系上环形标志,装入藤条箱里准备将它们带到几百千米外放飞,目的是观察它们是飞回岩洞,还是待在原地惊慌失措。

于是,卡斯特雷将藤条箱运到火车上。火车徐徐开动了,藤条箱里的蝙蝠一动不动,仿佛死了一般。完全出于偶然,那条铁路从卡斯特雷捕获蝙蝠的那个岩洞附近经过。当火车行至距岩洞最近的地方时,箱内的蝙蝠全醒了过来,它们开始"啾啾"叫,喧闹不已……

蝙蝠如何知道火车正在经过自己的家呢?它们是看不到外界景象的,它们的声纳系统在飞速行驶的火车上是无法辨别外界的地形构造的。

那么,是靠嗅觉吗?可蝙蝠是不靠嗅觉来识别方向的。那又是靠什么呢?各国科学家在苦苦思索,试图早日解开这个谜。

5.冬眠蝙蝠集体死亡之谜

2009年3月26日,美国科学家在该国最大的蝙蝠栖息地阿地伦达克地区发现,原本处于冬眠期的蝙蝠突然集体醒来,并在白天时候在冰天雪地中飞行,所有这些醒来的蝙蝠最后都离奇死去。

科学家担心在蝙蝠种群内部发生了传染病或者是中毒事件,但更为具体详尽的结论尚不得而知。

蝙蝠只在夜间活动,并且一到冬天,它们便进入冬眠状态。这些蝙蝠的异常举动,让生物学家非常担心,根据他们的说法,如果不能及时找出其中原因,这有可能导致该地区甚至是整个美国的蝙蝠死亡殆尽。

在一个冬天里,纽约州四处蝙蝠栖息地中有90%以上蝙蝠死亡。生物学家担心接下来纽约州15个主要的蝙蝠栖息洞穴都将面临同样的灾难,同样也包括马萨诸塞州的一些蝙蝠栖息地。

通过对死亡蝙蝠尸体进行观察发现,这些蝙蝠都非常瘦弱,并且在已经死亡的蝙蝠肢体上发现一些白色菌点。目前科学家还无法确认这些蝙蝠是因为何种原因死亡。

6.蝙蝠唾液的妙用

据墨西哥国立自治大学的一个科学家小组发表的一份研究报告说,一种叫口蝠的蝙蝠唾液能够溶解血栓。因此,它可以用于治疗心肌梗死及脑血栓患者。这种蝙蝠的唾液,没有副作用,其中含有一种可以溶解人类血栓的蛋白质,如果把它用来治理心脏病,血液循环会立即恢复正常。这可以使一位突发心肌梗死患者,在短时间内恢复正常。

由于蝙蝠是狂犬病的携带者,若提制蝙蝠唾液,必须制定安全措施。另外蝙蝠唾液还要进行处理,因为蝙蝠唾液中的纤维强蛋白溶酶原含量很高,不宜直接用于治疗。

候鸟迁徙的秘密

1.鸟类迁徙的现象

鸟类为了生存,夏天的时候在纬度较高的温带地区繁殖,冬天的时候则在纬度较低的热带地区过冬。夏末秋初的时候这些鸟类由繁殖地往南迁移到度冬地,而在春天的时候,由度冬地北返回到繁殖地。人们把鸟类的这种移居活动,叫作迁徙。

当然并不是所有的鸟类都要进行迁徙,一部分鸟会常年居住在出生地,甚至终身不离开自己的巢区。有些鸟则会进行不定向和短距离的迁移。迁徙中的鸟一般会结成群体,在迁飞时有固定的队形。一般有人字形、一字形和封闭群。一字形队又分为纵一字和横一字形两类。这种方式的结群中,鸟类之间是有相互关系的,有的具有一定的群体结构。

迁飞中,保持一定的队形可以有效地利用气流,减少迁徙中的体力消耗。

2.鸟类迁徙的原因

那为什么有的鸟类会有迁徙现象呢?有的科学家认为,远在 10 多万年前,地球上曾出现过多次冰川期。冰川来临时,北半球广大地区冰天雪地,鸟类找不到食物,只好飞到温暖的地方。后来冰川逐渐融化,并向北方退却,许多鸟类又飞回来。由于冰川周期性的来临和退却,就形成了鸟类迁徙的习性。

有的科学家认为,鸟类迁徙的根本原因,是受体内一种物质的周期性刺激而导致的。这种刺激物质可能是性激素。有时候,由于这种物质刺激导致的迁徙本能,可能超越母性的本能。因此,在这些鸟类中往往可以看到,当迁徙季节来临时,雌雄双亲便抛弃刚出生的小鸟而远走他乡。

也有的科学家用生物钟来解释鸟类迁徙现象。而现在,人们普遍认为,鸟类的迁徙与外界环境条件的变化、和它自己内在生理的变化有着密切的关系。

3.候鸟迁徙省能源

还有一个困惑人们的问题就是,鸟类迁徙中的"能源"问题。

鸟类在迁徙过程中,一般要飞行几千千米甚至上万千米,中途几乎都不休息。

它们是怎样来完成这样艰苦旅行的呢?

有人认为鸟是把脂肪作为能源来利用。它们在准备长途迁徙之前,就大量进食,以便贮藏大量脂肪,供飞行之用。

但鸟一般体积都比较小,它怎么可能贮存那么多的脂肪,来供自己长途飞行呢?

有人曾对鹬做过观察,发现它从加拿大的拉布拉多半岛飞往南美洲,行程大约3850千米,其体重只减轻了0.056千克。如果能把鸟类在飞行中节约能源的秘密揭开,那对人类的贡献将是不可估量的。动物迁徙之谜还有待于继续研究。

4.候鸟迁徙如何识途

候鸟迁徙的路线一般都比较远,可它们不但可以准确地返回故乡,还能毫无差错地找到旧巢。这是怎么回事呢?

有人认为,它们是靠着对所行路线地形地物的观察、熟悉和记忆,来确定回飞路线的。这种说法可以解释短距离飞行,却无法解释其远距离的复杂飞行。

有人发现在鸽子眼睛的上方,有一块磁性物质。经研究,鸽子是靠它与地球磁场产生联系来辨别方向的。但并不是所有候鸟都有这种磁性物质,这不能解释全部候鸟识途定向问题。

有人分析,候鸟白天飞行大概是靠着太阳来辨别方向,晚上飞行是靠着星辰来辨别方向。

有人曾做过这样的实验,他们把正在飞行的候鸟装在笼子里,用镜子把太阳光反射入笼,并不断变换反射方向,鸟便随着光线的变动飞行。这说明它是靠着太阳来辨别方向的。

但阴天怎么办呢?还有人做过实验。他们把鸟放在天文馆里,播放夜间的天象。当天顶出现北欧秋天的星座时,鸟就把头转向东南;当出现巴尔干天空的星座时,鸟便将头转向南方;当出现北非夜空时,鸟便朝正南飞。

看来,候鸟靠星辰识途定向是一种比较有说服力的观点。当然,这还不是最后的结论。

5.企鹅识途现象

科学家们在南极发现,那里的企鹅每到冬季就出海,到没结冰的地方以捕鱼为生;等春天到来的时候,它们又长途跋涉,回到自己的故乡,并且准确无误。

这一段距离足有几百千米,甚至上千千米。要知道,南极洲是一片茫茫雪原和冰川,没有任何标记可供企鹅识记,这使科学家们困惑了。企鹅这种独特的识途能力,向科学家们提出了挑战。为解开企鹅识途之谜,各国的动物学家纷纷奔赴南极进行研究和观察。

6.科学家的实验

科学家们做了各种各样的试验。有人在远离企鹅故乡几百千米以外的地方,将一只只企鹅分别放进洞穴里,然后在上面盖上盖子。过了一段时间,企鹅从洞里出来了。起初,那几只企鹅不知所措地徘徊了一阵,随后就不约而同地把头转向它们的故乡所在的方向。

经过多次观察,科学家们初步认定,企鹅识途与太阳有关,而与周围环境无关。它们体内的指南针,是以太阳来定向的。但是,企鹅要想用太阳来定向,它就必须具备与太阳相配合的体内时针,以便能从某一特定时刻的太阳位置,来推定出哪儿是它们的家乡。

可是,企鹅的体内时针是什么,它又是怎样与太阳相配合的,这些人们一时还说不清楚。

7.鸟类迁徙的经度定位

苇莺等鸟类能够寻找回 1000 千米以外的原始迁徙路线,这种迁徙导航功能令科学家们惊奇不已。

一份刊登在《现代生物学》杂志上的科研结果表明鸟类确有巡航功能。它们可能至少有两个相当于地理纬度、经度的方位参照维度。

很多相关研究已有充分证明:除了其他重要因素外,鸟类迁徙过程的确利用了地磁信息。

研究人员表明,欧亚大陆的苇莺可以确定经度方位,具有双维度导航功能。这个奇妙功能为人类研究鸟类迁徙提供了一个新的挑战。

究竟是什么指引鸟类确定东西方向的经度定位目前还没有答案。

动物尾巴用处很大

1.尾巴是游泳器

动物身后大都长有一条尾巴,可不能小瞧这条尾巴。

夏天,你可以看到鱼在自由自在地游泳,鱼儿究竟靠什么游泳呢?根据科学家试验证明,尾巴是主要推进鱼体和使鱼儿转向的器官。鱼在水里靠尾巴的左右摆动,对身体周围的水施以压力,得到水的反作用力,使自身向前行进。同时,鱼在遭遇强敌时,其尾巴既可以作为搏斗的武器,也是自我保护的利器。

2.尾巴是飞行舵

鸟儿是靠翅膀在空中飞行的。鸟儿的尾椎愈合形成了尾椎骨,藏在体内脊柱末端。在短短的鸟儿尾巴上,丛生着又长又宽的羽毛,这些羽毛展开时好似扇子,能够灵活转动,便于掌握飞行方向,所以鸟尾在飞行时起到舵的作用。

另外,爬行动物中的飞蜥,哺乳动物中的飞鼠和鼯鼠等,它们在空中滑翔飞行时,靠尾巴平衡身体和控制方向。

3.尾巴是平衡器

澳大利亚的袋鼠种类很多,其中红大袋鼠与人差不多高,后肢极为强大,约为前肢的5倍至6倍长。另有一条粗壮而有力的尾巴,长可达3米。平时,它的前肢不落地面,常用后肢与尾巴支撑身体,以便休息。只有在吃草时,前肢才落地面。跳跃时,尾巴维持身体的平衡。老虎、豹子、松鼠从高处跳跃时尾巴都可以当作降落伞起减缓坠落速度的作用。

我们常见的马、牛等哺乳动物，它们也长有一一条长长的尾巴，而且尾巴术端还长着丛生的毛，当它们奔跑时，尾巴高高竖起，也起平衡身体的作用。

4.尾巴是强武器

产于非洲尼罗河上游的尼罗鳄，在世界鳄类中是大名鼎鼎的。这种鳄个头很大，一般体长4米至5米，大者可达8米，重约1000千克左右。它生性凶暴，又长又粗的尾巴是相当危险的重型武器。它见到牛、羚羊、鹿等哺乳动物在河边饮水的时候，会突然将铁鞭似的尾巴向上一扫，把这些动物打入河里。然后张开大嘴，饱餐一顿。其他一些鳄类，也能用类似的行为伤害人畜。

在无脊椎动物中，也有用尾巴作为武器的。蜜蜂和胡蜂是大家熟悉的昆虫，它们的腹部尾端有螯针，与毒腺相通。如果人扰乱了它们，或者捣毁了它们的蜂巢，它们就会用螯针螯人，并将毒液注入人体，使人中毒。

蝎子的尾部有一对毒腺，在行走时，张着双螯，翘起尾部，遇到猎物或敌害就用双螯钳住，尾端勾转将尾刺刺入对方身上，注入毒液。

4.尾巴是捕食器

蝙蝠在起飞时，很像一个个风筝，从前肢、躯体、后肢，直至尾巴间，有一层薄薄的翼膜，好像风筝上的糊纸，又犹如鸟儿的翅膀。有的蝙蝠可以自由蜷缩尾巴和后肢之间的翼膜，使其成为篮形。蝙蝠为什么要伪装成吊篮呢？因为它们依靠这个法宝，才可以捕捉身体较大的昆虫。

此外，不同动物的尾巴都有不同的作用，如啄木鸟、袋鼠的尾巴起支撑作用，懒猴在树上睡觉时它的尾巴卷住树的枝干起握持固定作用，雄孔雀的漂亮尾巴是它争夺雌孔雀做配偶时的主要工具。

第十三章　动物之最

哺乳动物之最

1.最大的哺乳动物

世界上最大的哺乳动物是蓝鲸,这种动物分布于世界各海域。

它体重约 170 吨,身长可达 30 米左右。蓝鲸的头非常大,舌头上能站 50 个人。

蓝鲸经过 1 年左右的妊娠期后,小蓝鲸一般在冬季从母体中分娩出来。刚出生的幼鲸就重达 2.6 吨,长 7.5 米。小幼鲸体重的增长速度非常快,一般在母亲喂奶后 24 小时,它的体重就能增加约 100 千克,平均每分钟增加约 70 克。幼鲸在长到 7 个月时,其体重可达 23 吨左右,身长有 16 米,并开始学着张嘴吞食各种浮游生物。小蓝鲸经过 5 年的成长就成年了。成年蓝鲸一般能生存 50~80 年。

浑身是宝的蓝鲸用途广泛,其脂肪可制造肥皂;鲸肉可被制作成味道可口、富有营养的美食;鲸肝含有大量维生素;鲸骨可提炼胶水;鲸血和内脏器官又能制成优质肥料。因此,人类常常肆意捕杀蓝鲸,以此牟利。这导致了蓝鲸的数量急剧下降,目前蓝鲸已成为世界上濒临灭绝的哺乳动物之一。

2.最小的陆生哺乳动物

小型鼩鼱,是一种以昆虫、蜘蛛和其他一些无脊椎动物为食的似鼠小动物,体形与河狸相似,它是世界上最小的陆生哺乳动物。它身长 5 厘米,仅尾巴就有 2.5 厘米长,生活在欧洲南部、亚洲和非洲北部的森林和灌木丛中。鼩鼱同时也是食虫动物中最大的家族。它每天都要消耗掉比自身重量还重的食物,因此,不管白天还是黑夜它们都在觅食,并且需要每 2~3 小时进食 1 次,并快速消化食物,以补充身体表面丧失的热量,保持体温恒定。

3.海洋中最小的哺乳动物

如果说蓝鲸是海洋中最大的哺乳动物,那么,海洋中最小的哺乳动物是什么呢? 答案是生活在从太平洋的千岛群岛到北美洲西海岸海域的海獭。雄海獭有 1 米多长,尾巴长 30 厘米,体重 10~12 千克;雌性比雄性小一些,只有 7~9 千克。它不但善于游泳,而且能潜入海底,以海星、海胆、贝类、海参等为食。海獭几乎终年生活在海中,很少上岸活动。海獭的毛皮轻暖、耐磨、结实,如制成裘皮帽衣领,使用几十年也不会坏掉。正因如此,海獭被大量捕杀,到 1911 年时,数量已不足千头,经过国际动物保护协会的不懈努力,目前已增加了一些。

4.一次生育最多的哺乳动物

无尾猬,一种分布于非洲马达加斯加岛和柯摩罗群岛上的哺乳动物,是野生动物中一次生育幼崽数量最多的。在一次生产中,无尾猬最多可产崽 31 头(成活 30 头)。一般情况下,无尾猬一次产崽 12~15 头。排满腹部的 24 个乳头,使无尾猬能够顺利地哺育自己的幼崽。

5.妊娠期最长和最短的哺乳动物

亚洲象是妊娠期最长的哺乳动物。其妊娠期平均为 609 天(超过 20 个月)。最长的近 2 年之久。由于亚洲象怀孕周期太长,致使幼象出生率极低。目前,亚洲象的数目不足 3.5 万头。

分布在南美洲中北部的美洲貘、生活在澳大利亚东部的一种猫科动物,以及较为罕见的水貘是世界上已知的妊娠期最短的哺乳动物。它们的妊娠期常常只有 12~13 天,有时仅有 8 天。

6.最长寿的哺乳动物

大象在哺乳动物中是最长寿的,它能活 60~70 年,而人工饲养的大象比野生象寿命更长。曾经有报道称,一种生活在哥拉帕格斯群岛的长寿象能活上 180~200 年。

7.最高的哺乳动物

世界上最高的哺乳动物是长颈鹿。

长颈鹿主要分布在非洲的埃塞俄比亚、苏丹、肯尼亚、坦桑尼亚和赞比亚等国。但奇怪的是，长颈鹿的祖籍却在亚洲。据研究，2000多万年至约200百万年前，中国和印度的一些地区长期生活着长颈鹿，虽然它们的颈和腿没有现代长颈鹿那么长，但是它们已经完全具有现代长颈鹿的大部分特征。随着地球生态环境和气候的逐渐变化，曾经存在过的那些脖子稍短一点的长颈鹿已经不能适应环境的变化，而长脖子的长颈鹿则依靠其自身的身体特征生存了下来。

现代长颈鹿的身高有5~6米，是世界上最高的哺乳动物。现代长颈鹿有异常敏锐的眼睛和大脑。现代长颈鹿的脑袋成了它很好的自卫武器，它前额的那块凸出来的坚硬骨瘤，甚至能顶死一只大羚羊。现代雌性长颈鹿一般要怀胎14个月，每2年才能生1只小长颈鹿。长颈鹿的平均寿命也不是很长，一般14~15年，当然也有例外，寿命长的能活到30岁以上。

8.爬行最缓慢的哺乳动物

三趾蝓是一种分布在南美洲赤道地带的哺乳动物。它在地面上爬行的速度为每分钟1.8~2.4米。在树上，它爬行得较快些，能达到每分钟4.6米，是世界上爬行最缓慢的哺乳动物。

9.世界上最小的滑翔哺乳动物

世界上最小的滑翔哺乳动物是羽尾袋鼯。

羽尾袋鼯广泛地分布在澳大利亚东部，因为在它的尾侧有两排毛发，看起来很像羽毛，所以我们叫它羽尾袋鼯。它是一种会滑翔的袋鼯，十分乖巧、可爱，体重一般在10~14克。羽尾袋鼯一般都习惯生活在树上，并且大多数羽尾袋鼯的侧部都长有皮膜，其尾部的羽毛状的毛发也可以帮助其飞行。它滑翔的时候，只需要把四肢伸展开来就可以了。

10.最原始的卵生哺乳动物

世界上现存最原始的卵生哺乳动物是鸭嘴兽。

鸭嘴兽仅生活于澳大利亚,是一种非常奇怪的动物。它长着兽的身体,但是却长着一张类似鸭子的嘴巴,因此得名"鸭嘴兽"。鸭嘴兽还有一个更奇怪的地方,它能分泌乳液进行哺乳,科学家认为它是哺乳动物,但是它又能下蛋,换句话说它又是卵生的动物,是不是很奇怪?

鸭嘴兽过着两栖生活,陆地和水里它都能生存。它的嘴的外形虽然很像鸭子,但是却像哺乳动物的嘴巴一样有感觉神经,并且不像鸭子的嘴巴那样坚硬,甚至可以弯曲。它身体表面的皮毛也很有特色,远远地看上去是一种暗褐色,并且带有非常漂亮的光泽,入水时也不会被弄湿。它一般都以水里的虾、蚯蚓、昆虫的幼虫以及一些软体动物为食。

11.最著名的有袋类哺乳动物

世界上最著名的有袋类哺乳动物是袋鼠。

袋鼠因它的身体特征而得名,因为在它的前腹部有一个袋子,科学家叫它育儿袋,育儿袋是用来哺育小袋鼠的。因为袋鼠虽然是哺乳动物,但不像其他哺乳动物那样在体内有胎盘,所以小袋鼠出生时都是不成形的,需要在育儿袋里面进行后天哺育,这是袋鼠与其他哺乳动物的最大区别,这也表明袋鼠是世界上最原始的哺乳动物之一,因为它的生育特征和早期原始哺乳动物有很多相像之处。

袋鼠素有"活化石"之称,它在地球上已经生活了1亿年。但遗憾的是,袋鼠目前只分布在澳大利亚,并且数量已经不是很多了。

12.生活在海拔最高处的哺乳动物

世界上生活在海拔最高处的哺乳动物是牦牛。

据统计,世界上85%的牦牛都生活在中国,在中国的喜马拉雅山脉和青藏高原等地区,尤其是海拔3000~5000米的高寒地区,这些地方一年四季的平均气温都在-40℃~-30℃,但这并不影响牦牛的生存。牦牛长有非常密而且长的黑褐色的皮毛,御寒能力特别强。另外,牦牛的四肢也比较健壮,能抵御寒冷!在世界上像牦牛一样生活在海拔这么高的地方的动物可谓寥寥无几。牦牛最高的生存极限是海拔 6400 多米,可见牦牛的生存能力的确是极强的。

13.陆地上最大的食肉哺乳动物

陆地上最大的食肉哺乳动物是棕熊。

棕熊在地球上存在的时间相当长,我国古代,人们把它叫作"罴",大概的意思就是说棕熊的体型很大。棕熊身体的平均长度为 1.8~2 米,平均体重为 150~250 千克。当然最大的棕熊的身长和体重可就不止这么一点点了。据说最大的棕熊身体长度可达 4 米多,体重有 757 千克呢! 这该是一个怎样的庞然大物呢? 因为它比较喜欢在针叶林或者针阔叶混交林生活,所以棕熊主要分布于欧亚大陆和北美洲大陆,在我国的东北、西北和西南地区就分布着大量的棕熊。

棕熊的身体庞大,但是这并不影响它捕食,因为它跑得非常快。它能轻而易举地得到猎物,驼鹿、驯鹿、野牛、野猪等大型动物在它的眼里都是美食,有时它也捕食一些小动物。其实棕熊不仅吃肉,像蘑菇、野菜、水果和各种各样的坚果也是它们的食物。

14.最凶猛的海洋哺乳动物

世界上最凶猛的海洋哺乳动物是虎鲸。

虎鲸在世界各个海域都有分布。它的外表相当漂亮,躯体半白半黑,在它眼睛的后方和身体的两侧都对称地分布着椭圆形的白斑。但是,漂亮的外表下隐藏着的却是虎鲸凶残的本性。虎鲸是世界上所有海域里最凶猛的动物,素有"海上霸王"和"杀人鲸"之称,只要它那硕大的嘴巴一张开,锋利的牙齿就会露出来,看上去非常可怕,再加上它背部巨大的背鳍,完全就是一副凶神恶煞的样子。虎鲸主要以海豚、海豹、海狮以及海象等海洋哺乳动物为食。虎鲸喜欢群居,很多虎鲸的力量加起来甚至能吃掉比它大好几倍的蓝鲸。

15.最大的陆生哺乳动物

生活在陆地上的哺乳动物中,最大的要数非洲象了。成年雄性非洲象一般体重在 4 吨以上,雌性非洲象的体重也能达到 3~3.5 吨。人们曾经发现一头非洲公象,肩高 3.5

米,体重6~7吨,是有记载的最大的非洲象。按照生活地域的不同,非洲象可以分为非洲草原象和非洲森林象两种。生活在草原的非洲象一般重达6吨,耳朵大且下部尖,不论雌雄都长有长而弯的象牙。生活在森林的非洲象体形要小一些,身高2.5米,耳朵较圆,象牙较直且呈粉红色。非洲象也是最大的食草动物,它们的主要食物是草、草根、树皮、树芽、灌木、水果和蔬菜。非洲象的平均寿命为60~70岁。

16.最小的象

在非洲的刚果森林里有一种体形很小的象,被当地人叫作"蛙犬"。这种象身材非常短小,身高不过1.5米,皮肤细润,性格文静,像一个小姑娘,所以也被称为"小姐象"。这是已知的最小的象种。

2008年,科学家在非洲坦桑尼亚考察的时候拍到了一种袖珍"小象"的照片。这种"小象"的大小和一只猫差不多,外形酷似老鼠,体重只有700克。面部呈灰色,身上是黄色的,腿是黑色的,全身上下只有鼻子像大象的鼻子。它们以蚯蚓和昆虫为食,遇到危险时,常常用后腿猛然跳起来,然后迅速逃跑。有些人认为它是一种老鼠,但是经过基因学家的鉴定,这种动物和大象确实有亲缘关系。动物学家认为:"它的体重只有700克,把它称为'象'似乎有点牵强,但是从本质上可以这样认为。"

17.跳得最高的哺乳动物

袋鼠一般身高2.6米,体重约80千克。它们前肢短小,可以抓握东西,后肢发达,经常举起前肢,靠后肢的力量坐在地上。它们的后腿强健而有力,总是以跳代跑,最高可跳4米,最远可跳13米以上。当袋鼠长到三四岁的时候,体力发展到极点,一个小时可以跳长达65千米的路程。可以说,袋鼠是跳得最高最远的哺乳动物。

根据袋鼠用强健的后腿跳跃的方式很容易把它们与其他动物区分开来。袋鼠在跳跃过程中用尾巴保持平衡。袋鼠的尾巴又粗又长,长满肌肉。当袋鼠休息的时候,可以用尾巴帮助支撑身体;当缓慢行走的时候,尾巴可以当作第五条腿;当袋鼠跳跃的时候,尾巴可以帮它跳得又快又远。

18.皮毛最保暖的动物

北极熊生活在北极,把家安在北冰洋周围的浮冰和岛屿上。它们生活在冰天雪地的环境中却能处之泰然,多亏了那身厚厚的皮毛。北极熊的毛非常特别,虽然看起来是白色的,实际上却是透明中空的。人眼之所以看到白色的皮毛,是因为毛的内表面粗糙不平,把光线折射得非常凌乱而形成的。这样的构造有助于将阳光折射到皮肤上,促进热量的吸收,而且有隔热的作用,可以防止身体的热量向外散发,此外还有防水的功能。

皮毛最外面一层是粗厚的保护毛,保护毛下面是浓密的细绒毛,绒毛下面的皮肤却是黑色的,我们可以从它们的眼睛周围、鼻头、嘴唇的皮肤窥见其皮肤的原貌。黑色的皮肤有助于吸收热量。此外,皮肤下面厚厚的脂肪层也可以把严寒隔绝在体外。

幼熊出生几个月后,身上就会长出浓密的绒毛和粗厚的保护毛,并长出 7 厘米厚的皮下脂肪层,因此它们在零下几十摄氏度的环境中也能活动自如。

19.最凶猛的陆地哺乳动物

孟加拉虎又叫"印度虎",主要生活在孟加拉国和印度。孟加拉虎一般生活在茂密的山林、灌木和野草丛生的地方。它们喜欢独来独往,一年中除了少量的时间和配偶在一起之外,绝大多数时间都是单独行动的。一般在早晨、黄昏和夜晚活动,白天则在丛林中休息。它们是陆地上最凶猛的动物,没有任何动物会对他们构成威胁。当孟加拉虎捕食的时候,它们会先瞄准猎物的咽喉,然后用强大的咬劲咬断较小动物的颈椎,或者让较大的动物窒息。

印度虎

孟加拉虎可以在一天内吃掉 30 千克的肉,然后在接下来的几天内不进食。它们最喜欢吃的食物是野猪、野鹿、野牛、白斑鹿、黑羚,有时候豹、狼、鬣狗等凶猛的动物也会成为它们的腹中餐。它们甚至能爬上树捕食灵长目动物,偶尔也会攻击小象和犀牛。

20.跑得最快的动物

世界上跑得最快的哺乳动物是非洲猎豹。它主要分布在非洲南部,是猫科类食肉动物,它主要的猎物是野兔、鹿类和羚羊。猎豹擅长奔跑,它目光敏锐、身体强悍,在追捕猎物时速度能达到每小时 110 多千米。它只需要 2 秒钟就能从静止状态突然间提升到时速 70 千米的飞奔状态,它的奔跑速度真是非同一般!

非洲猎豹的巢穴一般都在杂草丛生的地方、森林深处或沼泽之内,很不容易被人类和其他动物发现,这样非常有助于猎豹繁衍生息,雌性猎豹一次能生育 1~6 只小猎豹,小猎豹在 1 岁左右就能够独立生活了。

21.最为濒危的猫科动物

世界上最为濒危的猫科动物是苏门答腊虎。有人甚至预测:如果我们再不采取措施,苏门答腊虎很可能很快就会从地球上消失!

苏门答腊虎是一种体型相当小的老虎,平均身长大约为 2.4 米,体重不超过 120 千克。它的皮毛不像其他种类的老虎那样油光闪亮,但还是非常漂亮的。由于它仅仅分布于苏门答腊地区,因此得名苏门答腊虎。现在世界上几乎所有的苏门答腊虎都分布在印度尼西亚岛上的 5 个国立公园中,纯粹野生状态的已经很少了。随着经济的发展及土地的过度开发,适合苏门答腊虎生存的野生环境已经被严重破坏,其猎物也越来越少了。前些年还有人捕杀苏门答腊虎,这些都是造成苏门答腊虎数量迅速减少的原因。

22.最漂亮的猫科动物

雪豹因终年生活在雪线以上而得名,被誉为"世界上最美丽的猫科动物"。雪豹外形似虎,头小而圆,尾粗长,比身体略长或等于身长。成年雪豹体长 110~130 厘米,尾长 80~90 厘米,体重 30~60 千克。全身布满柔软细密的白毛,白毛上有黑斑,头部斑纹小而密,背部、体侧和四肢外部形成不规则的黑色斑点和黑色环纹,越往体后黑环越大。由肩部开始,黑斑形成三条线直至尾根,后部的黑环宽而大,至尾端最为明显,尾尖黑色。耳部灰白色,边缘黑色。胡须颜色黑白相间,颈部、胸部、腹部、四肢内侧及尾巴下面都是白色。

雪豹行踪诡秘,常在夜间活动。专家根据雪豹栖息地的范围和每只雪豹的领地范围推测,目前世界上只有 3500~7000 只野生雪豹。世界各地动物园中共有 600~700 只,因此雪豹在国际 IUCN 物种濒危等级中被列为濒危物种,在我国被列为国家一级保护动物。

23.体型最大的猫

猞猁,又叫马猞猁、野狸子,曾被认为是短尾猫科动物的一个亚种,如今大部分动物学家都认为几种短尾猫科动物各自属于独立物种。猞猁形似家猫,但是比家猫的体型大很多,体长 0.9~1.3 米,体重 18~32 千克。身体和四肢粗壮,前肢短而后肢长,短短的尾巴不及后足长,尾尖呈钝圆,与它的身体很不相称。体色为粉棕色或灰棕色,并遍布褐色斑点。耳尖上耸立着丛毛和两颊下垂的长毛是猞猁的明显特征。猞猁生活在森林灌木丛中,擅长攀岩和游泳,早晨和黄昏活动频繁,喜欢捕杀狍子等中小型兽类。

除了猞猁之外,还有一种大型猫叫作"金猫"。金猫体长 0.9 米,尾长 0.5 米,体重 12~16 千克。如果算上尾巴的长度,金猫要比猞猁长,但是就体型来看,还是猞猁更大一些。金猫体毛为棕红或金褐色,也有褐色或黑色的。所有种类的金猫都有一样的脸谱,在眼上角有一道镶黑边的白纹。

猞猁和金猫虽然分布广泛,但是由于人类的捕杀和城市化的加剧,导致它们的数量越来越少。在国际上,它们被列入《濒危野生动植物种国际贸易公约》附录Ⅱ。在我国,它们被列为国家二级保护动物。

24.最大的猫科动物

东北虎又叫西伯利亚虎、亚洲虎、东亚虎,是现存最大的猫科动物。它们主要分布在我国东北部的小兴安岭和长白山地区。雄性东北虎体魄雄健,体长 2.6~2.8 米,尾长 1米,肩高 1 米以上,体重 300~450 千克。有记录的最大野生东北虎体重达 750 千克。体色夏天为棕黄色,冬天为淡黄色。东北虎头大而圆,耳朵短,前额的黑色横纹被一道竖纹串通起来,形似"王"字,因此有"丛林之王"的美称。

东北虎栖居在森林、灌木和野草丛生的地带,喜欢独居,白天睡觉,夜间行动。它们有锋利的爪子和牙齿,可以捕食大中型哺乳动物,比如野猪、黑鹿、狍子。由于野猪和狍子经常破坏森林,所以东北虎也被称为"森林保护者"。

野生东北虎现存只有 400 多只,大部分在俄罗斯,在我国的数量不足 20 只。东北虎在我国被列为国家一级保护动物,在国际上被列为濒危野生动物。

25.世界上最稀有的豹亚种

东北豹又叫银钱豹、朝鲜豹、阿穆尔豹,是金钱豹的东北亚种。东北豹体形比虎小,尾巴长,毛长而厚,体色为乳黄或乳白色,布满圆形或椭圆形的黑褐色斑点或斑环,很像古钱。东北豹多栖息在多树的平原,善于攀树并隐藏在树上。它们昼伏夜出,主要以中小型食草动物或啮齿类动物为食。东北豹冬季交配,每次产仔2~3只,寿命大约20年。

东北豹曾大量分布在俄罗斯远东地区、我国东北地区以及朝鲜半岛北部的茂密丛林。但是,由于人们大肆捕猎,导致目前东北豹濒临灭绝,野生数量不到100只,比东北虎还要少。在国际上,东北豹被定为一级濒危动物。

26.和人类亲缘关系最近的动物

黑猩猩有约99%的基因与人类相同,是与人类亲缘关系最近的动物,与人类有共同的祖先。黑猩猩属于猿猴亚目窄鼻组猩猩科,是猩猩科中较小的一类。黑猩猩站立时高1~1.7米。雄性体重56~80千克,雌性体重45~68千克。它们体表布满黑色短毛,面部呈灰褐色,眼窝深凹,眉骨很高,手长24厘米,犬齿发达,齿式与人类相同,手和脚呈灰色并覆有稀疏的黑毛,臀部有一块白斑,没有尾巴。

黑猩猩主要生活在非洲的热带雨林和草原的边缘地带。它们性情温顺,过集体生活,每群有2~20只,最多可达80只。它们能用各种姿势表达复杂的思想感情,能辨别不同的颜色,发出32种不同意义的叫声,还会使用简单的工具,据测定,黑猩猩的智力水平相当于两三岁的小孩,是仅次于人类的聪慧的动物。

27.最早的灵长类动物

美国耶鲁大学人类学系的学者萨吉斯在一份报告中提供了一份根据化石绘制的图片。那是一具初期灵长类动物的骨骼化石,距今大约有5600万年的历史。这具骨骼化石可以检验关于灵长类动物起源的推测是否正确。该化石的显著特征是具有可以伸向与其余四趾相反方向的大脚趾。大脚趾上长有指甲而非爪子。但是这个物种的眼睛是分在面部的两侧而不是朝向前方,它的身体结构也不适宜跳跃,因此这个物种属于过渡期的动物,是已知最早的灵长类动物。

28.最大的灵长类动物

大猩猩是世界上最大、最强壮的灵长类动物,站立起来可达 2 米高,体重接近 300 千克。大猩猩的爆发力很强,发达的前臂能够折断直径 10 厘米的竹子。它们丑陋的面孔和巨大的身体看起来非常吓人,实际上它们是非常温和的,以树叶、嫩芽、花、果实和树枝为食。

在非洲的热带雨林里才可以看到大猩猩的身影,它们以家族的形式生活在一起。一个家族大概有 12 个成员,由一个年长的雄性大猩猩担任首领。成年雄性大猩猩后背有一些银色的毛发,因而被称作"银背"。"银背"白天带领家人寻找食物,晚上折些树枝搭一个温暖的窝让家族成员在树上休息,而它则在树下巡逻。如果遇到危险,它就会挺身而出,用前爪拍打自己的前胸并大声吼叫,以此吓跑敌人,保护自己的家人。

29.最濒危的灵长类动物

据统计,全球 1/3 的灵长类动物处于灭绝危险期,导致它们灭绝的主要原因是对其栖息环境的破坏、非法野生动物贸易和商业打猎活动。《美国国家地理》杂志公布了世界上濒危的 25 种灵长类动物,其中数量最少的是中国的海南黑冠长臂猿。它们主要生活在中国海南低海拔的热带雨林地区,目前存活的不到 20 只。海南黑冠长臂猿的学术分类向来存在争议,这更显它们的珍贵和重要。

海南黑冠长臂猿体长 40~50 厘米,体重 7~10 千克,前肢明显长于后肢,头上长有一顶"黑帽",没有尾巴。这种动物雌雄异色,雄性通体黑色,头顶有短而直立的冠状簇毛;雌性通体金黄,头顶有菱形或多角形黑色冠斑。

早在 1989 年,海南黑冠长臂猿就被列为我国的国家一级保护动物。在 1996 年,海南黑冠长臂猿被列为全球极度濒危物种。

30.眼睛占身体比例最大的猴

在苏门答腊岛南部和菲律宾的一些岛屿上生活着一种奇特的猴子。这种猴子个头很小,身长只有 8.5~16 厘米,尾长 13~27 厘米,体重 80~165 克,体形像松鼠。这种猴子最特别的地方在于眼睛,小小的脸庞上长着一对圆溜溜的大眼睛。眼球的直径达 1.6 厘米,与身体极不相称,好像戴着一副大大的眼镜,所以人们叫它"眼镜猴"。

眼镜猴头大而圆,脸盘向前,耳壳薄而无毛,颈部短,颈部几乎可以旋转360°,前肢短,后肢长,趾骨长,趾尖有圆形吸盘。它的每只眼睛重达3克,比脑子还重。眼镜猴是夜间行动的动物,它们的眼睛适于夜间捕食。昆虫、青蛙、蜥蜴和鸟类是它们捕食的对象。它们对危险非常警觉,即使睡觉的时候也会睁着一只眼睛。

如果按身体比例来计算,眼镜猴在三个方面都是世界第一:眼睛最大、耳朵最大、趾骨最长。

31.世界上最小的猴子

世界上最小的猴子是侏儒狨猴,身高仅10~12厘米。刚出生的侏儒狨猴只有3厘米,成年侏儒狨猴只有成人的中指那么大,体重80~100克。猴毛呈黑色,密而长。这种猴子外形像哈巴狗,非常可爱。

侏儒狨猴生活在南美洲亚马孙河上游的森林中,栖息在热带雨林树冠上层,很少到地面活动。它们以水果、坚果,以及其他植物性食物为食,也吃昆虫、青蛙、小蜥蜴、鸟蛋等,还喜欢捉虱子吃。它们最大的敌人是鸟类。侏儒狨猴以家族形式结群生活,3~12只生活在一起。它们白天活动,夜晚睡在树洞里,休息的时候,肚皮贴在树干上,有时用爪子刺进树皮以支撑身体。

32.冬眠时间最长的动物

很多动物在冬天来临之前都会吃得饱饱的,长得胖胖的,为冬眠做好准备。不同的动物冬眠的时间不等,世界上冬眠时间最长的动物要数睡鼠了。顾名思义,睡鼠就是一种特别爱睡觉的鼠类,每年有5~6个月的时间处于冬眠状态,一年中几乎有一半的时间都在睡觉。即使在不是冬眠时间的夏季,它们也整天呼呼大睡。睡鼠冬眠时不吃不喝,各种生理活动减慢,身体变得僵硬,连呼吸都几乎停止了。这些小家伙睡觉的时候,任何声音都吵不醒它们。

睡鼠的体型很小,体长8.5~12厘米,尾长7.5~11.5厘米,体重30~100克。它们的外形像老鼠,前肢短小,长有一对乌黑的大眼睛,耳朵又大又圆,但是却像松鼠一样身上长有长毛。它们主要栖息在树上,在枝杈间营巢。它们以浆果、坚果、谷粒为食,有时也吃小虫子。

33.潜海最深的海洋哺乳动物

在深海中,有巨大的浮力和压力。对于用肺呼吸的哺乳动物来说,潜入深海不是一件容易的事。人类潜入 70 多米的深度最多只能屏气 2~3 分钟。海豚、海豹等海洋哺乳动物都是潜水高手,一个猛子扎下去,就是几十米,甚至上百米。然而,真正的潜水冠军要数抹香鲸,它以屏气法可以潜水一个小时之久,最大的潜水深度为 2200 米。

抹香鲸体长 18~25 米,体重 20~25 吨,由于头部特别大,占体长的 1/3.因而又有"巨头鲸"之称。它们主要栖息在南北纬 70。之间的海域中。它们的身体背面呈暗黑色,腹部为银灰或白色,身体粗短,行动缓慢,易于捕杀。其肠道内能够分泌著名的香料龙涎香,因而经常遭到捕杀,数量越来越少,目前已经被列为濒危动物。

34.最稀有的水生哺乳动物

白鳍豚是我国特有的淡水豚类,数量奇少。它是研究鲸类进化的珍贵活化石,是国家一级保护动物,也是世界上最濒危动物之一,被人们称为"水中大熊猫"。

白鳍豚仅分布在长江中下游的干流江段,它们以鱼为食,结群活动,小群 2~3 头,大群 10~16 头。白鳍豚体长 2 米,体重 100~200 千克,吻突狭长,约 30 厘米,皮肤细腻光滑,背部为浅灰蓝色,腹部为洁白色,体表呈流线型。白鳍豚的视觉器官已经退化,眼小如瞎子,耳孔如针眼,但是大脑特别发达,有敏锐的声呐系统,头部还有超声波功能,能够将几万米远的声音传入脑中。

2006 年,由中国、美国、英国、德国、瑞士和日本的专家组成的联合调查组在长江进行了为期 38 天的搜寻,结果没有发现白鳍豚,可能白鳍豚已经成为第一种被人类灭绝的鲸类。

35.雌雄体型相差最大的兽类

雌雄体型差异最大的兽类是北海狗。雄兽体长 200~240 厘米,体重 180~300 千克;雌兽体长约为 145 厘米,体重 63 千克。有些雄兽与雌兽体形差异竟达 5 倍以上,如此大的差异在动物界是很少见的。雄兽和雌兽在一起,很像成体和幼仔在一起。

北海狗体形呈纺锤形,头圆,吻短,眼睛较大,牙齿较小,尾巴非常短。它们体毛厚密,长有粗毛,并有短而密致的绒毛。但是四肢表面的毛极少,皮下脂肪很厚。四肢短,呈鳍状,前肢长且大,用于游泳,后肢在水中时朝后,帮助游泳,在陆地上时才弯向前方,帮助行走。

北海狗主要分布在太平洋的白令海、鄂霍次克海以及科曼多尔群岛、千岛、阿留申群岛等地的沿岸及岛屿,在我国见于山东即墨、江苏如东等黄海海域和广东阳江、台湾高雄的南海海域。它们生活在海洋中,有洄游习性,冬春季节向南方游去,夏秋季节又从南方分批回到繁殖地。北海狗以鲱鱼、沙丁鱼、青鱼等各种鱼类为食,尤其喜欢吃乌贼,常潜水到深处去捕食,其潜水速度之快也是令许多动物望尘莫及的,甚至超过鲸类和海豚。

36.繁殖能力最强的哺乳动物

旅鼠是小型啮齿动物,是哺乳动物中种类和数量最多的一类,主要分布在北美洲、欧亚大陆和北极地区。它们体形椭圆,四肢短小,比普通老鼠要小一些,体长 10~18 厘米,尾巴粗短,耳朵很小,上下各有一对门牙,没有犬齿,吃东西的时候下颌前后运动。

旅鼠

旅鼠是世界上繁殖能力最强的哺乳动物,从春季到秋季都可以繁殖。成熟旅鼠是哺乳动物中最年轻的父母,雌鼠 20~40 天就可成熟并开始生育,雄鼠 44 天可成熟。妊娠期 20~22 天,一胎可产 9 仔,一年多胎。如果一对旅鼠从 3 月份开始繁殖,那么到 8 月底 9 月初就会变成 160 多万只的庞大队伍! 就算因为气候、疾病、天敌等原因死掉一半,也还有 80 多万只存活下来。

旅鼠的数量急剧膨胀,破坏了植被,导致食物减少,这时它们就会用一种奇怪的方式来减少群体的数量。首先,它们在天敌面前变得无所畏惧,甚至具有挑衅性,它们的毛色由灰黑色变为醒目的橘红色,使天敌更容易发现它们,以便多多地消灭它们。如果暴露的方式不能减少旅鼠的数量,它们就会选择"死亡大迁移"——几十万旅鼠大军聚集在一起,朝着同一个方向迁移,只留下少数负责传宗接代。它们白天休息,晚上前进,沿途不断有旅鼠加入,最后形成几百万只组成的大军。它们一直沿着笔直的路线前进,爬过高山峻岭,游过河流湖泊,绝不绕道。到了大海,它们就纷纷跳下去,直到被海浪吞没。

37.最聪明的海洋哺乳动物

海豚属于一种小型的鲸类,是最聪明的海洋哺乳动物。经过训练,海豚可以跳火圈、打乒乓球、拖小船、开电源开关等。在海洋馆里,我们可以看到海豚做各种表演。经过训练的海豚甚至可以学会单词,模仿人类的发音。

海豚的大脑是动物中最发达的,人脑占人体重量的2.1%,而海豚的大脑占身体重量的1.7%。海豚的大脑由完全隔离开的两部分组成,当一部分工作的时候,另一部分休息,并且脑子上有很多较深的沟回,脑的面积很大,脑细胞发达。海豚能够发出超声波,然后根据声波的反射快速确定周围物体的位置,不但能迅速发现目标,还能把两个非常相似的物体区分开。

海豚既不像胆小的动物那样见到人就躲开,也不像凶猛的动物那样见到人就攻击,它们性情温顺,喜欢亲近人类,曾经发生过很多次海豚救人的事。

38.嘴巴最大的陆生哺乳动物

世界上嘴巴最大的陆生哺乳动物是河马。如果一个成年河马张开嘴巴,一个成年人的身体都塞不满。河马嘴里长着稀疏的獠牙,当它们自卫攻击时足以将粗大的尼罗鳄咬成两半。河马嘴巴大,食量也大,一天最多可以吃掉130千克短草。

河马主要生活在非洲的大河和湖沼附近,以草、水草、树叶、水果等植物为食。河马觅食、交配、产仔、哺乳都在水中进行。

成年雄性河马体长3.75~4.6米,体重可达2500~4000千克。雌性比雄性小,体重不会超过1500千克。它们四肢粗短,身体像个粗圆筒。鼻孔在嘴的上面,与眼睛、耳朵在一条直线上。当它们泡在水里的时候,就可以兼顾呼吸、视觉和听觉了。

39.舌头最长的动物

食蚁兽生活在中美和南美,主要生活在从墨西哥到阿根廷北部的草原和森林中。它们以蚁类为食,所以叫作"食蚁兽"。食蚁兽专门捕食蚂蚁和白蚁,为了获得更多的食物,它们的身体特征高度特化:骨长并且大致呈圆筒形,长长的鼻吻部长有复杂的鼻甲,齿骨细长,没有牙齿。食蚁兽最特别的地方在于它们长有世界上最长的舌头,可以伸进蚁窝的通道。舌头上有一层黏液,可以把蚂蚁沾在舌头上,美餐一顿。食蚁兽的舌头长达60厘米,每分钟可伸缩150次。它的尾巴还可以像扫帚一样把蚂蚁扫到一起,然后吃掉。

食蚁兽的嗅觉非常灵敏,它们靠鼻子找到蚁穴,用爪子把蚁穴扒开,然后把长鼻子伸进蚁穴,用舌头舔食蚂蚁。一头食蚁兽在一个蚁穴只吃140天左右,然后换一个蚁穴。这样可以保证自己领地内蚁穴中的蚂蚁存活下来,过段时间再美餐一顿。

40.最耐渴的动物

树袋熊,又叫考拉、无尾熊,是澳大利亚珍贵的原始树栖动物。Koala源自澳大利亚土著语言,意思是"不喝水"。树袋熊从它们取食的桉树叶中获得90%的水分,它们只在生病或干旱的时候才喝水,有些树袋熊能够一生不饮水。

树袋熊的名字里虽然有个"熊"字,但是它不属于熊科动物,而属于有袋动物。它们像袋鼠一样在育儿袋里哺育幼仔,大约一年之后,小树袋熊才开始独立生活。树袋熊身长70~80厘米,体重8~15千克,身上覆盖着浅灰色皮毛,鼻子大而圆,一双圆溜溜的眼睛和两只毛茸茸的耳朵,样子非常可爱。它们虽然看起来笨笨的,但是行动非常敏捷,对它们来说从一棵树上跳到另一棵树上是轻而易举的事情。它们白天在树上睡大觉,晚上才寻找食物,桉树叶就是它们的美味佳肴。

41.最喜欢吃盐的动物

豪猪属于啮齿类动物,身体肥壮,体长55~70厘米,尾长8~14厘米,体重10~14千克。豪猪从肩部到尾部长满黑白相间的2万多根尖刺。当遇到敌人的时候,这些刺就会竖起来,刷刷作响,警告敌人离它们远点。如果敌人不知好歹,它们就会弓着身子冲过去,把尖刺扎进敌人的身体。被豪猪的刺刺中之后,就很难拔掉,伤口会感染,伤者会感到非常痛苦,甚至会致命。

豪猪栖息在低山的茂密森林中,在亚洲、非洲、欧洲、美洲都有分布。亚洲、非洲和欧洲的豪猪生活在地上,美洲的豪猪却是攀树的。它们白天躲在洞穴里睡觉,晚上出来觅食。它们吃花生、番薯、玉米、瓜果、蔬菜等农作物。此外,它们是世界上最喜欢吃盐的动物,非常喜欢寻找各种含盐的食物咀嚼。比如,它们会啃人用出汗的手握过的锄头把手,甚至咬碎玻璃,只为得到其中的一点盐分。

42.最会挖洞的动物

土拨鼠又叫旱獭,生活在北美洲和欧洲大陆的山林中,是动物界中最会挖洞的动物。土拨鼠体长37~65厘米,体重4.5千克左右。它们没有颈部,耳朵很小,尾巴像兔子的尾巴,四肢短短胖胖的,嘴巴前排长着一对大大的门牙,体色为棕黄色。它们用前爪进食的样子非常可爱。虽然土拨鼠看起来呆呆傻傻的,其实它们行动非常敏捷,一旦有什么风吹草动,就会立即钻到地下。

土拨鼠集群穴居,它们挖洞的本领非常强,挖的地道深达数米,里面干净舒适。它们的洞穴构造复杂,分为主洞、副洞、避敌洞。主洞很深而且有多个出口,是它们冬眠的时候居住的地方,副洞则用于夏天居住。一年中,它们要在洞穴内蛰伏半年之久。它们夏天和秋天吃很多东西,长得胖胖的,为冬眠做准备。冬眠的时候,它们的新陈代谢活动降到最低。但是,第二年冬眠结束的时候,土拨鼠就会变得很瘦。

43.最爱干净的动物

浣熊生活在美洲靠近河流、湖泊的丛林中。它们有一个非常有趣的习惯,每次吃东西之前都要把食物放在水里洗一洗再吃,有时候用来清洗的水比食物还脏,它们也要洗洗再吃。浣熊正是因为这个习性而得名的,它们算得上最爱干净的动物了。

浣熊的体型很小,只有7~14千克。它们的嘴巴像狐狸,胡须像猫,前爪像猴子,体色由灰、黄、褐等颜色混杂在一起,全身毛茸茸的,非常可爱。浣熊的种类很多,有长鼻浣熊、长尾浣熊、蜜浣熊、食蟹浣熊等。有些浣熊的尾巴上有黑白相间的环纹。浣熊通常吃鱼、蛙和小型陆生动物,也吃野果、坚果和种子。生活在都市近郊的浣熊常常潜入人类居住的地方偷窃食物,加上它们眼睛周围的毛色是黑色的,好像戴了一个面罩,因而被人们称为“食物小偷”。

44.形态最特殊的鹿

有一种鹿长得非常特殊,它的犄角像鹿,面部像马,蹄子像牛,尾巴像驴。因此这种鹿被叫作"四不像",也叫麋鹿。麋鹿是我国特有的动物,是与大熊猫齐名的世界珍稀动物。

麋鹿曾广泛分布在我国华北低洼的沼泽地区,到了明清时代,在野外灭绝,成为园林动物。最后一群麋鹿保留在"南海子"皇家猎苑,仅有 120 只。八国联军入侵北京时,把麋鹿抢杀一空,从此麋鹿在我国绝迹。有些麋鹿被运往欧洲一些国家,英国乌邦寺庄园把麋鹿豢养起来,并让它们繁衍生息。1985 年,在世界保护自然国际组织的协助下,英国乌邦寺庄园赠送给中国第一批麋鹿,从此麋鹿回到它们的祖先生活的地方。经过科研人员的努力,麋鹿成功繁衍,现在已经有五六百只。麋鹿属于我国一级保护动物,被 IUCN 列为濒危动物。

45.最小的鹿

鼷鹿是世界上最小的鹿科动物,只有兔子那么大。身高只有 20 厘米左右,身长不到 50 厘米,尾长 5~7 厘米,体重 1.5~2 千克。这种鹿雌雄都没有角,雌性的獠牙短而不露,雄性的獠牙露在唇外。鼷鹿的背部为黄褐色,腹部为白色,喉部有白色条纹。四肢细长,主蹄又尖又窄。

鼷鹿主要分布在东南亚热带灌木丛和草丛中,它们以植物的嫩叶、茎和浆果为食。它们主要在早晨和黄昏活动,喜欢单独活动,善于隐蔽,反应迅速,行动敏捷,能够像兔子一样跳跃奔跑。当它们受到惊吓时,也能游泳,但是不善于游泳,因而涉水后常常被人捕获。

46.最大的鹿

世界上最大的鹿是驼鹿,驼鹿的肩高近 2 米,体长 2.5 米,体重 500 千克,个头仅次于长颈鹿和大象。迄今发现的最重的驼鹿重达 1 吨。它的体形像牛,但是比牛高大。因为背部明显高于臀部,像驼峰,所以叫作"驼鹿"。驼鹿的头大,颈粗,吻部突出,鼻孔较大,鼻形像骆驼,四肢高大,尾部较小,毛色为黑棕色。雄性有角,角上部为铲形,上面有很多小叉,最多可达 30 个。雄驼鹿的角非常大,有的超过 1.8 米长,宽度达到 0.4 米。

驼鹿分布在北半球的高寒地带,在我国分布在大小兴安岭地区。它们最喜欢吃植物的嫩枝条,夏季大量采食多汁的草本植物。在春夏季节,它们喜欢在盐碱地舔食泥浆。

雄鹿单独活动,雌鹿和幼仔生活在一起。它们虽然拖着巨大的身躯,但是行动非常敏捷,还可以游泳、潜水,甚至能潜入 5 米深的水下吃水草。

47.最大的羚羊

非洲中部和南部的开阔平原上生活着世界上最大的羚羊——大角斑羚。大角斑羚的个子巨大,而且角呈螺旋状,所以也叫大羚羊或者非洲旋角大羚羊。这种羚羊体长 2 米,肩高约 1 米,体重可达 210 千克,最重的几乎可达到 1 吨,比水牛还要粗壮。它们有黑色的短鬃毛,喉部有下悬的肉垂,蹄毛是棕色或灰黄色的,肩背部有细细的白色斑纹。大角斑羚不论雌雄都有角,雌羚的角比较细长,长达 1 米左右,雄羚的角短而笨重,前额处有一撮黑毛。

大角斑羚常常几只或十几只结成小群,以年长的雄大角斑羚为王,一起觅食和活动。

48.最大的犀牛

犀牛是非常珍贵的大型野兽。世界上的犀牛主要有五种,白犀和黑犀产于非洲,印度犀、爪哇犀、苏门犀产于亚洲。其中体形最大的要数白犀,它们身高 1.5~1.8 米,身长 3.6~4.2 米,雌性重约 1.8 吨,雄性重约 2.3 吨。在陆地动物中,白犀牛的体形仅次于大象。刚出生的小白犀体重就达 65 千克。

白犀的前额扁平,肩部突出,上嘴皮扁平,嘴呈方形,从前额到鼻子长着两个角,前角大于后角,前角长约 0.8 米,后角长约 0.5 米。雌白犀的角要比雄白犀的角长一些。白犀并不是白色的,而是蓝灰色或棕灰色的。它们虽然是大块头,但是性情比较温顺,很爱睡觉,喜欢群居。它们生活在非洲中部和南部的大草原和林地,用宽平的唇部,像割草机一样啃食青草。

49.最大和最小的斑马

斑马是最著名的非洲动物之一,因身上布满起保护作用的条纹而得名。斑马的条纹漂亮而雅致,是适应环境的保护色,也是同类之间互相识别的标志。斑马有三种,一种是普通斑马,一种是个头较小的山斑马,另一种是世界上最大的细纹斑马。

山斑马是最小的斑马,肩高 1.2 米左右,鬃特别短,吻呈棕黄色,喉部有一个喉袋,耳朵像驴耳朵一样大。身上的条纹黑色多于白色,腹部没有条纹。从腹部到尾巴基部有几条横的短纹和大腿上的长宽条纹形成对比。这是其他斑马所没有的。山斑马的数量已经很少了。

细纹斑马是最大的,也是大家认为最漂亮的一种斑马。它们肩高 1.4~1.6 米,耳朵又大又圆,吻部呈灰色,鬃长而发达,身上的条纹又细又密又多,四肢上的条纹特别细密,腹部为白色,没有条纹,背部有一条很宽的纵纹。这种大斑马产于肯尼亚北部、索马里和埃塞俄比亚,常常 10~12 只结成小群。

50.最小的熊

马来熊也叫狗熊、太阳熊,是熊科动物中的最小成员。它们身高约 1.2~1.5 米,体重 40~50 千克。刚出生的马来熊只有 19 厘米长,体重为 300 多克。马来熊全身黑色,毛短绒稀,头比较圆,眼睛和耳朵很小,唇和鼻子裸露,呈棕黄色,眼圈为灰褐色,颈部又宽又短,尾巴很短,趾基部连有短蹼,身体胖胖的,看上去憨厚可爱。

马来熊产于马来西亚、泰国、印度尼西亚、越南、缅甸,以及中国的云南。它们虽然看起来笨重,但是身体非常灵活,擅长爬树,喜欢居住在低洼地带的热带林区。马来熊以果实、椰子树苗和虫类为食,有时也吃小动物。它们与其他熊类有不太一样的地方,前肢和前掌向内侧弯曲。一般的熊会冬眠,马来熊因生活在热带或亚热带,所以从来不冬眠。

51.最大的啮齿动物

水豚因体型像猪且水性好而得名。水豚是世界上最大的啮齿动物,体长 1~1.3 米,身高 0.5 米左右,体重 27~50 千克。背部从红褐色到暗灰色,腹部为黄褐色,脸部、四肢外缘和臀部有些黑毛。水豚身体粗笨,头大颈短,耳朵小而圆,眼睛的位置接近头顶,鼻吻部异常膨大,末端粗钝,上唇肥大,裂为两半,尾巴短。前肢 4 趾,后肢 3 趾,趾间有半蹼,适合划水,趾端有蹄状的爪。

水豚生活在巴拿马运河以南植物茂盛的沼泽地中,它们以家族群居,每群不超过 20 头。它们喜欢晨昏活动,但是因为人类的捕杀,转为夜间活动。水豚主要吃野生植物,也吃牧草、水稻、甘蔗、各种瓜类和小树的嫩皮。它们善于游泳和潜水,经常站在齐腰的水中吃水草,或者长时间隐匿在水草中一动不动。

52.最懒的动物

世界上最懒的动物是树懒。它可以用爪子倒挂在树枝上几个小时不移动,所以叫作"树懒"。树懒生活在南美洲的热带雨林中,它们的脑袋圆圆的,耳朵很小,尾巴很短,毛色为灰褐色,与树皮的颜色很接近。由于长时间不动,它们身上竟然长出了绿苔,这些绿苔成了保护色,使它们很难被别的动物发现。

树懒

树懒以果实和树叶为食,它们从来不用为吃喝发愁,因为热带雨林中一年四季都有充足的树叶,树叶里有充足的水分,所以它们也不用找水喝。吃饱之后,它们就用爪子倒挂在树枝或树藤上睡觉,每天睡十七八个小时。长期生活在树上,使它们丧失了地面活动的能力。如果把一只树懒从树枝上捉下来,放在地面上,它连站都站不稳,只能靠前肢拖着身体前行。它们移动 2 千米的距离需要一个月的时间,比乌龟还慢。

53.最臭的动物

世界上最臭的动物是臭鼬。臭鼬体形如家猫,体长 51~61 厘米,体重 0.9~2.4 千克。头、眼、耳都很小,四肢短,尾巴长呈刷状。两眼间长着一道白色纹,两条宽阔的白背纹从颈背一直延伸到尾基,非常醒目,好像在警告敌人:"离我远点!"如果敌人继续进攻,它就会使出拿手绝活,掉转身体,竖起尾巴,对敌人喷出一种恶臭的液体。这种液体是由尾巴旁的腺体分泌出来的。如果被这种液体喷到眼睛,就会造成短时间的失明。这种强烈的臭味在 800 米范围内都能闻到。大部分猎食者见到臭鼬之后都会转身离开,除非它们太饿了。

臭鼬一般生活在树林、草原或沙漠中,它们白天在洞穴中睡觉,晚上外出觅食,以青蛙、鸟类、鸟蛋和昆虫为食。

54.最狡猾的动物

狐狸是举世公认的狡猾的代名词,它们确实是世界上最狡猾的动物。如果看到猎人在布置陷阱,它们会悄悄地跟在猎人后面,等猎人设好陷阱离开后,它们会在陷阱旁边留下一种特殊的气味,告诉同伴"这里有陷阱,请绕行"。

狐狸是肉食性动物,以蛙、鱼、虾、蟹、鸟类及其卵、昆虫以及健康动物的尸体为食。美洲鸵的蛋对狐狸来说有点大,没有办法一口吞下去,狡猾的狐狸就把它踢开或者用"以卵击石"的方法把它敲碎。很多食肉动物在面对刺猬那身尖利的刺时会感到无可奈何,但是狐狸有办法。它把刺猬拖到水里,当刺猬伸出头来呼吸的时候,就一口咬住它,慢慢吃掉。如果看到鸭子在河里游水,狐狸还会用草做掩护,偷偷潜入河里把鸭子抓住吃掉。

此外,狡猾的狐狸把自己的洞穴弄得像个大迷宫一样,曲曲折折,有很多出口。

55.最大的兽群

世界上最大的兽群是非洲角马。角马长得像牛,是东非地区数量最多的牧食性野生动物。它们喜欢群居,常聚集成一大群在宽阔的草原上觅食。角马只吃鲜嫩的草,这使它们必须长途跋涉寻找草料,因此它们几乎总在迁移,寻找雨后更新的草地。迁徙中的角马汇聚成巨大的群体,整个群体大概有 100 万头。浩浩荡荡的角马群每天要走 48 千米,通过一个地区往往要好几天,沿途的村庄淹没在他们的扬尘中。它们常逗留在离水源 32~48 千米的地方,每两三天到水源饮水一次。那些与之相遇的同类,则加入迁徙队伍中。这种大规模的迁徙使沿途的庄稼遭到灾难性的毁灭。

56.最高的犬种

世界上最高的犬种是大丹犬。大丹犬原产于丹麦,后来在德国改良,因此也叫"德国马士提夫犬"。母犬身高一般都在 70 厘米以上,公犬身高在 76 厘米以上,体重在 45 千克以上,十分威武,是良好的看守和护卫犬。有一只名叫"吉布森"的大丹犬后腿站立的高度达 2.18 米,是世界上最高的犬。

大丹犬具有高贵的气质和非凡的勇气,并且性情温和,被称为"随和的巨人"。

57.最小的犬种

世界上最小的犬种是吉娃娃,它是小型犬里的最小型,以其娇小的体形广受人们的欢迎。吉娃娃的来源众说不一,有人认为此犬原产南美洲,有人认为此犬随着西班牙的侵略者到达美洲，也有人说此犬源自中国。

吉娃娃身高15~23厘米，体重1~3千克，越小越受人喜爱。头部圆形，耳朵大而薄，眼睛大而圆。它们优雅、警惕、动作迅速。吉娃娃不仅是可爱的小型宠物犬，还具有大型犬狩猎和防范的本领。它们虽然体型娇小，但是对其他大犬一点都不胆怯，对主人非常忠心。

吉娃娃分为短毛种和长毛种两种，短毛种的毛柔顺贴身，富有光泽，长毛种背毛丰厚，非常怕冷。

58.跑得最快的马

英国纯血马是世界上跑得最快的马，也是世界上最名贵的马，主要用于赛马和改良当地品种。英国纯血马的渊源可追溯到公元3世纪的阿拉伯马和柏布马。这种马身高1.5~1.7米，体重约450千克，头形优美，胸阔背短，身材匀称，腿骨短，脚步轻快，步幅长，并且具有很强的爆发力，奔跑时速度快而且耐劳，它们创造并保持着5000米以内的中短距离跑的世界纪录。近百年来没有一个其他品种的马超过它。这个品种遗传稳定，适用性广，是世界公认的最优秀的骑乘马品种之一，对改良其他品种的奔跑速度非常有效。

英国纯血马的神经系统高度敏锐灵活，对外界刺激非常敏感，很容易被激怒。它们虽然跑得快，但是持久力稍差，不善于长距离奔跑。

59.最小的马种

法拉贝拉马是世界上最小的马种，它们身高只有50~70厘米，相当于中型犬大小，非常纤巧可爱。这种马是阿根廷经过150多年的培育形成的马种，是人类培育的珍贵马种之一。它们聪明友善，性情温和，是对人类最忠诚的动物之一，是儿童非常向往的伙伴。法拉贝拉马是名贵的玩赏动物，高度在76厘米以下的小马售价都在1万美金以上，马越小售价越高。

几个世纪之前，法拉贝拉马的祖先被西班牙殖民者带到美洲殖民地，有些马被西班牙人遗弃在野外，在优胜劣汰的自然法则作用下，强壮而体形小的马生存下来。它们适应了当地多山的环境，变得更加聪明、灵活、矫健。1845年，爱尔兰商人Newtall发现了这些身形娇小的马并培育这些马，繁殖更小的后代。Newtall的养子J,Falabella继承了这项事业,并用自己的姓给这种马命名,继续培养更小的马。

60.最耐久的马

蒙古马主要产于内蒙古草原,是典型的草原马种。它们体形不大,身高 1.2~1.35 米,体重 267~370 千克。它们身躯粗壮,四肢坚实有力,体质粗糙结实,头大额宽,胸阔身长,腿短,关节和肌腱发达,体毛浓密,毛色复杂。

蒙古马是世界上最古老的马种之一,也是世界上最耐久的马。它们 8 小时可以走 60 千米的路,在草原上驰骋可日行 50~100 千米,连续跑 10 余天都没问题。经过训练的蒙古马在战场上英勇无畏,历来是一种良好的军马。它们耐劳,而且不畏寒冷,生命力极强,能够适应非常粗放的饲养管理。

61.最大的牛

印度野牛也叫野牛、野黄牛、白肢野牛等,主要产于亚洲南部和东南部的山地森林和草原中。它们是世界上现存牛类中体形最大的一种。雄性印度野牛体长 2.5~3.3 米,尾长 0.7~1 米,肩高 1.9~2.2 米,体重 800 千克左右。雌性印度野牛比雄性印度野牛小三分之一到四分之一。

印度野牛的头部和耳朵都很大,眼睛瞳孔为褐色,但是由于反光,看起来像蓝绿色,鼻子和嘴唇都是灰白色,额顶突出隆起,肩部隆起,延伸到脊背中部然后逐渐下降,尾巴很长。四肢粗而短,下半截呈白色,被当地人形象地称为"白袜子",所以印度野牛也叫"白肢野牛"。雄性印度野牛的体色接近黑色,雌性印度野牛的体色为乌褐色,幼仔的体色为淡褐色或赤褐色。印度野牛无论雌雄都有角,雌性的角比雄性小一些。雄性印度野牛的角长达 0.6~0.75 米,弯度相当大,两角之间的宽度达 0.9 米。角的颜色为淡绿色,角尖为黑色。

印度野牛喜欢群居,以一头体形较大的雌性野牛为首领。如果发现异常情况,首领就会用鼻子哼气,发出信号之后,整个牛群就会立即奔逃,它们虽然身体笨重,逃跑时却异常迅速。它们非常有团队精神,跑在前面的野牛会等后面的个体追上来再一起奔跑。它们一般不会主动攻击人,除非它们受了伤,或者被逼得走投无路的时候,才会变得十分凶狠。照顾幼仔的雌印度野牛也会非常勇猛。

爬行动物和两栖动物之最

1.最原始的爬行动物

世界上最原始的爬行动物是斑点楔齿蜥,其进化程度和生活在2亿年前的爬行动物差不多。斑点楔齿蜥曾经广泛分布在新西兰本岛和周围的小岛上,它们四肢发达,颈部和背部长有鳞片状嵴。它们名字里虽然有个"蜥",但是并不是蜥蜴。两者的区别在于它们的两眼之间有一个松果状的眼,其功能还不明了。雌性体长0.4米左右,雄性体长0.6米左右,体重约1千克,体色为灰色或橄榄绿色。它们动作缓慢,生长也非常缓慢,经过50年才能发育成熟,但是也非常长寿,一般都能活到100岁以上。

斑点楔齿蜥新陈代谢缓慢,对食物的需求量并不多,新西兰丰富的物产能够为它们提供足够的食物来源。它们生性好斗,总是单个生活在洞穴中。本来它们可以舒服地在新西兰的土地上繁衍生息,但是自从1847年欧洲移民踏上新西兰之后,斑点楔齿蜥就逐渐灭绝了。

2.最大的爬行动物

现存最大的爬行动物是咸水鳄,其分布在东南亚及澳大利亚水都一带。成年雄性咸水鳄平均身长5.5米,可是1957年一只8.5米长的巨型咸水鳄被捕杀,体重超过2吨。

3.最小的爬行动物

生物学家新近在加勒比海一个小岛上发现了身体非常小巧的蜥蜴,已被命名为雅拉瓜壁虎。它们由鼻尖至尾端,体长只有1.6厘米,堪称世界上最小的爬行类动物。

由于这种壁虎十分罕有,现已被列入濒危动物名单。

4.最早的滑体两栖动物

世界上最早的滑体两栖动物是三叠蛙。

三叠蛙在动物分类学上属于滑体亚纲属,也叫原无尾属,主要分布在非洲马达加斯加岛上,是人类迄今所知道的最早的滑体两栖动物。它已经在地球上生活了将近2.4亿年。由于它出现于三叠纪早期,所以科学家把它叫作三叠蛙。它是一种非常小的蛙类,体长在10厘米左右,某些身体特征与现在的蛙类有很大的不同,比如头骨比较简单,尾部也比较短,最明显的不同是前肢,不像现在的两栖动物类一样只有4趾,而是有5趾。脊椎骨的数目也比现在的大多数两栖动物的脊椎骨多。它的许多身体特征都保留了原始的两栖动物的身体特征。

5.分布最广泛的有尾两栖动物

世界上分布最广泛的有尾两栖动物是蝾螈科两栖动物。

蝾螈科的种类相当多,这一科的动物,躯体都比较丰满,外表有点像蜥蜴,都有扁扁的尾巴,有眼睑,还有牙齿,4肢也都比较发达,前肢有4趾,后肢不定,有的有4趾,也有5趾的,但是,有一点是肯定的,那就是所有的蝾螈科动物都没有蹼。它们也都是靠皮肤和肺进行呼吸,体内受精。作为有尾的两栖动物,蝾螈科在世界上的分布是相当广泛的,在欧亚大陆的大部分地区都有广泛分布,中国就分布着大量的蝾螈科动物,另外,非洲的北部和美洲的北部也是蝾螈科动物分布较广泛的区域。

6.最大的两栖动物

娃娃鱼产于中国境内,由于它能像鱼一样生活在水中,叫声又与婴儿的哭声极为相似,因而称它为娃娃鱼。其实它并不是鱼,它的学名叫中国大鲵,是世界上最大的两栖动物。

娃娃鱼头部宽阔扁平,体形粗壮,眼小口大,尾巴扁长,体长一般可达1.8米,重约50千克。它有光滑的体表和黏液腺,身上散布着小疣粒,背部的颜色是棕褐色,夹有黑斑。它四肢短小,前肢有4趾,后肢长有5趾,游泳时前后肢紧贴于身体两侧,借助躯干和尾巴的弯动前进。

娃娃鱼喜欢生活在海拔200~1600米的山区溪流。一般情况下,它白天潜伏在有回流水的洞内,傍晚或夜间出来寻找食物。

娃娃鱼一般在夏季产卵。1年1次,每次可产卵400~500枚,卵色淡黄,被胶质囊串成念珠状。雌鱼产卵后就急匆匆离去,把护卵育子的责任交给了雄鱼。

冬季来临之后，由于自身没有调节体温的能力，无法抵御严寒，娃娃鱼只好躲进水潭或洞穴内，停止进食，进入冬眠。直到第 2 年三四月份天气转暖时，才出洞寻找食物。

娃娃鱼

7.世界上最小的蛙

世界上最小的蛙是"跳蚤蛙"，生活在巴西紧靠大西洋的热带雨林里。它乖巧可爱，受到了当地人的喜爱。跳蚤蛙的身长一般都在 10 毫米左右，看上去就像是一只没有长大的普通蛙。最大的成年跳蚤蛙也超不过 13 毫米。对于跳蚤蛙来讲，13 毫米已经算是"大个"了！这么小的蛙很可爱，细细地观察一下吧，它的眼睛只有芝麻大小，一枚硬币就完全可以让一只跳蚤蛙在上面锻炼身体了。

8.世界上最大的蛙

世界上最大的蛙是非洲巨蛙。

在非洲喀麦隆南部以及赤道几内亚北部的炎热潮湿的原始森林和大河里生活着一种蛙，叫作非洲巨蛙，之所以叫它巨蛙，是因为这种蛙的体型特别大，一只成年的雄巨蛙体重大约 3 千克，如果把它的弯曲的腿拉开来，身长足有 1 米多！据说巨蛙的弹跳能力特别好，有的巨蛙能跳 5 米高。有的国家每年还举行巨蛙跳高比赛。但遗憾的是巨蛙的数量越来越少，近年来巨蛙的生存环境遭到了严重破坏，再加上当地人常年捕食，使巨蛙遭受灭绝的危险，虽然有的国家出动了大量的人力、物力来保护巨蛙，但是其前景还是不容乐观。

9.最毒的蛙

世界上最毒的蛙是箭毒蛙，主要生活在美洲的中部和南部。箭毒蛙分为好多种，但是大多数体型都很小，最大的一般也不会超过 5 厘米。箭毒蛙有非常好看的外表，表皮色泽鲜艳，但就在这美丽的外表下面却分泌出几乎是世界上毒性最强的毒。

箭毒蛙的毒主要来自它皮肤表面分泌出来的体液，这种体液主要来源于箭毒蛙皮肤内分布的各种各样的腺体。体液在润滑皮肤的同时也起着保护的作用,因为这种体液的毒性非常强,仅十万分之一克便足以使一个人中毒死亡。也正是靠着这种毒性,箭毒蛙成为世界上迄今为止发现的最毒的蛙。

10.世界上最大的蟾蜍

海蟾,又名大蟾或者巨蟾,被认为是世界上最大的蟾蜍,所以它也被称为"蟾中之王"。

海蟾不像我们常见的蟾蜍那样只有拳头般大小,海蟾的身长甚至可以达到 25 厘米左右。海蟾主要分布在中南美地区,在西印度群岛、夏威夷群岛、菲律宾群岛、新几内亚、澳大利亚,其他的热带地区也可以见到它的足迹。

海蟾是很多害虫的天敌,它胃口非常好,也许正是这个原因,在很多热带的甘蔗林里,海蟾是最受蔗农们欢迎的朋友。又因为海蟾的自我保护能力很强,所以海蟾在世界上的生存量非常大,它超强的自我保护能力源于分布在它皮肤表面的"大疙瘩"能分泌一种毒液。

海蟾的繁衍能力也很强,一只雌海蟾一年可以产卵 3.8 万枚之多,几乎是两栖动物之中产卵最多的动物,尽管它的蝌蚪只有 1 厘米长,但这并不影响它"蟾中之王"的地位。

11.最大的蝌蚪

我们平时见到的蝌蚪只有 1~2 厘米长,然而世界上最大的蝌蚪比这要大得多。在南美洲的亚马孙河流域和特立尼达岛上有一种大蝌蚪长达 25 厘米,比一般人的手掌还要长。这么大的蝌蚪会变成什么样的青蛙呢?这个问题困扰了科学家很久,因为谁也没见过身形巨大的青蛙。科学家为了弄清楚这个问题,把大蝌蚪放在实验室里喂养,观察它由蝌蚪变成青蛙的过程。原来这种大蝌蚪变成的青蛙不但没有变大,反而变小了。25 厘米的蝌蚪变成了不到 7 厘米的青蛙。这种现象太不合理了。难怪人们不知道大蝌蚪变成了什么样的青蛙,因此科学家给这种奇怪的蛙起了个名字——不合理蛙。

12."胡子"最多的蛙

长"胡子"的蛙已经够特殊的了,何况"胡子"最多!然而世界上还真有长"胡子"的蛙,在中国就大量分布着许多种这样奇怪的小动物,那么到底是哪种蛙的胡子最多呢?

其实,这种长在蛙颌上的"胡子"是蛙的蛙角质,奇怪的是它们长在了雄蛙上颌,看上去就像是蛙的"胡子"。长有这种奇怪的"胡子"的蛙叫"髭蟾",现共有 5 个物种,它们都长有"胡子",不过胡子的多少却是大有区别的,有的是 1 根,有的是 2 根,10 多根的也有,其中"胡子"最多的是发现于中国云南地区的一种"髭蟾",它的上颌密密麻麻地长了两排"胡子",看上去和人的胡子没什么两样,它被认为是世界上"胡子"最多的蛙。

13.最小的鳄鱼

一提到鳄鱼,我们脑海里一下子出现的肯定是一个凶神恶煞般的庞然大物,其实在世界上还存在着一种非常小的鳄鱼,十分的乖巧可爱,并不像我们想象中的那样可怕,这就是广布于西非刚果河上游的奥斯布伦-德瓦夫鳄鱼。它是鳄鱼这一属中最小的一种,最大的、最长的奥斯布伦·德瓦夫鳄鱼的身体的长度也不会超过 1.2 米。由于个头儿太小,即使是成年鳄鱼,看上去也像是一个没长成的鳄鱼,它们甚至被人当作宠物来饲养!

14.世界上最大的蜥蜴

世界上最大的蜥蜴是科摩多龙。

科摩多龙仅分布在印度尼西亚努沙登加拉群岛的科摩多岛上,因此而得名"科摩多龙"。科摩多龙是当今世界上最大的蜥蜴,平均身长 3.5~5 米,体重 100~150 千克,在它粗糙的黑褐色的皮肤表面生有很多大疙瘩。它还有着无比锋利的牙齿,这也是一个例外,因为在当今世界上存在的 20 多种蜥蜴之中,只有科摩多龙是有牙齿的,并且牙齿非常大!科摩多龙一般都习惯生活在气候比较暖和的茂密的丛林之中,所以几乎所有的科摩多龙都分布在印度尼西亚的科摩多岛上,因为岛上的气候非常适合它们生存。但是这种巨大的科摩多龙现在正逐渐地减少。有关数据显示,现存的科摩多龙只有 500~700 只。目前,科摩多龙已经作为印度尼西亚的珍稀动物被保护起来。

15.最奇怪的飞行动物

大家都知道蜥蜴属于爬行动物,爬行动物自然是在地上爬行的,但是有一种奇怪的蜥蜴,长有翼膜,能够在空中滑翔。这种蜥蜴叫作飞蜥,也叫飞蛇或飞龙,生活在非洲、欧洲东南部和印度中部。

飞蜥体长在15厘米以下,尾长为体长的1.5倍,体色为褐色或灰色,雄性在繁殖季节会变成红色、蓝色以及深浅不等的黄色。它们的体色长有5~7对延长的肋骨支撑的翼膜,具有发达的喉囊和三角形颈侧囊。

有些飞蜥生活在热带、亚热带700~1500米的森林中。它们主要生活在树上,很少下到地面。在林间爬行觅食时,翼膜像扇子一样折向身体侧面。在树枝间滑翔时,翼膜展开,中途可以调整方向,但是不能从低处飞向高处。

16.最会变色的蜥蜴

避役俗称变色龙,是世界上最会变色的蜥蜴。它们的真皮内有多种色素细胞,受神经系统的控制会随着外界环境的改变而改变,比如光线、温度的变化或者受到惊吓时,避役的体色会变成与环境相协调的绿色、黄色、米色、深棕色等颜色,常带有浅色或深色的斑点,以保护自己不被敌人发现。

避役主要分布在非洲,特别是马达加斯加岛,少数分布在亚洲和欧洲南部。它们以昆虫为食。除了会变色之外,避役还长有突出的眼睛,两只眼睛能分别看向不同方向。它们的舌头长而有粘性。头上有钝三角突起,有些种类长有显著的头饰,好像3个向前伸出的长角。避役多为树栖,长有能缠绕的尾巴,四肢较长,善于抓握树枝。体长17~25厘米,最长的达60厘米。身体两侧扁平,鳞呈颗粒状。

17.寿命最长的动物

世界上寿命最长的动物是海龟。海龟是棱皮龟科和海龟科的总称。一般海龟的寿命达150岁以上,有些品种能活到400岁以上。根据报道,一位韩国渔民在沿海抓住的一只海龟,长1.5米,重90千克,背壳上附着许多牡蛎和苔藓,估计寿命为700岁。沿海人们把海龟视为长寿的吉祥物,并有"万年龟"之说。海龟食量大而活动缓慢,它们可以饿上数年而不死。老海龟长得又大又笨重。

大多数海龟生活在比较浅的沿海水域,比如海湾、珊瑚礁或流入大海的河口。海龟适应水生生活,四肢呈鳍状,善于游泳。它们的头和四肢不能像陆龟那样缩到壳里,前肢像翅膀一样推动身体前行,后肢则像舵一样在游泳时掌控方向。虽然海龟可以在水下待上几个小时,但还是要浮出海面调节体温和呼吸。

海龟最奇特的地方就是外壳了,鳞质的龟壳可以保护海龟不受侵犯,在海底自由游泳。但是棱皮龟没有龟壳,它们身上有一层很厚的油质皮肤,形成5条纵棱,所以叫作棱皮龟。

不同的海龟有不同的饮食习惯,分为草食、肉食和杂食。它们虽然没有牙齿,但是喙却非常锐利,可以咬碎软体动物、小虾和乌贼。

18.最大的陆龟

世界上最大的陆龟是象龟。

象龟广泛地分布于太平洋以及印度洋的一些热带岛屿上,尤其以厄瓜多尔的加拉帕戈斯群岛最多。象龟之所以叫象龟是因为它体型巨大。它的腿非常粗壮,它的壳直径一般都能达到1.5米,最长的甚至能达到1.7米,它爬行的时候,身体高度能达到80厘米,平均体重都在200~300千克,最重的有400千克,它甚至能背负1~2个人远行,这么大的龟,的确是很奇怪! 还有更奇怪的呢,雌性的象龟一次能产上百只蛋,最多的时候能产150.只蛋呢。还有就是象龟很长寿,它能活300多岁。象龟有这么大的身躯,但是它吃的东西却很简单,仅仅以一些青草为生。

19.世界上最小的蛇

盲蛇是世界上最小的蛇,身长只有15~30厘米,直径也不过8毫米,它的眼睛只有针尖大小,头和躯干根本没什么区分,可真算得上小了! 它的身体呈圆筒状,再加上它们的身体大部分都呈黑色或者黑褐色,远远地看上去就像是一条肥大的蚯蚓,因此也有人把它叫作"蚯蚓蛇"。盲蛇主要分布于亚洲、非洲和大洋洲,尤其在外高加索和中亚南部地区较为多见,盲蛇栖息的地方多为一些腐烂的木头和石头下面的一些阴暗潮湿的地方。

20.世界上最危险的蛇

世界上最危险的蛇是眼镜王蛇。

眼镜王蛇现在被人们称为世界上最危险的蛇,它主要分布于气候比较炎热的沿海地区。眼镜王蛇从外表看上去和一般的眼镜蛇没有什么两样,但是它的体型比较大,它要比一般的眼镜蛇长很多。和一般的眼镜蛇比起来，眼镜王蛇性情更加凶猛，身体运动也更加敏捷，另外它的排毒量要比一般的眼镜蛇多得多，并且毒性非常强！也许正是因为这一点它才被认为是世界上最危险的蛇。眼镜王蛇还有一个特点就是它比较喜欢以自己的同类为食，也就是说，眼镜王蛇的主要食物就是一些别的种类的眼镜蛇！

眼镜王蛇在中国主要分布在华南和西南地区。

21.生活在海拔最高处的蛇

世界上生活在海拔最高地区的蛇是喜马拉雅山地区的一种叫作"喜山腹"的蛇。它生活在海拔将近4800米的地方，世界上再没有一种蛇的生存地的海拔比它更高了！

其实，蛇像其他所有的动物一样，它们的分布与气候有着相当大的关系，尤其是垂直分布状态，可以说完全就是由气候决定的，因为海拔越高，气候就越寒冷，空气就越稀薄，不仅仅寻找食物是一大难题，更重要的是不利于它们的繁衍生息。而大部分蛇基本上都适合生活在气候比较暖和的地方，尤其是热带，像"喜山腹"这种生活在海拔4800多米高的高山上的蛇的确很少。

22.世界上最长的蛇

世界上最长的蛇是蟒蛇。蟒蛇体形长而粗大，一般长达5~7米，体重50~60千克。有人在苏门答腊岛的原始森林里捕捉到一条蟒蛇，它长达14.85米，体重447千克，直径最大处达85厘米。它们有一对发达的肺，其他种类的蛇只有一个退化的肺。

蟒蛇是国家一级保护动物，是最原始的蛇种之一，属于无毒蛇类。它们的肛门两侧各有一个退化的爪状痕迹，是退化的后肢残余。这种后肢虽然不能行走，但是可以自由活动。蟒蛇头小呈黑色，蟒蛇体表的花纹非常美丽，对称排列成云状的斑纹，体鳞光滑，背面呈浅黄、棕色或灰褐色，腹鳞无明显分化。尾巴短而粗，具有很强的缠绕性和攻击性。

蟒蛇主要分布在亚洲和非洲的热带丛林中。它们常以鸟类、鼠类、小野兽、爬行动物和两栖动物为食。它们牙齿尖利，猎食时动作迅速准确。咬住猎物之后，用身体将猎物紧紧缠绕，直到缢死，然后从头部开始吞食。蟒蛇胃口非常大，并且消化能力非常强，除了动物的兽毛之外都可以消化掉，一次可吞食与体重相等，甚至重于体重的食物。饱餐一顿之后可以数月不吃东西。

蟒蛇无疑是蛇类中的王者,不同种类的蛇会互相吞食,然而无论哪种蛇都不能对成年蟒蛇构成威胁。即使是剧毒的眼镜蛇都是蟒蛇猎食的对象。

23.毒液最毒的海洋动物

海蛇是 50 多种海栖毒蛇的总称,多数海蛇有剧毒,是世界上最毒的动物。海蛇分布在西起波斯湾,东至日本,南达澳大利亚的海洋中。它们与陆地上的眼镜蛇有亲缘关系。海蛇毒是一种神经毒素,钩嘴海蛇的毒液相当于眼镜蛇的两倍,是氰化物的 80 倍。多数海蛇受到骚扰时才会咬人。海蛇咬人没有疼痛感,而且毒性发作前有 4 个小时的潜伏期,患者中毒后如果抢救不及时,会死于心脏衰竭。

海蛇身体扁平粗大,尾呈桨状,鼻孔开口于吻背,有膜瓣可开闭。它们的头部很小,脖子又细又长,这种身体结构致使它们几乎全部以掘穴鳗为食,有些以鱼卵为食。海蛇虽然毒性很大,但是也有天敌。海鹰和其他一些肉食性海鸟就以海蛇为食,此外一些鲸类也吃海蛇。

24.产卵最多和最少的蛇

蛇类的繁殖能力非常强,一般卵生蛇类每年产卵 15~25 个。当然,不少蛇的产卵数量低于或超过这个数字。产卵最少的蛇是体形最小的盲蛇,每次只产 2 个左右。产卵最多的蛇要数体形最大的蟒蛇,每次产卵二三十个,最多的一次产卵 100 多个。

一般水栖蛇类,高海拔、高纬度的蛇类,沙漠地区的蛇类都属于卵胎生。卵胎生的蛇类由于后代得到很好的保护,一般繁殖数量较少。蝮蛇和草原蝰产仔最少时只有一条。产仔最多的纪录为我国南方的一种管牙类毒蛇,一次产仔 63 条。

鸟类之最

1.最早的鸟

世界上最早的鸟是生活在大约距今 1 亿多年前的侏罗纪晚期的"始祖鸟"。

1861 年,有人在德国巴伐利亚省索伦霍芬附近的石灰岩中发现了这种鸟的化石,化石保存得相当完好,从清晰可见的化石中可以看到始祖鸟整齐完好的骨骼。始祖鸟的尾椎骨特别长,嘴内还长着锋利的牙齿,这些特征让它成了生物学家眼里的珍宝,因为生物学家从始祖鸟的身上找到了爬行类动物向鸟类进化的铁证!

始祖鸟化石

始祖鸟的化石也正好是进化论的证明,我们现在可以确认,鸟类是由原始的爬行动物进化而来的,始祖鸟就是最早的由爬行动物进化而来的鸟。

2.分布最广的鸟

仓鸮是世界上分布最广的鸟。雌鸟最大体长 33 厘米,雄鸟稍小,一般栖息在靠近建筑物的开阔地带的草原、牧场,几乎分布于全球。它在树洞或建筑物内筑巢,一窝产 4~7 个蛋,孵化期为 30 天,以小型哺乳动物如老鼠、田鼠等为食物。

3.俯冲最快的鸟

飞得最快的鸟(事实上也是所有野生动物中运动得最快的)肯定是一种食肉鸟,很可能就是游隼。由于它要捕食空中的鸟类,因此游隼的体重超过了 1 千克,理论上,当它从 1254 米的高空向下俯冲时速度最大,即每小时 385 千米。当然,它能够飞得多快与它实际上飞得多快这两者之间有差别,但是它在空中俯冲的动作曾被拍摄下来,其速度超过了每小时 322 千米,这一速度非常接近理论上的最快速度。

但是,游隼俯冲的时候有一种奇怪的现象,那就是当它离它的猎物 1.8 千米远时,它的飞行路线是曲线而不是直线。现在生物学家弄清楚了这其中的缘由。因为游隼的头偏向一边 40°时,它的视线是最佳的,但是在快速飞行时要使头调整到这个角度就会影响速度,所以俯冲时为了飞得更快,它宁愿走曲线,这样在飞行时它的头不必偏向一边而能使猎物一直处于它的视线范围之内。

但是这种飞行并不是常规的振翼飞行。现在,漂泊信天翁持有最快的连续飞行纪录:连续飞行 800 千米以上能达到每小时 56 千米的速度。但是,信天翁利用"动力翱翔",控制风力进行滑翔而无须不断地振翼。

4.飞得最远的鸟

世界上飞得最远的鸟是北极的燕鸥。这种鸟体型中等,但是它们有个奇怪的习惯——喜欢生活在太阳不落的地方。每年的 6 月份前后,也就是地球南极黑夜降临的时候,北极燕鸥就匆忙地飞往北极,因为此时北极正好与南极相反:处于白昼。北极燕鸥也是这个时候在北极生育后代。大约到了每年的 8 月份,也就是北极黑夜降临的时候,燕鸥就开始带领它们的后代向南极飞行,就这样一直循环着,它们每年飞行的距离大约是 4 万多千米!它们毫无疑问是世界上飞行最远的鸟,因此,它们也被人们称为"白昼鸟",因为它们只生活在有太阳的地方。

5.飞得最高的鸟

大天鹅是一种候鸟,它们栖息于湖边的沼泽地中,冬天为了寻找食物而结队向南方迁徙。每年定期以 9144 米的高度飞越珠穆朗玛峰,大天鹅是世界上飞得最高的鸟,能飞到 17000 米的高空。

6.飞得最久的鸟

金鸻是世界上能连续不断地在高空中飞行时间最久的鸟。

金鸻主要分布在北美洲和欧洲,在亚洲的某些国家也偶尔可以看到金鸻的影子。金鸻的羽毛一般都是黑色或者黑褐色,在羽毛的底色上面有细细的金色的斑纹,因此得名"金鸻"。金鸻体型中等,它最大的魅力在于它的飞行能力,金鸻有一对天生的强有力的翅膀。金鸻由于每年秋天都要迁移到很遥远的地方去越冬,所以就练就了它长途飞行的能力。金鸻的飞行速度一般都能达到每小时 90 千米,它能连续不断地在空中飞行 35 个小时,是飞得最久的鸟,因此,金鸻也有"旅鸟"之称。

7.羽毛最长的鸟

羽毛最长的鸟是凤鸡(红原鸡的一种),这种鸟自 17 世纪中期在日本西南部开始人工饲养。1972 年据报道称,日本四国岛高知县的久保田正饲养的一只雄鸡的覆尾长度达10.6 米,为世界之最。

8.翅膀最多的鸟

翅膀最多的鸟是四翼鸟。

四翼鸟是夜游动物,主要分布于塞内加尔和冈比亚西部及扎伊尔南部地区。它的体型不大,身长 31 厘米左右,翅膀约长 17 厘米,之所以叫它四翼鸟是因为每到交尾期它就会从每个翅膀上生出来一个长长的羽翅,飞行的时候,它的羽翅就会高高地竖立起来,看上去好像是有 4 个翅膀。它的羽翅相当明显,一般都长 43 厘米左右,这比它真实的翅膀要长得多,所以很容易被看到。当然,交尾期一过,它就会很快把羽翅收起来,又变成了两个翅膀。

9.游得最快、潜得最深的鸟

鸟类中有很多游泳健将,其中属巴布亚企鹅游得最快。

它们在水中冲刺的时速能达到 27.36 千米,这与一些鸟在空中的飞行速度不相上下。

有的鸟不仅善于游泳,还善于潜水,其中生活在南极附近的帝企鹅潜得最深,它能下潜到水下 265 米的深处,下潜的时间可长达 18 分钟之久。

10.最小的鸟

世界上最小的鸟是蜂鸟,它主要分布在南美洲和中美洲的森林地带,和蜜蜂差不多大小,最小的体重仅 2 克左右。由于它飞行采蜜时能像蜜蜂一样发出嗡嗡的声响,所以被称为蜂鸟。

蜂鸟种类多达,300 种,羽毛非常鲜艳,呈黑、绿、黄等十几种颜色,所以有"神鸟""彗星""森林女神"和"花冠"之称。

蜂鸟身材娇小,羽毛华丽,飞行本领高超。它的翅膀每秒钟能振动 50~70 次,飞行时速可达 50 千米,高度有 4000~5000 米。人们常常能听到它飞行的声音,却看不清它的身影。不可思议的是,蜂鸟心跳每分钟达 615 次。蜂鸟不仅飞行速度快而且还能飞得很远。有一种红胸蜂鸟,每年两次飞渡墨西哥海湾,飞行 800 多千米也不间断。

11.最大的鸟

鸵鸟又称非洲鸵鸟,是目前世界上最大的鸟。它体高身长,善于奔跑,能够适应沙漠荒原中的生活。其中最大的雄性鸵鸟身高 2.75 米,身长 2 米左右,体重约 160 千克。鸵鸟的翅羽和尾羽都是白色的,体羽毛色多样,头部羽毛稀少,颈部几乎光秃。它头颈很长,目光锐利,看得准,望得远,这使它不仅能及时预防天敌的偷袭,而且还能迅速寻找食物。

鸵鸟的两腿长而有力,行走迅速。尽管两翼已经退化,而且躯体肥大,不能飞翔,但它有相当发达的副羽,奔跑时靠鼓翅扇动相助,一步可达 3.5 米,在一刻钟或半小时内能毫不费力地增速到 50 千米/小时,最快可达到 70 千米/小时。

12.最稀有的鸟

在野生状态下,世上最稀有的鸟当属斯比克斯鹦鹉,目前已濒临灭绝。1990 年,鸟类学家仅仅在巴西东北部地区找到一只幸存的雄性斯比克斯鹦鹉。另外,还有大约 31 只斯比克斯鹦鹉被人俘获,这些被人俘获的斯比克斯鹦鹉是这种鸟能够存续下去的唯一希望。

13.数量最多的鸟

世界上数量最多的鸟是生活在非洲的一种叫作"几利鸟"的鸟类。

几利鸟是一种习惯生活在干旱地区的鸟类。它生活在非洲撒哈拉沙漠的南部地区,那里大部分都是干旱的沙漠和半干旱的沙草地,环境条件很恶劣,但是几利鸟却能很好地在那里生存。几利鸟还是一种非常好看的鸟,它有一张非常吸引人的红色的长嘴,因此,它是一种名贵的观赏鸟。但是也经常被当地人捕杀食用,所以几利鸟每年都有大约 1/10 被捕杀,但是几利鸟的繁殖速度惊人。根据有关资料显示,现存的几利鸟大约有 100 亿只,是目前世界上数量最多的鸟。

14.寿命最长的鸟

世界上寿命最长的鸟是生活在南美洲安第斯山地区的安第斯兀鹫。

安第斯兀鹫,又称为"南美神鹰",是南美洲安第斯山脉分布比较普遍的一种鸟,它的体格健壮并且翼展异常大,最大的"神鹰"的翅膀展开以后有 7 平方米左右,因此,它也被称为世界上"令人难以置信的巨鸟"!更让人称奇的是,这种鸟的寿命不像一般的鸟那样最多也就活 10 多年,它的平均寿命都在 50 岁左右,这对于世界上其他的任何一种鸟类来讲都是不可能的。年龄最大的一只安第斯兀鹫生活在伦敦动物园里,它活了 73 岁。

15.孵化期最长和最短的鸟

信天翁的孵化期非常长,一般要 75～82 天。有些澳大利亚的南澳野鸡的孵化期更长,一个蛋要经过 90 天才能孵出小鸡来,不过在正常情况下,一般只需 62 天。

鸟类中属啄木鸟和黑嘴杜鹃的孵化期最短,它们只要 10 天就够了。

16.嘴最大的鸟

世界上嘴巴最大的鸟是生活在阿根廷北部和墨西哥之间的热带雨林中的"巨嘴鸟"。

有观测者发现,在美洲阿根廷和墨西哥之间的热带雨林中生活着一些奇特的鸟,它的嘴居然长达 24 厘米,宽也有 9 厘米,真是令人难以想象,因为这种鸟的身长也不过 60 多厘米,体重也不怎么重,却有着将近自己身体一半长的嘴巴! 也许正是这个原因,当地的人们把这种鸟叫作"巨嘴鸟"。

巨嘴鸟

巨嘴鸟的生活比较简单,像其他鸟类一样靠植物果实、植物种子以及小昆虫为食,但它们却用自己巨大的嘴巴吸引了来自世界各地的旅行者。

17.最凶猛的鸟

世界上最凶猛的鸟还是生活在南美洲安第斯山地区的安第斯兀鹫。

安第斯兀鹫体格健壮,翼展非常大,有 3 米左右。它一般都生活在安第斯山脉的悬崖绝壁之间,体长 1.2 米,它的嘴尤其厉害,非常坚硬且呈钩状。爪子也非常尖利,有着天生的猎取食物的超强能力,专吃活着的动物,比如鹿、羊、兔等动物。更让人难以想象的是,它还捕食非洲狮等大型兽类,因此,它又被人们称为"吃狮之鸟",它的凶猛程度不言而喻!

18.翼展最宽的鸟

信天翁拥有世界上最长的鸟翼,翼展最长可达 3.5 米。它们的前臂骨骼与指骨相比显得特别长,翼上附有 25~34 枚次级飞羽,而海燕只有 10~12 枚。长长的翅膀使信天翁成为滑翔冠军,它们可以跟随船只滑翔数小时而不拍一下翅膀。它们有一片特殊的肌腱将翅膀固定位置,这样可以减少滑翔时肌肉消耗能量。信天翁的翅膀犹如一对高效的机翼,使它们能够迅速向前滑翔,而下沉的几率很低。这种对速度和长距离飞行的适应性使它们能够长时间在茫茫大海上飞行。

信天翁主要分布在南极洲、南美洲、非洲及澳大利亚南端的海洋上。在南太平洋上有一种漂泊信天翁在 10 个月内可以飞行 1.5 万千米,幼鸟羽毛丰满之后就开始终生在海上漂泊。

19.最晚繁殖的鸟

在鸟类中,信天翁的寿命比较长,平均可活 30 年,但是它们的性成熟相当晚。虽然它们在 3~4 岁就在生理上具备了繁殖能力,但是它们在之后的几年之内并不繁殖。通常等到 9~12 岁才开始繁殖,甚至有些会等到 15 岁才开始繁殖。它们是最晚繁殖的鸟。

刚发育成熟的幼鸟会在繁殖季节临近结束的时候才飞到繁殖地,但是停留的时间很短,在以后的几年内它们会花费越来越多的时间寻找自己的另一半。当确定配偶关系之后,它们就会白头偕老,一直生活在一起,直到其中的一方死去。"离婚"现象很少发生,除非几次繁殖失败之后,它们才会寻找其他伴侣,但是这样付出的代价很大,因为它们在接下来的几年内都不会繁殖,直到找到新的配偶。

信天翁在大海的孤岛上没有天敌,它们最大的敌人就是人类。人类为了得到短尾信天翁的羽毛对它们大肆捕杀,导致它们几近灭绝。多种信天翁已被列为濒危物种。

20.占母鸟体重比例最大的鸟蛋

几维鸟因为它们的叫声听起来像"几维几维"而得名。几维鸟是新西兰特有的珍禽,被封为国鸟,国徽和银币以它为标志,国民也以"几维"自称。几维鸟的翅膀完全退化,属于不能飞的鸟类,它们没有翅膀,也没有尾巴,就靠粗短有力的双腿在地面上奔跑,跑起来像一团多毛的大球在地上滚动。它们头很小,眼睛更小,耳孔却较大,面部有须毛,淡黄色的喙又尖又长,鼻孔长在喙的最尖端。几维鸟的大小像大公鸡,体长25~35厘米,体重1200~2000克。

几维鸟最奇怪的地方是它们的蛋。它的蛋足有400~450克重,相当于自己体重的1/4.有的甚至达到体重的1/3。如果按鸟蛋与母鸟的身体比重来算,几维鸟是当之无愧的第一名。雌几维鸟一年才下一次蛋,每次1~2个。孵化时间长达70~74天,雏鸟需要大约4年的时间才能成熟。如此漫长的生育和成长期是几维鸟非常珍贵的重要原因。几维鸟属于《华盛顿公约》附录的一级保护动物。

21.视力最好的鸟

在鸟类中,鹰的视力是最好的,不但视野宽阔,而且目光极其敏锐。因此人们常用鹰的眼睛来形容一个人目光锐利。鹰的眼睛有两个中央凹,正中央凹和侧中央凹,这使得鹰眼的视野近似球形,因而视野非常宽广。此外,鹰眼的瞳孔也很大,一般来说,瞳孔越大分辨率越高,因此它们能够在高处清晰地看到地面上猎物的活动。一只雄性鹰能够观察到人眼观察距离30倍远的猎物。即使在2000米的高空飞翔,它们也能准确发现和辨认地面上的兔子、老鼠以及水里可以成为食物的小动物。瞄准猎物之后,它们就会俯冲而下,敏捷地追逐拼命逃跑的猎物,一旦用它强有力的爪子抓住猎物,就用其尖锐而强健的喙将猎物肢解,然后饱餐一顿。

22.最会化装的鸟

雷鸟属于松鸡的一种,主要产于欧亚大陆北部以及北美洲的北极圈内。如果在鸟类中评选最会化装的鸟,那么非雷鸟莫属。雷鸟的羽毛色彩会随着栖息环境的变化而变化。雄性雷鸟四季换羽,春羽和秋羽只是局部更换,夏羽和冬羽则是完全更换。春天,雷鸟的胸部、颈部换成栗棕色有横斑的春羽,夏天雷鸟换成带有棕黄色斑纹的黑褐色夏羽,秋天植被枯黄时,雷鸟换上黄栗色的秋装,冬天雷鸟的羽毛则变成像雪一样的白色,与雪白的大地融为一体,从而躲过天敌。它们的眼睛是褐色的,嘴和爪子是黑色的。雄鸟在繁殖前还有换"婚羽"的习性,用华丽的羽毛吸引雌性。雌性雷鸟三季换羽,它们在婚前不换羽。

雷鸟主要栖息在桦树林和柳树林中,有些生活在高山针叶林中、高山和亚高山草甸等高山地带。它们的食物主要是桦树、柳树、杨树等乔木的嫩枝、嫩叶,花絮、果实和种子。

23.最耐寒的鸭

挪威的科学家对北极的动物做了一次耐寒的试验,结果发现耐寒冠军是北极鸭,它们能够忍受-110℃的严寒考验,而北极熊只能忍受-80℃的严寒。北极鸭之所以能够耐严寒,是因为它们长着一身黑白双色的丰满羽毛,羽毛下面有一层细长绒,像毛毯一样裹在身上,能起到保温御寒的作用。

北极鸭常年生活在北极地带,一般体重为 5~6 千克。它们在雪地上睡觉的时候,不是卧躺在雪地上,而是单腿站立,另一只腿缩在腹部,站累了就换另一只腿站立,依次轮换。北极鸭群居生活,每年夏末交配,秋初产卵,每窝 4~5 个。经过 25 天左右的孵化,小鸭就破壳而出了。小鸭出世两周后,就被母鸭带到水中去"锻炼"和捕食,增加营养,增强体质,准备迎接即将到来的寒冬考验。

24.最耐寒的海鸟

企鹅是南极的标志性动物,它们胖乎乎的身体,走起路来摇摇晃晃。企鹅的背部是黑色的,肚子是白色的,好像穿着一身燕尾服。它们长期生活在寒冷的地区,锻造了耐寒的生理功能。它们全身覆盖着重重叠叠的细小含油的羽毛,羽毛下还有细小的绒毛,再加上厚厚的皮下脂肪,即使是最寒冷的天气,它们也不惧怕。

南极的企鹅常常在 0℃以下的水中游泳,因而身体的保温十分重要。水中高速运动又增加了热量的丧失。企鹅皮肤温度在 0℃左右。皮肤温度之所以这样低,是因为下肢内相邻的动脉和静脉之间存在逆流热交换系统,使回心的较冷血液从流向末梢的血液中吸收热量,从而节约体热。

25.最大的企鹅

帝企鹅是企鹅家族中体形最大的一种,一般身高 90 厘米以上,最大的可达 120 厘米,体重可达 50 千克。帝企鹅分布在南极洲以及附近岛屿,它们身穿黑白分明的大礼服,喙为赤橙色,脖子下面有一片橙黄色羽毛,向下逐渐变淡,好像戴了一个黄色的领结。帝企鹅个个精神饱满,体格健壮,因为在海里有取之不尽的鱼虾供它们食用,帝企鹅寿命很长,可达 20~30 岁。

在南极冰川,帝企鹅喜欢群居,常常上万只企鹅聚集在一起,场面壮观,秩序井然。它们排着整齐的队伍,面向同一个方向,昂着头,好像在企盼着什么。每年秋冬,雌企鹅产卵之后,就把卵交给雄企鹅孵化,自己去海里觅食。雄企鹅把卵牢牢地放在脚背上,用腹部的皮毛把卵盖起来,在严寒中寸步不移,并坚持两个月不进食,直到小企鹅孵化出来。小企鹅出生后,企鹅爸爸的体重往往会减掉 1/3。

26.最大和最小的猫头鹰

猫头鹰眼睛周围的羽毛呈辐射状,细羽形成的脸庞像猫,所以叫作猫头鹰。世界上最大的猫头鹰是北极地带的大角猫头鹰。它们体长 1.4 米,看起来好像一个人蹲在那里。大角猫头鹰非常耐寒,白天栖息在冰山雪窟里,晚上出来觅食。它们有一对橘黄色的大眼睛,在晚上像灯泡一样闪烁。如果有人靠近,它们就会竖起全身的羽毛,把喙磨得嘎嘎响来示威。在繁殖季节,它们常常占据老鹰或乌鸦的废巢,或者住在悬崖峭壁的天然洞穴中。

世界上最小的猫头鹰是生活在南美洲的侏儒猫头鹰,它们的体形和麻雀大小差不多。侏儒猫头鹰栖居在沙漠地区的仙人掌上,常常利用啄木鸟啄出的洞做窝。一个树洞就能住下六七个家族。这种猫头鹰的羽毛上有两个黑点,好像两只眼睛,因此被人们叫作"四眼鸟"。

27.世界上最晚发现的鹤

黑颈鹤是世界 15 种鹤中被人类发现最晚的一种鹤,它是俄国探险家普热尔瓦尔斯基于 1876 年在中国青海湖发现的。黑颈鹤主要分布在中国和印度,不丹和尼泊尔等国也有少量分布。黑颈鹤栖息在海拔 2500~5000 米的高原,是世界上唯一一种在高原上生长繁殖的鹤。西藏地区是黑颈鹤的主要繁殖地区,所以黑颈鹤也叫西藏鹤。

黑颈鹤体长 110~120 厘米,体重 4~6 千克,因为颈部上端 1/3 为黑色,所以得名。它们生活在沼泽、湖泊及河滩地带,主要以绿色植物的芽和根为食,也吃软体动物、昆虫、鱼类、蛙类。西藏人非常喜爱黑颈鹤，视其为神鸟加以呵护。青海的藏族人称它为"哥塞达日子"，意思是牧马人，有高贵、纯洁、权威之意。

人类的活动导致沼泽地缩减，对黑颈鹤的生存造成威胁，估计目前世界上黑颈鹤的数量只有2000只左右。黑颈鹤被列为国家一级保护动物，也是世界级的濒危动物。

28.学说话最多的鸟

很多鸟类都能够模仿人声，比如，鹦鹉、八哥、鹩哥，其中非洲灰鹦鹉是世界上学说话最多的鸟，它们能学会800多个单词。

非洲灰鹦鹉体长35厘米，属于大型鹦鹉。体色为深浅不一的银灰色，头部和颈部的灰色羽毛带有浅灰色滚边，腹部的灰色羽毛带有深灰色滚边，尾羽呈鲜红色，眼睛周围有狭长的裸皮，鸟喙为黑色，虹膜为黄色。

非洲灰鹦鹉以其高智商和优秀的模仿能力而为人们称道，是宠物鸟市场上最受欢迎的种类之一。非洲灰鹦鹉被《世界自然保护联盟》列为近危物种。

29.最钟情的鸟

人类结婚之后都期望自己的伴侣不变心，结果有些人还是在中途劳燕分飞。在鸟类世界中却有一种鸟是世界上最钟情的鸟，那就是犀鸟。

犀鸟有四五十种，体长40~160厘米不等，它们一般头大、颈细、翅宽、尾长，羽毛为棕色或黑色，有鲜明的白色斑纹。大部分犀鸟居住在树洞里，雄鸟将孵卵的雌鸟用泥封在树洞里，只留一个喂食的小洞。在雌鸟孵卵期间，全由雄鸟从小孔中喂食。在雏鸟羽毛丰满之前，寻找全家食物的重任就由雄鸟承担。它们奔忙一天之后，晚上就栖息在树洞外面放哨，防止妻儿遭到敌人侵害。幼鸟羽翼丰满之后，才破洞出来。雌雄鸟共同带领雏鸟试飞。

犀鸟非常重感情。一对犀鸟中如果有一只死去，另一只绝不会苟且偷生或另寻新欢，而是在忧伤中绝食而亡，因此犀鸟是世界上最钟情的鸟。

鱼和其他海洋动物之最

1.带电最多的鱼

电鳗是带电能量最高的电鱼,主要分布在古巴、哥伦比亚、委内瑞拉和秘鲁的河流中。当一个中等大小的电鳗以 1 安培电流放电时,电压为 400 伏,甚至曾经有过高达 650 伏的纪录。

2.产卵最多和最少的鱼

海洋翻车鱼是世界上产卵最多的鱼。虽然它的每个卵的直径仅为 1.27 毫米,但所产卵数量惊人,一次产卵多达 3 亿个。

产卵最少的鱼是美国佛罗里达的齿鲤鱼,每次只产大约 20 个鱼卵,而产卵期却长达几天。

3.游得最快的鱼

旗鱼是举世公认的游得最快的鱼。虽然它分布在地球上的各个海域,但由于许多实际的困难,要确切地测得这种鱼的最高游速是很困难的。在美国佛罗里达海岸的长礁外面,曾测量到一条旗鱼的游速是每小时 109.43 千米,即每秒能游 30.4 米。箭鱼也是游得很快的一种鱼类,箭鱼的游速是通过箭鱼刺深深戳入船只水下部分的船板而估算得知的。由一条箭鱼的刺戳入船板 55.88 厘米可算出这条鱼在当时的游速是每小时 92.696 千米。

旗鱼

4.雌雄体形差别最大的鱼

世界上雌雄体型差别最大的鱼是鮟鱇鱼。

鮟鱇鱼是一种生活在深海里的鱼类,那里常年见不到阳光,所有的动物都一直生活在一种绝对的黑暗之中。鮟鱇鱼一般来讲很少行动,行动起来也非常非常的缓慢,但是它们有一个奇怪的生理特征就是雌性鮟鱇鱼一般都要比雄的鮟鱇鱼体重重上千倍,甚至上万倍。这的确是一个奇怪的现象,雄性鮟鱇鱼靠附着在雌性鮟鱇鱼上面过寄生生活,雄性鮟鱇鱼的身体看上去就像是一根小小的鱼刺,不细心观察,根本就不会发现它的存在!科学家这样解释这一奇怪的生理现象:鮟鱇鱼一般生活在暗无天日的深海海域,成熟的鮟鱇鱼个体寻找配偶是一件非常不容易的事情,所以当雄性鮟鱇鱼一旦找到配偶就会牢牢地把自己固定在雌鱼身上——一直到最后双双死去!

5.最不怕冷的鱼

世界上最不怕冷的鱼是南极鳕鱼。

南极鳕鱼体长在40厘米左右,体重一般不会超过10千克,体形较粗、较胖,表皮是一种自然的带有黑褐色斑点的银灰色。它主要生活在南极附近比较寒冷的海域之中,有人甚至在南纬82°的罗斯冰架下面的水域中发现了南极鳕鱼,要知道,那里的温度常年都在零下几十度左右!看来南极鳕鱼还真是不怕冷,科学家经过多年研究终于弄清楚了南极鳕鱼为什么那么不怕冷!原来,在南极鳕鱼的血液中有一种特殊的成分——糖肌,以它为主要成分所构成的一种特殊的化学物质可以帮助鳕鱼面对寒冷。科学家把这种东西叫作抗冻蛋白质,还用了一个比较形象的比喻来形容它:这种抗冻蛋白在鳕鱼的身体里起的作用就和汽车的防冻剂在汽车上起的作用是一样的。

6.筑巢最精致的鱼

世界上筑巢最精致的鱼是刺鱼。

我们都知道鸟是筑巢的"专家",至于鱼会不会筑巢,我们都会怀疑,其实鱼也是会筑巢的。世界上筑巢最精致的鱼是一种叫"刺鱼"的鱼类。刺鱼,顾名思义,是一种背上长有刺的淡水鱼类,它们的背上都长有4~10毫米的小刺。刺鱼也是一种很小的鱼类,一般来讲都不会超过5厘米长,但是种类很多,在世界上的很多地方都有分布,在我国北方的一些淡水流域就分布着很多这样的鱼类。它们筑巢的目的是为了保护子嗣,它们一般在春季筑巢,在产卵以前,雄刺鱼会选择一个比较安全的地方开始筑巢。在选好"地基"以后，它们会选择一些水草的根茎和一些柔软的小碎屑作为筑巢的材料，这些都准备好以后，刺鱼会从自己的肾脏分泌一种黏液把这些材料粘在一起，刺鱼的巢就这样建成了。它们的巢看上去很简单却很安全，并且内部很精致。

7.最大的鱼

鲸鲨是世界上最大的鱼，生活在大西洋、太平洋和印度洋中。鲸鲨长着宽宽的大头，小小的眼睛，嘴巴很宽，张开来像两扇大簸箕。鲸鲨的皮有 20 厘米厚，产的卵有橄榄球那么大，鲸鲨的感觉器官十分灵敏，视力特别好，寿命也很长，平均寿命在 25 年左右。许多鲸鲨都很凶暴，见什么吃什么，当然也吃人，但是令人不解的是有些巨型的鲸鲨却性情温和，只吃一些极小的浮游生物。有记录称，最大的鲸鲨体长 12.65 米，身躯最粗部分周长 7 米，重约 15~21 吨。该鲸鲨于 1949 年 11 月 11 日在巴基斯坦卡拉奇附近的巴巴岛海域被捕获。

8.最小的鱼

世界上最小的鱼是生活在菲律宾的河流和湖泊中的一种鱼，它的体型极小，但是人们却称它为"鰕虎鱼"。

在菲律宾地区的河流和湖泊中，鰕虎鱼是一种极其常见的鱼，这种鱼的奇怪之处在于它的体型很小很小，不要说是刚刚成形的鰕虎鱼，就是成年的鰕虎鱼，身长也不过 7~8 毫米，体重一般都在 4~5 克。这么小的鱼，也真算得上是一个奇迹，并且它的表皮都是透明的，身体内部的五脏六腑都可以用我们的肉眼看得一清二楚，这是不是就更奇怪了？

鰕虎鱼还有一个独特的地方就是它的繁殖能力很强，也正是因为它的繁殖能力极强，在它附近的居民眼里，鰕虎鱼是最容易得到的，也是最美味的食物之一！

9.最大的淡水鱼

世界上体型最大的淡水鱼是鲟鱼，鲟鱼是一种看上去非常像海生鱼的大鱼种，它体型庞大，所以人们把它看作是世界上体型最大的淡水鱼。

鲟鱼密集分布的地区主要有两个：一个就是处于东欧地区的里海和黑海，一个是亚洲东部和北美洲西部地区。它是世界上最古老的鱼种之一，体型特别大，一般来讲都有 2

~3米长,最长的有7~8米,平均体重是200~400千克,当然体重在1000千克以上的鲟鱼也不在少数,体型这么大的海生鱼是很常见的,但是淡水鱼就很少见了。

10.最懒的鱼

海洋里最懒的鱼是一种名叫鲫鱼的鱼类。

鲫鱼的头部有一个天生的特殊的吸盘,它可以把自己吸在其他动物身上,比如鲨鱼、鲸、海龟等动物的腹部,有时候甚至是船的底部,这样,鲫鱼就可以不费吹灰之力到任何地方。看来鲫鱼的确是够懒的,但是懒得有窍门,当到达食物多的海域,鲫鱼就会放松吸盘,然后大吃一顿,接着再寻找机会开始下一个旅程。对鲫鱼来讲,这也是一种天生的自我保护能力,因为鲫鱼天生又小又弱,把自己吸在比自己大的动物身上就可以防止被天敌攻击,这也不失为一种精明的生存手段!

11.飞得最远的鱼

飞得最远的鱼是飞鱼。试验发现:飞鱼能飞出水面10多米,在空中停留40多秒,持续飞行距离最远达1000多米,平均距离也有800多米,可见飞鱼飞得的确是够远的。

飞鱼是一种热带鱼,在赤道附近很多见,每年的5月份在中国南海附近也经常可以看到飞鱼。其实飞鱼所谓的"飞"就是一种简单的滑翔而已,它飞的时候先是用力拍打水面,然后就会很快地冲出水面,向前滑翔!飞鱼在这个"飞"的过程中的所有力量都来自它身后的尾鳍,而我们看上去像是它的"翅膀"在帮助它飞行,事实上并非如此!

12.最珍稀的鱼

现在世界上最珍稀的鱼是生活在南非附近海域的一种叫作"空棘鱼"的鱼类。

大约在3.5亿年前的泥盆纪生活着一种叫作总鳍鱼的鱼类,据说它是一种骨鳞鱼类,有的科学家推测它就是现代两栖动物的祖先,不过它在2亿多年前就已经灭绝了,但是它在灭绝以前,慢慢地进化成了两个支系,其中有一支叫作"空棘鱼"。科学家原以为这种空棘鱼应该于6000万至1.2亿年前就已经绝种了,谁也没想到,就是这种原以为已经灭绝的鱼种竟于1938年在南非附近的海域出现!

1938年夏季,有渔民在南非东伦敦港附近发现了这种空棘鱼,当时曾经震惊了整个世界！现在这条鱼的标本被保存在当地博物馆里。空棘鱼的神奇出现让它当之无愧地成了人们眼里最最珍稀的鱼类。

13.最毒的鱼

毒鱼可分为有毒腺的鱼和有毒鱼类,前者也称为棘毒鱼类。世界上最毒的棘毒鱼类是毒鲉。它们的眼睛和下颌突出,相貌丑陋,但色彩艳丽,是爱打扮的丑八怪。毒鲉背鳍参差不齐,并有像针一样的毒刺。毒刺刺到人时,毒腺会分泌毒液流向人体,人类中毒之后会感到呼吸困难,剧烈疼痛,直到死亡。毒鲉生活在印度洋、太平洋热带水域中。

有毒鱼类中最毒的要数纹腹叉鼻鲀。这种鱼分布在红海和印度洋、太平洋海域,它的卵巢、肝、肠、皮肤、骨头甚至血液中都含有一种神经毒素——鲀毒素。研究人员还发现:鲀毒素的毒力与生殖腺活性密切相关,在繁殖季节前达到最高期。如果在这个季节中不慎吃了这种鱼,2小时内便可死亡。纹腹叉鼻鲀是海洋生物中毒性最剧烈的一种。

14.寿命最长的鱼

世界上寿命最长的鱼是狗鱼。狗鱼的寿命很长,可达200多岁,是鱼类中的老寿星。已经发现的最长寿的狗鱼年龄达到267岁。

狗鱼是淡水鱼,广泛分布在北半球寒带到温带水域。它们的身体修长,可达1米以上,口像鸭嘴,大而扁平,口生犬牙,下颌突出。它的牙齿与众不同,上颚齿可以伸出来并有韧带连着,这种锋利的牙齿可以把捕捉到的动物挂住,有时也把吃不完的食物挂在牙齿上,留着备用。狗鱼是淡水鱼中生性最粗暴的肉食鱼,除了吃其他鱼类之外,还吃鸭子、青蛙、鼠类。

狗鱼的鳞细小,侧线不明显。背鳍位置较靠后,接近尾鳍,与臀鳍相对,胸鳍和腹鳍较小。背部和体侧灰绿色或绿褐色,散布着许多黑色斑点,腹部灰白色,背鳍、臀鳍、尾鳍也有许多小黑斑点,其余为灰白色。

狗鱼的肉味极佳,是钓鱼的好对象。由于它们的寿命很长,偶尔能够钓到巨型的个体。狗鱼产区的天然产量很高。

15.寿命最短的鱼

在非洲有一种叫佛泽瑞尾鳉鱼的卵生鳉鱼,它是世界上生命最短暂的脊椎鱼类。科学家研究发现这种 5 厘米长的卵生鳉鱼从出生到发育成熟，交配排卵，直至死亡，只有大约 6 个星期的生命历程。这种鱼生活在非洲近赤道热带雨林地区。在短短的几个星期内，它们生命历程就结束了。但是，新的生命又会在这里诞生。在佛泽瑞尾鳉鱼短暂的一生中，要排卵 3 次，繁殖出 100 多条鳉鱼。它们生长至完全成熟只需 4 个星期左右，然而在成熟后的 2 个星期就要面临生命的终结。

16.外形最奇特的鱼

世界上外形最奇特的鱼类是海马，它们的头部像马，尾巴像猴子，眼睛像变色龙，身体像有棱有角的木雕。海马属于硬骨鱼，是一种奇特而珍贵的近陆浅海小型鱼类。

海马身长只有 4~30 厘米，头部侧扁，头两侧各有 2 个鼻孔。头部与躯干成直角形，胸腹部凸出，由 10~12 个骨头环组成，一般体长 10 厘米左右，尾部细长，呈四棱形，常呈卷曲状。栖止时的海马，利用尾部的卷曲能力，使尾端缠附在海藻的茎枝上。因此，海马多栖息在深海藻类繁茂之处。

海马全身完全由膜骨片包裹，有一个无刺的背鳍，没有腹鳍和尾鳍。海马游泳的姿态也很特别，头部向上，身体稍斜直立于水中，完全依靠背鳍和胸鳍来进行运动，扇形的背鳍起着波动推进的作用。

雄性海马腹面有一个育儿囊，卵产于其内进行孵化，一年可繁殖 2~3 代。海马也算是世界上最小的有袋动物。

17.眼睛最奇特的鱼

比目鱼又叫獭目鱼、塔么鱼，分布在热带到寒带水域，多为海产，生活于沿大架棚中等深度的海水中，但有些则进入或永久生活于淡水。比目鱼最显著的特点是它们的眼睛非常奇特，两只眼睛长在同一侧，被认为是两条鱼并肩而行，所以叫作比目鱼。

比目鱼静止时，有眼的一侧朝上，伏卧在浅海的沙质海底，部分身体经常埋在泥沙中，有些能随环境的颜色而改变体色。有眼的一侧有颜色，但下面无眼的一侧为白色。比目鱼的身体表面有极细密的鳞片。比目鱼只有一条背鳍，从头部几乎延伸到尾鳍。

刚出生的幼年比目鱼跟普通鱼很相似，眼睛长在身体的两侧，它们常常在水的上层游泳。那么它们的眼睛是怎么长到一起的呢？经过 20 多天的发育，幼鱼的身体长到 1 厘

米的时候,它的眼睛开始搬家。比目鱼的头骨是由软骨构成的,当比目鱼的眼睛开始移动时,比目鱼两眼间的软骨先被身体吸收。这样,眼睛的移动就没有障碍了。一侧的眼睛通过头的上缘逐渐移动到对面的一边,直到跟另一只眼睛接近时,才停止移动。不同种类的比目鱼眼睛搬家的方法和路线有所不同。比目鱼眼睛的移动说明比目鱼的体内构造和器官也发生了变化,比目鱼已经不适应漂浮生活,只能横卧海底了。

18.最大的虾

世界上最大的虾是龙虾。龙虾,又叫海虾,或大虾,在民间俗称虾王。一般的虾只有4~8厘米,而龙虾长达20~40厘米,重0.5千克左右。它们头胸部粗大,呈圆筒形,外壳坚硬,色彩斑斓,腹部短小。头部有三对触须,头部外缘的一对触须特别粗长。胸部有5对足,其中一对或多对常变形为螯,一侧的螯常大干另一侧的螯,右侧的螯是碎螯,左侧的螯是刺螯。眼睛长在眼柄上。尾部鳍状,可以游泳,尾部和腹部弯曲活动可推动身体前进。

龙虾主要分布在热带海域,是名贵海产品,它们栖息在温暖的海洋底部,白天隐匿在礁石缝隙中,晚上出来觅食。2008年,一位英国渔民在英吉利海峡捕到一只长92厘米,重达10千克的巨型龙虾,够10个人饱餐一顿。这只龙虾的年龄估计在70岁左右。目前世界上最重的龙虾重达20千克,是在加拿大新斯科舍省捕捉到的。

19.含蛋白质最高的生物

南极磷虾是世界上含蛋白质最高的生物,蛋白质含量在50%以上,而且富含人体所必需的氨基酸和维生素A。南极磷虾,顾名思义,生活在南极海域,是一种海洋甲壳类动物。它们个体很小,一般体长3~5厘米。但是,数量却大得惊人,加起来约有4~6亿吨。它们是重要的海洋生物资源,是海豹、企鹅和鲸类的主要食物。南极磷虾皮薄肉多,不但味道鲜美,而且具有很高的药用价值,对治疗胃溃疡和动脉硬化有很好的疗效。

南极磷虾的生活动力很差。它们往往群集在一起,朝着同一个方向排列,漂浮在海面上。在虾群多的时候,可以长达500米,宽两三百米,密集的程度可达每立方米海水中就有10~16千克的虾。在白天,这种密集的虾群使海面呈现一片铁锈的颜色;夜晚,虾群又常常会使海面发出一片强烈的磷光。它们眼柄基部、头部和胸部的两侧和腹部的下面长着一粒粒金黄色的并略带红色的球形发光器,能发出像萤火虫那样的磷光。

20.海洋中最爱素食的兽类

儒艮是哺乳动物,与海牛是近亲,与大象也有亲缘关系。它们性情温和,以海藻、海草等海洋植物为食,是海洋中唯一且最爱素食的动物。它们身体大,脑袋小,身体像个纺锤,又肥又重,体长约三四米,全身长着一些硬毛。头呈圆形,脖子很短,眼睛小小的,耳朵没有外耳壳,鼻孔在头顶,两颗牙露在厚嘴唇外面。虽然它们样子很丑,但是它们却是传说中的美人鱼,因为它们肚皮很白,尾巴像鲸一样是裂尾,有时它们用尾巴踩水露出半个身子,用前肢抱着幼仔在海面上喂奶,远远看去,就像给孩子喂奶的少妇,所以被误以为是美人鱼。

21.最低等的多细胞动物

海绵是最低等的多细胞动物,它们大多生活在海洋中,身体柔软似绵,所以叫作“海绵”。海绵没有头和尾,也没有躯干和四肢,它们的组织机体松散,体表有很多突起,突起的顶端有一个大孔,突起旁边有很多小孔,所以也叫多孔动物。人造海绵只是仿造海绵的结构。海绵的形状各异,有扁的,有圆的,还有管状的。多数海绵呈灰黄色、褐色或黑色块状物,也有红色、银灰色、白色等其他颜色。海绵个体差异很大,小的几毫米,大的十几米。它们附在沿海的礁石、珊瑚或其他坚硬物体上,有的生活在几千米深的海底,少数生活在淡水中。它们常年生活在海底,很少移动,经常被人们当作植物。

有一种海绵,虽然没有肌肉和神经,但是它们可以靠体内细胞实现身体的移动,尽管每小时只能移动2厘米,但是比其他海绵运动速度快多了。海绵通过鞭毛的振动使含有微生物的海水进入体内,过滤掉海水,摄取其中的氧气和微生物。许多小动物喜欢寄生在海绵内,有些螃蟹还会把海绵顶在背上当作伪装。海绵有强大的再生能力,即使把海绵撕碎了,放入海中,它们也会长成一个个新的个体。

22.最大的双壳贝

砗磲是生活在印度洋和西太平洋海域的大型双壳贝,是世界上最大的双壳贝。砗磲的贝壳一般长1米,大的则有2米多长,重250多千克。最大的砗磲贝壳比浴盆还大。

贝壳略呈三角形,壳顶弯曲,壳缘呈波形屈曲。壳面粗糙,呈放射状,上面有数条像被车轮碾压过的深沟道。有的种类长有粗大的鳞片。贝壳表面有一层外套膜,颜色鲜艳,有孔雀蓝、粉红、翠绿、棕红等,还有各色花纹。砗磲的壳很厚,内壳呈白色,质地光润,将其打磨之后可做佛珠或装饰宝石。

砗磲常与大量虫黄藻共生。这种单细胞藻可在砗磲体内循环,并进行光合作用,为砗磲提供丰富的营养。砗磲的外套膜边缘有一种叫玻璃体的结构,能聚合光线,可使虫黄藻大量繁殖。此外,砗磲也以浮游生物为食。它们之所以长得如此巨大,是因为可以从两方面获得食物。

23.最长的软体动物

枪乌贼就是平常所说的鱿鱼。鱿鱼不是鱼,而是软体动物。它们的头和身体都是狭长的,躯干呈椭圆形,末端尖尖的,很像标枪的枪头,所以叫枪乌贼。巨型枪乌贼是世界上最长的软体动物,也是世界上最大的无脊椎动物,有人把它称为"大王乌贼"。成年枪乌贼长 17~18 米,触手长 13 米左右。

枪乌贼是游泳高手,他们的身体成流线型,可以减少阻力,平时游泳速度每小时可达 50 千米,遇到危险时,每小时可达 150 千米。枪乌贼躯干外包裹着囊状的外套膜,里面是一个空腔和一个外套腔,灌满水之后,入口就扣上了。挤压外套腔,里面的水就从颈下喷出,枪乌贼借助喷水的反作用力前进。当枪乌贼吃饱了,并且没有危险的时候,它们就用菱状鳍划水前行,当

鱿鱼

捕食或遇到危险的时候,它们就会尾部朝前,用喷水的方式前行。它们可以随着环境的变化改变身体的颜色,当遇到危险的时候还可以放出一股乌黑的墨汁,让敌人看不清路,然后趁机逃走。

巨型枪乌贼也是世界上眼睛最大的海洋生物,其眼睛的直径可达 38 厘米。比蓝鲸的眼睛还要大三倍,比普通唱片的直径还要大 8 厘米。

巨型枪乌贼是古代海怪传说的主角,它们触手的末端膨大,上面有强大的吸盘,吸盘环上长有利齿。一旦被它们抓住就难以逃脱,它们那尖而有力的喙状嘴能够快速将猎物吞食。你也许会认为这么大的怪物可以称霸海底世界了,其实它们是抹香鲸最喜爱的食物,人们在抹香鲸的胃里常发现难以消化的巨型枪乌贼的喙。

24.最大的海参

海参生活在热带和亚热带海洋,有1100多种,其中最大的要数梅花参。梅花参体长60~70厘米,宽约10厘米,高约8厘米。最大的体长可达120厘米。它们身体柔软,呈圆筒状,长有很多肉刺。每3~11个肉刺的基部连在一起,好像梅花一样,所以叫作梅花参。由于身上刺很多,整体看起来像凤梨,因此也叫凤梨参。

梅花参多生活在有少量海草、堡礁的沙底,以小生物为食。梅花参的泄殖腔内长有一种隐鱼,和它形成共生关系。梅花参的色彩十分艳丽,背面显现出美丽的橙黄色或橙红色,还点缀着黄色和褐色的斑点,腹面带红色,20个触手都呈黄色。

很多动物有冬眠的习性,而海参却有夏眠的习性。这并不是海参害怕天热,而是因为夏天海底小生物大大减少,海参的食物不够吃而被迫夏眠的。

梅花参不仅个体很大,而且肉质特别厚和脆嫩,是最好的食用海参。此外,梅花参还有很大的药用价值。

25.最大的章鱼

章鱼又称做"八爪鱼",是海洋软体动物。世界上最大的章鱼是普通的太平洋章鱼,1973年2月,一名潜水员在华盛顿的夏胡德运河捕捉到一只大章鱼,这只章鱼腕足展开后直径达15.6米,重达53.6千克。此外,有人曾在美国佛罗里达州圣奥古斯丁的海滨发现一堆重约7吨的海生动物残骸,经过美国国家博物院检验,确定那堆残骸是大型章鱼的遗体,估计腕足展开可达61米。

章鱼广泛分布在世界各地热带和温带海域,栖于多岩石海底的洞穴或缝隙中,喜隐匿不出,主要以虾类、蟹类及其余甲壳动物为食。章鱼被认为是无脊椎动物中智力最高者,它们具有高度发达的含色素的细胞,故能极迅速地改变体色,变化之快令人惊奇。

26.最小的乌贼

乌贼和章鱼相似,只不过乌贼有 5 对触手,章鱼有 4 对触手。乌贼又称墨鱼,它们是杰出的放烟幕专家。

世界上最小的乌贼是分布在太平洋的细乌贼。细乌贼体长只有 1 厘米,身体小而匀称,体形扁平,体外包着一层叫作外套膜的皱皮,鳍像一条狭长的花边裙子一样绕在身体后面。它们头部构造复杂,眼睛像人眼一样发达,并长有 10 个带吸盘的触手,吸盘上有小钩,像猫爪子一样尖锐。它们还有一个像鹦鹉喙一样尖利的嘴。它们的构造和大乌贼一样完整,也是游泳健将,拥有高速游泳的本领。

27.现存最古老的海洋动物

鹦鹉螺是有螺旋状外壳的软体动物,是现存最古老的海洋生物,有"海洋活化石"之称。在距今 5 亿年前的奥陶纪时代,体型庞大的鹦鹉螺凭借其敏锐的嗅觉和尖利的喙曾经雄霸海底世界。鹦鹉螺现存的种类不多,而且都属于暖水性动物,是印度洋和太平洋海域特有的种类。

鹦鹉螺的贝壳非常美丽,石灰质的外壳大而厚,左右对称,沿一个平面做背腹旋转。贝壳外表面光滑,呈灰白色,夹杂橙红色波状纹。壳的内腔有 30 多个壳室,它的身体占据最后一室,其他各室充满空气以增加浮力,各室之间由一根细管相连,它们通过排出壳室空气的方法在水中游泳。鹦鹉螺属于底栖动物,平时在 100 多米深的海水底部用腕部缓慢前行,也可以用腕部的分泌物附着在岩石或珊瑚礁上。

28.海洋中最多的生物

养过鱼的人都知道鱼吃鱼虫,去江河和池塘玩的人可以看到非常小的虾苗。鱼虫和小虾苗就属于浮游生物,它们体形非常小,用肉眼几乎看不见。浮游生物是海洋中最多的生物。如果我们从大海或池塘中取一滴水,放在显微镜下观察就会看到许多浮游动物和植物。浮游生物大都由一个细胞组成,它们游动能力很差,只能悬浮在水中,受水流的推动而移动。

浮游生物多种多样,包括动物、植物和细菌。浮游动物中几乎可以见到全部动物类群;浮游植物中以硅藻、鞭毛藻和蓝藻居多;此外,还有不少附着在悬浮物上的细菌。一般浮游生物是小型的,但也有伞径长达 2 米的水母等。从形态上看,浮游生物为适应浮游,体表常有复杂的突起,或在体内贮存着大量的水、油滴、脂肪和气体等,在浮游植物中,有的也是通过调节体内气体的量来做垂直移动。

小型浮游动物是水中食物链中基础的一环;同时,对于海洋而言,它们大规模地垂直移动具有把有机物向下层运输的作用,这使浮游生物受到了人们的重视。

29.最大的浮游生物

世界上最大的浮游生物是水母。水母没有脊椎,它们虽然身体庞大,但是只能靠水的浮力支撑。水母的外形像一把透明伞,伞状体直径有大有小,大水母的伞状体直径可达 2 米。从伞状体边缘长出一些须状条带,那是它们的触手,触手有的可长达 20~30 米,相当于一条大鲸的长度。水母虽然身体庞大,但是其中大部分是水,身体的含水量可达98%。浮动在水中的水母,向四周伸出长长的触手,有些水母的伞状体还带有各色花纹。在蓝色的海水里,这些游动着的色彩各异的水母显得十分美丽。

水母虽然看起来美丽温顺,其实十分凶猛。在伞状体的下面,那些细长的触手是它的消化器官,也是它的武器。在触手的上面布满了刺细胞,像毒丝一样,能够射出毒液,猎物被刺螫以后,会迅速麻痹而死。触手就将这些猎物紧紧抓住,缩回来,用伞状体下面的息肉吸住,每一个息肉都能够分泌出酵素,迅速将猎物体内的蛋白质分解。

水母的身体由内外两个胚层组成,两层间有一个很厚的中胶层,呈透明状,具有漂浮的作用。它们在运动时,利用体内喷水反射前进,远远望去,就好像一顶圆伞在水中迅速漂游。在繁殖期水母会在海上成群出没,它们紧密地生活在一起,像一个整体似的漂浮在海面上,显得十分壮观。

30.最大的水母

水母的种类很多,全世界大约有 250 种,直径从 10 厘米到 100 厘米之间,常见于各地的海洋中。其中最大的是北极霞水母,它们生活在北冰洋和大西洋水域。一般为红褐色或黄色,伞盖上闪耀着彩色的光芒,伞盖直径可达 2.5 米。伞盖边缘伸出 8 组触手,每组150 根左右,共 1200 支触手,每组触手伸长可达 40 米左右,触手能够自由伸展或收缩,1

秒钟内就能收缩到只有原来长度的十分之一。

触手展开时面积可达 500 平方米,就像撒开了天罗地网,很多海洋动物遇到它都只能束手就擒。触手末端有带毒的刺丝,水母无法看清猎物,只能当猎物靠近时伸出触手放射毒素,将猎物刺伤然后吃掉。北极霞水母能够很快地将食物吸收进体内,如果食物充足,它们的体形就会迅速增大,繁殖也会加快。当食物不够时,它们的身体就会缩小。

31.最大的蛤

世界上最大的蛤是全孔蛤,是美国西海岸出产的巨哈,当地俗称"地鸭"。大型全孔蛤的重量可超过 4.5 千克。蛤肉全部可食,肥嫩鲜美。这种蛤栖息在最低潮汐水平面下,在软淤泥中挖洞深达 0.5~2 米,可根据它偶尔喷出的水柱流来寻找它的藏身之处。当地居民利用两端开口的 37.85 升铁罐,在喷出水的地方压入淤泥中,将蛤套住,然后用铁锹从铁罐中挖出淤泥来捕获它。

32.最艳丽的海洋动物

裸鳃亚目软体动物,以身体绚烂的色彩而闻名,有"最艳丽的海洋动物"之美誉。它们是蜗牛的无壳亲戚,是一种小型的海洋动物,通常只有 2 到 6 厘米长,在全球各地的海里都有分布。从最深最暗的大洋底部到温暖的浅水区,它们都能存活。

有些种类身上的图案与它们所处的深绿和棕色海洋环境相匹配,有些种类的图案与它们栖息地环境形成鲜明对比。据分析,它们的斑斓色彩由进化演变而成,是褪去外壳后的一种防卫机制,或者变成它们周围环境的颜色来掩饰、保护自己,或者变成醒目的颜色吓走敌人,让敌人知道它们不仅有刺,还能分泌毒液。

它们的眼睛什么都看不到,只能靠嗅觉、味觉寻找海绵、珊瑚、卵、小鱼或其他同类为食。尽管一些有毒海绵体内藏有毒素,但是,裸鳃亚目软体动物能通过保护腺消化这些海绵。

昆虫与其他无脊椎动物之最

1.最原始的昆虫

世界上最原始的昆虫是原尾虫,俗称"螈"。原尾虫体长 0.5~2 毫米,身体细长,呈白色或无色,口器藏在头的内部,适合刺吸。它们分布很广,栖息在潮湿的草根、树皮和石头下面。一般昆虫都长着单眼和复眼、一对触角、三对足和两对翅膀。原尾虫没有眼睛,没有翅膀,也没有触角,但是它们的前足特别长,常常举起来代替触角的作用。

原尾虫幼虫刚孵化的时候,腹部体节为 9 节,随着虫龄的增长,逐渐增加另外 3 节和一个不明显的尾节。这种现象叫增节变态,是其他昆虫没有的,表现了它的原始性。

2.最小的昆虫

"毛翼"甲虫和棒状翼的"仙女蝇"(一种寄生黄蜂)是人们所知道的最小的昆虫。这两种昆虫甚至比某些单细胞原生动物还要小。

据测算,没吃饱的单个的雄性吸血虱和寄生蜂的体重仅 0.005 毫克,而每颗寄生蜂的卵就更小了,它的重量只有 0.0002 毫克,超出常人想象。

3.飞得最快的昆虫

一般的昆虫,还有像鹿马蝇、天蛾,马蝇和几种热带蝴蝶一类的昆虫,持续飞行时,其最高速度为每小时 39 千米。而澳大利亚蜻蜓在进行短距离的冲刺时,速度可达每小时 58 千米,是世界上已知的飞得最快的昆虫。

4.最长的昆虫

生活在婆罗洲雨林地区的棒状虫是世界上有记载的最长的昆虫。英国伦敦的自然历史博物馆保存有目前已知最长的昆虫标本。该标本身长达 32.8 厘米。当它蜕皮时,过长的腿极易碰断,因此在野外时常能发现此类昆虫的断腿。

5.最重的昆虫

世界上最重的昆虫是金花龟科大甲虫,主要生活在非洲赤道一带。一般情况下,成熟的金花龟科大甲虫的雄虫体重在 70.9~99.2 克之间。

6.生命力最强的昆虫

摇蚊蝇是所有昆虫中生命力最强的,它的幼虫可以生活在 102℃~234.4℃的高温下,而且它还是目前能完全脱水生存的最进化的生物。

7.发声最大的昆虫

非洲蝉所发的声音最大,在 50 厘米之外测算它发出的鸣声,平均声压级为 106.7 分贝。蝉的鸣叫有利于它们之间相互传递信息及繁殖后代。

8.陆地上爬行最快的昆虫

据美国加利福尼亚大学伯克利分校的《美国环球杂志》记载,热带大蟑螂爬行时速可达 5.4 千米,若按秒计算,每秒钟的爬行距离是其身长的 50 倍,因而是陆地上爬得最快的昆虫。

9.世界上跳得最高的昆虫

跳蚤在世界上的分布是相当广泛的,几乎在世界上的任何地方都有跳蚤生存着,在我们的日常生活中,跳蚤也是最常见的昆虫之一。跳蚤是很能跳的,但是有谁想到过:跳蚤是世界上跳得最高的昆虫? 其实,世界上有很多很能跳的动物,但它们的弹跳能力都不如跳蚤。当然,这里所说的弹跳能力是拿它们的身高来作为参照标准的,在这个参照标准下,跳蚤跳跃时能跳出超过它自己身高 200 倍的高度,这是那些所谓很能跳的动物(比如跳兔、跳鼠)都不能比的。跳蚤有一对发达的附肢,附肢上面灵活的关节造就了跳蚤超强的跳跃能力!

10.最具破坏力的昆虫

世界上最具破坏力的昆虫是一种叫作"荒地蚱蜢"的昆虫。

荒地蚱蜢广泛地分布于非洲和亚洲的西部地区,是一种让人们"谈之色变"的昆虫。它巨大的破坏力几乎已经让人们无能为力,尤其是在某些特殊的天气状况下,荒地蚱蜢会成群结队地飞行,远远地看过去就像乌云一样,它们所到之处,所有的植物都会在一瞬间化为乌有,它们的吞噬能力极强,根据有关资料分析,5000 万只蚱蜢 1 天所吃掉的农作物可供 500 人生活 1 年。

11.繁殖最快的昆虫

地球上繁殖最快的昆虫是一种名为蚜虫的昆虫。

蚜虫是世界上比较普遍的一种昆虫,在全世界有2000多种,我国也大约有600多种。蚜虫不仅仅种类繁多,其繁殖速度更是惊人,比如说有一种叫作棉蚜的蚜虫,有研究表明,它们基本上4~5天就能繁殖1代,更奇怪的是刚刚出生4~5天的棉蚜就已经开始繁衍后代,1只棉蚜1年能繁殖20~30代。

当然,蚜虫的繁衍习性是不同的,所以它们的繁殖速度不能一概而论,上面讲的棉蚜是胎生的,有的蚜虫是卵生的,卵生蚜虫虽然没有胎生蚜虫那么快的繁殖速度,但是和一般的昆虫繁殖速度比起来也是相当快的。

12.寿命最短的昆虫

最短命的昆虫非蜉蝣莫属,它的成虫往往活不到1天,一般只有几个小时就走到了生命的尽头。尽管蜉蝣成虫寿命很短,但其幼虫寿命却很长。蜉蝣成虫经过交配,把卵产在水中。幼虫要变成亚成虫,必须先在水中生活1~3年,爬出水面蜕过皮后才变为蜉蝣成虫。如果把它在水中生活的时间算在一起,寿命还是不短的。

蜉蝣

蜉蝣早在3亿多年以前就已经出现,是比较古老的昆虫。世界上的蜉蝣有2000种左右,分布极其广泛。它身体软弱细长;头小,复眼大;两对翅膜脆弱,极易脱落;足细弱,只用于停息时攀附,不用于行走。

蜉蝣的稚(幼)虫一般在日落后羽化为亚成虫,这时的虫体与成虫相似,但由于全身被半透明薄膜覆盖,使它显得有些发暗,翅膀暗淡,不活泼,也不能交配。只有经过最后一次蜕皮,它才成为翅膀透明、色彩较鲜的成虫,这种现象在昆虫中是绝无仅有的。在成虫阶段,它不吃不喝,主要任务是交配产卵,产卵后就死去。蜉蝣卵在水中孵化后,一般蜕皮20~24次,多的达40次。蜉蝣的稚虫是鱼类的美餐。

蜉蝣的成虫短命的原因在于,它的嘴已经退化,不能再吃任何东西。

13.最长寿的昆虫

光亮甲虫是世界上已知的活得最长的昆虫。1983年,在英国埃塞克斯郡普律特维尔

动物百科

的一户人家中发现了一只光亮甲虫，当时，它已至少经历了 51 年的幼虫期。

14.对人类健康危害最大的昆虫

对人类健康危害最大的昆虫是蚊子。它们能够传播疾病。据研究，蚊子传播的疾病达 80 多种，疟疾、流行性乙型脑炎、黄热病、丝虫病等都是蚊子传播的。它们吸食那些疾病患者的血液，叮咬其他人时，带有的病菌就会传染给其他人。

蚊子在全球约有 3000 种。除了南极洲外，各大洲都有蚊子的分布。雄蚊子触角为丝状，触角毛比雌蚊子浓密，以花蜜和植物汁液为食，雌蚊子则以人和动物的血液为食。在繁殖前，雌蚊子需要吸食动物的血液来促进卵的成熟。蚊子的触角和足上分布着很多感觉毛，每根感觉毛上都布满了传感器，蚊子可以凭借这种传感器感知空气中动物体散发出来的二氧化碳，从而准确地找到吸食的对象。蚊子的唾液具有舒张血管和抗凝血的物质，使血液更容易汇集到被叮咬的地方。

皮肤被蚊子叮咬后，经常出现起包和发痒的症状。这是因为体内的免疫系统释放出一种称为组织胺的蛋白质，用以对抗外来物质，而这个免疫反应引发了叮咬部位的过敏反应。当血液流向叮咬处以加速组织复原时，组织胺会造成叮咬处周围组织的肿胀，此种过敏反应的强度因人而异，有的人对蚊子咬的过敏反应比较严重。

15.对建筑危害最大的昆虫

对建筑危害最大的昆虫是白蚁，白蚁又称虫尉，是社会性昆虫，分蚁后、蚁王、兵蚁、工蚁。白蚁身体柔软而扁，不同种类体色不一样，有白色、淡黄色、赤褐色、黑褐色等不同的颜色。口器为咀嚼式，触角为念珠状。

白蚁主要分布在热带和亚热带地区，有些在树干中筑巢，有些生活在潮湿的地下或干热的场所。白蚁以木质纤维为食，它们后肠中有共生的原生动物，可以帮助消化食入的纤维素。白蚁危害树木，对木结构的房屋危害非常严重。它们隐藏在木结构内部，往往会破坏或损坏木结构的承重点，造成房屋突然倒塌，木质家具、书籍也会一起遭殃。木材在使用前经过化学处理可以预防白蚁的侵袭。此外，白蚁还会危害农作物，特别是对甘蔗的危害颇为严重。白蚁还会危害江河堤防，它们在堤坝内筑巢，蚁道四通八达，有些蚁道甚至穿通堤坝的内外坡。当汛期来临时，"千里之堤，溃于蚁穴"，小小的蚁穴造成的损失是不可估量的。

白蚁有其弊,亦有其利。在自然界中,白蚁是腐木的分解者,它们是少数能分解纤维素的动物之一,能够使纤维素变成养料回归土壤,因此在生态循环中位居重要的一环。

16.分布最广的昆虫

弹尾虫是一种原始昆虫,约有3500种,广泛分布于世界各种土壤和落叶层中。据统计,每23厘米深的土壤中就有弹尾虫2.3亿个,合每929平方厘米中至少有5000个。

它们体型小,一般体长1~3毫米,个别体长超过10毫米,没有翅膀,带有内口式口器。体色多样,有黄绿色、红色、白色、暗蓝色、黑色,有些种类有银色等金属光泽。体表光滑,有些披有鳞片或毛。大部分种类腹部末端有一分叉的附肢,静止时被一握器握持,释放时可将虫体弹出,但通常爬行。腹部有管状似吸管的黏管,可分泌黏性物质和摄入水分。弹尾虫无变态,蜕皮数次后成熟,一生约蜕皮50次。弹尾虫以腐烂植物、菌类、地衣为主要食物,有些种类取食发芽的种子和植物的茎叶,有些危害菜园作物及蘑菇。有些种类栖息在水面上取食水藻,也有些栖息在海滨,取食腐肉。一些种类称雪蚤,可在近冰点气温中生存并成群出现在雪地上。

17.力气最大的昆虫

如果按身体比例来计算,世界上力气最大的昆虫是蚂蚁,它们可以拖动超过自己体重300多倍的物体。研究发现,蚂蚁肢体上的骨头长在肌肉外面,肌肉纤维含有特殊的酶和激素蛋白,稍加活动就能释放出巨大的能量。

蚂蚁是一种常见的昆虫。蚂蚁一般体型小,在0.5~3毫米,颜色有黑、褐、黄、红等,体壁具弹性,光滑或有毛。口器咀嚼式,上颚发达。触角膝状,4~13节,柄节很长,末端2~3节膨大,腹部第1节或1、2节呈结状。一般没有翅膀。前足的距离大,呈梳状,清理触角用。我们常常看到蚂蚁在地面上拖动食物,一只蚂蚁可以拖动一块比自己身体大很多的面包屑,几只蚂蚁可以把一只大毛毛虫拖进蚁穴。

蚂蚁能生活在任何具备它们生存条件的地方,是世界上抗击自然灾害最强的生物。

18.最擅长吐丝的昆虫

很多昆虫都会吐丝,比如蚕、蜘蛛,以及其他一些有蛹期的昆虫。其中最会吐丝的是蚕。蚕丝的用途很多,可以织成各种漂亮的丝绸,用来做服装或被子。人类很早就有了养蚕的历史。

蚕宝宝的身体经过 4 次蜕皮,食欲大减时就开始吐丝了。吐丝时,它们的头和胸部昂起来,左右摆动寻找适合结茧的地方。人们把蚕放在特质的容器中,蚕就会吐丝结茧了。蚕吐丝结茧时,头不停摆动,将丝织成一个个排列整齐的 8 字形丝圈。每织 20 多个丝圈便动一下身体的位置,然后继续吐织下面的丝列。一头织好后再织另外的一头,因此,蚕的茧总是两头粗中间细。蚕每结一个茧,需变换 250~500 次位置,编织出 6 万多个 8 字形的丝圈,每个丝圈平均有 0.92 厘米长,一个茧的丝长可达 1500~3000 米。

结茧是蚕一生中的大事,需要耗费很多体力,因此在它们还是蚕宝宝的时候,每天的任务就是不停地吃,使自己长得胖胖的。吐丝之后,胖胖的身体就会缩小,身体缩到很小的时候,吐丝的速度也会慢下来。经过 4 天左右,丝腺内的分泌物就用完了,这时蚕就会化蛹。蚕刚化蛹时,体色是淡黄色的,蛹体嫩软,渐渐地就会变成黄色、黄褐色或褐色,蛹皮也硬起来了。经过大约 12~15 天,当蛹体又开始变软,蛹皮有点起皱并呈土褐色时,它就将变成蛾了。

19.眼睛最大的昆虫

世界上眼睛最大的昆虫是蜻蜓。昆虫头部一般都有 1 对复眼,3 只单眼。蜻蜓的复眼非常大,鼓鼓地突出在头部的两侧,占据头部的 2/3 以上。两只大眼睛是由 1000~28000 只小眼睛构成的,因此蜻蜓也是眼睛最多的昆虫。它们的视野宽广,眼睛能够随颈部自由转动,这使它们的视野接近 360 度。蜻蜓的眼睛构造奇特,上部分用来看远处,下部分用来看近处。上下两部分眼睛各司其职,这使它们能够一边飞行一边捕捉小昆虫,从不落空。

但是,如果有东西在蜻蜓眼睛上部晃动,蜻蜓就会目不暇接,这时人们就能很容易抓住它了。这是眼睛多的弱点。

20.脚最多的昆虫

世界上脚最多的昆虫是千足虫,学名叫马陆,属于节肢动物门多足纲倍足亚纲,在世界各地都有分布。它们生活于腐败植物上并以其为食,有的也危害植物,少数为掠食性或食腐肉。千足虫的种类很多,约10000种,特征为体节两两愈合(双体节),除头节无足,头节后的3个体节每节有一对足外,其他体节每节有2对足,足的总数可多至200对。

千足虫体长约20~35毫米,体节数各异,从11节至100多节。除头4节外,每对双体节含2对神经节及2对心动脉。头节上长有触角、单眼及大、小腭各一对。除一个目外,所有千足虫有钙质背板。自卫时马陆并不咬噬,它们采取自我保护的方式,将身体蜷曲,头卷在里面,外骨骼在外侧。许多种类能够分泌一种刺激性的毒液或毒气以防御敌害。

21.最会造房子的昆虫

世界上最会造房子的昆虫是蜜蜂。蜜蜂被称为"天才建筑师",它们建造的蜂房即使世界上最高级的建筑师看了也会叹为观止。

蜜蜂的蜂房由一些正六边形的小室组成,底部用三个全等的菱形拼接,这种奇特的结构不但非常牢固,而且能大大减少建造蜂房所用的蜂蜡,还能满足蜜蜂生长和酿蜜的需要。蜂房纵向垂直于地面,由工蜂分泌的蜂蜡筑造。蜂房分为工蜂房、雄蜂房和王台,此外还有储存食物的空间和孵化幼蜂的空间。建好的蜂房只有40克重,却可以容纳2000只蜜蜂。

蜜蜂对营巢点的选择十分严格,要求蜜源丰富、气候适宜、目标显著、飞行路线通畅。因此,野生蜂群常穴居在周围有较丰富蜜源的南向山麓或山腰中,能避日晒、防风雨、冬暖夏凉,且能躲避敌害侵扰的地方。孤岩和独树是它们最喜欢的营巢目标。

22.最大的蟑螂

蟑螂已经存在了上百万年,是非常古老的一种昆虫,全世界大约有2300种,多分布在热带及温带地区。一般体长1~3厘米。东方蜚蠊是世界上体形最大的蟑螂。世界自然保护基金会2005年4月25日在德国法兰克福宣布,科学家们在东南亚婆罗洲发现了迄今世界上最大的蟑螂,这种特大蟑螂属于东方蜚蠊。这个蟑螂"巨无霸"是科学家们在2004年一次国际科学探险活动中发现的。它身长达10厘米,呈长椭圆形,深褐色,有光泽,背腹平扁,头部较小,口器发达;触角一对,细长如丝;复眼一对,肾形。脚三对,腿节和胫节上有刺。

蟑螂腹部 10 节,第 6~7 腹节之间有背腺开孔,能分泌油状的液体,有特殊的臭气。有翅,能飞,行走迅速。生活于温暖潮湿之处,在厨房、碗橱里尤多。昼伏夜出,喜食蔬菜及汤水,常将部分从胃中呕出,并将粪便排在食物上,是一种传播细菌的害虫。

23.最大的蚂蚁

我们平时见到的蚂蚁只有 1 厘米左右,还有一些蚂蚁个头大得多。世界上最大的蚂蚁是非洲的司机蚁。这种蚂蚁从头到尾有 4 厘米长。比它小一号的蚂蚁在澳洲昆士兰和新南威尔士北部,叫作公牛蚁。

24.最毒的甲虫

世界上最毒的甲虫是斑蝥,也叫斑猫。全世界有 2300 多种,我国有 29 种。它们全身披着黑色绒毛,翅膀细长呈椭圆形,质地柔软,体长 11~13 毫米,翅膀基部有两个黄色斑点,中央前后有一条黄色波纹状横带,足上长有黑色长绒毛。

斑蝥聚群取食,成群迁飞。当它们受到侵犯的时候,就会从足关节处分泌一种黄色的毒液,这种毒液毒性非常强,能够破坏高等动物的细胞组织,与人接触后能引起皮肤红肿发疱。

25.翅膀扇动速度最快和最慢的昆虫

世界上翅膀扇动速度最快的昆虫是一种小型蝇类。这种小蝇翅膀扇动的速度可达每分钟 133080 次,也就是说,它拍一次翅膀,肌肉从紧张到松弛的过程只需要 1/2218 秒。

世界上翅膀扇动速度最慢的昆虫是黄凤蝶。一般蝴蝶扇动翅膀的频率是每分钟 460~636 次,而黄凤蝶在空中飞翔时翅膀每分钟只扇动 300 次。

26.最大与最小的蝴蝶

蝴蝶是非常美丽的昆虫,而且种类繁多,全世界有 14000 多种,我国有 1300 多种。其中最大的蝴蝶是凤蝶,同时它也是世界上最美丽的蝴蝶。它们翅膀上有红、黄、蓝、黑等各种鲜艳的颜色形成的美丽斑纹。已经发现的最大的蝴蝶产于新圭亚那,重量高达 5 克,翅展达 28 厘米,和中等体型鸟类的翅展差不多长。

世界上最小的蝴蝶是小灰蝶,翅展一般只有 16 毫米。1983 年我国昆虫学家马恩沛在云南西双版纳采集到一种小灰蝶,翅展只有 13 毫米,是已发现的最小的蝴蝶。小灰蝶体色不同,雌蝶通常呈暗色,雄蝶通常呈蓝、青、橙、红、古铜等金属光彩的颜色。这种蝴蝶翅膀反面的颜色比正面更鲜艳。

27.最大与最小的蜘蛛

世界上最大的蜘蛛是生活在南美洲热带丛林中的食鸟蛛。它们的身体有成人拳头那么大,体长 5~25 厘米。它们在树上织网,等待自投罗网的鸟类成为它们的食物。青蛙、蜥蜴和其他昆虫投入网中也会成为它们的腹中餐。食鸟蛛的身上长满绒毛,样子很吓人。它们性喜独处,卵生,一般能活 10~30 年。食鸟蛛织的网能经得住 300 克的重量。1975 年,在墨西哥曾发现一株大树的几根树枝,被一张巨大而多层的蛛网所遮盖,最大的网竟能将一棵 18.3 米高的大树上部四分之三的树枝遮蔽住。

世界上最小的蜘蛛是展蜘蛛。生物学家在西萨莫尔群岛捉到一只成年雄性展蜘蛛,它的体长只有 0.43 毫米,还没有书上的句号大,即使出现在我们的视野中,也很难被发现。

28.最毒的蜘蛛

提起"黑寡妇",很多人会不寒而栗,它是世界上最毒的蜘蛛。黑寡妇蜘蛛是一种具有强烈神经毒素的蜘蛛,通常分布在温带和热带的城市居民区和农村地区。它们主要以昆虫为食,有时会捕捉虱子、马陆、蜈蚣,以及其他蜘蛛。黑寡妇对畜生的危害很大,但是不知道为什么,它们唯独不伤害绵羊。黑寡妇还经常咬人,它们的毒素很强,被黑寡妇咬伤之后导致死亡的案例很多。

成年雌性黑寡妇的腹部呈黑亮色,并有一个沙漏状红色斑记,也有的斑记颜色介于白色和黄色之间,或者介于红色和橘黄色之间。雌性黑寡妇体长 38 毫米左右,而雄性黑寡妇体长不到雌性的一半。雄性黑寡妇通常呈黑褐色,身体上有黄色条纹和黄色沙漏斑记。

29.最大的蟹

世界上最大的蟹是日本大螃蟹,也叫甘氏巨螯蟹。这种蟹也是体形最大的甲壳类动物。它们的身体像个大盘子,脚有 1 米长。已知最大的一只日本大螃蟹体长 3.4 米,年龄为 80 岁,它的前肢比婴儿的手臂还粗,有 10 只脚,每只脚的尾部都非常尖。日本大螃蟹生活在日本沿海和台湾东北角 500 米深的海域。这种蟹的肉可以吃,但是性情凶猛,喜欢追逐穿花衣服的人。

30.最会变色的蟹

世界上最会变色的蟹是招潮蟹。招潮蟹也叫"呼叫蟹",它们生活在温带、热带海湾水下的洞穴中。它们的生活习性完全受海潮支配,涨潮的时候它们藏在洞中休息,落潮的时候它们才出来活动。它们的体色随着太阳的出没和潮涨潮落而变化。夜间,招潮蟹的身体为黄色;太阳出来后,它的身体渐渐变深;白天落潮时,是它一天中最活跃的时候,体色达到最深的时刻。

招潮蟹头胸甲呈梯形,前宽后窄,额窄,眼眶宽,眼柄细长。雄体的一只螯总是比另一螯大得多,大螯用来交配,非常大,甚至比身体还大,重量几乎为整体的一半,好像扛着一把小提琴。小螯极小,用以取食(称取食螯)。如果雄体失去大螯,则在原处长出一个小螯,而原来的小螯则长成大螯,以代替失去的大螯。雌体的两只螯小而对称,指节呈匙形,均为取食螯。

31.存活能力最强的环节动物

如果你把蚯蚓的身体切成两段,它不但不会死,反而每一段都可以长成一个独立的个体。它们是存活能力最强的环节动物。当身体被切成两段时,如果环境适宜,断面上的肌肉立即收缩,一部分肌肉便迅速自我溶解,形成新的细胞团,同时白血球聚集在切面上,形成栓塞,使伤口迅速闭合。如果把蚯蚓切成多段,那么有头的那段和有尾的那段能够存活,中间的不能存活。

蚯蚓

蚯蚓生活在潮湿、疏松和肥沃的土壤中,身体呈圆筒形,褐色稍淡,体长约 10 厘米,体重约 0.5 克,约由 100 多个体节组成。前段稍尖,后端稍圆,在前端有一个分解不明显的环带。腹面颜色较浅,大多数体节中间有刚毛,在蚯蚓爬行时起固定支撑作用。在 11 节体节后,各节背部背线处有背孔,有利于呼吸,保持身体湿润。

它们以土壤中腐烂的生物体为食,进食同时吞下大量土壤、沙及微小的石屑,也取食植物茎叶碎片。据估计,蚯蚓每日的进食量及排遗量与其体重相等。

32.牙齿最多的动物

蜗牛是一种常见的螺类,在世界各地均有分布,在热带岛屿最常见,但也见于寒冷地区。它们一般生活在比较潮湿的地方,在植物丛中躲避太阳直晒。

蜗牛有一个比较脆弱的、低圆锥形的壳,不同种类的壳有左旋或右旋的,头部有两对触角,后一对较长的触角顶端有眼,腹面有扁平宽大的腹足,行动缓慢,足下分泌黏液,降低摩擦力以帮助行走。

蜗牛是世界上牙齿最多的动物。虽然它的嘴大小和针尖差不多,但是却有 25600 颗牙齿。在蜗牛的小触角中间往下一点儿的地方有一个小洞,这就是它的嘴巴,里面有一条锯齿状的舌头,科学家们称之为"齿舌"。

33.最大的蜗牛

蜗牛的种类很多,全世界约有 2.2 万种,不同种类的蜗牛体形差异很大,常见的蜗牛体长 4~8 厘米,有些野生蜗牛不到 1 厘米,体形最大的要数非洲玛瑙螺,长达 30 厘米,壳高 15.4 厘米,直径 8 厘米。玛瑙螺以其体形似螺,肉包像玛瑙而得名。玛瑙螺有很高的食用价值和药用价值,肉质鲜嫩,味道可口,具有高蛋白、低脂肪的优点。鸡、猪、牛肉的胆固醇含量为 6%~28%,而玛瑙螺肉的胆固醇含量趋于零,还含有人体必需的 20 多种氨基酸,对人的高血脂、肥胖症、冠心病、动脉硬化、消化不良、结石症等有着独特的保健功效。

34.最古老的甲壳动物

世界上最古老的甲壳动物是鲎。这种动物是与恐龙同一个时期出现的。早在 4 亿年前,地球上的原始鱼类还没有出现的时候,就有了这种甲壳动物。因此鲎有活化石之称。经过几亿年的进化,现在的鲎与他们的祖先在特性和身体结构上没有太大的变化。

鲎的体形古怪,外形有点像蟹,也叫马蹄蟹。但是它们并不是蟹,与蜘蛛、蝎以及早已灭绝的三叶虫有亲缘关系。它们身上有一个坚硬的甲壳,身体分头、腹、尾三部分,后面拖着一根可自由活动的三角棱柱状剑尾。这个剑尾既是航行的舵,也是自卫的武器,还可以当作翻身的工具。它们大部分时间藏在泥沙中,仅露剑尾当作警戒。它们有时在浅海游泳。

鲎的血液是蓝色的,含有铜离子。这种蓝色血液的提取物——"鲎试剂",可以准确、快速地检测人体内部组织是否因细菌感染而致病;在制药和食品工业中,可用它对毒素污染进行监测。

目前,这种古老的甲壳动物生存在亚洲和北美东海岸。

恐龙与动物化石之最

1.最后灭绝的恐龙

根据科学家的研究,恐龙曾经统治了我们的地球1亿多年,也就是说在1亿多年以前,地球上最具发言权的是恐龙——这种被认为是世界上存在过的最为庞大的动物家族! 但是,曾经的辉煌是怎么也经历不起沧海桑田的变故,一切都在时间的面前变得渺小如珠,恐龙也是如此。科学家曾经煞费苦心地想把那些遥远的故事在我们的脑海里还原,但再怎么努力我们能做的都是一些粗糙的想象和推测!

科学家为了让恐龙的生活轨迹更清晰一些,就把恐龙生存的年代分为不同的时期:三叠纪、侏罗纪、白垩纪。不同的恐龙分别生活在一个不同的时代,当然没有一种恐龙能跨越这三个时期,也就是说,最后灭绝的恐龙肯定是生活在大约6500万年前的白垩纪。科学家在经过多年的研究之后得出结论:能坚持生存到恐龙灭绝以前的最后一刻的恐龙有许多种,比如角龙、肿头龙、爱德蒙托龙、暴龙以及锯齿龙等,都是世界上最后灭绝的恐龙。

2.世界最大的食肉恐龙

阿根廷的科学家于1983年在阿根廷内乌肯省境内发现了一种食肉恐龙的化石比我

们知道的恐龙要大得多,这种恐龙就是暴龙。

暴龙站立时高 6 米,长大约 14 米,体重大约 8 吨,仅它的牙齿就有成年男性的小腿那么长,足可以撕裂任何猎物。这种恐龙前腿比较短小,但后腿比较粗壮,所以它是靠两条后腿的支撑来行走的。科学家在仔细研究后认为:这种恐龙的猎物主要是一种身长 30 多米、体重大约数十吨的素食恐龙。可见它的胃口会有多大!

3.最大的恐龙

大约生活于距今 1.36 亿年到 1.62 亿年前的侏罗纪晚期的震龙是科学家迄今为止发现的身材最大的恐龙。震龙属于蜥臀目、蜥脚亚目、梁龙科,身长 39~52 米,身高有时候也会达到 18 米。科学家之所以叫它震龙,是因为它的身躯太大了,走路的时候,周围的地面就会像地震一样剧烈震动。

震龙身躯这么大,体重也甚是惊人!很多人可能会因此以为它是食肉动物,其实震龙是以植物为生的,树的叶子、各种各样的草都是震龙的食物。震龙的脑袋和嘴都很小,进食速度慢,食量又大,所以震龙的一天大部分时间都处在进食状态。

4.最小的恐龙

一谈到恐龙,我们都立刻把它和"庞然大物"这个词联系起来,其实不然,科学家就发现了一种恐龙化石只有我们常见的鸡那么大,是不是很奇怪?科学家把这种体形很小的恐龙叫作"美颌龙"。美颌龙是人类目前所知道的体型最小的恐龙,它的身体的长度在 1 米左右,它的尾巴很长,相当于身体长度的 1/2。它的臂高只有 20 厘米,远远地看上去,既像一只好看的公鸡,又像一只美丽的鸟,像这么小的恐龙真是远远出乎我们的想象,然而它的的确确是存在过的,它还是一种肉食恐龙,主要的食物是一些小动物,比如:蜥蜴、蚯蚓以及其他种的昆虫,等等。

5.最重的恐龙

世界上曾经存在过的最重的恐龙是腕龙。

腕龙大约生活在 1.45 亿~1.56 亿年前的侏罗纪晚期,它的脖子很长,脑袋很小,尾巴又短又粗,但它却是地球上曾经存在过的最重的恐龙。它的身高和体长相较于别的恐龙都差不多,但是它的体重却是毫不逊色,它的平均体重都在 70~80 吨,而它的身高只有 12~15 米,体长也不过 25 米左右。幸亏腕龙有相当粗壮的四肢来支撑它肥胖的身体,否则走路都很困难。腕龙的四肢非常粗壮,即使是这么粗壮的四肢,腕龙走路的时候也不能像其他的恐龙那样可以两脚撑地,它必须要四肢同时撑地,才能够很稳定地行动。

6.爪子最大的恐龙

迄今为止发现的爪子最大的恐龙是重爪龙。重爪龙是一种大型的肉食性恐龙。它们的体形很特别,全身长 12 米,高约 4 米,重 3 吨,头部扁长,头型很像鳄鱼,口中长满细齿,身体低垂,后肢强壮,尾巴很长,可以帮助身体保持平衡。前肢有三只强有力的指,特别是拇指,粗壮巨大,有一个超过 30 厘米长的钩爪,重爪龙的名称由此而来。它的食物也与其他食肉恐龙不同,喜欢吃鱼,而且还很会抓鱼,就像今天的熊一样。抓到鱼后,就用嘴叼住,然后带到蕨树丛中去慢慢享用。

7.最聪明的恐龙

就身体和脑容量的比例来看,伤齿龙具有恐龙中最大的脑袋,因而被人们认为是最有智慧的恐龙,它们可能在白垩纪晚期是最聪明的一群。有些科学家甚至认为它可能比现存的任何爬行动物都要聪明。袋鼠的 EQ 大约为 0.7,而伤齿龙的 EQ 高达 5.3。

伤齿龙是一种体形较小,类似鸟类的恐龙,身长 2 米,体重 60 千克。伤齿龙可能和今天鸟类的智力相似。加拿大古动物学家戴尔·罗素就设想,如果 6500 万年前没有那场大灾难,伤齿龙会演化得更聪明,而且将拥有类似人类的外表。

8.最笨的恐龙

剑龙是一种体型巨大,生存于侏罗纪晚期的典型食草恐龙。它们被认为是居住在平原上,并且以群体游牧的方式和其他食草恐龙一同生活。剑龙大约全长 7 米,如果算上骨板的高度,身高可达 3.5 米,可重达 7 吨。整个身躯如同现在的大象,但只有一个小得可怜的脑袋。大脑只有一个核桃般大小,与它庞大的身躯极不相称。科学家们由此认定,剑龙一定很笨。

有人认为剑龙的臀部还有一个脑子,这完全是一种谣传,任何动物绝对不可能有两个脑子。实际上剑龙的臀部只不过是有一个脊索,里面是个膨大的神经节,能通过神经网络与脑相通。这个膨大的神经节就像一个控制中心,这种控制中心对于像剑龙这样的大型动物来说,是至关重要的。剑龙前肢短小,全身明显前倾。颈部沿背脊直至尾巴中部,排列着两排三角形的板块,尾端有两对牛角状的尖刺,这是它的武器。它靠臀部的神经节控制后肢和尾巴,遇到危险时,就用尾巴上的尾刺来打击来犯之敌。

9.身体最宽的恐龙

世界上身体最宽的恐龙是甲龙。顾名思义,甲龙就是全身披着盔甲的恐龙,它们身体笨重,只能用四肢在地上缓慢爬行,看起来有点像坦克,因此也叫坦克龙。甲龙体长7~10米,体宽2~5米,身高1米左右,体重2吨。

从自卫手段上来看,甲龙把身体发展到了顶点,它们的头部、颈部和身体两侧覆盖着骨质甲片,甲片上密布着脊突。皮肤厚实似皮革,极具韧性。臀部上方至尾巴的大部分竖立着尖如匕首的棘刺,身体两侧也各有一排尖刺。这种严密的防范措施,抵挡住了大部分的食肉者。尾部的鼓槌挥动时可产生巨大的力量,是重要的自卫武器。

10.最难看的恐龙

最难看的恐龙是肿头龙。肿头龙又叫厚头龙,它的头骨上覆盖着圆弧形的20多厘米厚的骨板,围绕这个突起,在平滑的小丘周围分布为成行或成列的肿瘤状的小瘤或小棘,这使它的头顶好像被剃过一样,非常难看。

肿头龙身长约4.6米,并拥有相当粗短的颈部、短前肢、长后肢、庞大的身体,以及可能由骨化肌腱支撑的尾巴。它们是草食性或杂食性恐龙。目前只发现一个头颅或少数头颅部分。

11.最厉害的恐龙

科学家根据出土的恐龙化石资料推测,在侏罗纪晚期,最厉害的恐龙是异特龙,在白垩纪晚期,最厉害的恐龙是暴龙。这两种恐龙的牙齿非常锋利,它们的牙齿边缘呈锯齿状,像刀子一样。上下颌非常有力,能张得很大。它们的爪子强健有力,能够轻易刺破食草恐龙的皮肤。

异特龙最吓人的地方就是它的血盆大口，一排 V 字形的锋利的牙齿，能咬住猎物并将它撕碎，很少有猎物能逃出它的魔掌。异特龙最显著的特征是在它的眼睛上方有一个骨质突起物，使得我们很容易就能辨认它。

暴龙，也叫霸王龙，它的牙齿同样非常锋利，目前所发现最大的暴龙牙齿，包括齿根在内有 30 厘米长。暴龙拥有恐龙之中最强大的咬合力，在其他恐龙身上发现的大型齿痕显示暴龙的牙齿可刺穿坚硬的骨头。

12.牙齿最多的恐龙

已知的牙齿最多的恐龙是鸭嘴龙。鸭嘴龙为一类较大型的鸟臀类恐龙，是白垩纪后期草食性恐龙家族的一员，它们最大的长达 15 米以上。鸭嘴龙头骨较高，其枕部宽大，面部加长，前上颌骨和鼻骨也前后伸长，吻部由于前上颌骨和前齿骨的延伸和横向扩展，构成了宽阔的鸭状吻端，吻部宽扁，外鼻孔斜长，看起来很像鸭子，故而得名。特化的前上颌骨和鼻骨构成明显的嵴突，形成角状突起，下颌骨上的齿骨和上隅骨形成的冠状突很明显，后部反关节突显著。它们的上下颌齿列复排，每个颌骨上有 45~60 个牙齿，垂直复叠，共 960 颗，珐琅质只在牙齿的一侧发育。

鸭嘴龙是鸟臀类恐龙中最进步的一类。它们肠骨的前突平缓，后突宽大，耻骨前突扩展成桨状，棒状坐骨突几乎成垂直状态，有的个体的坐骨远端也扩大。脚部有三根趾头，后肢长而有力，已发育成鸟脚状，前腿则较小且无力。

13.已发现的世界上最长的恐龙足迹

20 世纪 90 年代，一个美国古生物考察队在位于土库曼斯坦和乌兹别克斯坦边境上的一片泥滩上，发现了迄今为止世界上最长的恐龙足迹化石。其中，最长的 1 串足迹化石长达 311 米。

这些足迹是由 20 多条巨齿龙留下的。巨齿龙是一种与暴龙相似的食肉恐龙，但是它们生活在距今 1.5 亿年前的侏罗纪晚期，那个时候暴龙还没有出现。新发现的足迹与过去在北美洲和欧洲发现的巨齿龙的足迹非常相似，说明在侏罗纪晚期的时候巨齿龙的分布范围很广。

巨齿龙每个足印的大小与暴龙的足印差不多，有 60 多厘米长，足印还显示其足后跟比较长。足迹显示的跨步长度表明,这些巨齿龙的身体只比一般身长在 12.2 米左右的暴龙略微小一点。像所有的肉食恐龙一样,巨齿龙的足迹显示它的一只脚的足印并不落在另一只脚的前面,而是在左右足印之间有 90 多厘米宽的间距。科学家据此推测,巨齿龙很可能像鸭子那样摇摇摆摆地走路。

14.最早的有胎盘哺乳动物化石

世界上最早的有胎盘哺乳动物的化石是中、美研究者在中国东北辽宁省境内发现的一块动物化石。

科学家发现这块化石的时候,化石保存得相当完好,化石上的小动物看上去像一只大老鼠,骨骼清晰可见,甚至能很容易就看到动物浓浓的皮毛。科学家最终通过化石上清晰可见的动物的牙齿和踝关节肯定了化石上的动物是哺乳动物的一种,另外,科学家还通过化石上的动物正伸长的足趾断定这种动物是非常善于攀缘的。

中、美科学家在对化石进行了细致的研究之后表示:化石上的动物是人类迄今为止所知道的包括人类在内的哺乳类家族中最早的成员,随后,美国卡耐基自然历史博物馆和中国科学院的专家正式确定了这种动物的名称——"Eomaia scansoria"。

15.最早的真螈化石

最近,有科学家在中国内蒙古地区发现了一种距今已有 1.6 亿年的真螈类两栖动物化石——蝾螈类化石。蝾螈类动物是隐鳃螈动物的一科,它们生活的年代距今已有大约 1.6 亿年,可以说它们是人类迄今为止所发现的最早的真螈类两栖动物化石,这个发现把人们认为的真螈动物的起源时间推前了 1 亿年。在这以前,人类发现的最早的真螈类动物化石是大约生活于距今 6000 万年前的真螈动物。真螈类两栖动物是地球上的一个原始类群,它在地球上生活的年代相当长,对研究现代两栖动物的进化和起源有着非凡的意义,而新发现的蝾螈类化石弥补了很大的一个空白,人类在研究两栖动物的起源和进化的道路上又前进了一步!

16.最大爬行动物化石

人类迄今为止发现的最大的爬行动物化石是食肉滑齿龙化石。食肉滑齿龙化石是科学家在北美洲的墨西哥北部的阿兰贝里地区发现的，化石长达20多米。

食肉滑齿龙是一种蛇颈龙，大约生活于1.5亿年前，是一种海底动物，以其体型巨大、性情凶猛著称。尤其是它的牙齿，就像排列得整整齐齐的一排长刀，锋利无比。这样的牙齿再加上它强健有力的上下颚，只要稍微一用力，任何动物在它的嘴里都会顷刻间粉身碎骨！就是世界上最坚硬的花岗岩在它的嘴里也会瞬时变为碎面。科学家介绍说这种龙曾经主宰海底世界相当长时间，素有"海底霸王"之称。

科学家称，尽管以前也有食肉滑齿龙化石出土，但是像在墨西哥发现的这么完整的还从来没有过，所以在墨西哥发现的这个食肉滑齿龙化石是世界上最大的爬行动物化石。

17.最早的人类头盖骨化石

人类的起源问题一直是人们尤其是考古学家探索不息的课题。多年来，考古学家认为人类的祖先来自非洲东部。最近，由法国和加拿大等国考古学家组成的一个科研小组在中部非洲国家乍得发掘出一个完整的迄今为止最早的人类头盖骨化石。据推测，这个长相类似无尾猿的生物生活在大约六七百万年前，它兼具黑猩猩和人这两种生物的特征，而且，对这个人类头盖骨化石的研究结果显示，这个高级动物的大脑与黑猩猩的大脑极为接近，而它的前额和牙齿更像是人类的祖先——猿人。据此，考古学界的权威专家普遍认为，这一重大发现，将把"从猿到人"的时间上溯到距今600万~700万年前，远远超过人们此前判断的时间。

不过，也有少数考古学家对上述发现提出了质疑。他们认为，这个人类头盖骨化石也可能是一种与黑猩猩或大猩猩"沾亲带故"的高级动物的，或是属于人类进化过程中的一个最终未能演变成人的动物族群的。

18.最大的鸟类化石

世界上最大的鸟类化石是在阿根廷出土的恐怖鸟的化石。这具化石估计生活在距今1500万年前，复原后高达3米，重约200千克，头部比马的头部还大。除了较完整的头部之外，化石还包括腿、爪等。

恐怖鸟生活在2700万年到1.5万年前，那个时期的南美洲还是一个漂离的大陆板块,在这个与其他陆地隔绝的世界,没有更强壮的掠食动物与恐怖鸟竞争,同时,恐怖鸟也没有天敌,因此它当上了南美洲的霸主,曾经进化得相当巨大,其巨大的钩状喙可以轻松地吞下一只小动物。直到后来的猫科动物出现,它们才逐渐衰弱。

19.最大的肉食动物化石

世界上最大的肉食动物化石是生活在侏罗纪的大型海洋肉食动物——里奥普鲁顿的化石。里奥普鲁顿绰号为"深海怪物""海洋霸主",是1.5亿年前统治着海洋的最恐怖的食肉动物。古生物学家从一些零星的骨骼化石中意识到里奥普鲁顿的存在,但是一直没有发现一架完整的里奥普鲁顿化石。

2003年1月,古生物学家在阿拉蒙布里地区挖掘出了一具可称作地球上有史以来最庞大的肉食动物的完整化石。科学家经过鉴别后认为,它可能正是里奥普鲁顿。它的头像一辆小汽车一样大,牙齿长25.4厘米。它吞食猎物时,甚至不用咀嚼。

20.最大的猛犸象骨骼化石

世界上最大的猛犸象骨骼化石是在我国内蒙古呼伦贝尔出土的。猛犸象是体披长毛的古象类,属于长鼻目,活动于寒冷的草原、雪原地带,是第四纪冰川时代或冰缘环境下生存的珍奇巨兽。这具猛犸象骨骼化石保存完好,发现于距地表39米深的古河床内。这具猛犸象体长9米,高4.7米,是迄今所知最大最完整的猛犸象骨骼化石。

猛犸化石

21.最古老的毛颚动物化石

中科院古生物学研究所的一名教授在昆明海口寒武纪早期地层发现了最古老的毛颚化石。这个化石十分完整,2.5厘米长,包括头、躯干和尾,头部外边缘具有许多镰刀状颚刺,口边缘是小型齿状构造,躯干前端有一对头罩的肌痕,具侧鳍,形态和大小均与现生的箭虫相似。

毛颚动物为自由游泳的肉食性海生动物,在海洋生态系统中扮演着十分重要的角色。这一发现为揭示寒武纪生命大爆发事件,即为生命起源和早期生命演化研究提供了独一无二的依据。

22.最古老的兔子祖先化石

德国柏林洪堡大学的专家与美国纽约自然历史博物馆的古生物学家在蒙古戈壁发现的一具距今 5500 万年前的动物化石。据考证这具化石是最完整最古老的兔子祖先化石。

因为这种动物的牙齿像钉子,所以被命名为钉齿兽。钉齿兽的标本保存得相当完整,其骨骼与现代的兔子相似,其后腿长度是前腿的两倍以上,它有一条长长的尾巴,而它的牙齿与其说像兔子,不如说与松鼠更相似。

钉齿兽与现代的兔类有极为紧密的关系,它的发现有力地支持了现代胎盘类动物出现于恐龙灭绝之后的理论。

第十四章　动物标本的制作

无脊椎动物标本的采集与制作

无脊椎动物是一个庞大的类群,不仅种类繁多,而且个体到处可见。尤其是其中的昆虫,约有 300 万余种,在动物界中种类最多,与人类的关系非常密切。因此,无脊椎动物的采集和标本制作,是同学们学习动物标本制作的一个重要方面。

1.昆虫标本的采集与制作

昆虫的种类繁多,千姿百态,天空、地上、土内、水里到处都有它们的踪迹。昆虫属于节肢动物门、昆虫纲。整个昆虫纲共有 300 余万种,占整个动物界的 3/4,是动物界中种类最多的类群,也是与人类关系非常密切的动物类群。

采集昆虫标本虽然比较容易,但要做到有系统地积累典型的标本却也不是轻而易举的事。在野外采集前应做到:①要熟悉各种昆虫的生活习性,掌握采集对象的变态类型、栖息场所、发生时间、采集方法等,也是制订采集方案时需要考虑的问题;②还需针对采集对象事先准备好各种采集工具,熟练掌握安全的操作方法,以取得预期的成效。采集过程中要尽量避免过量乱采,尤其是比较珍贵的虫种,更要妥善行事。

通过昆虫标本的采集与制作,同学们能够进一步掌握昆虫学方面的知识,从而补充课堂学习的内容。可以了解到昆虫的生态、生活环境的多样性及地理分布状况,并学会识别害虫和益虫,为今后学习甚至工作打下基础。本节主要介绍不同昆虫标本采集、制作、保存的方法和技能。使同学们基本学会昆虫分类的知识及鉴定方法。

(1)常见昆虫的种类

昆虫是无脊椎动物中唯一有翅的动物,它在动物界中属于节肢动物门、昆虫纲,按照分类的阶梯(界、门、纲、目、科、属、种),昆虫纲内又可分许多目。根据昆虫的翅、口器、触角、足等形态和结构等特点,昆虫纲还分有翅亚纲和无翅亚纲,下分30余个目。现仅就其中比较常见的10个目简要说明如下:

①直翅目

体大、中型;前翅窄长,革质;后翅宽大,膜质;咀嚼式口器,不完全变态。如蚱蜢、蝼蛄、蝗虫、油葫芦等。

②鳞翅目

成虫体表及膜质翅上均被有密布的毛和鳞片;虹吸式口器(幼虫为咀嚼式口器);完全变态。蝶蛾类昆虫均属此目。

③膜翅目

体型微小直至中等,一般有两对膜质的翅;体壁较坚硬;头部可以活动,口器大多为咀嚼式,属于蜜蜂科的为嚼吸式;完全变态。如蜜蜂、长脚胡蜂、姬蜂、赤眼蜂等。

④鞘翅目

前翅,角质,质地比较坚厚,静止时左右两前翅在背上相接成一直线;后翅,膜质,常折在前翅下;咀嚼式口器,完全变态。如金龟子、星天牛、七星瓢虫、叩头虫等。

⑤双翅目

成虫有1对发达的前翅,后翅则退化成平衡棒;口器为刺吸式或舐吸式;完全变态。如蚊、蝇等。

⑥同翅目

四翅质地相同,均为膜质;刺吸式口器;不完全变态。如蝉、叶蝉、蚜虫、白蜡虫等。

⑦半翅目

体形略扁平;多数有翅,少数无翅;前翅基部是角质,端部是膜质;后翅膜质;刺吸式口器;不完全变态。如椿象、盲椿象、臭虫等。

⑧脉翅目

翅膜质,翅脉网状,前后翅形状大小相似,完全变态。成虫、幼虫均为肉食性,捕食多种粮棉害虫,为重要的害虫天敌。如草蛉、蚁蛉等。

⑨蜚蠊目

前翅革质,后翅膜质;足发达善疾走,不完全变态。如蜚蠊、土鳖等。

⑩蜻蜓目

翅狭长、膜质,前后翅长短相等;咀嚼式口器;不完全变态。如各种豆娘、蜻蜓等。

（2）常用昆虫标本采集工具

常言道:"工欲善其事,必先利其器。"采集昆虫标本需事先准备好各种采集器材和工具,既要完备,又要使用灵活、携带方便,还要注意安全。尤其是远程的野外采集,更得考虑周密,备好备足。属于采集现场使用的大小工具、器材,要随用随收,免得遗忘丢失。毒瓶、毒剂之类和其他危重物品,更需随身携带,做到万无一失。

下面介绍一些昆虫标本采集常用的工具及其制备、操作方法。

①采集网

采集网是采集昆虫的必备工具。根据网的用途不同,它的形状、大小、构造也不一样。大致可分为4种:

捕网:又名抄网,主要用于捕捉快速飞行的昆虫,如蝶、蛾、蜂、蜻蜓等。捕网由网柄、网框、网袋三部分组合而成。

捕网可以自己制作,网袋选用薄而柔的细纱,颜色以白色或淡色为宜,如珠罗纱或蚊帐布,也可用尼罗纱巾改制,以便能减少空气阻力、加快挥网速度,刊于昆虫入网,便于透视网内。网袋的长度一般是网框直径的2倍,其底部要做成圆形,直径应不小于7厘米,以便于取出采到的昆虫。

依图剪好网袋,沿着弧形边把两个半片缝合成一个整体网袋,然后把网口布边缝在网袋上。网口布边是双层的,以便穿入铅丝支撑网口。

用粗铅丝弯成直径约33厘米的圆圈作为支撑网袋的网框,穿入网袋的双层布边中,末端固定在网柄顶端。为了携带使用方便,还可以把网框的铅丝从中央剪断,断端各弯一小圆圈,互相环套在一起,折叠成半圆;末端设法固定在网柄顶端,做成装卸方便的折叠式网袋。

网柄一般选用直径1.5~2厘米的轻韧不易折断的木棍或竹竿制作,柄长1~1.35米。也可用铝管截成几节,用螺丝口互相连接成一根易于装拆的网柄。还可以用纺织厂的旧纱管制成插接式网柄。

纱管是一种用厚约2厘米的硬纸板压制成的一端细、一端粗的空心管,表面涂有一层防护漆,质轻而有一定的强度。将一节纱管的细端插入另一节纱管的粗端口内,如此连接5~6节,再把网框固定在顶节上,就做成了插接式网柄。采集途中把纱管放在采集袋里,用时再把它连接起来,携带使用都很方便。

扫网:主要用来捕捉栖息在草地、灌丛等低矮植物上或行株距间的临近地面、善于飞跳的小型昆虫。

扫网的制作方法和捕网大致相同,但扫网的网柄较短,60厘米左右即可;网框的铅丝也比捕网的略微粗硬,网袋宜选用比较耐磨的粗纱布,常用质地结实的粗白布或亚麻布制作,在网的底部开个小口,用时将网底扎住,也可在网底开口处用橡胶圈扎一只透明的小塑料瓶,这样可以及时看清扫入网中的昆虫种类和数目。扫捕时小虫被甩入管内,虫量满时取下小管,盖上透气瓶盖,再另换扎一只,继续扫捕。

水网:主要用于采捕水生昆虫。网的结构也由网柄、网框和网袋三部分组成,但形式和质地却多种多样,主要根据水域的深浅、河溪的宽窄、水草的疏密以及所要采集的昆虫种类来选择形式和质地。

为了减少水的阻力,网袋宜选用透水性较强的材料,如马尾纱、尼龙纱、铜纱、棕榈纤维或亚麻布制成等。为了作业时操作灵活,要选用轻便不易变形的网柄。水网的形式很多,如铲网、拖网等,前者适于捞捕泥沙中昆虫,后者适于拖捞深水中昆虫。一般使用的水网可以参照如图,根据捕捞对象设计制作。

刮网:主要用来采捕生活在树下或墙壁等物上的昆虫。与扫网类似,但网框做成半月形,弦用钢条,网袋用白布做,要浅,并且底下开口。采集昆虫时,在开口外扎一透明塑料小瓶,刮下的昆虫就可落入小瓶中,在采集昆虫过程中,要使弦的一边紧贴树干或墙壁等,以免昆虫掉落地上。

②毒瓶

采集昆虫时,对用来作标本的昆虫,采到后要迅速杀死,以防其挣扎逃跑或损伤肢体及鳞片脱落。这就需要用毒瓶及时将昆虫杀死。尤其是在夜晚灯下诱捕,虫量较多,来势迅猛,更需备有一定毒力的毒瓶,以便随时更替处理。

常用的毒瓶,一般选用质量较好的磨砂广口瓶。这种瓶的容积较大,盖上瓶口比较严实且不易脱落,使用比较安全。还有利用罐头玻璃瓶加配塑料盖的,也很经济实用。

专业采集用的毒瓶,毒剂使用氰化钾(或氰化钠),它的毒力较强,昆虫入瓶后可迅速致死。由于这种毒剂剧毒，在制作、使用和保管中要特别注意安全，防止发生事故。废弃不用的毒瓶要妥善水解、深埋，严禁随意丢弃。一般学校仅限于辅导老师制备使用，同学们实习时可另选用其他有一定毒力而比较安全的药物。毒瓶的制作方法如下，但要注意前两种仅供了解，不适于同学们使用。

氰化钾（钠）毒瓶

以氰化钾为毒剂的毒瓶制作方法：先将小块氰化钾或其粉末，轻轻放入瓶底，摊平；一只高 15 厘米、瓶底直径 18 厘米的玻璃广口瓶，可放入毒剂 1 厘米厚。然后在毒剂上面平铺 1.5 厘米厚的锯末，稍压平整，锯末层上平摊一层厚约 0.5 厘米的生石膏粉，亦稍压平整，再盖上一张与瓶体内径大小相同的滤纸片，徐徐向瓶内滴水，直到水滴通过滤纸渗透到石膏层的层底为止，盖上瓶盖，经过 10 余小时，待石膏层凝固，放上一两张滤纸，瓶外面写上"毒瓶"字样的标签，毒瓶就做成了。

用乙醚或醋酸乙烷或三氯甲烷等麻醉剂制毒瓶

用麻醉剂做毒剂时，不能将药直接放到瓶中。有两种方法：a，先在瓶底铺一层棉花，然后倒入药液，以浸湿棉花为止，再在棉花上面铺一层锯末，锯末厚度 0.5 厘米即可，然后在其上铺一层滤纸，将瓶口用软木塞塞紧；b，用药物将棉球浸湿（以下滴药为止），然后用图钉固定到广口瓶软木塞的底面。由于乙醚挥发很快，要随时添加才能保持药效。当棉花球上的药挥发完后，再滴上一些。

适于同学们使用的毒瓶——用苦桃仁制毒瓶

制作时，先将桃仁加水浸湿以后捣碎，然后放入毒瓶，上面再铺一张吸水纸便可使用。一个 500 毫升的毒瓶，至少应放置 30 克桃仁。如果没有桃仁，可改用新鲜的山桃叶和山桃嫩茎上的树皮，将二者加水捣碎，放入毒瓶使用；也可改用捣碎的枇杷仁、青核桃皮或月桂树叶，作为毒杀物质。

毒瓶做好以后，为了加固瓶体，防止瓶底破碎后药层撒落，常在瓶外以药层为准连同瓶底加粘一层胶布或透明胶带防护，这样可更加安全耐用；为了携带使用方便，还可在瓶体外配装背带。

毒瓶内放滤纸，主要是为了吸水，视纸的湿度和污染情况，及时予以更换。毒瓶内壁要经常擦拭，以保持洁净透明。使用毒瓶时，一次放入的昆虫不宜过多，不可将大型和小型、较软和较硬的昆虫混合放入一个毒瓶里，以防互相践踏，伤及虫体。为了防止瓶内昆虫互相碰撞,可在瓶内放些凌乱的纸条。对于鳞翅目昆虫,为了防止翅上鳞片脱落,可以先将这类昆虫放入三角纸包里,再将纸包放入毒瓶内毒杀。

③三角纸袋

又名昆虫包,主要用来保存鳞翅目昆虫标本。采集前制备好一定数量的大小不一的纸袋,依照虫体大小分别放入各袋,每袋可装1个或几个同种标本。纸袋轻巧,不致损伤标本,而且便于携带。

三角纸袋的材料一般选用半透明纸,裁成长、宽比为3:2的长方形纸块,然后依图所示,折叠而成。

放入袋内的标本,以在袋内的斜边存放为好,这样易于从边口取出。此外,采集前应先将采集日期、地点、海拔高度、采集人等写在袋的直折边上,不要装虫后再写,以免标本压损。

④吸虫管

有些体型微小或匿居洞穴、墙缝等处的昆虫,用一般采集工具不易捉到,都可以用吸虫管来吸取。用于吸取隐居在树皮、墙缝、石块中的小型昆虫,如蚊类等。

其制作很简单,用无底的指形管或玻璃管,两端塞好木塞,塞中央各钻一小孔,在孔中各插入一小玻璃管,一端套上橡皮管,另一端套上吸气球。简易的吸虫管就做成了;或者在有底的指形管的一端塞好木塞,木塞上钻两个孔,分别插入玻璃管和带吸气球的橡皮管,如图所示。

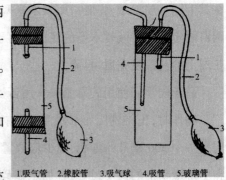

1.吸气管 2.橡胶管 3.吸气球 4.吸管 5.玻璃管

吸虫管

图中所示的橡胶管和吸气球,可以用医疗上充气的吹胀气球,变成吸气球时,需将进气一端的活门卸下来,倒换在另一端。另外,在吸管末端管口还需蒙一小块棉纱或绸纱,以防小虫吸入球内。

采集时,将吸管口对准或罩住要采集的昆虫,按动吸气球将昆虫吸入管内。吸管中还可以放入蘸有乙醚等麻醉药剂的小棉球,将昆虫熏杀后,再移入其他容器或纸袋中保存。

⑤三角盒

三角盒是用来在野外临时存放包有蝴蝶成虫的三角纸袋的。

⑥采集伞

用来承接高处落下的昆虫,如图所示。采集伞柄可以伸直或拉平,伞兜面料和一般晴雨伞相同,颜色宜用淡色,便于识虫收集。作业时撑开伞面倒放在地上,伞柄平放便于移动,用毕折叠。

⑦采集包

采集包是用来装采集工具、玻璃瓶、指形瓶、毒瓶的用具,用料可用小帆布做成工具袋或书包样式,内外多做些小口袋,袋上有盖,装小瓶时掉不出来;采集包还可以做成子弹袋样式,束在腰间方便使用。

⑧烤虫器

用于收集隐藏在枯枝落叶和烂草等腐烂物中的昆虫。使用时,将野外采来的腐烂物放入有隔筛的铁皮圆筒中,用电灯或其他热源增高温度,利用热量将腐烂物中的昆虫驱赶到圆筒下方的漏斗中,再从漏斗落入毒瓶或酒精瓶内,达到采集的目的。烤虫器的形式很多,可根据其原理自行设计制作,但使用时要严防火灾。

⑨采虫筛

用于收集隐藏在土壤中的昆虫,筛的形式和质地多种多样,可以自己动手制作。制作时,用铁丝编制成不同大小眼孔的圆框,几个圆框按一定距离套叠在一起,大眼子乙框在上方,小眼孔框在下方,将套框装进在一个上下开口的布口袋中,下口扎上一个收集昆虫的毒瓶,便制成了采虫筛。使用时,将野外采来藏有昆虫的土壤,从袋口装入上层铁丝框中,提起口袋用力抖动,昆虫便被筛出,并按体型大小,分别留在不同层次的铁筛上或落入下面的毒瓶中。

⑩卧式趋光采虫器

用于收集枯草烂叶中的昆虫。采虫器用粗铁丝做支架,四周用黑布做罩,形成一个长口袋,袋的前端连一方盒,盒正面安装玻璃,盒的下方连一收集瓶,收集瓶上口与方盒相通。用时,将野外收集的含虫的枯草烂叶,从袋后端装入袋中,利用昆虫的趋光性,使其向透光的方盒集中,最后落入下面的收集器内。这种采虫器适于收集无翅昆虫。

⑪趋光分虫器

趋光分虫器和扫网配套使用。用于收集和分类扫网采集的各种昆虫。这种分虫器是用薄木板或铁皮做成长方形盒,盒盖是一个能够抽动的门,盒的窄面一端开 3 个高低不同的圆洞,每个圆洞外装有一个能提起和关闭的铁扣板,铁板上套有一个与洞口相同的橡胶圈,在橡胶圈内放进一个口径适合的玻璃管,用时将扫网采来的含虫碎枝杂叶放入盒中,关闭盒盖。盒内的昆虫在趋光性驱使下以不同的飞翔能力或爬行速度,趋向不同高低的指形管中。这种分虫器适合于体型小,但弹跳、飞翔力较强的昆虫。

⑫诱虫灯

诱虫灯是用于采集夜间飞行活动的昆虫,如各种蛾子和甲虫。诱虫灯分为固定式、悬挂式和支柱式 3 种。同学们在野外采集期间,可采用结构比较简单的支柱式诱虫灯。

过去使用的光源,主要是各种油灯、汽灯、电灯等,都有一定的诱虫效应。现在认为比较理想的光源是黑光灯。试验证明,多种昆虫对波长为 30～400 纳米的紫外线有最大的趋向性。黑光灯发出的光波长在 360 纳米左右,对一些趋光的昆虫有强烈的引诱力,而且耗电量较普通电灯节省,所以是一种经济有效的诱捕工具,支柱式黑光灯的装置如图所示。

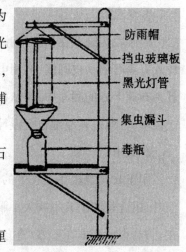

防雨帽
挡虫玻璃板
黑光灯管
集虫漏斗
毒瓶

支柱式黑光灯装置图

在距离电源较远的地方,也可使用汽灯、煤油灯或电石灯作诱捕昆虫的光源,但要特别注意避免发生火灾。

⑬采集箱

采集箱用来放毒死的昆虫。制作方法:在长宽各 30 厘米、高 10～15 厘米的废木箱里面用木板分成多格即可。也可用废木板钉成长宽各 30 厘米、高 10～15 厘米的小木箱,箱内用木板分成多格,用帆布条做成背带钉到小箱上,背在肩上,十分方便。

⑭其他采集用具

采集铲、采集耙、毒虫夹、镊子、刀、剪、毛笔、放大镜、指形管、广口瓶等。

(3)昆虫标本采集的时间和环境

①采集时间

由于昆虫种类繁多,生活习性很不一致,一年发生多少代,一代有多长时间,何时开始出现,何时停止活动等等,各类昆虫很不一样。即使是同一种昆虫,在不同地区或不同环境中也有所不同,所以采集昆虫的时间就很难一致,应该因虫而定和因地制宜。然而同学们采集昆虫,主要是掌握采集方法,认识一般种类,可依据一般昆虫的活动情况进行采集活动。

季节:由于昆虫总是直接或间接与植物发生关系,所以可以说,一年中植物生长的季节,也就是采集昆虫的时间。一年中,就一般昆虫的活动情况来说,我国北方地区,每年4月就可以采到一些昆虫,6~8月为盛期,最易于采集,10月以后则渐少,所以一年中约有1/2时间适宜一般采集;我国华南亚热带地区终年可以采集。

时间:采集时间要根据各种昆虫生活规律而定。一天中采集最好时间,一般为上午10时到下午3时,这段时间是昆虫最活跃的时间,遇到的昆虫最多,宜用网捕捉。不过要注意有许多昆虫到黄昏才开始活动,它们当中有的种类成群飞翔,适于网捕。另外,夜间活动的昆虫种类比黄昏活动的还要多,用灯光诱集,能捕到很多种类。

②采集环境

昆虫分布非常广泛,到处可以采集,各类昆虫往往各有其喜好的环境,在这种环境下就容易采到这类昆虫,在另一种环境下则可采到另一类昆虫。所以在采集昆虫前,一定要熟悉各种昆虫的生活环境、生活习性,然后去采集。昆虫一般栖息的环境,大致有以下8个方面。

水中:水中生活的昆虫主要为鞘翅目和半翅目两类,它们生活的各个时期都在水中,只是成虫由于趋光性的驱使,偶尔在夜间飞到陆上。另外,蜻蜓目、蜉蝣目、襀翅目等目的幼虫生活在水中。水生昆虫有的潜水生活,有的漂浮水面,池沼湖泊中多水草的地方是采集水生昆虫的理想环境。对于流水环境,要特别注意水边和水底的石块上,常有许多昆虫附着或在石块下隐藏。

地面和土中:昆虫纲中绝大多数的目,都有在地面和土中生活的种类,所以这种环境极其广泛。采集时,要特别注意砖头、石块下面,尤其是比较潮湿的地方,常隐藏着各种昆虫,是采集的好场所。许多昆虫深入土中,或在地下做巢。等翅目的白蚁和膜翅目的蚁、蜂,都是土中昆虫的主要种类。蚁巢的洞口围有一圈土粒,白蚁巢则高出地面形如坟头,蝉的幼虫有的在地面做成泥筒,虎甲幼虫则在地下穿直洞等,这些都可以作为采集的线索。

植物上:昆虫大多直接以植物为食,或以植物上的其他昆虫为食,所以植物和昆虫的关系最密切,是采集昆虫的最好环境之一。植物体上有不少现象可以帮助我们寻找昆虫。例如枝干枯萎常常是由于甲虫幼虫正在蠹食为害;枯心白穗可能里面有钻心虫、黄潜蝇或茎蜂等昆虫;卷叶缀叶表示其中有虫,常常是鳞翅目幼虫或象鼻虫等;枝叶上有蜜或生霉,说明枝叶上有大批蚜虫、介壳虫、木虱等昆虫寄生。

虫粪满地证明树上有昆虫,由粪的形状,可以大约知道是哪类昆虫。例如,天蛾幼虫不易发现,但根据地面上它的新鲜粪粒,垂直往上观察,就会发现它的所在位置;叶片变色或有斑点,常常是蚜虫、木虱、网蝽、蓟马一些刺吸式口器的昆虫取食的结果,翻看这种叶片背面,必能发现同翅目、半翅目以及缨翅目的昆虫;叶片被咬成缺刻,是咀嚼式口器昆虫取食的结果,在这种叶片上,常可采到鳞翅目、鞘翅目、直翅目的成虫、若虫或幼虫;潜叶和作虫瘿都是昆虫为害所致,潜叶昆虫包括鳞翅目、双翅目、鞘翅目和膜翅目等4个目的许多种类,致瘿昆虫除去上述4个目外,还有半翅目、同翅目、缨翅目等3个目;果实、种子被蛀食,主要是食心虫为害的结果等等。

动物上:寄生在动物体上的昆虫也不少,除去虱目和食毛目全部寄生于动物体外,蚤目的成虫、双翅目、鞘翅目、半翅目等目的少数种类也寄生在动物体上,无论是家禽、家畜,还是野鸟、野兽的体表,都可能有这些昆虫寄生。另外,还有一些蝇类幼虫寄生于兽类体内或皮下等处。

昆虫上:昆虫本身也有许多昆虫寄生,如很多寄生蜂寄生在鳞翅目幼虫体内。采集鳞翅目幼虫或卵进行饲养,常可得到各类寄生性昆虫。

垃圾和腐物中:很多昆虫是腐食性的,在垃圾和腐物中常有许多甲虫和蝇类集聚。

灯光下:各目昆虫除去原尾目、双尾目、虱目、食毛目、蚤目等不具趋光性以外,其他各目几乎都具有趋光性。因此夜晚采集时最好的环境是在灯光下捕捉。

室内:室内也有许多昆虫栖息,粮仓、冬季温室都是采集昆虫的好地方。

(4)采集昆虫的一般方法

昆虫标本的采集是实习工作中最基础的工作,采集到昆虫的质量优劣、种类多少,关系到实习任务完成与否,因此必须努力做好采集工作。昆虫种类繁多,习性各异,应根据不同虫种的生活习性和栖息、活动场所,分别采用不同方法进行捕捉。采集昆虫方法很多,最常用的方法有以下几种。

①网捕法

网捕法是最常用的方法之一，捕捉有翅会飞的昆虫大都用此法。即用前面介绍的捕网捕捉飞虫，其操作步骤有下列几点。

观察虫情：采集昆虫标本有定点采集和随机采集。a，定点采集是预先选好某种昆虫经常栖息、活动的场所进行一定范围的搜索捕捉。如菜粉蝶多在甘蓝等十字花科蔬菜田间上空飞动，花椒凤蝶多在花椒树附近上空盘旋飞动，这些地方虫量较多，可选择性强，适于定点单项采集。b，随机采集属于一般考察采集，在一定范围内广泛收集各类昆虫，或者遇到就采，或是有计划、有目的地择采。不论是定点采集还是随机采集，初到采集现场，不能操之过急，先要冷静地观察虫情。尤其是在虫量不多的情况下，更应仔细观察动静，摸清其飞动规律，包括飞动的高度、速度、方向等，结合当时的风向、风速等气象因素，再做好准备，开始挥网捕捉。

顺势兜捕：摸清虫情后，待其再次飞临，可用目测方法判断其飞动方向、高度和速度，结合风向、风速等条件，手握网柄，瞄准方位，等进入有效距离后顺势举网一挥即可捕之入网。所谓顺势兜捕，就是在静观不动的情况下，根据昆虫飞临方向，或迎面或从侧面选择最佳捕位，出其不意，一举入网，如一网失误，不必尾追，而是以逸待劳，一网不入，再等二网。

翻封网口：一旦虫入网内，要随即翻转网袋，把网底甩向网口，封住网口入网的昆虫才不致逃逸。挥网捕虫和翻封网口是连续、快速的两个动作，也是用网捕虫的一项基本功。

取虫入袋：入网的昆虫需立即取出。取虫时先隔网看清是哪类昆虫，如果是蜂类，要用镊子夹取放入毒瓶中；如果是蝶、蛾类，不要用手捏翅，而要用一只手从网外捏住其胸部，并用力捏一下，使昆虫窒息，另一只手伸进网内，接过昆虫，从网中将昆虫取出，两对翅向上对叠，放入纸制三角袋中。其他昆虫可用手拿出放入毒瓶。慢慢收缩网袋，减小它在网内挣扎活动的范围，然后待其稍停，趁势隔着网袋用手轻捏虫胸，使它停止活动，再用小镊子伸进网里，夹其翅基取出，放入毒瓶致死后转放到三角纸袋内。

②扫描法

在大片的草丛或茂密的小灌木丛中，用扫网扫捕昆虫，方便实用。方法是：一手握扫网柄，网口对准扫描方向，在草丛或灌木丛上方扫描并画"8"字形，一边扫一边前进。这样网内就会扫进一定数量的昆虫,并集中到底部的小瓶中,将扫到的昆虫倒入毒瓶中杀死,再倒在白纸上挑选,将需要的保存,不需要的扔掉。

扫捕时由于反复在植物上网扫,所以扫到的不仅有昆虫,而且还会有植物的叶、花、果实,这就需要进行挑选,挑选时最好用趋光分虫器进行。当扫描一段时间后,打开网底,将扫集物倒入随身携带的容器内,如果网底装有塑料瓶,则在瓶内装满扫集物时取下更换。返回住地后,将上述容器或塑料瓶中的扫集物倒入趋光分虫器中将虫分开,达到挑选目的。如果没有趋光分虫器,可将扫网中的扫集物直接倒入毒瓶,等虫被熏杀后,再倒在白纸上或白磁盘中进行挑选。

③振落法

有些昆虫具有"假死"的本能,这是一种简单的非条件反射,当虫体受到机械性(物体接触)或物理性(光的闪动)等刺激后,引起足、翅、触角甚至整个虫体突然收缩,由原栖息地落下,状似死亡,稍待片刻又恢复了自然活动,这就是"假死"。如金龟子、小麦叶蜂的幼虫、棉象鼻虫等,受到突然振动后会立即从寄主植物上自行落下,假死不动,可趁机采集。

有些昆虫虽不具有假死性,但在其正常栖息取食时猛然摇动寄主植物,也会自然落下,如槐尺蠖等一些有吐丝下坠习性的鳞翅目幼虫和甲虫,就可用振落法收集。

对于高大树木上的昆虫,可用振落的方法进行捕捉。其方法是先在树下铺上一块适当大小的白布、塑料薄膜或采集伞,然后摇动或敲打树枝树叶,利用昆虫的假死的习性,将其振落并收集。用这种方法可以采集到鞘翅目、脉翅目和半翅目的许多昆虫。有些没有假死习性的昆虫,在振动时,由于飞行暴露了目标,可以用网捕捉。所以采集时利用振落法,可以捕到许多昆虫。

有些昆虫虽不易振落,但由于受惊而爬动,暴露了真相,也利于捕捉。

④刷取法

有些在寄主植物上不太活动的微小型昆虫,如蚜虫、红蜘蛛等,用昆虫网很难扫入,用振落法又不易奏效,这时可用普通软毛笔直接刷入瓶、管内。刷取时要选择虫体比较密集的小群落,一笔即可刷取许多。要注意用笔尖轻轻掸刷,不可大笔刮刷而伤及虫体。

⑤搜捕法

有些虫体较小或栖息地点较为隐蔽的昆虫,需根据它们存在的某些迹象进行仔细观察搜索才能找到,如蚜虫生活在植物的嫩芽或叶下面,使植物的叶卷缩变形。同时由于它们分泌蜜露,因此在同一地方也可以找到蚂蚁、食蚜蝇等昆虫。在枯死或倒下的禾苗基部附近能找到地老虎、金针虫、蛴螬等地下害虫。在腐木或树皮下能找到各种甲虫。在较老的树皮下,可找到木蠹蛾、灯蛾的幼虫及多种鞘翅目昆虫,如天牛幼虫、叩头虫幼虫、金花甲等。在石块下面可以找到蝼蛄、蠼螋、蟋蟀等。在土壤中可找到蛴螬、金针虫、地老虎幼虫等。在存水的树洞中,可采到双翅目昆虫,如蚊的幼虫。在水中能采到蜉蝣目、蜻蜓目、翅目的昆虫和半翅目的水黾类、鞘翅目的龙虱等。在高山、森林、沼泽、湖泊的沿岸可采到双尾目、原尾目、弹尾目等无翅昆虫。

因此,树皮下面、朽木当中是很好的采集处;砖头、石块下面也是采集昆虫的宝库,可以到处翻动砖石土块,一定有丰富的收获。采集无翅亚纲的双尾目、弹尾目、原尾目等,更要依靠搜捕法。另外,遇到蜂巢、鸟兽巢穴,不要放过,因为会有许多昆虫栖息其中。蚁巢和白蚁巢中有不少共生的昆虫,如注意搜索,会有很大收获。在秋末、早春以及冬季里,用搜索法采集越冬昆虫更为有效,因树皮、砖石、土块下面,枯枝落叶中,甚至树洞里面都是昆虫的越冬场所。

发现这些小昆虫时,要用吸虫管捕捉或用毛笔刷入瓶中。总之,注意在不同的环境中搜索,可以得到不少稀有种类的昆虫。对于枯枝落叶中的昆虫,可以连同枯枝落叶一起带回,用烤虫器或采虫筛等工具分离。

⑥诱集法

利用昆虫对光线、食物等因子的趋性,用诱集法进行采集,是极省力而又有效的方法。利用昆虫的趋光性、趋化性、食性的不同诱集昆虫,也是采集昆虫的重要方法,常用的诱集法有以下几种。

灯光诱集

多种昆虫具有趋光性,主要是因为它们复眼的视网上有一种色素,这种色素只吸收某一种特殊波长的光,刺激视神经,通过神经系统影响运动器官,从而使它们趋向光源。利用这一特性,可以设计各种各样的诱灯来诱集昆虫,如手提汽灯、节能灯、黑光灯、煤油灯笼等。将灯放在野外或房间附近,就会诱集来许多昆虫,如夜蛾、灯蛾、尺蠖蛾、天社蛾、毒蛾、木蠹蛾、枯叶蛾、卷叶蛾等各种蛾类;各种甲虫类如叩头甲、步行虫、虎甲、斑蝥、隐翅甲、萤火虫、金龟子和一些膜翅目、直翅目、脉翅目的昆虫。

同学们可以采用前面所讲的支柱式黑光灯诱虫装置来诱虫。架设黑光灯可用木杆或铁制三脚架。一般在比较开阔的田野上,灯管下端,以距地面1.7米左右为宜;如在特殊作业区,如高秆作物(玉米、甘蔗等)区,需高出植株0.35~0.7米,以免灯光被遮掩。

毒瓶在需要用的时候再安放,当晚作业完毕即行收回。如属临时定点采集,开灯时间以当地傍晚常规点灯时间为准,一般需延至次日2~8时,由于不同的时间有不同的昆虫出没,所以应组织好人力分班轮流看守,坚持采集。如属定点常年系统收集,则需用大型毒瓶,内放纸条,锁在固定灯架上的木匣中,通宵开灯,次日天明关灯,取回毒瓶,分拣标本。还有的利用旧闹钟改制成定时开关,为的是避免过时耗电。

灯光诱捕的方法很多,不论使用油或电作能源,必须注意安全,尤其是在山林附近,更得遵守林区守则,注意防火,夜间灯下作业每组需配备2~8名作业人员。

糖蜜诱集

蝶蛾类喜欢吸食花蜜,许多甲虫和蝇类也常到花上或集聚在树干流出的含糖液体上。利用昆虫这种对糖蜜的趋性,可以在树干上涂抹一些糖浆进行诱集。一般用50%红糖、40%食用醋、10%白酒,在微火上熬成浓的糖浆,用时涂抹在树林边缘的树干上,白天常有少量蛱蝶等蝶类飞来取食,夜间则可诱到许多蛾类和甲虫。用手电筒照明检查,凡停集的用毒瓶装,飞动的用网捕,大型蛾类可直接用注射器注射石炭酸毒杀。使用糖蜜诱集时,要注意蚁类和多足纲动物也喜食糖蜜,常将所涂抹的糖浆霸占,使别的昆虫不敢前来取食。可在涂有糖浆的树干下面圈上一圈黏纸,使这些动物无法接近糖浆。

腐肉诱集

利用某些昆虫对腐肉一类物质的趋性进行诱集,也是一种有效的采集方法,尤其适于采集各种甲虫。诱集时,将一个玻璃瓶埋在土中,瓶口与地面相平,瓶内放置腐肉或鱼头一类腥臭物,如果瓶口较大还应在瓶口上方用树枝或石块进行遮盖,以防鼠、鸟衔食。过些时候检查,则会有许多甲虫落入瓶中。腐肉诱集的甲虫主要为埋葬虫、隐翅虫、阎魔虫以及一些金龟子等。

异性诱集

有一些昆虫的雌性个体能释放一种性信息素,将距离很远的同种雄性个体吸引到身边进行交配。如舞毒蛾、天蚕蛾、盲蝽等。根据昆虫的这一习性,可将采到的或饲养出的雌蛾困于小纱笼内,挂在室外,则能诱来许多同种的雄蛾。但雌蛾一定要用没有交配过的，因为雌蛾一旦交配，便停止释放性信息素了。

⑦水网法

水栖昆虫采集可用水网捕捉，水网的种类和制法在前边已讲到。捕捞水中的昆虫可使用拖网，捕捞水下的可用铲网。将水边的藻类等连同泥沙一起捞起，可以采到蜻蜓目、蜉蝣目的幼虫和半翅目、鞘翅目的昆虫。

（5）几种主要昆虫采集法简介

上面介绍的各类采集法是指一般方法。由于各类昆虫的构造和生理特征上的差异，各类昆虫又有不同的采集处理方法。为了保证采集昆虫的质量，下面再介绍几类昆虫的采集方法。

①鳞翅目昆虫

鳞翅目昆虫包括蝶类和蛾类，其中有最美的和最大的昆虫，也有微小的和非常脆弱的昆虫。它们的身体和翅上都被盖着鳞片，这些鳞片极易脱落，一旦擦去一部分，不但使标本失去了美丽的外貌，而且也降低了标本的价值，所以在处置标本时要特别注意这一点。蝶类是日出性昆虫，蛾类是夜出性昆虫。因此捕捉蝶类昆虫应在上午 10 时到下午 2 时这段时间，并且要到草地或花丛等处；捕捉蛾类则要在傍晚。在捕捉到蝶、蛾类的较大昆虫后，除用手将其胸部捏一下使其窒息外，还要在腹部用注射器注入氨水或草酸溶液，以便彻底杀死它们。

②双翅目昆虫

双翅目昆虫包括蚊、蝇、虻、蚋等仅具有 1 对翅的昆虫，这类昆虫身体细小，要用吸虫管采集。由于体表常有刺毛等构造，极易损坏，所以采到的标本不能与其他昆虫标本混合存放，要单独用指形管或小瓶存放。在采集这些昆虫的标本时，要注意了解它们的生活环境。如食蚜虻、长吻虻、寄生蝇等常喜欢停留在花丛间，其他双翅目昆虫多分散在池沼、小溪边。

③膜翅目昆虫

膜翅目昆虫包括各种蜂类和蚂蚁，其中有体型极为微小的，如寄生蜂等。体型很小的要单独用小毒瓶装起杀死；体型大的种类可放到大毒瓶中杀死。但它们将死时会从口中冒出大量蜜汁一类物质，容易损坏毒瓶中其他标本，因此毒死后要及时取出单独存放。

这类昆虫常可在花丛中、树木上或地面等处找到。

④鞘翅目和半翅目昆虫

鞘翅目包括各种甲虫,半翅目包括椿象类等昆虫,这两类昆虫一般体壁坚硬,在毒瓶中可以活得很久,所以采集到的这类昆虫最好在毒性较大的毒瓶中单独存放,避免相互碰撞损坏标本。这类昆虫通常飞行较少,行动较慢,容易捕捉。

⑤直翅目和螳螂目昆虫

直翅目中的蚱蜢、蝗虫、蟋蟀、纺织娘等昆虫,螳螂目中的螳螂,这类昆虫在毒瓶中也是比较难毒死的,放在毒瓶中的时间可长一些或在毒瓶中添加药液,使其尽快死亡。

下面介绍几种蝴蝶的采集方法:

①蝴蝶在空中:挥动捕蝶网,待蝴蝶入网后,将网底向上甩,连同蝴蝶倒翻到上面来。

②蝴蝶在花上:先靠近蝴蝶,再惊动它,待它飞起后,猛挥蝶网,在花朵上方将蝴蝶捕入网内。这样可以避免将花朵一同挥进网里。

③蝴蝶在地上:靠近蝴蝶,用盖压的方法,将蝴蝶罩入网,再用右手将网底拉起,使蝴蝶向上飞,左手封住网口,这样,蝴蝶就逃不掉了。

④蝴蝶在树干上:用网口较小的捕蝶网,顺着树干自下而上靠近蝴蝶,向上挥动蝶网,网底要向上甩。

⑤蝴蝶在树叶上:将捕蝶网从叶侧面和上方靠近蝴蝶,注意不要碰动四周树枝。

⑥蝴蝶在阳光下:将捕蝶网从迎光的一面靠近蝴蝶再加以捕捉,以避免捕蝶网的投影将蝴蝶惊飞。

⑦蝴蝶在有刺的植物上:要等蝴蝶飞起后再捕捉,否则,植物上的棘刺会将蝶网纱钩住,拉破。

⑧诱捕蝴蝶的方法(昆虫、蛾可以用灯光):a.将腐烂的桃、香蕉等果实放入铁罐中,放在太阳下曝晒,促使其发酵。放置地可选择在山林小路上。b.将红糖、醋、黄酒掺在一起,加热后熬成糖浆。放置地可选择在粗大的麻栎树干上。c.用适量的盐溶化在水中,制成淡盐水。在郊野小溪旁,挖一个 10 厘米深、50 厘米直径的小坑,然后泼进盐水。d.将先捕到的雌性成虫用标本针定位在花上、草地上和水边,可诱来雄蝶。e.将各色花纸剪成花形,放置在草丛中。

对于其他昆虫,可根据上面的思路设计捕捉方法。

（6）采集昆虫应注意的事项

能够做标本的昆虫要完整无损，这样才有观察研究的价值。昆虫有变态习性，同一种昆虫有不同形态，各形态阶段都要采捕，以便做生活史标本。因此，采集昆虫时，要注意以下方面：

①全面采集

采集要全面要细心，凡采集到的昆虫不论大小要一律保管好，不要只要大的不要小的，只采好看的，不采丑陋的；也不要只采飞的跳的，不采不动的。初学昆虫采集的人，往往只采体型大的，不采体型小的；专采色彩鲜艳的，不采色彩暗淡的；只采特殊的，不采普通的；有了雄的不要雌的；有了成虫不管幼虫；只看到飞的而不去找隐蔽的，等等。然而昆虫中绝大部分都是一些体型微小、行动隐蔽和色彩暗淡的种类，不少重要害虫和珍贵种类往往出自这类昆虫。

此外，还要注意采集变态昆虫的雌虫、雄虫、成虫、幼虫等不同发育阶段的个体，对于了解昆虫的生活史，这些都是研究的重要材料，不应随便取舍，必须要全面采集。

②标本完整

注意标本完整性。在采集过程中尽量不损伤昆虫的各个部分，如附肢、触角、翅等。否则就降低了标本的价值，给标本的鉴定研究带来困难。

如果一份昆虫标本破烂不堪，翅破须断，这对研究来说非常不便，其学术价值就会大为降低，甚至成为完全无用的材料。所以无论采集什么昆虫，不管使用什么工具和方法，都要尽量使采到的昆虫保持完整，这就必须注意采集、毒杀、包装、保存、运送、制作等每一个环节，都要用正确的方法进行操作。

虽然标本应尽量争取完整，但也不是说有一点残缺就不要了，尤其是稀少的种类或只有1~2个标本，即使再破也要保留，在没有确定它的价值以前，绝不要随便舍弃。

③正确记录

所有标本均应有采集记录。记录内容包括采集号数、采集日期、采集地点、采集人姓名、栖息环境、寄主名称、采集点的海拔高度、生活习性等。其中采集日期、采集地点和采集人三项最为重要，应详细记录。昆虫采集记录无统一记录表格。为了野外记录方便，可按上述记录内容，自行设计采集记录表，印制成册，以利于记录和保存。同时，同地所采标本要单独一处存放，不要混放。

及时做好完整全面的记录。采到标本一定要及时做好记录，如采集时间、地点、采集人、采集环境、昆虫大小、体色等。不知名的昆虫，要编好号。若是害虫，还要记上危害情况、发生数量等。

④保护昆虫资源

采集昆虫标本时，所采的种类和个体数量，应以需要为依据，不要乱杀滥采。尤其是稀有种类和本地区特有种类，更应加以保护，因为稀有种和特有种，都是分布地区很窄，个体数量极少的种类，如果一网打尽，则以后不易再采到，甚至可能因此而绝种。

(7)昆虫标本的制作

采集来的昆虫标本要及时做好处理，以便能长久而完整地保存下来。虽然制作昆虫标本比制作大中型脊椎动物标本较容易，但要制成真正合格的成品也不简单。制作昆虫标本和制作其他标本一样，要本着"精心设计，精心施工"的原则，把平凡的系列操作认真贯彻到每个步骤中，才能制成以科学性为主、以艺术性为辅的栩栩如生的合格标本。

昆虫在生长发育过程中要经过一系列外部形态和内部结构的变化，由卵开始到孵化出幼虫，再经化蛹而羽化出成虫，这种变态类型称为"完全变态"。有的昆虫从卵里孵化出的幼虫与成虫的形态结构基本相似，不再化蛹而直接成长发育为成虫，这种变态类型称为"不完全变态"。另外还有其他变态方式的昆虫。由于昆虫的种类不同，变态类型又不一样，这就给采集和制作比较完整配套的昆虫标本带来了困难。

在制作昆虫标本时，必须针对虫种、虫态、虫体结构、制作目的等，分别采用不同的制作方法制成标本。制作昆虫标本的方法一般可分为液浸和干制两大类，不论采用何种方法，制出的标本都以保持虫体完整、姿态自然、特征暴露充分为首要原则。

①昆虫干制标本的制作

绝大多数的昆虫都可用干制法制成标本长期保存。干制昆虫标本在教学、科研、科普展览等方面有重要应用。用于制法制作昆虫标本需要一定的操作技术。使标本干燥以后，用昆虫针固定在标本盒里长期保存，这种昆虫标本称为干制标本。干制标本的制作多用于体型较大，翅和外骨骼比较发达的成虫。蛹和幼虫经过人工干燥以后，也能做成干制标本。

成虫干制标本的制作

a,软化。

采回的昆虫标本如不及时制作,放置时间一久,躯体就会干燥,关节、翅基会变得僵硬。这样的标本用来加工展翅、调姿,事先需要进行软化处理,否则不能动手操作。较稳妥的软化方法是把标本放入还软缸内,置放一定时间,待躯体、翅基、关节等软化灵活后,再按新鲜标本的方法来加工制作。存放在标本盒和标本柜内的昆虫标本,如果存放日久,虫姿变形,也可以把它们放到还软缸里,待软化后再重新调姿。

还软缸和干燥缸一样,只是在缸底放入湿沙,把要还软的标本放入缸内的瓷屉上(如果标本是装在三角纸袋内的,可连同纸袋一起放入缸内),同时把缸盖盖严。由于缸内湿度较大,逐渐润及标本,这就使虫体关节、翅基等关键部位得以软化。

还可以直接用干燥器软化,先在干燥器内底部铺上潮湿的细沙,再将装有昆虫的三角包放在干燥器内磁盘上。为了防止标本发霉,应在沙面上滴上几滴石碳酸或甲醛溶液,最后将盖盖严。如果使用广口瓶,可在瓶内潮湿细沙上放一张滤纸,再在滤纸上放置装有昆虫的三角纸包。如果需要软化的昆虫不多,也可将三角纸包放在潮湿的净土层中,外面罩个玻璃罩进行软化。

进行软化的昆虫标本,由于虫体大小、质地以及放置时间不同,软化所需的时间也不一样。因此,标本放进缸内后要经常检查,检查时可用小镊子轻轻触动各关键部位,如果发现已经适当软化,就应立即取出,以免因软化时间过长,整个标本变得过度湿软而报废。此外,还要注意缸内标本切勿触及湿沙、浮水。一般情况,夏季3~5天,冬季1周就可使昆虫软化如初。

b,针插。

干制的成虫标本除垫棉装盒的生活史标本外,一般都用插针保存。

a)昆虫针的型号

昆虫针主要是对虫体和标签起支持固定的作用。目前市售的昆虫针都用优质不锈钢丝制成,针的顶端镶以铜丝制成的小针帽,便于手捏移动标本。按针的长短粗细,昆虫针有好几种型号,可根据虫体大小分别选用。

目前通用的昆虫针有7种,系用不锈钢制成,由细至粗,共有00号、0号、1号、2号、3号、4号、5号等7个级别。从0至5号,6个级别的针都带有针帽。只有00号不带针帽,

其长度仅为其他各号针长的1/2。

0号针最细,直径0.3毫米,每增加一号其直径增加0.1毫米,0~5号针的长度为39毫米。另外还有一种没有针帽的很细的短针,也叫"微针""二重针",是用来制作微小型昆虫标本,插在小软木块或卡纸片上的;00号针自针尖向上1/3处剪下即可以作二重针使用。

b)针插部位

还软的昆虫,要用昆虫针穿插起来。针插时,先要根据虫体的大小,选择适宜型号的昆虫针,即虫体小使用小型号针,虫体大使用大型号针。0号、00号昆虫针专供穿插微小昆虫时使用:

昆虫种类不一,插针的位置也有所不同,这是由各种昆虫身体的特殊结构所决定,在国内外都有统一规定,绝不能随意更动,以免破坏被插昆虫的分类特征,使标本丧失完整性,甚至影响分类鉴定。

蝶蛾类等鳞翅目昆虫的插针部位在中胸背板中央;蜜蜂、胡蜂等膜翅目昆虫的插针部位在中胸背板靠近中央线的右上方;椿象等半翅目昆虫的插针部位在小盾片略偏右方;蜻蜓、豆娘等蜻蜓目昆虫的插针部位在中胸背板的中部;金龟子、各种甲虫等鞘翅目昆虫的插针部位在右翅鞘的内前方;蝗虫、螽斯等直翅目的插针部位在前胸背板后方,背中线的偏右侧;蝇类等双翅目的插针部位在中胸靠右方。

c)插针方法

用镊子或左手捏住昆虫的胸部,右手拿住昆虫针,从应插入部位插入。插针时,务必使昆虫针与虫体成90°角,避免插斜而造成标本前后、左右倾斜。

对于微小型昆虫如跳蝉、飞虱等不能直接插针,需用微虫针穿刺或用胶液粘在小三角纸卡上,然后用昆虫针固定。此法又名"二重针刺法",其操作方法如下。

其一,二重针刺法:用小镊子夹起虫体,按规定针位用微虫针垂直刺穿,并把标本插在小软木块上。然后用昆虫针穿插小木块。以三级台固定虫位,加插标签,标本和标签都位于昆虫针的左边。

其二,胶粘法:把普通卡片纸剪成底边长0.4厘米,高为1厘米的微型三角卡,用昆虫针针尖蘸一点乳胶,轻轻点在三角卡尖端上,然后用针尖把虫体粘起,放在点有胶液的三角卡尖端,并迅速向后撤针,以免把虫带起。这一操作最为关键,主要是针尖上胶液不能过多,再就是靠熟练的操作技术。粘好的标本如需调整,可用昆虫针针尖拨挑。

d)虫在针上的位置

已插好针的标本,要进一步调理虫体在针上的适当位置,并使附插标签各就各位,做到层次分明、规格一致、便于移动、利于观察。插针时如虫位过高,即针帽与虫体距离过短,手指移动标本时就容易触伤虫体;虫位过低又影响下面所附插的标签。为了使虫体和标签保持适当距离,一般都是用三级台(又称平均台)来进行调理。

三级台用优质木块或有机玻璃板按一定尺寸分层制成,其总体长度为75毫米,宽25毫米,每层面积25平方毫米。最下层的厚度是10毫米,中层比下层高出8毫米,最高层比中层又高出8毫米。各层台面中央以5号昆虫针帽为准,垂直穿一针孔,其中最下层针孔直穿到底,中层针孔只穿到本层底,最高层针孔穿到中层底。

使用方法是将已针刺的标本反过来,针帽朝下,插入最下层针孔的底部,用镊子轻推虫体,使虫背紧贴本层台面,这样就算定好了虫背至针顶间的距离,所以此层又名“背距层”。然后将记录采集地点、日期的小标签放在最高层台面上,用针尖在标签的右端直穿本层孔底,如此又定下了采集地点、日期标签所在的位置。最后,定名的小标签是在中层针孔上插好的。于是,虫体、标签就都用三级台定好位置了。

二重针上的三角纸及软木条,插在三级台的第二级高度,虫体背部至针帽的距离,相当于三级台的第一级高度。体型较大的昆虫,可使下面两个标签的距离靠近些。

c,展翅。

对于无翅昆虫和鞘翅目、半翅目等目的昆虫标本,在针插后,只需把触角和足整理好,标本制作就完成了。但对大多数有翅昆虫来说,为了便于观察和研究,针插后还必须进行展翅。

同学们初学展翅常会感到无从下手,一不小心,翅面就破了,甚至残损报废,留之无用,弃之可惜。因此,同学们练习展翅技能时,宜选用虫体大小适中、虫翅比较柔韧的虫种,如菜粉蝶。

菜粉蝶也叫“菜白蝶”“白粉蝶”,属鳞翅目、粉蝶科,在我国分布比较普遍,一般甘蓝、白菜、萝卜田间以及其他十字花科、豆科、蔷薇科等植物上都能采到。菜粉蝶一年中繁殖世代较多,虫态叠置,在甘蓝植株上常可同时采到卵、幼虫、蛹及植株上空飞舞的成虫,这对试制整套生活史标本十分有利。菜粉蝶的翅较柔韧,展翅时容易拨挑整理姿势,

适于练习展翅的基本操作。对菜粉蝶的展翅技术熟练之后,练习其他蝶蛾类的展翅就比较方便,可收到循序渐进、触类旁通的效果。

a)展翅板展翅法

蝶蛾类昆虫标本,需要展翅保存,一般采用在展翅板上展制。

制作展翅板宜选用质量轻软的木材,如杉木、泡桐等,这是因为质柔便于插针,尺寸可按图示比例制定。板面保持一定斜度,主要是为了展翅时使虫翅略微上翘,待干后虫翅回缩正好展平。右侧板面前后两端与底托凹槽的接触部分,各镶一条与凹槽相吻合的横木条,便于在槽内左右推动以调整沟槽的宽度。在底托右侧凹槽上穿孔安一个螺丝作为旋钮,如图中的 4 所示,为的是固定沟槽的宽度。沟槽底部贴一条软木板,用以插针。

也可把展翅板做成固定式的,需多做几种沟槽宽窄不一的样式,以便根据虫体大小来分别选用。

用展翅板展翅的操作步骤如下:

其一,调整工具。

使用活板式昆虫展翅板,需先根据虫体(头、胸、腹)的粗细移动右侧板面,使虫体正好纳入槽内,以左右两侧不触及板体为准,不过宽或过窄,然后拧紧旋钮。

接着把插好针的虫体放进沟槽,针尖插在底部软木板上,并用小镊子上下调理虫体,使虫体背面与沟槽口面相齐。为使虫体稳定,可在其腹部两侧加插大头针固定,以防在展翅时左右摆动,干扰操作。

其二,制备纸条。

展翅时主要是用大头针和纸条来固定虫翅,纸条的长度和宽度根据翅面大小来定。所用的纸应选择韧性较强、不易拉断的白纸,并按纸的纤维条理顺向剪开,这样的纸条就不致在固定虫翅时一拉就断。

不宜选用透明玻璃纸或其他透气性较差的纸,以免影响虫翅干燥而使翅面发皱。纸条制备不当,会影响展翅操作,既耗时间,还影响标本质量。

其三,挑翅固定。

虫体在沟槽内固定后,就可以进行展翅了,一般直翅目、鳞翅目、蜻蜓目的昆虫,使两前翅后缘左右成一直线,后翅也展成飞翔状;双翅目、膜翅目的昆虫使前翅的顶角与头左右成一直线。

操作时,先展左侧前后翅,再展右侧前后翅,这样便于照顾两对翅的左右平衡。同侧的前后翅中,先展前翅,再展后翅。用纸条在前翅基部附近把虫翅压在板面上,纸条上端用大头针固定在翅前方稍远一点的位置上,左手拉住纸条向下轻压,右手用解剖针或昆虫针向上轻挑前缘。挑翅时要选择翅前缘较硬些的翅脉。此时边挑前翅,边看前翅内缘,挑到前翅内缘与虫体体轴垂直,再稍向上挑一点,以待虫翅干燥后向下回缩,正好与体轴相垂直。

然后把左侧触角沿前翅前缘平行压在纸条下面,接着挑展后翅。在不掩盖后翅前缘附近的主要斑纹特征的情况下,把后翅前缘挑在前翅内缘的下面,并拉直纸条,平盖在前后翅的翅面上,下端用大头针固定。用同样的方法,把右侧前后翅分别展开,同时也展开右侧触角,固定纸条,则左右两对虫翅便初步展成。为了加固翅位,保持翅面平整,在左右两对翅的外缘附近,再各加压一纸条。

不论是加固还是调姿用的大头针,都要向外斜插,既可加固针位,又不妨碍操作观察。

其四,调理虫姿。

展翅后的标本,将昆虫头部端正,触角成倒"八"字形,腹部如内脏太多,可在展翅前将内脏取出,塞入适量脱脂棉。如果腹部向下低垂,可在下面垫些脱脂棉或软纸团向上托起;如果腹部向上翘起,则可用小纸条把腹部下压,以大头针固定。其他部位需要调姿时,也可照此办理。

其五,干制标本。

展好翅、整好姿的标本,即可连同展翅板头朝上尾朝下地垂直挂在干燥的墙壁或木板上。要注意避免日晒,防止被其他昆虫咬损。一般有7~10天即可干妥。

其六,撤针取虫。

标本干妥后,即可轻轻撤针,去掉纸条。应先撤两侧外边的纸条,再撤靠近翅基的纸条。不可胡乱撤针,以免损伤标本。撤针后用三级台调理虫位,加插标签。

其七,入盒保存。

制成的展翅标本,可以放入标本盒(柜)内长期保存。

为了便于记住展翅操作要点,可记住四句口诀:针穿中胸槽内镶,四翅紧贴板面上,前翅内缘调角度,后翅前缘摆妥当。

b）平板展翅法

蝶蛾类昆虫除用展翅板展翅外，还可用平板展翅。平板可选用平整的厚纸板，如瓦楞纸板、可发性聚苯乙烯泡沫塑料（俗称克发或泡沫塑料）板等。版面的大小可自由选定。展翅方法如下：

其一，将虫体腹面朝上，用昆虫针在中的中央刺穿插在平板上，使虫背紧贴板面。

其二，用展翅板展翅一样的方法展开四翅，但后翅前缘要压在前翅的内缘上。

其三，干后撤针去掉纸条，轻轻退下原插的昆虫针，换上一根比原针稍粗的昆虫针，按原针孔插入中的中央，再在三级台上调理虫位，加插标签，即可入盒保存。

c）微小型昆虫展翅法

有些微小型蛾类，因虫体较小，用板槽过大的展翅板展翅不方便，可以制备一种挖槽的小木块来展翅，称为展翅块，如图所示。

展翅块的大小，一般是 35 毫米×35 毫米或 35 毫米×25 毫米，上面开 1 道或 2 道 5 毫米宽的沟槽。沟槽的底部中央穿一针洞，为稳定针位，可在针洞内塞一点棉花。

将已插针的标本插在槽底的针洞内，按照展翅板展翅的方法，先展开左侧前后翅，不用大头针和纸条，而是用细线（缝衣用的棉线或尼龙线，木块边棱处有小刀刻缝，线即嵌在缝中）压住已调好翅位的翅面。然后将线拉向右侧，用同样的方法展开右侧的前后翅，最后把线固定在另一缝中。

为了避免细线损伤翅面或干后留有线痕，可在翅面上垫一小块比较光滑的纸块，即可保持翅面平整无损。

d）蝶蛾类胶带贴用法

在日常使用中，蝶蛾类插针标本往往因为经常取放和传递观察而损坏，同时又鉴于蝶蛾类主要特征多位于翅面，因此，用透明胶带粘贴双翅制成贴翅标本，在教学中有一定应用价值。这里简要介绍几种贴翅标本的制作方法。

其一，单面贴用法：根据翅面大小，选用 2~4 厘米宽的透明胶带和与翅面颜色相近的电光纸。

第一，用小镊子分别从翅基部取下 4 翅，任取 1 翅放在电光纸上，用胶带盖贴。盖贴时把胶带一端粘在翅前方的电光纸上，向下徐徐把胶带拉平，先贴住翅缘，再盖贴翅面，最后贴在翅面下的电光纸上，把胶带剪断。

第二，依次把4翅一一用胶带贴妥。用小圆头镊子尖沿翅边缘把胶带和电光纸压粘，使之更加牢固。

第三，把已压边的4翅一一沿翅边缘外圈剪下，剪边时最好用小弯头剪刀，以便于弯转剪边。纸边要宽窄适度，过宽会失真，过窄则胶带和纸边不易粘牢。

第四，把已剪好的四翅，按展翅位置用胶水粘贴在一张大小适中的卡片纸上，接着再粘好触角。在卡片的下方注明标本名称、分类位置等，贴翅标本即告完成。

这种单面贴翅标本，只能看到翅的正面，不能看到翅的背面，一般多用于展览观看。

其二，双面贴用法：与单面贴翅标本不同，双面贴翅标本正反两面均可看到，便于观察特征，容易保存。其操作方法如下：

剪下一段比虫体稍为宽大的透明胶带作为"载胶带"胶面向上平铺在玻璃板上，铺放时不要触及胶面，暂时将四角固定。将已取下的四翅，按展翅位置一一贴在载胶带上，要求贴平，一次贴好，因为贴后翅面不易移位矫正。接着把触角也贴在适当位置，并在标本下方加贴双面书写的小标签。

再剪取一段与载胶带大小相同的胶带作"盖胶带"，胶面向下先与载胶带的上边粘贴吻合，然后向下慢慢紧盖翅面，要稳帖平整，不产生气泡或皱褶，直到盖胶带与载胶带全部吻合，即可作为双面贴翅标本予以保存。

其三，胶片贴用法：这种方法是用制作幻灯片的无色透明胶片做载胶片，以透明胶带做盖胶片的贴翅标本法。这种贴翅标本可将数种不同种的虫翅粘贴在较宽大的一张胶片上，便于分类观察。其操作方法如下：

先将胶片裁成八开或十六开纸张大小，再按欲粘贴的各种标本尺寸和贴放位置做好全面布局。

把其中的一种虫翅在预定位置按展翅虫姿连同触角一起平放在胶片上。由于胶片光滑，虫翅不易放稳，可在虫翅边角上微蘸胶水予以暂时固定，触角上也照此暂时固定在适当位置上。标本下方放一两面写字的说明标签，最后用透明胶带将虫翅和标签全部粘盖。用这方法把其他各种虫翅也分别粘贴在胶片上，即成为胶片粘贴的分类标本。

成虫剖腹干制标本的制作

有些腹部较粗的成虫，如蝗虫、螽蟖等，欲制成干制标本，需将其内脏及脂肪等清除干净，填充脱脂棉，才易于长期保存。操作方法如下：

a，将已死的虫体，用小解剖剪从腹面中央第二节至第五(或七)节剪开一纵缝。

b，用镊子把胸腔、腹腔中的内脏和脂肪等内含物全部清除，再用脱脂棉把胸腔、腹腔的内壁擦拭干净。

c，将脱脂棉撕成若干小块，用小镊子夹起小块脱脂棉蘸上些樟脑粉，一块一块地向胸腔、腹腔内填入，直到填满体腔，恢复原来的虫态为止。

d，把开缝处的棉纤维用镊子拨平拨好，再把开缝两侧的虫体表皮拉回原位展平。以后随着干燥，表皮逐渐回抱，无须线缝，开缝就更加吻合了。

e，把虫体用昆虫针按规定针位插针固定在整姿板(厚纸板或聚丙乙烯板)上，整理虫姿。

f，用大头针先固定三对足，一般是前足向前伸，中后足向后伸，摆出前足冲、中足撑、后足蹬的姿势，显示出跃跃欲跳的神气。然后用大头针把触角向两侧展开，连同整姿板平放干燥。

g，标本干妥后，撤去大头针，用三级台固定虫位，加插标签，即可放入标本盒(柜)内保存。

成虫剖腹干制标本的操作口诀：腹面中央下剪刀，内脏脂肪往外掏，棉蘸樟脑要填满，严覆剪口姿整好。

幼虫干制标本的制作

幼虫制成干制标本，一般采用吹胀法，具体制作方法如下：

将躯体完整的活幼虫平放在较厚的纸上或解剖盘中，腹面朝上，头向操作者，尾向前展直。用一玻璃棒(或圆木棍、圆铅笔杆)从头胸连接处向尾部轻轻滚压，使虫体内含物由肛门逐渐排出，以后逐次用力滚压数次，直到虫体的内含物全部压出，只剩一个空虫皮壳为止。注意操作时要轻、慢，不能急于求成，不然，用力不当可能胀破尾部，损坏标本。滚压时还要注意不要压坏虫体表皮或体表上的刺、毛。

取来医用注射器(带针管、针头，其大小可根据虫体大小而定)，拉空针管将针头插入肛门，不宜过深，但过浅又易脱落，然后用一细线将肛门与尾部插针处扎紧，余线剪断。

将已插入针头的虫体连同注射器一起移到烘干器上加温吹胀，烘干器实际上是一个放在酒精灯架上的煤油灯罩，把扎在注射器上的虫体轻轻送进灯罩，即可点灯加热。

一面加热干燥，一面徐徐推动针管注入空气，这时要注意边注气边看虫体伸胀情况，并反复转动虫体,使之烘匀。待恢复自然虫态时即停止注气。虫体烘干后,即可移出灯罩,在尾部结扎细线上滴一滴清水,用小镊子把扎线退下,用一粗细适当的高粱秆或火柴棍从肛门插入虫体,插入的深度以能支撑虫体为度。然后在秆(棍)的外端插上昆虫针,用三级台固定虫位,插上标签,这时一个干制幼虫的标本就已经制成了。另外,也可以用一个昆虫针扎穿一小块软木,再在小软木块上缠一细铁丝向左侧伸直,在铁丝上抹上乳胶,把干制的虫体粘在铁丝上。还可以在虫体腹面稍点一点乳胶,粘在用幻灯胶片剪成的小胶片上,然后在胶片的另一端插一标本针加以固定。

幼虫吹胀操作要点的口诀:腹面朝上头向己,圆棍由头往后挤,挤空内脏插针管,随吹随烘复原体。

蛹干制标本的制作

一般蛹的体壁比较坚硬,因此干制标本的制作方法比较简单,可用小剪刀将腹部中央的节间膜剪开一条缝,用镊子将腹内软组织取出,用脱脂棉吸干汁液,重新将剪口黏合插上虫针,在幼虫干燥器烘干后,加签即可。

②昆虫浸制标本的制作

将采集到的昆虫直接放入保存液中杀死、固定和长期保存,这样制成的标本称为浸制标本。凡是昆虫的卵、幼虫、蛹以及身体柔软、体型细小的成虫,都可以制作浸制标本。其操作步骤如下:

排空胃肠

采集或饲养的活幼虫,须先停食致饥,待它胃肠里的食物消化完毕,排尽残渣之后,再进行加工浸渍。目的是为了防止虫体污腐不洁,污染浸渍溶液。

热水浴虫

为防止虫体浸渍后皱曲变形,须在浸渍前加热处理,使虫体伸直,充分暴露出虫体特征,然后再投入浸渍液中。一般常用热水浸烫。放在火上的开水容器中浸烫不易掌握火候,时间过长会使虫体破损,标本报废。比较稳妥的方法是把热水(90℃左右)倒入玻璃容器,将虫放入,然后在容器上加盖,容器内的热水和蒸汽将虫致死,使虫体伸直。这种方法叫"热浴"。热浴的时间,可根据虫体的大小和表皮坚柔、厚薄程度等具体情况灵活掌握,一般虫体小而柔嫩的可热浴2分钟左右,大而粗壮的需要5~10分钟,一待虫体致死伸直,即可开盖取出,稍凉后再浸入标本液。

浸液选择

浸渍标本效果的好坏,主要取决于浸渍溶液的选用和制备。浸渍溶液有多种配方,主要起固定、防腐作用,浸渍前要根据虫体的质地、体色等来选用。一般常用的浸渍溶液有以下几种:

a,酒精浸渍液

用酒精做保存液浸制标本是一种常用的方法,通常是把酒精加水稀释成75%的溶液。酒精对虫体有脱水固定作用,直接投入75%酒精溶液中的虫体脱水过快,会发硬变脆。为了不影响标本质量,在实际操作时可先将虫体放进30%的酒精溶液中停留1小时,然后再逐次放入40%、50%、60%、70%酒精溶液中,每次处理均各停留1小时,最后放在75%酒精浸渍液中保存。用酒精浸渍液保存的标本比较干净,肢体完整舒展,便于观察,尤其是附肢较长的昆虫和蚜虫标本,用此法保存比较理想。

这种方法的缺点是虫体内部组织仍然较脆,提供解剖实验用时容易碎裂,妨碍系统观察。大量标本初次投入酒精浸渍液后,由于虫体内部脱出的水分会把浸渍液冲淡,所以应在半个月后更换一次,经久不换会使某些标本变黑或变形。酒精极易蒸发,保存期间还应注意容器塞盖严密。为缓解虫体在酒精中浸渍的脆度,也可在酒精中滴入0.5%~1%的甘油,使虫体体壁变得较为柔软。此外,在配制酒精浸渍液和其他浸渍液时,用水一般都用蒸馏水,酒精选用医用酒精,这样配制成的溶液清澈透明,观感较佳。

b,福尔马林浸渍液

把福尔马林用蒸馏水稀释成2%~5%的溶液,即可用做浸渍液保存标本。此法简单、经济、防腐;缺点是虫体易肿胀,肢体易落脱。

c,醋酸福尔马林酒精浸渍液

配制方法:75%酒精150毫升、冰醋酸40毫升、福尔马林60毫升、蒸馏水300毫升。

由于单用酒精会使虫体硬脆。单用福尔马林又易使虫体肿胀。将它们混合使用,即可缓解单用的某些不足,对虫体组织固定作用好,尤其适于固定微小昆虫。但是,用这种混合液经久保存虫体仍易变黑,容器内还会出现沉淀物,必须经常检查,酌情更换,才能保持标本的清洁。

d,醋酸白糖浸渍液

配制方法:无杂质的纯白糖5克、冰醋酸5毫升、福尔马林5毫升、蒸馏水100毫升。

使用醋酸白糖浸渍液保存标本,可在一定时间内对绿色、红色、黄色的虫体起保色作用。缺点是虫体易瘪。

昆虫标本浸渍液的配制方法比较多,各有优点和不足。关键是要根据虫体结构和药物原理分别采用不同的浸渍液,并在实践中摸索和积累经验,不断提高浸渍标本的质量。

浸制方法

浸制标本的制作方法简单。对于卵和细小昆虫,可以直接放入指形管中,加入保存液保存。对于体型较大的幼虫和蛹,要先在开水中煮沸 5～10 分钟,直到虫体硬直,再放入指形管中加保存液保存。标本经过这样处理,不易变色和收缩。对于其中的幼虫,体内水分较多,应在浸制过程中,更换几次保存液,以防虫体腐烂。

指形管中的保存液的量一般是容积的 2/3。盖好橡皮塞以后,要用蜡封好,然后贴上写好的标签。标签要用毛笔写,项目有采集号、名称、采集时间、采集地点、寄主植物名称等。

③虫翅鳞片标本的制作

虫翅标本的制作,除用透明胶带制成贴翅标本外,还可以把蝶蛾类翅面上的鳞片取下来,专门制成虫翅鳞片的标本。鳞翅目成虫(蝶蛾类)五彩缤纷,围绕花丛漫飞舞动,素有"会飞的花朵"之称。其实,这些虫翅上的彩色斑纹是由翅面上着生的鳞片反映出来的。这些鳞片扁平而细微密被于膜质的翅面上,系由毛变化而成。鳞翅目的得名也由此而来。

鳞片具有颜色,由于虫种不同或雌雄不同,在翅面上组合成的色彩斑纹也各有差异:有的淡雅别致,有的暗淡粗放,还有的色调明快,别具一格。这些不同色彩的斑纹,常是辨识虫种的重要依据。现以黑缘粉蝶为例,将制作虫翅鳞片标本的具体操作方法简介如下。

选采成虫

采集的粉蝶,最好是刚羽化出来,飞动时间不长,翅面完整,鳞片没有擦伤,斑纹清晰,特征明显的。用这样的粉蝶制作鳞片标本,效果最为理想。

粘取鳞片

a,取下蝶翅:将选好的粉蝶放入毒瓶内致死,然后取出用小镊子把四片虫翅从翅基部轻轻分别摘下。

b,粘取鳞片:根据翅面大小,剪取一块医用橡皮膏,胶面向上,平铺在玻璃板上。再把四片虫翅一一放在胶面上。

放置虫翅时,应注意用小镊子轻轻夹住翅的基部,先在胶面上方选定适当位置,然后轻轻地置于胶面。要一次放准、放平,翅面不可出现皱褶,否则会损伤鳞翅的完整,不能制作出完美的鳞片标本来。

c,盖纸摩压:在已放好的翅面上盖一张较柔韧的白纸,用手(或指甲面)在白纸上沿着下面所覆盖的虫翅向下反复摩压,尽量摩压周到,使翅面上的鳞片全被黏附在胶面上。然后轻轻揭下白纸,用小镊子把已脱去鳞片的残翅小心剥去,即显露出清晰完整的粘制鳞片标本。最后,用小弯剪刀沿翅面的周边把四翅剪下。

d,装贴翅面:在剪好的四片翅面背后的胶布上,均匀地涂一薄层胶水,粘贴于卡纸上,再把触角蘸上胶水,各与前翅前缘平行地粘在前翅的前方。在卡片上注明所属目、科及虫名,压在玻璃板下或夹在书页内,干后即可长期保存。

这种粘贴的虫翅鳞片标本,如果操作熟练得法,则与原翅形态、颜色、光泽无大差异;如果能配上与翅面颜色、斑纹相调和的彩色底纸,还能进一步增加美感。其他蝶蛾类的翅面鳞片,都可以试用这种方法制成单项的鳞片标本。有目的、有计划地采集不同虫种,加工制作成不同的鳞片标本,逐步积累,很有意义。

④昆虫局部结构标本的制作

除了制作整体的昆虫标本,还可以根据需要制成单项的昆虫局部结构标本。例如按昆虫的触角、足等制作出较有系统的系列标本,在丰富昆虫知识和采集制作内容等方面都有一定价值。

制作昆虫局部结构标本的原材料,可以有目的地进行专项采集,也可以从被淘汰的昆虫标本中择取其可利用的部分加以利用。

制作方法比较简单,例如制作昆虫的各种类型的触角标本,可先用小镊子轻轻从各种昆虫的头部取下触角,放在一张大小适中的标本台纸上,调好位置和姿势,在每个触角的基部用一小点胶水暂时固定,然后采用透明胶带粘贴的方法,把这套标本粘好即可。

昆虫的足比较厚,用透明胶不便粘贴时,可在虫足上微点一些乳胶,直接把它粘在标本台纸上,然后装盒或镶入小镜框内,也很完美。各种类型的昆虫局部结构标本,要分别加贴小纸签,注明所属类型,如再加注采自何种昆虫,那就更好了。

⑤昆虫生活史标本的制作

昆虫一生中有各种形态,完全变态的昆虫有卵、各期幼虫、蛹和成虫等;不完全变态的昆虫有卵、幼虫、成虫等。在采集时,一定要注意全面采集,尽量采到各期形态的虫体,同时将它们吃的食物一同采下,做成浸制标本(把昆虫各期个体按顺序捆到玻璃上,然后放入标本瓶倒入浸泡液)。也可做干制标本(按各期放入昆虫盒,盒里填上棉花,盒内放上樟脑丸或克鲁苏油)。

制作昆虫生活史标本,通常是将某种昆虫的各态(卵、幼虫、蛹、成虫)及其寄主植物的被害部分,一起装配在玻璃面的标本盒内。

标本盒一般用厚草板纸制成,盒盖镶上玻璃。标本盒的尺寸,通常是 32 厘米(长)×22 厘米(宽)×(2~3)厘米(高)。盒内垫放脱脂棉,垫棉的方法与盒装植物标本相同。垫棉后即可将制备好的标本按预定布局一一就位,并在各虫态及被害植物下面分别贴上小纸签,注明各虫态和被害植物的名称,再在棉层的右下方放一标本签,盖上玻璃盒盖,用大头针固定,即可保存、使用。

制作盒装生活史标本,需要注意以下几点:

放入盒内的成虫标本,如需展翅,可用展翅板展好后把昆虫针退下来,再放在盒内的棉层上面。

幼虫可以用吹胀法干制,制好后不必另加玻璃管,直接放入盒内的棉层上;如不便干制,则需装在适当大小的玻璃瓶管里液浸,但瓶、管口要密封,以防漏液污染标本。

卵和蛹能干制的即干制入盒;不能干制的,根据具体情况,也可像幼虫那样用液浸法保存。

垫棉之前,需在盒底放些樟脑一类的防腐、防虫剂。

(8)昆虫标本的保存

①昆虫标本的保存工具

标本盒。用来保存针插干制标本。标本盒用轻质木材或坚厚的纸板制成。为了便于存放,标本盒大小有一定规定,盒盖上装有玻璃,便于隔盖观察盒内标本。为防止虫害或菌类侵入,盒盖和盒体之间要有凹凸槽口相接,使其尽量密合。盒底铺有软木板,便于插下昆虫针。这种标本盒的容量大,适宜存放,可作为展览、观摩和教学标本用。

盒装标本须粘贴分类标签，以便取放管理。常用的标本盒有两种规格。

标本盒内的边角处另粘 1~2 个带孔的小三角纸盒，盒内放有防腐、防虫剂，以防发霉或虫蛀。

标本柜。是保存干制标本的专用柜。其规格应为双层双门、高 205 厘米、宽 115 厘米、深 50 厘米。柜内中央有一纵向的隔板，上下层横向再各为 4 格，在各格中存放标本盒。柜的最下层装有一块活板，里面放入吸潮、防虫药品。

指形管和标本架。用于保存浸制标本。指形管的规格应该一致，一般高 7 厘米、直径 2.2 厘米，上面盖以橡皮塞。与指形管相配套的是标本架，指形管装入保存液和昆虫标本后，应摆放在标本架上保存。

浸制标本柜。是保存浸制标本的专用柜。其结构与上述标本柜相同，只是每层的隔板要厚，以便能承受指形管的保存液重量。在隔板正面沿前后方向钉上固定标本架的木条，标本架下也应挖有与木条相吻合的凹槽，插放标本架时将凹槽对准隔板上的木条，便抽拉自如。

②昆虫标本的保存方法

未加工的昆虫标本保存。尚未加工的保留标本，如果是装在三角袋内的，可原袋不动地放入木盒或纸盒内暂时保存；如果是裸露的昆虫标本，可放入木盒或纸盒内，按类分层置于垫棉上，盒内要放些防腐剂和防虫剂。

未经加工的昆虫标本还可放在玻璃干燥缸内保存。

在玻璃干燥缸缸底放些氯化钙或硅胶等干燥剂，把标本放到缸中的瓷屉上，然后盖上缸盖。缸盖底边和缸口边缘都是磨砂口边，盖封比较严密，但在使用时还得在缸盖和缸口相接触的口边上涂些凡士林，这样缸口可以封闭更严，揭盖或盖盖时，需要用手平推缸盖，才易揭开或盖上。

昆虫干制标本的保存。要及时放入标本盒并加药保存。霉雨季节尽量不开启盒盖，雨季过后应进行检查，随时添加防潮、防虫和防霉药剂。一旦发现虫害，要及时用药剂熏杀。

如有条件，应制作标本柜，收藏全部标本盒。如不能制作标本柜，也应将标本盒存放在其他类型的柜橱中，以便于集中保存管理。

昆虫浸制标本的保存。浸渍昆虫标本多在指形管内保存。根据虫体大小，标本可分装在若干管内,管内放耐浸小纸签。其上用铅笔注明标本名称等,用石蜡封紧管口,置于标本管架上。

标本管架是一个木制的长方形框架,正面镶装长条玻璃,既能挡稳标本管,又能透视管内的标本。管架的一个端面装着带有拉手的卡片框,既可放分类卡片,又可拉标本架。管架的尺寸通常是高8.5厘米,长40厘米,宽3.5厘米,架内实际宽度是2.5厘米。

放在管夹内的浸渍标本,要注意经常添换标本液,并避免日晒。

数量多的标本管架,需集中分放在浸渍标本柜内,以利于保存管理。

用玻璃管保存的浸渍昆虫标本,也可放在广口瓶(罐)内集中保存。

利用罐头玻璃瓶装标本管,需配上塑料盖,倒进一些标本液,并注意适时添注,各个标本管口可不塞瓶塞,只需放些脱脂棉,即可保持各管内的标本液经常饱满。然后把罐放入一般柜(橱)内保存。

盒装标本需放标本柜橱内保存,注意防潮、防晒、防虫。

③昆虫标本的去霉

干制的昆虫标本如不慎受潮,虫体发霉,应及时进行护理。

鳞翅目(蝶蛾类)昆虫体上发霉时,可用毛笔蘸些酒精(也可在其中加些石碳酸),用笔尖轻轻"点刷"虫体,做到既能刷及霉污,又不触损虫体,尤其注意不要刷落虫翅上的鳞片和虫体上的细毛。

其他种类的昆虫标本发霉时,也可以照此办理。如果在酒精中滴入几滴甘油,则在刷除霉污的同时还能使标本焕然一新,这对鞘翅目昆虫标本的效果尤其明显。

经过轻刷去霉的标本,可待晾干以后继续保存。

2.环节动物标本的采集与制作

环节动物是身体分节的高等蠕虫,其代表种类是蚯蚓。蚯蚓属于环节动物门的寡毛纲,种类很多。下面以蚯蚓为例介绍环节动物标本的采集与制作。

(1)蚯蚓标本的采集

制作蚯蚓标本,应该准备种蚓,这就需要到田野去采集。采集种蚓可通过以下几条途径进行。

①利用雨后时机采集

夏季大雨过后,蚯蚓纷纷爬出地面,此时去农田附近寻找,很容易找到,尤其在一些石块和烂草、落叶堆下。常有大量蚯蚓积聚,往往一次就能采集到几十条。

②利用农田翻土时机采集

农田中的蚯蚓,大多生活在耕作层中,一旦农田翻土,常被翻出土外。此时正是采集蚯蚓的好时机。尤其是韭菜畦、油菜地和水稻田中,由于土壤十分肥沃,蚯蚓数量多,采集更容易。

③根据蚓粪采集

蚯蚓洞穴上方的土面,常堆集着许多蚓粪,这是地下有蚯蚓生活的标志。如果在蚓粪旁用三齿耙挖取,往往能采到蚯蚓。

对采集来的蚯蚓,要放到盛有潮湿土壤的容器中,不能在空气中暴露时间过久,更不能在阳光下曝晒,以免因皮肤表面干燥而窒息死亡。

(2)蚯蚓标本的制作

一般把蚯蚓等环节动物做成浸制标本,以便日后观察。标本制作要经过停食、麻醉和固定 3 个步骤。

①停食

将蚯蚓自容器中取出,用水冲洗干净,放在垫有湿草纸的玻璃缸中,停食两天,使它的肠中泥土排尽。然后喂给碎的湿草纸 5~7 天,填充肠管,以利于将来观察肠管的形态。

②麻醉

将上述蚯蚓转入搪瓷盘内,同时放入一定量的清水,再慢慢滴入 95% 酒精,直到使盘中的清水变成 10% 的酒精溶液为止(事先应量得搪瓷盘中的水量,按比例加入一定量的酒精)。两个小时以后,蚯蚓背孔分泌出大量黏液,说明已经麻醉死亡。

③固定

配制固定液:40% 福尔马林 10 毫升、95% 酒精 28 毫升、冰醋酸 2 毫升、水 60 毫升。

取已经麻醉的蚯蚓,平放解剖盘中,从它身体后端侧面,用注射器向体内注射上述固定液,直到使蚯蚓的身体呈饱满状态为止。

(3)蚯蚓标本的保存

将注射后的蚯蚓,平放在纱布上,每 20~30 条裹成一卷,使其竖立在标本瓶中,然后加入上述固定液,便可长期保存。要注意每条蚯蚓的身体一定要平直,不能发生扭曲现象,否则将来解剖时就会背腹难辨,给解剖工作带来困难。

3.海洋无脊椎动物标本的采集与制作

海洋占了地球表面积的71%,其中生活着大量的无脊椎动物。本节简要介绍沿海无脊椎动物标本的采集与制作。

（1）海洋环境的简要说明

①海洋环境的特点

海洋环境与陆地环境相比,变化较小,稳定性强,这就为海洋生物的生存和发展提供了良好的条件。其特点如下:

海水温度差别很小:海洋表面(海面到 30 米深处)温度的日变化,热带为 0.5~1℃,温带为 0.4℃,寒带为 1~2℃。300~350 米以下的海水,其年温差更小。不同深度的水层生存着不同的生物。

酸碱度相当稳定:海水的 pH 一般维持在 8.0~8.3 之间。

海水中养料丰富:海水中含有多种营养盐类,如硅酸盐是硅藻构成细胞壁不可缺少的成分,而硅藻又是沿海某些浮游动物和贝类的主要食料。

②海洋环境的分区

根据地形和水深的不同,海洋环境可分为两大地区:如图所示,一个是沿岸地区,它是指从海陆相接处到海底 200 米深的部分,又称大陆架;另一个是深海区,即指深度超过 200 米的所有区域。

沿岸区:这个地区根据海水深度和物理化学特性的不同,又分为两个带,即滨海带和浅海带。

a,滨海带:指由高潮线到深约 50 米的地带,这一地带动植物种类较多。

b,浅海带:指 50~200 米深的地带,这里动物种类较多,植物种类较少。

深海区:这个地区根据水深和地形不同也分为两个带,即倾斜带和深海带。

a,倾斜带:指 200~2440 米之间的地带,这里坡度较陡,也叫大陆坡。

b,深海带:指由 2440 米以下至最深的海域地带,这个地带的特点是水温低,海床柔软,环境稳定,但缺乏阳光,无植物生长,有少数动物均为肉食性。

③潮间带和潮汐

潮间带：最高潮（大潮涨潮线）与最低潮（大潮退潮线）之间露出的泥沙或石质的滩涂地带叫潮间带，实际上就是有潮水涨落的地带。每当退潮时，潮间带海底露出水面，是进行海滨采集动物标本的主要场所。

大潮时，海水升至最高的界线称高潮线，海水落至最低的界线称低潮线。高潮线以上的部分称为潮上带，低潮线以下的部分称为潮下带，高潮线和低潮线之间便是潮间带。不论大潮还是小潮，都是在潮间带之间发生的。根据大小潮海水涨落的不同，潮间带又分低潮带、中潮带、高潮带。

a，低潮带：低潮带大部分时间为海水所浸没，只有每月两次大潮的低潮期暴露于空气中。此带是采集标本的重要区域，由于它长时间被海水浸没，必然会造成良好的海洋性环境，因而动植物种类繁多，数量较大。

b，中潮带：这个地带受风浪影响较大，尽管如此，动物分布的种类仍然不少，礁岩下、泥沙中、沙面上、凹洼处等都能找到动物的踪迹。

c，高潮带：高潮带大部分时间暴露在空气中，仅在每月两次大潮期间才为海水所浸没，因而这个地带的动物种类较少，只有那些能抵抗日光曝晒、干旱、温度剧变的动物能在这里生存下去，像牡蛎、紫贻贝、藤壶等具有特殊保护性坚硬外壳的动物可在这个地带被找到。

潮汐：潮汐是由于月球、太阳对地球各处引力不同所引起的海水水位周期性的涨落现象。世界上大多数地方的海水，每天都有两次涨落，白天海水的涨落叫作"潮"，晚上海水的涨落叫作"汐"。平时我们"潮""汐"不分，都叫作"潮"。

（2）海洋无脊椎动物标本的采集

①采集时间

采集和观察动物的最佳时间是农历朔（初一）和农历望（十五）后1~2天，每天采集的最好时间是在大潮的低潮前后1~2小时。

②采集地带

采集和观察动物的最好地带是低潮线以上的潮间带，尤其是下带，这里海滨动物分布丰富，是采集海洋无脊椎动物的重要区域。潮汐引起的潮流不仅扩大了水体和空气的接触面,增加了氧气的吸收和溶解,而且随着它冲来的一些有机碎屑又为海滨动物提供了营养,所以当大潮的低潮线暴露出来时,我们要抓紧时间,适时采集。

③采集的注意事项

了解海洋知识,安全第一。

采集前,应广泛查阅有关海洋和海洋生物的资料,懂得一些潮汐的知识,了解涨潮、落潮的规律,以免潮水变化时惊慌失措。采集中如不认识的动物,不要轻易下手触摸,最好用工具采取或及时请教指导老师,防止被有毒动物伤害。如果是集体采集,应加强组织纪律性,严格按照指导老师的要求去做,不要擅自离队独自行动,避免发生意外。

做好物质准备,爱护用具。

采集前,应把采集用的工具、药品、器皿、新鲜海水等准备妥当,同时还要配制好临时处理动物的药水。采集中转移地点时,应仔细检查所带用具是否齐全,避免丢失。对于铁器用具,采集归来后应及时洗净擦干,以备下次使用。

保护生态环境,适量采集。

初到海边的人,往往会对大海产生强烈的新奇感,兴之所至,有可能不顾一切,见到动物就采集,这种心情可以理解。但是,采集者不应忘记保护生态环境,保护海洋生物资源。应该强调重视观察,多看动物的生活状态,有条件的还可以拍些动物照片。采集时要重视质量而不要过分追求数量。在采集中翻动过的石块或拨挑过的海藻等,要把它们恢复原状,以免破坏其他动物原来的生存条件。

妥善处理标本,及时记录。

采集来的标本应分门别类放置在不同的瓶、管、桶、碗、杯中,并及时用不怕浸湿的纸料注明采集日期、地点、编号及采集者,养成细致、严谨的科学作风。

④采集工具

器械

手持放大镜:用于观案动物较微细的结构。

解剖器:包括解剖剪、解剖镊、解剖刀、解剖针。

解剖盘:整理固定动物标本之用。

搪瓷盘:用于整理标本和培养动物。

注射器:5毫升或10毫升规格的各若干个。

注射针头:5 号、6 号、7 号各若干个。

量筒:100 毫升,配药用。

量杯:1000 毫升,配药用。

培养皿:大、中、小号,用于培养小动物。

烧杯:1000 毫升,培养、麻醉、固定小动物。

广口瓶:棕色和白色各若干个,用于装标本。

吸管:吸取小型动物。

用具

毛笔:刷取小动物。

铁锹:挖取动物。

铁铲:挖泥沙中的动物。

铁锤和铁凿:用于凿出固着在岩石上的动物。

小铁片刀:采刮附着在岩石上的小型动物。

塑料桶:盛标本。

塑料碗:捞取小型水母。

塑料袋:装标本用。

其他:标签、圆珠笔、棉花、纱布、橡皮膏等若干。

⑤沿海无脊椎动物标本采集要点

海绵动物

a,生活环境及主要形态特点

日本矶海绵:单轴目,寻常海绵纲。这是一种常见的沿海无脊椎动物。它主要长在海滨潮线的岩礁上,退潮时可在岩石低凹积水处找到。

日本矶海绵通常成片生长,群体如丛山状,主要呈黄色,也有橙赤色的。

在海港码头环境中,还生活着毛壶和指海绵等海绵动物,它常附着于浮木、浮标及旧船底上。

b,采集要点

用刀片、竹片或其他较硬的器械从基部把海绵轻轻刮下,因其体质柔软,体壁易碎,刮时要注意不要用力过猛。将刮下的标本放入装有新鲜海水的标本瓶中,不宜放置过多,以免相互挤压损坏。

腔肠动物

a,生活环境及主要形态特点

a)绿疣海葵:珊瑚纲,六放珊瑚亚纲,海葵目,海葵科。

绿疣海葵固着在岩石缝中或岩石上,体壁为绿色或黄绿色,口部淡紫色,有一对红斑。生活状态时,位于口周围环生的五圈触手伸长,颜色呈浅黄色或淡绿色,像一朵盛开的葵花,非常美丽。涨潮时触手完全伸出,借以捕捉食物;退潮或受到外界刺激时触手和身体马上收缩成球形。

b)星虫状海葵:珊瑚纲,六放珊瑚亚纲,海葵目,爱氏海葵科。

星虫状海葵固着在泥沙中的小石块和贝壳上,营埋栖生活,体细长,呈蠕虫形,因触手收缩时形似星虫而得名。体呈黄褐色或灰褐色,触手为黄白色或灰褐色。在水中自然状态下,触手展开于泥沙表面,受刺激时缩入泥沙中。

c)钩手水母:钵水母纲,淡水水母目,花笠水母科。

钩手水母在丛生的海草中自由漂浮生活,伞稍低于半球形,伞径7~11毫米,伞高4~6毫米,伞缘有触手45~70个。

d)海月水母:钵水母纲,旗口水母目,洋须水母科。

海月水母在海水中漂浮生活,体呈伞形,伞缘有许多触手,伞的下面有口,口周围有4个口腕。生殖腺4条,马蹄形。海月水母为乳白色,雄性生殖腺呈粉红色,雌性为紫色。

e)薮枝螅:水螅纲,被芽螅目,钟螅科。

附着于海藻、海港浮木或其他物体上,营群体生活,有的种类高达20~40毫米。

b,采集要点

a)绿疣海葵:在岩石缝或岩石上,距海葵固着部位约3厘米处,用铁锤和铁凿将它连同岩石一起采下,尔后轻轻放入盛有海水的容器内,注意尽量不要伤及海葵。容器内的标本不宜放置过多。

b)星虫状海葵:因这种动物的体色与泥沙颜色相近,故要仔细寻找观察才能发现。星虫状海葵埋在泥沙中,采集时不要急于动手,应静观等待其触手完全张开,恢复自然状态,再沿触手长度的边缘用铁锹挖一圆形坑把它挖出来,尽量挖得深一些,以免损伤其基部。最后,将海葵取出放入盛有海水的容器中。

c)钩手水母:退潮后,在岩石间海草较多的1米左右深的海水中,轻轻拨动海草,静待片刻,观察水面,即会出现钩手水母。采集时要手疾眼快,迅速用碗或小网捞取,然后倒入装有新鲜海水的玻璃瓶或塑料瓶中。

d)海月水母:这种动物与海蜇一样,在沿海岸地带不多见,一般需乘船采集。一旦发现这种动物,应用塑料盆连同海水一起舀起,尔后放入盛有新鲜海水的容器中。因为它的体内多胶质,极易破碎,所以采集和装入容器时应格外小心,并需经常更换海水。

e)薮枝螅:可以连同附着物一起把薮枝螅采下,放进盛有海水的较大容器里。注意不要重叠放置,以免把它们闷死。

扁形动物

a,生活环境和主要形态特点

平角涡虫:涡虫纲,多肠目,平角涡虫科。平角涡虫多生活于高低潮线间的石块下面。体扁平,叶状,略呈椭圆形,前端宽圆,后端钝尖。体灰褐色,腹面颜色较浅。

b,采集要点

采集平角涡虫可翻动石块,在石块下面寻找。不论它是匍匐爬行还是静止不动,都需用毛刷将它轻轻刷下,放入盛有海水的小瓶中。由于这种动物分泌的黏液常缠绕其他动物,所以,应注意不要把它跟别的动物一起放在同一个容器里。

环节动物

a,生活环境及主要形态特点

a)巢沙蚕:多毛纲,游走亚纲,欧努菲虫科。

巢沙蚕在沙滩或泥沙滩营管栖生活。管为膜喷,表面嵌有贝壳碎片和海藻等,下部布满沙粒,管的上部约20毫米露在沙外,平时巢沙蚕在管的上部活动,受震动后,迅速下行,通过管下方的开口进入泥沙深处。虫体一般较大,体呈褐色闪烁珠光,鳃为青绿色。

b)磷沙蚕:多毛纲,游走亚纲,磷沙蚕科。

磷沙蚕栖息在泥沙内的U形管中,退潮后,在沙滩表面露出高1~2厘米,相距60厘米左右的两个白色革质管口。用手捏闭一个管口,再轻轻压挤被封闭的管口数次,然后放开手,可看到另一管口缓慢流水,这就是磷沙蚕的栖息地点。

c)柄袋沙蠋:多毛纲,隐居亚纲,沙蠋科。

柄袋沙蠋栖息于细沙底质,在U形管状的穴道中生活,穴口之间距离为200~300毫米。体呈圆筒形,前端粗,后端细,形似蚯蚓,故俗称海蚯蚓。活着时体色鲜艳,为褐或绿褐色,其上有闪烁的珠光;鳃为鲜红色,刚毛为金黄色。

d)埃氏蜇龙介:多毛纲,隐居亚纲,蜇龙介科。

埃氏蜇龙介虫体生活于弯曲的石灰质管中,外面常附有许多沙粒,栖管则固着于岩石缝、石块下或贝壳上,常常是许多个管子缠绕在一起。虫体前端较粗,后端较细。

b,采集要点

a)巢沙蚕:在泥沙滩表面注意观察,凡有一堆碎海草、沙砾、贝壳,中间有一管口的即为巢沙蚕管口。在管子上部震动,虫体将迅速下移,故采集时动作应轻一些,在离管口一定距离处用铁锹挖取。挖出后,轻轻敲管,可探知管内有无虫体,尔后将有虫体的管子放入盛有海水的容器内。

b)磷沙蚕:退潮后,在相距60厘米左右找到两个白色革质管口,向其中一个管口吹气,若另一管口喷水,即表明它是磷沙蚕穴居的u形管。在两管中间画一直线,并用铁锹在线的一侧挖之,挖掘深度与两管口距离成正比。当见到与地面平行的横管时,即小心拿取全管放到盛有海水的容器内。

c)柄袋沙蠋:它栖息于泥沙中,一般有两个穴口;尾部的穴口处常堆积有圆形泥沙条的排泄物,形状如蚯蚓粪;头部穴口距尾部穴口约10厘米处,是一个漏斗形的凹陷。采集时,用铁锹在离尾部穴口10厘米处快速下挖,轻轻掘起,展开泥沙,将标本放入盛有海水的玻璃瓶中。

d)埃氏蜇龙介:采集时,将管连同虫体一起取下,放进盛有海水的容器。

软体动物

a,生活环境及主要形态特点

a)红条毛肤石鳖:多板纲,石鳖目,隐板石鳖科。

红条毛肤石鳖生活在潮间带中下区至数米深的浅海,足部相当发达,通常以宽大的足部和环带附着在岩礁、空牡蛎壳和海藻上,用齿舌刮取各种海藻。退潮后吸附在岩石上。身体呈长椭圆形,壳板较窄,暗绿色,暗中部有红色纵带。

b)螺类(腹足类)

锈凹螺——腹足纲,前鳃亚纲,原始腹足目,马蹄螺科。

锈凹螺生活在潮间带中下区,退潮后常隐藏在石块下或石缝中,以海藻为食,是海带、紫菜等经济养殖业的敌害。贝壳圆锥形,壳质坚厚;壳口呈马蹄形,外唇薄内唇厚。

朝鲜花冠小月螺——腹足纲,前鳃亚纲,原始腹足目,蝾螺科。

朝鲜花冠小月螺生活在潮间带中区的岩石间,贝壳近似球形,壳质坚固而厚,过去称这种螺为蝾螺。

皱纹盘鲍——腹足纲,前鳃亚纲,原始腹足目,鲍科。

皱纹盘鲍栖息于潮下带水深 2~10 米的地方,用肥大的足吸附在岩礁上。贝壳扁而宽大,椭圆形,较坚厚。这种动物以褐藻、红藻为食,也吞食小动物,常昼伏夜出,肉肥味美,是海产中的珍品。贝壳(又称石决明)可以入药,也可以做工艺品。

短滨螺——腹足纲,前鳃亚纲,中腹足目,滨螺科。

短滨螺常在高潮线附近的岩石上营群居生活,成群地栖息在藤壶空壳或石缝中,而它自己的空壳又往往为小型寄居蟹所栖息。贝壳小型,呈球状,壳质坚厚,壳顶尖小,常为紫褐色。这种动物能用肺室呼吸,具有半陆生和半水生性质。

古氏滩栖螺——腹足纲,前鳃亚纲,中腹足目,江螺科。

古氏滩栖螺生活于潮间带高潮线附近的泥沙滩中,退潮后在沿岸有水处爬行。贝壳呈长锥形,壳质坚硬,可供烧石灰用。

扁玉螺——腹足纲,前鳃亚纲,中腹足目,玉螺科。

扁玉螺生活在潮间带到浅海的沙或泥沙滩上,以发达的足在沙面上爬行,爬过的地方留下一道浅沟。能潜于沙内 7~8 厘米处,捕食竹蛏或其他贝类。贝壳为扁椭圆形,壳宽大于壳高。肉可食用,壳为贝雕工艺的原料。

脉红螺——腹足纲,前鳃亚纲,狭舌目,骨螺科。

脉红螺生活在潮下带数米或十余米深的浅海泥沙底,能钻入泥沙中,捕食双壳贝类。贝壳大,略呈梨形,壳质坚厚,壳表面呈黄褐色,具棕褐色斑带。肉味鲜美,可做罐头,但它是肉食性动物,为贝类养殖业的大敌。

香螺——腹足纲,前鳃亚纲,狭舌目,蛾螺科。

香螺生活于潮下带至 78 米深的泥沙质海底,在潮间带内很少发现。贝壳大,近似菱形,壳质坚厚,壳表面为黄褐色并被有褐色壳皮。贝壳表面常附着苔藓虫、龙介虫、海绵、牡蛎等动物。因其体大而肉肥味美,故有香螺之美称。

c)双贝壳类(瓣鳃类)

毛蚶——瓣鳃纲，列齿目，蚶科。

毛蚶生活于低潮线以下的浅海，水深为4—20米的泥沙质海底并稍有淡水流入的环境中。贝壳呈卵圆形，两壳不等，右壳稍小，壳质坚厚而膨胀，壳表面白色，被有棕色带茸毛的壳皮，故名毛蚶。

魁蚶——瓣鳃纲，列齿目，蚶科。

魁蚶生活于潮下带5米至数十米浅海的软泥或泥沙质海底，退潮后在沙面上有两个似向日葵种子形的孔，长约1厘米，尖端相对。贝壳大型，斜卵形，左右两壳相等。壳表面白色，被有棕色壳皮及细毛，极易脱落，魁蚶是经济贝类。

紫贻贝——瓣鳃纲，异柱目，贻贝科。

紫贻贝生活在潮间带中下区以及数米深的浅海，常营群居生活，大量黑紫色的贻贝成群地以足丝固着于岩石缝隙以及其他物体上。贝壳楔形，壳质较薄，壳表面呈黑紫色或黑褐色并有珍珠光泽。有时大量紫贻贝附生于工厂冷却水管内和船底下，能造成堵塞管道和影响生产的后果。肉味鲜美，经济价值很高，俗称"海红"。

栉孔扇贝——瓣鳃纲，异柱目，扇贝科。

栉孔扇贝也称"干贝蛤"，栖息在浅海水流较急的清水中，自低潮线附近至20余米深处的海底。以足丝附着在海底岩石或贝壳上，移动时足丝脱落，借两扇贝壳的急剧闭合击水前进。停留后，足丝又很快生出，附着在外物上。扇贝的上壳即左壳表面，常附着一些藤壶、苔藓虫、螺旋虫等小型管栖环虫。贝壳扇形，两壳大小几乎相等。壳面颜色差异较大，有紫褐色、橙红色、杏黄色或灰白色，有的色泽鲜艳，十分美丽。贝壳可作为工艺品观赏，肉可供食用。

褶牡蛎——瓣鳃纲，异柱目，牡蛎科。

在潮间带中上区岩石上，褶牡蛎分布最多。贝壳小，多为长三角形。左壳较大，较凹；右壳较平，稍小。壳表面多为淡黄色，杂有紫黑色或黑色条纹。左壳表面突起，顶部附着在岩石上，附着面很大。肉味美，可食用。

中国蛤蜊——瓣鳃纲，真瓣鳃目，异齿亚目，蛤蜊科。

中国蛤蜊生活在潮间带中下区及浅海海底，海水盐度较高、潮流通畅、底质沙清洁的地区。贝壳近似三角形，腹缘椭圆，壳质坚厚，两壳侧扁。壳表面光滑，有黄褐色壳皮，壳顶处常剥蚀成白色。肉可食用，贝壳可做烧石灰的原料。

长竹蛏——瓣鳃纲,贫齿亚目,竹蛏科。

长竹蛏在潮间带的泥沙滩中穴居,能潜入沙内 20~40 厘米深处。贝壳狭长,如竹筒形,壳长为壳高的 6~7 倍。壳薄脆,表面光滑,壳皮黄褐色,壳顶周围常剥落成白色。肉味鲜美,产量也大,沿海居民常用竹蛏肉包饺子。长竹蛏是我国主要经济海产动物之一。

b,采集要点

a)石鳖:由于石鳖以发达的足部紧紧吸附于岩石上,并且越触及动物本体其附着力越强,因而很不易采下。采集时,要乘其不备,猛地从一侧推动,便可使石鳖与岩石脱离,捉下放入盛有新鲜海水的容器中。

b)螺类和双贝壳类:在退潮后的石块下、岩石缝里、泥沙滩中仔细寻找,便可以采到螺类和双贝壳类动物。

c)长竹蛏:退潮后,在泥沙岸上寻找两个紧密相连、大小相等、长约 1 厘米、呈哑铃形的小孔,受震动后两个小孔下陷成一个较大的椭圆孔,即为竹蛏的穴孔。沿海居民常用 40~50 厘米长的铁丝钩钓取,效果既快又好。也可以用铁锹迅速挖取,注意不要惊动竹蛏,挖深在 30~50 厘米之间。然后将采到的标本放入塑料袋中。

节肢动物

a,生活环境及主要形态特点

a)白脊藤壶:甲壳纲,蔓足亚纲,围胸目,藤壶科。

白脊藤壶栖息于潮间带并常附着于岩石、贝壳、码头、浮木和船底上。在我国北方,因其能耐受长期干燥,适于低盐度地区,故与小藤壶一起成为潮间带岩岸的优势种,数量十分可观。壳呈圆锥形或圆筒形,壳板有许多粗细不等的白色纵肋,因壳表面常被藻类侵蚀,因此纵肋有时模糊不清。

b)蛤氏美人虾:甲壳纲,蔓足亚纲,十足目,爬行亚目,歪尾派,美人虾科。

蛤氏美人虾常穴居在沙底或泥沙底的浅海或河口附近,一般生活在潮间带的中潮区。体长 25~50 毫米,头胸部圆形,稍侧扁。体无色透明,甲壳较厚处呈白色,它的消化腺(黄色)和生殖腺(雌者为粉红色)均可从体外看到。因看上去很美,故有美人虾之称。肉较少,无大的经济价值,一般作为观赏动物。

c)日本寄居蟹:甲壳纲,蔓足亚纲,十足目,爬行亚目,歪尾派,寄居蟹科=

这种动物寄居在空的螺壳中,头胸部较扁,柄眼长,腹部柔软。躯体与螺壳的腔一样,呈螺旋状。腹足不发达,用尾足及尾节固持身体在壳内。体色多为绿褐色。小型寄居蟹在沿海沙滩上数量极大,也很好采到,所以是中学生物教学理想的生物标本。

d)豆形拳蟹:甲壳纲,蔓足亚纲,十足目,爬行亚目,短尾派,玉蟹科。

豆形拳蟹生活于浅水或泥质的浅海底,潮间带的平滩上也常能见到。退潮后,多停留于沙岸有水处。爬行迟缓,遇到刺激时螯足张开竖起,用以御敌。头胸甲呈圆球形,十分坚厚,表面隆起,有颗粒,长度稍大于宽度。体背面呈浅褐色或绿褐色,腹面为黄白色。

e)三疣梭子蟹:甲壳纲,蔓足亚纲,十足目,爬行亚目,短尾派,梭子蟹科。

三疣梭子蟹生活在沙质或泥沙底质的浅海,常隐蔽在一些障碍物边或潜伏在沙下,仅以两眼外露观察情况,在海水中的游泳能力很强。退潮时,在沙滩上留有许多幼小者,一遇刺激即钻入泥沙表层。头胸甲呈梭形,雌性个体比雄性个体大,螯足发达。生活状态时呈草绿色,头胸甲及步足表面有紫色或白色云状斑纹。肉肥厚,味鲜美,产量高,是我国重要的经济蟹类。

f)绒毛近方蟹:甲壳纲,蔓足亚纲,十足目,爬行亚目,短尾派,方蟹科。

这种动物生活在海边的岩石下或石缝中,有时在河口泥滩上栖息。在潮间带中,以上中区为多。甲壳略呈方形,前半部较后半部宽;螯足内外面近两指的基部有一丛绒毛,尤以内面较多而且密,故得名为绒毛近方蟹。

g)宽身大眼蟹:甲壳纲,蔓足亚纲,十足目,爬行亚目,短尾派,沙蟹科。

宽身大眼蟹居于泥滩上,喜欢栖息在潮间带接近低潮线的地方。退潮后,常出穴爬行,速度很快,眼柄竖立,眼向各方瞭望,遇敌时急速入穴,穴口长方形。头胸甲也呈长方形,宽度约为长度的 2.5 倍,前半部明显宽于后半部。生活时,体呈棕绿色,腹面及螯足呈棕黄色。经济价值不大。

b,采集要点

a)藤壶:藤壶紧紧地与岩石、贝壳等长在一起,为保证动物体完整,采集时要连同附着物一起采下。

b)美人虾:退潮后,在泥沙表面常可见到两个圆形小孔,外观比长竹蛏的孔径略大,穴孔间距大于 1 厘米,这便是美人虾的穴口。采集时,可用铁锹挖至深约 25 厘米,翻动被挖掘的泥沙,便可找到美人虾,通常是成对(一雌一雄)被挖出。然后将美人虾放入盛有新鲜海水的容器内。

c)小型虾:用小水网迅速捞取,将捞取到的虾放进盛有新鲜海水的容器里。

d)蟹类:退潮后,蟹类常常躲藏在石块下或石缝内　采集时需不断地翻动石块,观察石缝,适时采集。注意:一般不用手箝拿,因为蟹类的蟹肢夹持力很大,会夹伤人的手指,所以最好用大竹镊子迅速夹取,放入坚固的容器中。

腕足动物

a,生活环境及主要形态特点

海豆芽:腕足动物门,无铰纲,海豆芽科。

海豆芽常栖息于潮间带中区低洼处,外形似豆芽,故名。贝壳扁长方形,壳较薄且略透明,同心生长线明显。壳呈绿褐色,壳周围有由外套膜边缘伸出的刚毛。柄为细长圆柱形,越向后端越细,后端部分能分泌黏液,以固着在泥沙中。

b,采集要点

退潮后,在集有浅水的沙滩表面可见有并列的3个小孔,孔间距约为5毫米,每孔中由里往外伸出一束刚毛,一经触动即下缩而陷入泥沙中,此时3个小孔变成1条裂缝。这就是海豆芽的穴洞。

采集时,可在距3个小孔10厘米远处用铁锹挖至30厘米深,然后扒开挖出的沙土,便可找到海豆芽。也可将一只手的拇指与食指张开,轻轻伸入三孔两侧的泥沙中约2~3厘米,迅速捏住海豆芽背腹的两片壳,进而向上拔,用另一只手沿海豆芽柄部掘挖泥沙20~30厘米深,即可得到海豆芽。注意:不论采用什么方法,都不要折断柄部,破坏标本的完整性。

棘皮动物

a,生活环境及主要形态特点

a)沙海星:海星纲,显带目,沙海星科。

沙海星栖息在水深4~50米的沙、沙泥和沙砾底,体型较大,呈五角星状。腕5个,脆而易断。生活状态时,反口面为黄色到灰绿色,有纵行的灰色带;口面为橘黄色。

b)海燕:海星纲,有棘目,海燕科。

海燕常栖息在潮间带的岩礁底,有时生活在沙底。体呈五角星形,腕很短,通常5个,也有4个或6~8个的。体盘很大,体色美丽,反口面为深蓝色或红色,或者两色交错排列;口面为橘黄色。晒干后,可用做肥料或饵蚪。

c)陶氏太阳海星:海星纲,有棘目,太阳海星科。

生活于25米以下深水中的泥沙底,渔民出海作业时。常随网捕捞上来。体为多角星形,体盘大而圆。腕基部宽,末端尖,有10~15条,多数为11条。体色鲜艳,反口面为红褐色,口面为橙黄色或灰黄色。

d)多棘海盘车:海星纲,钳棘目,海盘车科。

这种动物多生活在潮间带到水深40米的沙中或岩石底。体扁平,反口面稍隆起;口面很平。体盘宽,腕5个,基部较宽,末端逐渐变细,边缘很薄,体黄褐色。

e)马粪海胆:海星纲,拱齿目,球海胆科。

马粪海胆生活在潮间带到水深4米的沙砾底和海藻繁茂的岩礁间,常藏身在石块下和石缝中,以藻类为食,可损害海带幼苗,是养殖藻类的敌害。壳底半球形,很坚固,壳表面密生有短而尖的棘。壳呈暗绿色或灰绿色;棘的颜色变化很大,最普通的是暗绿色,有的带紫色、灰红、灰白或褐色。

f)刺参:海参纲,楣手目,刺参科。

刺参生活在波流静稳、无淡水注入、海藻繁茂的岩礁底或细泥沙底。夏天,当水温超过20℃时,便开始夏眠而潜伏在水深处的石块下。刺参的身体呈圆筒形。体长一般约20厘米,背面隆起有4~6行大小不等、排列不规则的肉刺。体色一般为栗褐色或黄褐色,还有绿色或灰白色;腹面颜色较浅。因刺参含有大量蛋白质,所以是营养价值很高的海味,也可以入药。

g)海棒槌:海参纲,芋参目,芋参科。

海棒槌生活在低潮线附近,在沙内穴居,穴道呈u形,身体横卧于沙内。体呈纺锤形,后端伸长成尾状,外观似老鼠,所以俗名海老鼠。体柔软,表面光滑,呈肉色或带灰紫色;尾状部分带横皱纹。

b,采集要点

a)沙海星:在退潮后泥沙滩的积水处常可采到。沙海星的腕易断,采取时应轻拿轻放,可放入容器中,也可用纱布或棉花包裹好后放进袋里。

b)海燕:在清澈见底的有海水浸泡的岩石壁上,常常有很多海燕。用手采取时,应注意安全并及时将标本放入容器内。

e)刺参:因其大多栖息在藻类繁茂的岩礁间或较深的海底,所以可以在退潮后几个人合力翻动大块岩石去寻找,也可利用刺参夏眠的习性在石块下翻寻,会潜水者还可潜入海底去捕捉。但要格外小心,不能给刺参太大的刺激,以防其排出内脏而不能恢复原状。采到后应及时放入盛有新鲜海水的容器内,避免大幅度地晃动容器。

d)海棒槌:在非常平坦的沙滩上,见有高3~4厘米、直径15厘米左右的小沙丘,其上有1小孔,这便是海棒槌尾部的穴口,小沙丘是它的排泄物。在距小沙丘20厘米左右处,有一凹陷小穴,其下便是海棒槌的头部所在地,深30~50厘米。海棒槌在沙中的生活状态可参见下图。

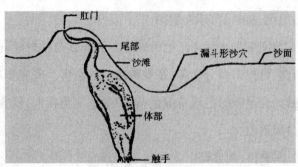

海棒槌的生活状态

采集方法一:因为海棒槌在沙内行动相当快,所以必须在小穴与小沙丘之间的平行横面上迅速用铁锹挖至30厘米深以下,才能采得标本。如果发现有粉红色液体流出,那就说明海棒槌已被铲断,不可再用做标本了。

采集方法二:根据经验,用铁锹和铲子挖掘常常不易得到完整的标本。既快又好的方法是用右手顺着沙丘的小孔即海棒槌洞向下旋入,紧握其躯体不放,直到手腕全部入沙为止,再用左手协助慢慢松动周围沙层,便可轻轻取出一只完整无损的海棒槌。

(3)海洋无脊椎动物标本的制作

①浸制标本制作法

制作原则

a,麻醉标本前,必须先用海水把容器刷洗干净,切不可用淡水刷洗,否则做出的标本效果不好,同时还需将动物体上的泥沙、碎草等污物杂质用海水洗掉。

b,为使麻醉工作顺利进行,避免动物因受过分刺激、强烈收缩而影响标本的质量,必须做到以下3点:

a）认真、细致、耐心地将采回的标本放在盛有新鲜海水的容器中培养一段时间,使之稳定、安静并表现出正常的自然生活状态。

b）在麻醉过程中,麻醉剂应分几次慢慢放入,使动物在没有刺激感觉的情况下昏迷过去。如果发现动物体或触手强烈收缩,说明麻醉剂放入过量,可用更换新鲜海水的方法使它恢复自然状态。此法有时见效,有时则无效,所以还是以小心谨慎逐渐麻醉为好。

c）用于麻醉的容器应放在光线较暗、安全可靠的地方,不要随意乱放,以免因不慎碰撞而引起震响,影响动物的麻醉。

制作方法

a,多孔动物

a）日本矾海绵:用5%或7%的福尔马林杀死,装瓶保存。此法仅用来制作供观察外形用的标本。

b）毛壶:浸入70%酒精中装瓶保存即可。

b,腔肠动物门

a）黄海葵:因其反应比较迟钝,触手充分张开后,除遇强刺激外一般收缩不明显,故处理比较容易。处理方法是:海水培养,使触手充分张开,用薄荷脑或硫酸镁麻醉后放入5%的福尔马林溶液中固定,取针线穿人黄海葵躯体中部,并绑在玻璃片上;放入盛有5%福尔马林溶液的标本瓶中保存。

b）绿疣海葵

方法一:

在盛有新鲜海水的1000毫升大烧杯中放入绿疣海葵1个,静置,使触手全部张开呈自然状态。

用0.05%~0.2%的氯化锰溶液慢慢加进烧杯中,麻醉40~60分钟(麻醉用药的浓度及麻醉时间视海葵的大小而定)。

海葵全部麻醉后,用吸管将甲醛加到海葵的口道部分,至甲醛浓度达到7%时,固定3~4小时。

固定后转入5%福尔马林溶液中保存。

方法二:

海水培养,使海葵触手张开呈自然状态。

将 10 毫升酒精加 10 克薄荷脑配成混合液,滴 3 滴于培养器皿中。以后每隔 15 分钟滴一次,剂量逐次增加。如此处理约 45 分钟。

用硫酸镁饱和溶液每 15 分钟滴一次,时间间隔逐次缩短,约 2 小时完成。

用 10% 福尔马林液注入动物体(根据海葵的大小分别注入 5 毫升、10 毫升、15 毫升不等)。

用 5% 福尔马林液浸泡固定、保存。

方法三:

海水培养,使海葵触手张开呈自然状态。

撒一薄层薄荷脑结晶于水面,或用纱布包薄荷脑并用线缠成小球轻轻放在水面上;向海葵触手基部投入硫酸镁,药量逐渐增加,直至海葵完全麻醉。

取出薄荷脑,注入纯福尔马林液至福尔马林含量达 7% 为止。

3~4 小时后,取出海葵放入 5% 福尔马林液中保存。

c)钩手水母

方法一:

将钩手水母放入盛有海水的烧杯中,静置。待触手全部伸展后,在水面上撒薄薄一层薄荷脑。麻醉时间约两分钟。

将动物体转入 70% 福尔马林液中固定 20 分钟。

取带有软橡皮塞的小药瓶一个,瓶内存放 5% 福尔马林溶液,供保存标本使用。

取一根细白线,一头固定在瓶盖上,另一头穿过动物躯体正中并打结,尔后将动物放入保存瓶内,盖严瓶塞。

方法二:

将动物放入盛有海水的瓶中,静置,使触手全部伸展。

加入 1% 硫酸镁,麻醉 10~20 分钟。

再转入新的 5% 福尔马林液中保存。

d)海月水母

将动物放入盛有海水的瓶中,静置,使触手全部伸展。

转入 7% 福尔马林液中杀死动物,约需 24 小时。

用纱布包裹硫酸镁并置于水面,麻醉 6~8 小时。

用滴管向瓶内滴入少量98%酒精,杀死动物。

移入5%福尔马林液中保存。

e)薮枝螅

将动物(数量不宜过多)放入盛有新鲜海水的容器内静置,使动物身体全部放松成自然状态。

慢慢加入1%硫酸镁,麻醉动物。

放进纯福尔马林液至浓度达7%,杀死动物。

移至5%福尔马林液中装瓶保存。

c,扁形动物门

以平角涡虫为主,其制作方法有两种。

方法一:

将动物放入盛有新鲜海水的容器内静置,待其完全伸展成自然状态时,在水面撒薄荷脑麻醉,时间约3小时。

移入7%福尔马林液中杀死动物,时间需3~5分钟。

用毛笔将动物挑在一张湿的滤纸上,放平展开,再盖上一层纸,并放几片载玻片压住。

放进7%福尔马林液中,约12小时后去掉纸。

移入5%福尔马林液中保存。

方法二:

让涡虫饥饿24小时,使肠内食物全部消化。

取两张玻璃片,在一张玻璃片上放涡虫,用吸管滴上少量水,使涡虫安定。

再用吸管吸取由10毫升37%福尔马林液、2毫升冰醋酸、30毫升蒸馏水配制的冰醋酸固定液,滴在涡虫上。

迅速用另一张玻璃片盖住涡虫体,将它夹在两张玻璃片中间。这样得到的涡虫标本将不致发生卷缩现象。

放入5%福尔马林液中保存。

d,环节动物门

巢沙蚕、磷沙蚕、柄袋沙蠋、龙介等环节动物的标本制作方法基本相同。

方法一：

将动物放入盛有新鲜海水的浅盘中，静置，使动物完全伸展。

用薄荷脑麻醉动物约 8 小时。

将动物放入 7% 福尔马林液中杀死，约 30 分钟后取出整形。

8 小时后移入 5% 福尔马林液中保存。

方法二：

将动物放入盛有新鲜海水的浅盘中，静置，使动物完全伸展。

往容器内加注淡水，注入量为原有水量的 1/2。以后每过 1 小时加进等量的淡水，需加 3~4 次。

接着每隔 20 分钟加进一次饱和食盐水，每次加入量为原水量的 5%，需加 4—5 次。

最后移入 5% 福尔马林液中保存。

制作时，需注意两点：a）一些较大的环节动物如沙蝎，被杀死后需向体内注入适量的 10% 福尔马林液，以防止体内器官腐烂。b）管栖的环节动物如磷沙蚕、巢沙蚕、龙介等，处理前应使虫体从柄管中露出并与柄管分开，有时连同柄管一起保存于同一标本瓶中。

e，软体动物门

a）石鳖：石鳖受刺激时躯体常向腹面卷曲，壳板露在外面借以自卫，所以处理标本时，应格外小心。处理方法是：

将动物放入盛有海水的玻璃容器中，静置，使其完全伸展。

用酒精或硫酸镁麻醉 3 小时。

将动物移入 10% 福尔马林液中杀死，时间约半小时。

再将动物取出放在另一玻璃器皿中，使体背伸直并压上几张载玻片，用原先的 10% 福尔马林液倒入固定，时间约 8 小时。

最后移入 7% 福尔马林液中保存。

b）腹足类和瓣鳃类：这两类动物标本的制作方法大致相同，现简介如下：

生态标本——

将螺类和贝类分别装入玻璃瓶中，加满海水，不留空隙，盖紧瓶盖。

待腹足类头部与足部伸出壳口、瓣鳃类双壳张开并伸出足时（需 12~24 小时），立即倒入 10% 福尔马林溶液固定，时间约 20 小时。

移入盛有5%福尔马林液的标本瓶中保存。

整体标本——

用清水洗净螺类或贝类标本,把贝壳较薄、有光泽的和贝壳较厚、无光泽的分开,前者只能用酒精杀死固定,后者用酒精和福尔马林溶液均可达到目的。

用10%福尔马林溶液或酒精杀死固定,时间约10小时。

移入5%福尔马林液或70%酒精中保存。

解剖标本——

大型螺类的解剖标本:温水闷死动物;用10%福尔马林液固定,移入5%福尔马林液中保存。

大型双壳贝类的解剖标本:用温水闷死动物,或用薄荷脑、硫酸镁等麻醉2~8小时,待贝壳张开后,往其中夹进一木块以支撑两贝壳;再用10%福尔马林液杀死动物,向动物内脏中注射固定液(固定液用9%酒精50毫升、蒸馏水40毫升、冰醋酸5毫升、福尔马林5毫升配制);最后保存在85%酒精或5%福尔马林液中。

f,节肢动物门

a)藤壶

将藤壶放入盛有新鲜海水的玻璃容器中培养,可见其蔓足不停地上下活动。

在水面加薄荷脑或硫酸镁麻醉,至蔓足停止不动,约需4小时。

将动物放入7%福尔马林液中杀死固定,约3小时。

保存在70%酒精中。

b)虾、蟹等各种节肢动物

一般可直接用7%福尔马林液杀死固定,半小时后取出整形,然后放入5%福尔马林液中保存。

g,腕足动物门

海豆芽:

用海水洗净。

用7%福尔马林液杀死,约20分钟。

展直柄部,放入5%福尔马林液中保存。

h,棘皮动物门

a) 海参

沿用一般处理方法制作海参标本,过程比较复杂、繁琐,时间长,效果也不够理想。经过实践,下述方法既简便又有效。

将动物放入盛有新鲜海水的容器中,静置,使触手和管足完全伸出。

麻醉时先向水面撒一薄层冰片,30 分钟和 45~50 分钟后再分别两次投放冰片,直至冰片盖满水面为止。小型海参麻醉两小时,大、中型海参麻醉 8 小时,触动其触手和管足,已不再收缩。

用竹镊子夹住头部把海参从水中取出,接着放进 50% 冰醋酸中浸泡,半分钟后取出。

放入 8% 福尔马林液中杀死固定,在 1 小时内向动物体内注射适量的 8% 福尔马林,使参体恢复到正常饱满状态,然后用小棉团塞住肛门。

保存动物于 5% 福尔马林液中。

按上述处理方法得到的海参标本,挺直不软,外观形态自然。做这种海参浸制标本并不难,关键是同学们要注意掌握以下两点:

第一,标本一定要新鲜,不能有腐烂、受损等现象。盛放海参的容器最好要大一些,不要混杂放入其他动物。容器内的海水要干净无杂物。

第二,海参是一种非常喜欢干净和凉爽环境的动物,向水面撒冰片(有时撒得很多)正是为了给海参创造一个清凉的好环境,使它能在这种舒适的环境中慢慢地昏迷过去,以免发生触手和管足缩回的现象。

b) 海燕、海星

用 4% 硫酸镁溶液麻醉 2~3 小时。

由动物的腔管系统注入适量的 25%~30% 福尔马林液,直到每个管足都充满液体竖起为止。

移入 5% 福尔马林液中保存。

c) 海胆

用 4% 的硫酸镁溶液麻醉 3 小时。

由围口膜处向动物体内注入适量的 25%~30% 福尔马林液。为使固定液容易注入,可在围口膜的对面另扎一针头,使海胆体液可从此处流出。

移入 5% 福尔马林液中保存。

②干制标本制作法

制作原则制作标本前,一定要用淡水清洗掉动物身上的盐分,以免出现皱裂,影响标本效果。

制作方法

a,海绵动物

将用酒精或福尔马林液杀死的动物标本固定1天后取出,放在通风处晾干。

b,软体动物

a)螺类

用开水杀死动物,除去内脏和肉体。

将介壳冲洗干净,而后晾干。

摆放在贴有绒纸的木板盒中,用乳胶逐个粘贴于绒纸上,并分别写上分类地位及名称。

注意:因前鳃类动物的厣是分类学中鉴别种类的特征之一,所以在制作这类动物的介壳标本时,必须用棉花或纸、碎布将空壳填满,然后把厣贴在壳口处,借此将厣与贝壳同时保存起来。

b)双壳贝类

用开水烫动物体时,双壳张开,尽快取出动物体内的肉及内脏。

将两壳洗净,趁壳未干用线将其缠好。

阴干后将线拆除,保存。

软体动物的螺类和贝类的干制标本可以利用各种手段进行艺术加工,使其既不失去生物标本的意义又美观生动,从而加强生物标本的感染力。

c,棘皮动物

海胆、海星、海燕、海盘车等棘皮动物均可先用淡水洗去动物体上的盐分,然后放在阳光下直晒,使水分迅速蒸发,以防止腐烂。晒干后,动物的干制标本便做成了。根据经验,制作棘皮动物的干制标本时,也可将动物体直接用纱布或棉花包裹好,放在通风处阴干。

棘皮动物的干制标本有一些缺点,例如,海胆的棘极易被碰掉,海燕美丽鲜艳的自然色彩会变得灰蒙蒙的分辨不清,等等。

③玻片标本制作法

制作原则

凡具有石灰质结构的动物，都不宜用福尔马林液杀死固定，因石灰质容易被蚁酸侵蚀；一般用酒精来杀死这类动物。

制作方法

以海绵动物骨针玻片标本的制作为例：用 80%～90% 的酒精将矾海绵杀死，存放在 70%～80% 的酒精中。在制作骨针玻片标本前，先把矾海绵标本从酒精中取出，放进 5% 氢氧化钾溶液烧煮几分钟，海绵骨针便可散开，接着加蒸馏水待骨针下沉，倒去上面的液体即可得到骨针，用 70% 的酒精保存。最后用树胶装盖制片，所得的骨针玻片标本即可放到显微镜下观察。

（4）浸制无脊椎动物标本的保存

从海滨采回的海蜇、海葵等腔肠动物，各种螺、贝类等软体动物，一些虾、蟹等甲壳纲动物，以及海燕、海盘、海胆、海参等棘皮动物的标本，有的需要干制，有的可以液浸，都要很好珍视和妥善保存。这里主要介绍各种浸制的无脊椎动物标本保存管理要点。

①置放柜内

浸制的各种瓶装无脊椎动物标本，通常放在木制标本柜内长期保存。标本柜的大小如一般文件柜，带有板屉，柜的高度以伸手取用方便为宜。上下两截双开门的标本柜，中间设置活动板屉，分上下两层放置标本瓶，如果标本瓶较高，可把活动板屉撤出，改为单层存放。活动板屉须选用质地坚实和比较厚的木板制作，因为瓶装的浸制标本分量较重。

保存的各种浸制瓶装标本，应分类、分层并按标本瓶的大小高低尽可能有层次地置放，瓶与瓶间稍留空隙，避免互相挤紧而取用不便。此外，还需注意把每个标本瓶上所贴的标本签向外摆正，以便于查看检取。

②避光防尘

浸制的无脊椎动物标本与其他浸制标本一样，要避免日光暴晒，在室内放置标本柜时就要注意到这一点。此外，标本柜的柜门以木板门为好，可以防晒，如果是玻璃门，则应在玻璃背面粘贴一张暗色的遮光纸，以缓解日晒。

对于浸制的瓶装标本,还要注意防止灰尘沾污。标本柜的四周要保持严密无隙,尤其要把柜门关严,或在门边粘贴绒布条,以防微尘侵入柜内。

对于取用以后重新人柜的标本,应先检查是否完整无损,瓶口封装是否严密,然后擦拭干净再放入标本柜内原处。

③补换浸液

浸制标本保存的好坏,除取决于所配制的标本液是否得当以及操作技术有无差错之外,瓶口密封严紧也是保证标本质量的关键之一。瓶口封闭不严,标本液会挥发散失,使有效成分减少,浸液短缺,甚至日渐枯竭而导致标本干缩褪色变形。

新制作的液浸标本,应在封口后的2~3天内经常检查,如果瓶口有漏液或不严的情况,要及时加以补封或重封。

保存时间已久的标本,常因密封材料老化变质或松动不紧而出现漏液、蒸散等现象,也要注意检查,随时酌情处理。

不论是新制或久存的瓶装液浸标本,一旦发现浸液浑浊、杂质,都应查明原因,及时更换。

④避免振荡

已制成的液浸标本都有一定的姿态,在取用和保存中应尽量保持标本稳定,轻拿轻放,不要随意摇晃振荡,以免标本移位或损伤结构,更不可伤及瓶口的密封材料。

⑤适期更新

对于使用频繁、经常移动的标本,尤其是教学上使用损耗较大的标本,除妥善保存管理外,还要根据实际情况注意适时采集制作,给予补充更新。

脊椎动物标本的采集与制作

自然界中的脊椎动物有39000多种,包括圆口类、鱼类、两栖类、爬行类、鸟类和哺乳类6个类群。分布在地上、地下、空中、水中等不同的生活环境中,几乎包括了现代生存的全部中型和大型动物,与人类的关系极为密切。

本章讲述脊椎动物标本的采集和制作活动,以鸟类、两栖类、淡水鱼类、爬行类为例介绍了各种动物标本制作的方法,并且在最后介绍了局部标本的制作以及动物标本的保存。

1.鸟类标本的采集与制作

(1)我国鸟类分布概况

我国是一个生物资源非常丰富的国家,全国有许多适合鸟类栖息的环境,所以我国是世界上鸟类最多的国家之一。现今全世界的鸟类有8616种,我国就有1116种,约占世界鸟类总数的1/8。广泛分布于森林、草原、农田、居民点和各种水域中,现分述如下。

①森林

在我国东北针阔叶混交林地区,常见种类有斑翅山鹑、黑啄木鸟、红交嘴雀、旋木雀、太平鸟、大山雀、煤山雀、沼泽山雀等。到林缘沼泽地带度夏产卵的有天鹅、鸳鸯、丹顶鹤、鸿雁、豆雁、灰雁、绿头鸭、绿翅鸭等,其中天鹅、鸳鸯和丹顶鹤是本地区的稀有鸟类。

在华北落叶阔叶林地区,以雉科、鸦科较为常见,如雉鸡、勺鸡、石鸡、喜鹊、灰喜鹊、红嘴蓝鹊、红嘴山鸦、小嘴乌鸦、星鸦等。其他常见的鸟类有黑卷尾、紫啸鸫、北红尾鸲、黑枕黄鹂、鹪鹩、灰眉岩鹀、三道眉草鹀、黑枕绿啄木鸟、白背啄木鸟等。

在我国南方常绿阔叶林地区,鸟类呈南北混杂现象;主要分布在北方的禽鸟也在本区繁殖,如银喉山雀、黑尾蜡嘴及一些鸦类等。北方与南方共有的种类更多,如白鹭、牛背鹭、八哥、发冠卷尾、鹧鸪、竹鸡、噪鹃、粉红山椒鸟以及画眉、鹎等。冬寒时许多野鸭、雁类以及鹌鹑,迁到长江流域越冬。

②草原

草原上鸟类种类和数量均不多,广泛分布的常见种有云雀、角百灵、蒙古百灵、穗鹏、沙鸡等。在沙丘地区的沙百灵也相当多。草原东部的鸟类组成比较复杂,有些季节性迁来或过路的鸟类,如黄胸鹀、灰头鹀等。它们在某些生长环境中占有重要地位。猛禽有鸢、金雕、雀鹰、苍鹰、大鵟等。草原上最引人注意的是大鸨和毛腿沙鸡,它们善于在地面奔走和长距离迁飞。草原的水域及其附近,是鸟类最多的地方。夏季,常大量聚集着白骨顶。其他如大苇莺、凤头麦鸡、田鹨、各种野鸭、疣鼻天鹅、大麻鳽、凤头鹏鹏等也迁来繁殖。

③农田和居民点

农田中常见鸟类有喜鹊、寒鸦、黑卷尾、灰椋鸟、珠颈斑鸠、红尾伯劳等。猛禽方面常见种有红脚隼、鸢等。沿河边常见的有白鹡鸰、戴胜、黑脸噪眉、白头鹎、绿鹦嘴鹎等。

居民点常见鸟类有家燕、金腰燕、白鹡鸰、楼燕、喜鹊、火斑鸠、黑枕黄鹂、黄胸鸦、鹊鸲、斑头鸺鹠、麻雀等。

④水域

水域中常见鸟类有小䴙䴘、凤头䴙䴘、红骨顶、白骨顶、大麻鳽、豆雁、针尾鸭、绿翅鸭、凤头潜鸭、普通秋沙鸭以及各种鸥类等。

常见于南海诸岛的有红脚鸥、红脚鲣鸟、褐鲣鸟、金鸻、翻石鹬、小军舰鸟;在东海还有中贼鸥。我国沿海一带还有白额鹱、银鸥、黑嘴鸥、黑尾鸥、海鸥、普通燕鸥、黑嘴端凤头燕鸥、三趾鸥等。

(2)鸟类的采集

①用具用品

网具:用于捕捉灌丛中和树上小型鸟类。常用的网具为长方形,分为张网和挂网。网眼大小和网线粗细,根据捕捉对象不同而有区别。捕捉小型鸟类的网眼直径多为1.8厘米,网的长度为2~5米、宽度为1.5米。在网的上下两个边和中部贯以较粗的绳索,以便于张挂。

鸟笼:用于暂时盛放捕捉到的鸟类。

圆规、直尺:用于鸟体测量。

照相机、记录本、铅笔:用于拍摄和记录被捕鸟类特征。

鸟类检索表和鸟类彩色图谱:用于鉴定鸟的种类。

②采集方法

采集灌丛中小型鸟类,用张网采集。选择林缘或林间空地上布网。将网的两端系在树干或事先带来的竹竿上。为了不使鸟类发现,网具最好安放在背后有灌丛或小乔木的地方。网具安放好后,组织同学们从远处将鸟群向安放网处哄赶,使鸟触入网眼中,然后进行捕捉。

采集树上鸟类用挂网采集。选择枝叶茂密的树木,将网具悬挂在树上,等到鸟飞落到张网附近时,组织同学们在树下进行哄赶,使其触网被捕。

对捕捉的鸟,按种类每种选留几只,放入鸟笼中,带回学校进行鸟体测量和种类鉴定。其余悉数放归山林。对触网受伤的鸟,应全部放入笼中带回治疗。

(3) 鸟类的识别

用网具采集鸟类,只能采集到灌丛和树上的少数鸟种,为了认识各种各样的鸟类,应该在鸟类生活的自然环境中,对鸟类从形态特点、羽毛颜色、活动姿态和鸣声等方面进行实地观察。用这种方法去识别鸟类,既保护了鸟类资源,又培养了同学们从事鸟类研究的基本能力。

①野外识别前的准备工作

提出一份本地区的鸟类名单。名单应包括在观察期间本地区可能存在的全部鸟类,包括留鸟、候鸟和过路鸟,以作为同学们野外识别的基础。这里所说的"本地区",不是行政区域,而是指进行本项活动时要去的某座山、某片森林或某个湖泊。这样的鸟类名单,就会有针对性,能基本做到按名单上的种类一一进行观察。

观看有关鸟类标本。可按上述鸟类名单内容,组织同学们观看鸟类剥制标本。如果本校有这方面的标本,可在校内观看,如条件不具备,可组织同学们到自然博物馆或科研单位、大专院校的标本室观看学习。如果有鸟类活动的录像片或鸣叫的录音带,可组织同学们进行观看和收听,但这种录像片和录音带必须针对性很强。总之,要力求在野外活动开展以前,先使同学们对要识别的鸟种有一个初步了解,为野外识别打下基础。

准备好野外观察识别的用具。这方面主要有望远镜、照相机、收录机、海拔仪、指北针、记录本、铅笔以及生活用品等。

②野外识别鸟类的根据

形态特征。

形态特征是识别鸟类的基本方法,主要有身体形状和大小、喙(嘴)的形状、尾的形状、腿的长短等4个方面。身体形状和大小方面,为了使同学们容易识别,老师应将观察地区的全部鸟类,按其形状、大小,分为若干类,每一类举一个同学们熟悉的鸟种,作为该类的模型,如麻雀、喜鹊、老鹰、鸡、鸭、鹭等。在野外遇到一种不认识的鸟种时,老师可用与该鸟种同类的模型鸟,引导同学们进行观察、对比。这样去识别鸟类,就会认识深刻、记忆牢固。至于喙、尾形状和腿的长短,也应运用对比的方法引导同学们进行观察识别。

羽毛颜色。

观察羽毛颜色时,应顺光观察,以免因逆光观察而产生错觉。观察时,除了整体颜色外,还应看清头、背、尾、胸等主要部位的颜色。此外,如时间允许,还应观察头顶、眉纹、眼圈、翅斑、腰羽、尾端等处是否有异样色彩,因为这些部位的颜色,也都是分类的重要依据。

飞翔与停落时的姿态。

当鸟类在空中飞翔或逆光观察以及距离较远时,很难看清它的形态和羽毛颜色,此时可根据它飞翔和停落的姿态进行大致判断。

鸣声。

鸟类一般都隐蔽在高枝密叶之间,很难发现它们。此时如果鸟类正处于繁殖期,由于发情而频繁鸣叫,而它们的鸣声又因种而异,各具独特音韵。这样,就可以根据其鸣声特点来判断种类。用鸣声来识别鸟类,常常可闻其声而知其类,收到事半功倍的效果。

③野外识别鸟类的方法

到达观察地点时,为了能对当地鸟种进行充分观察和识别,应尽量不被鸟类发现。行动应该轻捷,说话声音要小,衣着应与环境色调接近,不要穿红色和白色衣服,活动小组的成员应相对分散行动,尽可能保持宁静状态。这样,鸟类就不会被惊动而飞走。

发现鸟类后,可以用望远镜搜索和观察,并且及时选择角度进行拍照。对于鸟类的鸣声,在根据声音进行识别的同时,应进行录音,为返校后进一步判断提供资料。

在一个地点观察完毕准备转移前,应及时做好记录。

(4)鸟类标本的制作

鸟类的身体结构较为复杂,一般制成剥制标本。剥制标本的制作是动物学标本制作中一项十分重要的技能技巧。剥制标本不仅常被用到鸟类动物、脊椎动物科的研究分类上,如借助各种剥制标本查对分类检索表等,而且在教学上也有重要意义,经常作为直观教具和实验观察材料,进一步理解动物各目、科、种的基本形态特征。

剥制标本的制作,通常可分七个步骤,即观察选材、处死清理、测量记录、皮肉剥离、防腐还原、支架填充、固定整形。深入掌握这七个步骤,真正做出一件合格的剥制标本,并不是容易的事情。它要求制作者必须具备一定的动物学基础知识;有敏锐的观察能力和认真严肃的工作态度；掌握一定的操作技能并有相当的艺术修养。这些要求对初学者来说，也许有些偏高，但如能细心钻研，勤做多练，按序施术，要掌握初步的剥制技术也不是很难。刚开始做剥制标本可能不太成功，不是神态不像就是填充的体形失真，因此，学做剥制标本的关键就是多学、多观察、多练、多做。

现以家鸽为例，具体讲述动物标本制作中剥制标本的详细制法。

①主要材料和工具

解剖盘、解剖剪、解剖镊、解剖刀、小烧杯、软毛刷、针、线、棉花、麻刀（或碎锯末）、新鲜石膏粉、纱布、仪眼（直径为 6~8 毫米）、木板（长 15 厘米、宽 10 厘米）、铅丝（14~16号）。

②药品及防腐剂的配制

药品：硼酸、明矾粉、樟脑、三氧化二砷、肥皂、水、甘油等。

防腐剂的配制

a，三氧化二砷防腐膏：取 4 克切成薄片的肥皂放入烧杯，加 10 毫升水浸泡几小时后隔水加热使其融化；然后加入 5 克三氧化二砷及 1 克樟脑，用玻璃棒搅拌均匀；最后加进少许甘油调匀，冷却成糊状即可使用。这种防腐剂具有保护羽毛不致脱落、防止皮肤腐烂和虫害侵袭的作用，所以特别适用于鸟类。

b，硼酸防腐粉：具有防腐和保护毛发的功能，无毒，使用安全。将硼酸 5 克、明矾粉 3克、樟脑 2 克，一起放入研钵中研磨成粉末，混合调匀后即可使用。

③观察选材

制作标本前，先要对制作对象进行认真细致的观察。如果是用活体家鸽做标本，就要看看这只家鸽的羽毛是否完整？啄脚是否齐全？皮肤有无损伤？然后对它进行认真的观察和分析，包括身体各部分比例和凹凸情况、行走时的姿势、停下时的神态、起飞时的动作等等，并把这些一一记录下来，以便根据这些特点进行整形。

如果用死的家鸽做标本，首先要检查这只家鸽是否具备制作标本的条件。比如，如果死了的家鸽躯体已经腐败，那么制成标本后羽毛就极易脱落。检查鸟体是否已经陈腐，可以用手揪拉一下它的面颊和腹部羽毛，如果不脱落，其他的羽毛也完整，那就可以使用。

④活鸽处死

因为大量血液的凝固是需要一定时间的,因此在使用活体鸟类作剥制标本时,为使血液不污染鸟体,羽毛干净整洁,就得在剥制前1~2小时将鸟体处死,待血液凝固后再行剥皮,这样不仅可使做出的标本美观整洁,而且能避免虫害蛀蚀。

处死方法有以下几种:

窒息法:用手掐捏胸部两侧的腋部,压迫胸腔,使它无法呼吸而致死。

气针法:用注射器往翼部内侧肱静脉管中注入少量空气,形成气栓以阻断血液循环,造成脑大量缺氧而使鸟体死亡。

乙醚法:往玻璃缸中放进浸有乙醚的棉花球,接着把家鸽也放置缸内,不久便可使它昏迷致死,也可用装有少量乙醚的小玻璃烧杯扣住家鸽的头部,或者把乙醚打人家鸽的胸腔使它致死。不过要注意,用乙醚麻醉的鸽肉一般是不能食用的。

切颈总动脉法:一只手抓住家鸽双翅的基部和两条腿,并使其泄殖腔口朝上,另一只手将解剖剪伸进口腔剪断颈椎处的颈总动脉,从喙处向外放血。待家鸽发生痉挛肌紧张而死亡后,即清理掉血及污物,并用棉花填堵在口腔中,以防污物流出。

总之,处死家鸽的方法很多,应该选择能够最大限度地减少动物痛苦的方法。一般来说,采用乙醚麻醉使动物体昏迷致死的方法比较文明。另外,用电处死动物速度快,不会造成动物长时间的疼痛,也比较可行。

⑤死鸽清理

有些受伤或被打死的鸽子,羽毛常被血或污物弄脏。清理的方法是:用棉花团将伤口、口腔、泄殖腔处的口堵住,用毛刷蘸水刷去羽毛上的血渍;如果是白色鸽子的羽毛被染上血污,还需用少量肥皂粉洗涤,然后用干布拭去水分,并在洗涤处撒上新鲜石膏粉。当石膏粉因吸收水分而结成块状时(一般约半小时后),可用刷子刷去粉块;如果羽毛尚未完全干燥,还可重复一次。

⑥测量记录

工艺品用的剥制标本与教学科研用的剥制标本有一个重要区别:前者没有什么量度记录,只有观赏价值;后者必须有详细的量度记录,包括采集时间、采集地点、体重、长度等,越是稀少、名贵的标本,这方面的要求越严。

量度

体长:自上喙先端至尾端的自然长度。

嘴峰长：自上喙先端至嘴基开始生羽部位的长度。

翼长：自翼角（腕关节处）至最长飞羽先端的长度。

尾长：自尾羽基部至最长尾羽先端的长度。

跗蹠长：自胫骨与跗蹠关节后面的中点处至跗蹠与中趾关节前下方的长度。

此外，有些鸟类还需测量爪长、趾长、翼展长。

上述测量结果要详细记录在登记簿上。

记录

除尺寸量度外，每一种标本还需记录如下内容：

采集日期；

采集地点；

体重；

性别；

虹膜、眼球、脚、喙等的颜色。

⑦皮肉剥离

不论是世界上最小的蜂鸟（体重仅4~5克，与拇指差不多大小），还是世界上最大的鸵鸟（体高达2.75米，体重达75千克），它们的剥制方法基本上是相同的（特殊种类除外），只是有的剥起来容易一些，有的剥起来比较难。剥制的难易主要取决于鸟的皮肤的厚薄和牢度，有的鸟类皮肤极易破裂，并且不易缝合，如杜鹃、夜莺等；有的鸟类羽毛疏松，容易脱落，如斑鸠。对于初学者来说，显然是选用那些皮肤和羽毛不易被弄破碰坏的动物比较合适，本节所选的家鸽是非常理想的实验材料。因为它的皮肤厚薄适中，皮下没有大量脂肪，毛羽比较浓紧而不易脱落。

在讲剥制之前，有必要先熟悉一下家鸽的各部分结构。

皮肤开口

将已处死的家鸽直卧于解剖盘上，头部向左，用解剖镊轻轻拨开胸部的羽毛，找到龙骨突起上没有羽毛的部位，并继续分离羽毛至颈部后边的嗉囊处，暴露出胸部及部分颈部的皮肤。然后沿胸部龙骨突起中央，由前向后把皮肤正直地剖开一段，再沿这个切口向前剖开至嗉囊处。注意，切口的大小要合适，过大过小都不利。切口处最好撒上石膏粉，以防羽毛被血液和脂肪所沾污（在后面将要进行的剥离皮肤的全部过程中，都要经常地这样做；如果不小心剥破了某个血管，致使大量血液外流，也不要慌张，可及时在伤口处堵上石膏粉，以清理血污）。

剥离胸部的皮肤

左手轻拿已剥开的皮肤边缘，右手持解剖刀，边剖割边剥离皮肤与肌肉之间的结缔组织，一直剥到胸部两侧的腋下。由于鸽的结缔组织较松，所以也可以用手剥离，只是用力要适当，尽量靠皮肤的基部往下剥，注意不要撕破皮肤。

剥离颈部的皮肤

用左手的拇指与食指压住靠近锁颈两侧剖开皮肤的边缘，其余三指将头向上托，用解剖刀慢慢剥离颈项的皮肤。当剥至头骨基部时，用左手拇指和食指把颈项肌肉捏住，右手用剪刀将颈部连肉带颈椎骨一起剪断，并用左手把连着头部的颈项向头部方向拉回。

肩及颈背的剥离

一只手拿起颈部肌肉，使家鸽背部朝上，鸽体倒挂，另一只手把家鸽的头和颈部翻到背上，然后用手按住肩膀，像脱衣服似的从已剖开的颈部开始往下剥离，使颈背和两肩露出。初学者不易掌握分寸，往往用力过猛而把皮肤脱破，所以最好采用下面的方法：仍把家鸽置于解剖盘中，一只手拿住颈部皮肤的边缘，另一只手慢慢剖割皮肉之间的结缔组织，要注意左右两边同时剖割，以免损坏皮毛。

从肩部剥至肱骨部附近时需特别细心，剥到肱骨部中间时用剪刀剪断。

体背及腰腹的剥离

继续向体背及腰部方向剥离。剥至腰部时要注意：一般鸟类腰部皮肤较薄，且羽毛的羽轴根大都着生于腰部椎骨上，所以不能用力强拉，必须小心地用解剖刀紧贴腰骨慢慢地割离。在背腰部皮肤逐渐剥离的同时，腹面也必须相应地往腹部方向剥离。

腿的剥离

腹面剥离的结果是两腿显露，这时要先剥其中一条腿的皮肤至胫腓骨部与跗蹠骨部之间的关节处，用剪刀插入胫部肌肉，紧贴胫腓骨向股骨方向剪剔，将胫骨上的肌肉剔除干净，再用剪刀剪去股骨和胫骨之间的关节，胫部的肌肉则在胫跗关节间剪断、剔净。按此方法再剥另一条腿。

尾部的剥离

当腹面剥至泄殖腔孔时，手拿尾部和已剥好的其他部位的皮毛，使剥下的躯体肌肉部分朝下，泄殖腔孔朝上，这样做的目的是为了避免在进行下面的步骤时直肠中的粪便等污物从泄殖腔孔流出。用刀把直肠基部割断，并向后剥至尾基。待尾部背面有尾脂腺露出时，即用刀将尾脂腺切除干净，同时用剪刀剪断尾综骨末端，要注意别剪断尾羽的羽轴根，以免尾羽脱落。剪断后的尾部内侧皮肤呈 V 形。到此为止，家鸽的皮肤与躯体肌肉就全部脱离了。

这时应该判认一下家鸽的性别，因为仅从家鸽的外形是区别不了雌雄的，只有剖开腹腔，通过生殖器官的辨认才能最后确定。

翼的剥离

翼部皮肉的剥离最难。一般是将肱部拉出，右手拿住肱部，左手将皮肤慢慢剥离；剥至桡尺骨时，可用拇指指甲紧贴飞羽轴根将翼部皮肤从尺骨上刮下。剥时得十分小心，以免把皮肤拉破，使翼羽脱落。初学者通常用解剖刀，先剥离肱骨部的皮肤再小心地使皮肤与尺骨分离。剥到尺骨与腕骨关节之间时，先剪断桡骨与肱部的连接，然后连同腕骨一起剪掉桡骨，只留尺骨，这样填充时操作顺利、迅速，易于整形。

头部的剥离

首先检查一下口腔中有无污物，如有污物应及时清理干净，然后开始剥头。家鸽头部的特点是头比颈小，故比较好剥。有的鸟类头比颈大，这就需要在后头和前颈背中央直线剖开一个口，切口的长度视鸟头的大小而定，通常以能将头部和颈项翻出为准。

下面的剥离方法对两类鸟类都适用：左手拿住颈项，右手持解剖刀把皮肤向头部方向剥离，剥至枕部时两侧出现不明显的灰褐色的耳道，此时应用解剖镊夹紧耳边基部将它轻轻拉出，或用解剖刀紧靠耳边基部将它割断。继续向前剥落头部两侧又出现暗黑色的眼球，用解剖刀轻轻割开眼睑边缘的薄膜，注意千万不要割破眼睑，以免影响标本的美观，切割时尽量靠近眼球，如不慎将眼球割破，要及时用石膏粉或棉花清理，并用剪刀把上下颌及其附近的肌肉剔除干净（如图所示）。

按如图指定的部位在枕孔周围剪开脑颅腔，扩大枕孔，用镊子夹住脑膜把脑取出，并用一团棉花将脑颅腔擦拭干净。接着清除整个鸟体皮肤内侧上的残脂碎肉，并把剥皮过程中撒的石膏粉也用刷子刷去肌肉剥离后未复原的皮肤和骨骼。

⑧防腐处理

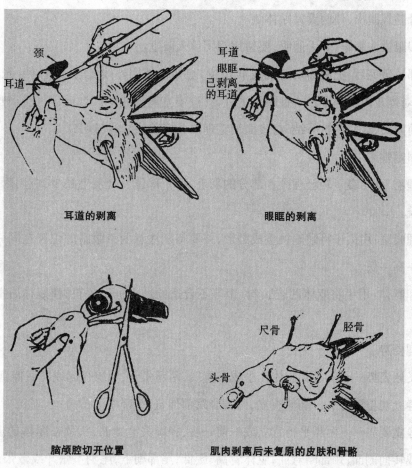

耳道的剥离　　　　　　　　　　眼眶的剥离

脑颅腔切开位置　　　肌肉剥离后未复原的皮肤和骨骼

为了防腐和保护羽毛不脱落,需作防腐处理。常用的防腐剂有砒霜或砒霜樟脑粉、石炭酸等。防腐剂毒性大,使用时应注意安全。

涂防腐剂前需将鸟皮全部翻转,再用毛笔蘸一些防腐剂涂在皮肤的内面、骨骼、颅腔等处,特别是尾基部残余肌肉较多的地方应多涂抹一些,全部涂完后将皮翻回。

⑨支架填充

支架是用 2 根或 3 根铅丝扭结而成,所用铅丝粗细以能支持标本重量为宜(家鸽一般用 16 号铅丝)。其中的一根铅丝用来支持躯体,其长度应长于体长。另一根铅丝的两头沿胫骨向足心穿出。做展翅标本时,用第三根铅丝沿着两翅的肱、尺骨垂到指骨表端为止。在三根铅丝相应的躯干部、腿部和臂部之处缠绕棉花或麻皮。

装入支架后,再填装适量棉花或竹线。先从颈基部、胸部往后加填。胸部必须填得丰满、均匀、平整。如不是展翅标本,将两尺骨放在体内近中央的棉花上,再用棉花塞住,勿使尺骨髓翼脱出,使两翼紧贴体侧。

将假眼嵌入眼眶,如无假眼,要暂用棉团填入眼眶。

全部填装完后,把腹面切开的皮肤拉拢,在切口处用外线缝合。缝时针先从皮肉穿出,再由对侧皮内向外穿出。针距要适宜,针口不宜离皮肤切口过近,以免拉破皮肤。缝口应由前向后,缝完后打一结,将腹面羽毛理顺并掩盖住缝线与切口。

⑩固定整形

整理羽毛:用镊子轻轻理顺各部分的羽毛,哪个部位发现羽毛缺少,应用附近的羽毛将其遮盖。

整理眼眶:用镊子将眼眶挑拨成圆形,并要特别注意两只眼睛的位置在同一水平上,切不可一高一低。

整理躯体:用手将躯体凹、凸、斜、歪等不合适的地方加以矫正,使躯体看上去整齐、顺眼。

整理姿势:

a,飞翔姿势——头、颈、躯体几乎成一直线,两翅张开,两脚缩起或向后伸直;

b,静立观望姿势——鸟体直立,两脚胫跗部伸直,头部略为抬高;

c,静立姿势——两脚平行直立或一前一后,胫跗关节微曲,头颈在躯体的前上方,头部向前或转向侧面,颈部略弯曲,躯体背高、腰低,尾部朝下,尾羽不张开或微张;

d,觅食姿势——两脚一前一后,胫跗关节略弯,头部向下靠近地面,颈部稍曲,偏向左或右侧,背低腰高,尾羽一般朝上并张开。

将初步整形的标本固定在标本台板上。先在台板上按动物两脚位置扎孔钻眼,再将标本脚下的铅丝插入孔内并在台板下面固定。也可以将鸟类标本固定在合适的树枝树桩上,这样能更好地衬托出标本的生动形象。但要注意:a)树枝或树桩经消毒后方可使用,以防虫蛀;b)营陆栖生活的鸟类和游禽不能固定在树枝上。

⑪最后整形

固定在台板或树枝上的标本,需继续理顺羽毛,矫正姿态,使它更接近于自然状态。为防止干燥过程中羽毛损坏和两翅下垂变形,可用纱布或棉花包裹鸟的躯体。

在标签上记下标本的重量、体长、采集日期、采集地点、性别等,并把标签贴在台板上。

标本放在避阳通风处干燥后,取下包裹的棉花或纱布,在喙、脚处涂一层稀清漆(加松香水),放入标本柜保存。

初学者最难学习的也许是固定整形。整形工作的水平在很大程度上影响着标本是否形象、生动、逼真。制作者只有通过实践,认真观察动物的形态结构和生活习性,并不断提高自己的艺术修养,才能把整形工作做好。

2.两栖类动物标本的采集与制作

(1)两栖类动物的活动规律

我国的两栖类动物约有 200 种,大多分布于淡水水域及其沿岸一带,少数分布于农田和森林地区,草原地区的两栖类动物种类很少。

两栖类动物的活动规律主要表现在季节性活动、昼夜活动两个方面。

①季节性活动

我国北方地区的两栖类动物,一般在 3~5 月份结束冬眠,开始苏醒;南方则提早 1~2 个月,如蟾蜍在 2 月份、黑斑蛙和泽蛙在 4 月份苏醒。有些两栖类动物苏醒后立即进入繁殖期,如大蟾蜍;但有些种类动物则在以后才进入繁殖期,如泽蛙。春、夏两季是两栖类动物繁殖、生长发育和觅食主要时期。

秋末天气渐冷,两栖类动物便陆续进入冬眠。不同地区、不同种类的冬眠时间和冬眠地点常不相同,如大鲵多在深洞或深水中冬眠,黑龙江林蛙在河水深处的沙砾或石块下冬眠,大蟾蜍则多潜伏在水底或烂草中冬眠,等等。

②昼夜活动

无尾两栖类动物大多夜间活动,它们白天匿居于隐蔽处,以躲避炎热天气,如大蟾蜍常匿居于杂草丛生的凹穴内,黑斑蛙多匿居于草丛中,等等;黎明前或黄昏时活动较频繁,雨后更加活跃。但少数种类动物如泽蛙则在白昼活动。有尾两栖类动物一般也多在夜间活动,如大鲵白天潜居在有回流水的细沙的洞穴内,傍晚或夜间出洞活动,只在气温较高的天气,才在白天离水上陆在岸边活动。

(2)两栖类动物标本的采集

①采集用具

捕网:用于捕捉水中或岸边活动的无尾类两栖动物。结构与昆虫捕网相同。其网袋要用孔目较大的尼龙纱制成,以利透水。

钓竿:用于钓捕无尾类两栖动物。竿的顶端系一细绳,绳端缚有蝗虫等诱饵。

布袋:用于盛放两栖类动物成体。

记录本及铅笔。

②采集的时间和环境

采集时间。

北方地区的3~8月,南方地区的2~10月,都有两栖类动物进行繁殖,尤其是3~7月,进行繁殖的种类最多,是采集的最好时期。在此时期中,雌、雄成体会集到水域或近水域的场所,相互抱对产卵,此时不仅可采到许多成体,也可采集卵和蝌蚪。

采集环境。

适合采集两栖类动物的环境,一般是草木繁茂、昆虫滋生、河流、池塘和山溪较多的地方。在这样的环境中,两栖类动物的种类和个体数目最多。

③采集方法

无尾两栖类动物标本的采集方法。

对活动能力较弱的种类如大蟾蜍、花背蟾蜍和中国林蛙,可用手直接捕捉;对水中活动和跳跃能力较强的种类,如黑斑蛙、金线蛙、蝶螈等,可用网捕捉。有些种类栖息于洞穴、水边或稻田草丛中,如虎纹蛙,可用钓竿进行诱捕(诱捕时,一手持钓竿,不时抖动钓饵,诱蛙捕食。蛙类具有吞食后不轻易松口的特点,可以利用这一特点进行捕捉)。

无尾两栖类动物在夜间行动迟缓,尤其在手电筒照射时,往往呆若木鸡,很好捕捉。但夜间路途难行,采集者如果道路不熟悉,容易落入水中。因此组织同学们采集两栖类动物标本时,应安排在白天进行,以防止发生意外。

有尾两栖类动物标本的采集方法。

有尾两栖类动物大多为水栖,而且大多栖居在高山溪流的浅水中,白天多潜伏在枯枝落叶的石块下或石缝中。可在白天翻动石块寻找。有些种类动物生活在山区水塘中,如肥螈、瘰螈等,当水清时,常能从水上看到它们。这些种类动物性情温和,游动缓慢,可用手捕捉或用网捕捞。

（3）两栖类动物的成体测量和记录

①测量用具用品

体长板：用于测量成体各部分长度。其规格、质地与测量鱼类的体长板相同。

乙醚：用于麻醉杀死动物。

号签（竹制）、记录本、铅笔等。

②测量准备工作

将需做标本的活的成体动物用乙醚麻醉杀死,然后用清水洗涤干净,系好号签。

③测量内容

无尾两栖类动物标本的主要测量部位

体长：自吻端至体后端。

头长：自吻端至上、下颌关节后缘。

头宽：左右关节之间的距离。

吻长：自吻端至眼前角。

前臂及手长：自肘关节至第三指末端。

后肢长：自体后端正中部分至第四甩'末端。

胫长：胫部两端间的长度。

足长：内趾突至第四趾末端。

有尾两栖类动物标本的主要测量部位

体长：自吻端至尾端。

头长：自吻端至颈褶。

头宽：左右颈褶间的距离（或头部最宽处）。

吻长：自吻端至眼前角。

尾长：自肛孔后缘至尾末端。

尾宽：尾基部最宽处。

④记录

按两栖类动物标本成体野外采集记录表栏目进行记录,见下表。

两栖类动物标本成体野外采集记录表

编号	
种名	
采集日期	
采集地点	
生活环境	生活习性
性别	第二性征
体色	
体长	头长
头宽	吻长
前臂及手长	后肢长
胫长	足长
尾长	尾宽
其他	

(4) 两栖类动物的标本制作

两栖类动物标本大多根据外形和内部骨骼特点进行分类检索。因此,对两栖类动物标本采集、测量和记录之后,应制作浸制标本和骨骼标本。

本节以蛙类为例,说明骨骼标本的制作。

骨骼标本是动物比较解剖学中常用的直观教具之一。由于骨骼的结构比较复杂,特别是脊椎动物头骨的演化知识比较抽象,不易理解,所以,通过对脊椎动物骨骼标本的观察、对照和比较,对帮助学生掌握和理解动物骨骼的知识,了解各纲代表动物之间的亲缘关系,具有十分重要的意义。

骨骼标本有3类:①关节分离的骨骼标本。这种标本骨骼和骨骼之间的关节在制作过程中基本上是分离开的,制成后的标本关节之间用金属丝上下串联在一起。②附韧带的骨骼标本。这类标本比较多见,它们的骨骼和骨骼之间的关节处以韧带相连。③透明的骨骼标本。在制作这类标本时,采用化学药品处理,使其肌肉透明,从而显现出骨骼。

不同的动物种类采用不同的标本制作方法。如大型动物梅花鹿、虎、豹等宜采用关节分离骨骼标本的制作方法,家鸽、兔、蛙等小型的动物宜采用附韧带骨骼标本的制作方法,一些更小型的动物如小兔、小鱼、蝌蚪等则最好制作透明骨骼标本。本节重点介绍附韧带骨骼标本和透明骨骼标本的制作方法。

①附韧带的骨骼标本制作法

药品

a,腐蚀剂:0.5%~2%的氢氧化钠溶液,用以腐蚀残留在动物骨骼上的肌肉,使骨骼构造清晰、洁净。

b,脱脂剂:汽油、二甲苯,用于溶解、清除骨髓中的脂肪。

c,漂白剂:0.5%~1.5%过氧化钠、8%或30%过氧化氢、1%~3%漂白粉(次氯酸钙)的溶液,用以漂白骨骼。

工具、器皿及其他

a,工具:解剖剪、解剖刀、解剖镊、解剖盘。

b,器皿:标本瓶、烧杯、量筒、玻璃棒等。

c,其他:乳胶、大头针、标本台板(泡沫塑料板或软木板)、玻璃标本盒。

附韧带的骨骼制作的 3 种方法

a,冷制作法:这种方法在剔除肌肉时不需做任何处理,打开腹腔后,可以让学生仔细观察内脏各系统的形态结构,然后再去皮去肉,做成骨骼标本。

a)先将已麻醉昏迷的蟾蜍置于解剖盘中,腹面朝上,左手持镊子夹起蟾蜍皮肤,右手持解剖剪沿腹中线偏左或偏右剪开腹面(注意不要剪断腹部大动脉,以免流血过多而影响解剖观察)。接着将皮肤剥离。蟾蜍耳后方有 1 对发达的耳后腺,内含毒液,溅到人的皮肤上和眼睛里会引起疼痛,剥离时得格外小心。

b)将剥完皮的蟾蜍仍然腹面朝上呈"大"字形,用大头针斜插四肢予以固定,再按上述剪皮肤的方法剪开腹部肌肉(注意不要剪到胸部肌肉,以免剪坏剑胸软骨),便可观察蟾蜍内脏。

c)用剪或刀将蟾蜍的内脏挖出。由于它的肩胛骨无韧带与脊椎相连,所以要在第二、三脊椎横突上把左右肩胛骨连同肢骨与脊椎分离,使蟾蜍分成两部分。

d)细心剔除附着在蟾蜍全身骨骼上的肌肉。为避免躯干与腰带相连的韧带分离,在清除脊椎横突与髂骨相连的肌肉时,最好多留一些肌肉和韧带。

e)清水冲洗剔除肌肉的骨骼,然后放进 0.5%~0.8%的氢氧化钠溶液中浸泡腐蚀,时间 1~3 天。浸泡的目的是使骨骼上残余的肌肉膨胀发软,以便进一步清理。在腐蚀骨骼的过程中,如果发现韧带呈透明胶状,说明腐蚀已经过度,必须随时观察,掌握好腐蚀时间。腐蚀后的骨骼用清水冲去碱液,并再作一次清理,至骨骼上完全干净无肉为止。腐蚀剂不要用金属容器盛放,更不要与易锈金属接触,以免腐蚀损坏容器和铁锈沾污骨骼。

制作鸟类(鸟)和哺乳类(兔)动物的骨骼标本,方法基本上与蟾蜍一样,只是在腐蚀肌肉后要脱脂。因为这些种类动物的脂肪比较多,尤其是骨骼里的脂肪,如不及早清除,制成标本后脂肪将会从骨骼间隙中渗透出来,使骨骼发黄,并容易沾染灰尘。办法是把腐蚀后的骨骼先晾干,再放入汽油或二甲苯中脱脂。如以汽油脱脂,应使用密闭容器,以防汽油挥发,并要注意安全。脱脂时间约1星期。

f)漂白骨骼是用0.5%~0.8%的过氧化钠溶液浸泡2~4天,然后取出用清水洗去过氧化钠溶液。如果使用过氧化氢溶液漂白,还要特别注意溶液的浓度和漂白的时间,因为过氧化氢(双氧水)的腐蚀力很强,浓度过高或时间过长会破坏骨骼上的珐琅质,使骨骼易碎、易折。过氧化氢溶液的浓度一般取3%~30%,检查浓度是否适中的办法是取一小滴配制好的溶液滴在指甲上,1分钟后观察,如果冒泡了,那就说明漂白液浓度过高。漂白时间的长短视骨骼的质地和厚薄而定。蛙一般不用漂白,若要漂白,可用浓度很低(3%)的双氧水浸泡3~4小时,不要等骨骼非常白时才拿出来。

用小刷子蘸浓双氧水刷骨骼的漂白方法效果也不错,但也要注意不要刷得太白。

g)整形和装架。将处理好的骨骼放在软木板或泡沫塑料板上,整理好躯体和四肢的姿态,即可进行干燥。为防止在干燥过程中骨骼支架变形,应用大头针将整好姿势的骨骼固定在软木板上。蟾蜍在生活状态时头部是抬起呈倾斜状的,为此最好在下颌和胸椎骨下面垫些棉花。骨骼干燥后,可用乳胶将两部分骨骼粘在一起,前肢的腕骨和后肢的蹠骨也用乳胶粘在标本台板上。最后,将制成的骨骼标本装入玻璃标本盒中。

b,热制作法:用开水浸泡剥皮的蟾蜍,由于用开水烫过的肉很嫩,所以容易把它从骨骼上除掉。具体做法如下:

先将蟾蜍放在密闭的标本瓶中,用乙醚麻醉使它昏迷致死。然后剥去蟾蜍的皮,挖出内脏,用解剖刀和解剖剪剔除大块的肌肉,再放入100℃的开水中浸烫。浸烫时间的长短要根据蟾蜍的大小来定,时间太短固然不行,时间太长也会带来问题,不仅肉被"煮"老,反而不好清理,而且联结骨骼间关节的韧带可能被"煮"断,给最后的骨骼定型带来很大困难。要是开水烫后清理仍不干净,还可以用小牙刷继续清理。

剔除皮肉时,要注意蟾蜍骨骼的头骨、脊柱、腰带和后肢骨各关节间均有韧带相连,不能把这些韧带弄断，而应借助韧带保持各关节的联系。另外，还要重视蟾蜍的前肢骨和肩带骨与家兔不同，蟾蜍的前肢骨、肩带骨与脊椎之间虽然没有韧带相连，但左右前肢骨与肩带骨各关节之间却有韧带，把左右上肩胛骨从第二、三脊椎横突上割离后，前肢骨与肩带之间仍可借助干韧带保持联系。

热制作法的优点是制作简单、迅速，处理当时就能制作出标本。缺点是不容易掌握好在开水中热"煮"的时间，掌握不好会把韧带烫断。

整形装架与剖腹制作法相同。

c,蠹虫制作法：蠹虫是昆虫纲，皮蠹科动物，非常喜欢吃各种动物的干肉，尤其是幼虫，吃肉的胃口很大，食用速度也快。此法与冷制作法的前4个步骤相同，不同的是在第五个步骤，需将蟾蜍整好姿势，摆好位置，然后放在室外招引蠹虫前来吃肉。如果是夏天制作标本，应先将肉风干，以防蝇蛆腐蚀。还应随时注意观察毒虫吃食的情况，肉被基本吃完时，要马上拿回室内，否则蠹虫会毫不客气地把骨骼上的韧带也吃掉。

②透明骨骼标本制作法

透明骨骼标本制作法是利用化学药品和染料对动物体的肌肉和骨骼进行固定、染色，再把肌肉上的颜色退去，留下骨骼上的颜色，借助药品的作用使肌肉透明，让埋藏在肌肉里的染有颜色的骨骼显现出来。制作透明骨骼标本要经过固定、透明、染色、进一步透明、脱水及保存6个步骤。只要操作严格、细致、耐心，这种标本是比较容易做成的。

固定：将蟾蜍处死后，剥掉皮肤，掏出内脏，用清水冲洗掉动物体上的血液，然后把它的姿态整理好，绑在玻璃板上放入盛有固定液的标本瓶中。固定液最好是用95%的酒精，过去用福尔马林液固定效果不佳。动物体在酒精中固定约1星期，酒精每隔两天更换一次。固定以后用水把酒精冲净。

透明：把动物体放在1%～2%的氢氧化钠溶液中浸泡2～4天（如溶液浓度加大，浸泡时间要相应缩短），到肌肉呈半透明状、能隐约见到埋藏在肌肉中的骨骼为止。

染色：用1%或2%的茜素红溶于酒精（浓度为95%）或水中给动物体染色，时间12～36小时，使整个标本呈紫红色。

进一步透明：首先用2%氢氧化钾或氢氧化钠30毫升、甘油30毫升、水60毫升配合成混合液，然后将动物体浸于混合液中1～3天，并放到强烈的阳光（不是指夏天的强光，而是指冬天的强光，夏天的强光温度过高，作用太快不易掌握，所以这种标本适于在冬天

制作)下暴晒,待肌肉退成淡红色,再浸入30%的甘油中1天,最后还要放在氢氧化铵30毫升、甘油30毫升、水70毫升的混合液中浸泡2~5天。

脱水:当肌肉已经透明,骨骼颜色呈紫红色时,为防止标本产生皱缩现象,可将它依次放入浓度为25%、50%、75%、100%的甘油中各浸泡2~4天,使标本脱水到全部透明为止(浸渍时间的长短视动物体的大小而定)。

保存:为使标本能长期保存而不被霉菌所污染,可将标本浸入纯甘油,并加入少量(一小粒)麝香草酸。

③透明骨骼标本的简易快速制作法

上面介绍的透明骨骼标本制作法,所需时间较长,小型动物需1~2个月,较大型动物需要几个月、1年甚至1年以上。这里介绍的简易快速制作法只需4天左右即可做出小型动物鱼、蛙的标本,较大型的动物也只需7~8天,这样就大大节省了时间。简易快速制作法的具体操作过程介绍如下:

除去动物的皮及内脏,洗净躯体上的血污。

整姿后浸在95%酒精中放进37℃恒温箱中1天,然后放到无水酒精中仍置于37℃恒温箱内8~12小时,目的是使细胞组织完全脱水、干燥。

将标本移入2%~8%的氢氧化钾水溶液中,置于24~25℃恒温箱内。当隐约能看出脊柱时,即逐渐降温至14~15℃,待头骨和前肢已透明,再使温度下降至13℃;当后肢特别是臀部也已透明时,整个标本就全部透明了。

将透明好的标本依次浸入下列溶液中进一步透明:第一种溶液是甘油50毫升,2%~8%氢氧化钾水溶液25毫升,蒸馏水25毫升,时间8~12小时;第二种溶液是甘油80毫升,蒸馏水20毫升,时间8~12小时;第三种溶液是纯甘油加0.5%福尔马林防霉防腐,作为永久封藏液。

为使标本更加美观,还可用茜素红染色。

3.淡水鱼类标本的采集与制作

(1)我国淡水鱼类的分布概况

我国淡水鱼类有800余种。其中,有些种类分布很广,几乎到处可见。如以水草为主要食料的草鱼、鳊鱼、三角鲂、赤眼鳟等;以浮游生物为食的鲢、鳙等;杂食性的鲤、鲫等;其他如花鱼骨、麦穗鱼、达氏蛇鮈、银鮈、白条鱼、棒花鱼、黄鳝、白鳝、花鳅、泥鳅、鲶鱼以及常见凶猛鱼类乌鳢、鳜鱼、鱤等;此外还有性情温和的肉食性鱼类翘嘴红鲌、蒙古红鲌、青鱼等。

随着地理位置南移,江河中的温带鱼类越来越多,冷水性鱼类则逐渐减少。辽河水系约有鱼类 70 种,其上游尚有北方种类;黄河水系约有 140 种,长江水系约有 300 种,二者的冷水鱼类极少,除常见的青、草、鲢、鳙、鳊、鲂、鳜、赤眼鳟、胭脂鱼等重要经济鱼类外,还有鲥鱼等特有品种。

（2）淡水鱼类的活动规律

淡水鱼类的活动受到水温、日照、水流、饵料、地形等因素的影响,而发生规律性的变化。

水温对鱼类活动的影响很大,不少鱼类常常根据水温的周年变化改变着栖息的水层。当冬季水温较低时,鱼类都游向深层或水底处,很少活动;春季随着水温升高,水量和水面的增大,鱼类开始活跃,并向岸边游动和觅食;夏季由于水域表面或上层的温度较高,鱼类就比较分散,并栖息阴凉的地方或水的较深处,而早、晚则活跃在浅层中。

在一天当中由于日照的变化,在湖泊、水库等水域中的鱼类,往往出现活动地点的变化。在早晨,鱼类多游向岸边或水草丛生处,以觅饵料;中午游向深而清净的水中或栖息于岸边遮阴处;日落时又游向岸边;到夜晚则分散栖息到水草丛中或深水中。

水流也影响和改变着鱼类的活动。在湖泊或水库中,往往在水流汇合处,由于有机质丰富,浮游生物和底栖生物较多,而且水中含氧充分,往往成为鱼类的栖息场所。

湖泊、水库等处天然饵料的变化,也导致鱼类栖息和活动地点的变化。春季沿岸浅水层的水温上升较快,水中天然饵料比其他水体先得以繁茂增生,这时鱼类就向岸边集结,随着水温继续上升,各部分水体中的饵料都相应地繁殖起来,鱼类活动区域也就随之扩大和分散,并出现各种分层现象。地形对鱼类的活动也有一定的影响,如湖岸的突出部分和两处水面相连通、汇合的地方,往往是鱼类的必经之路。

但是,在池塘、河道中,鱼类活动和分布就没有一定的规律。

（3）淡水鱼类标本的采集

①采集工具

网具:用于捕捞淡水中的鱼类。网具有拉网、围网、刺网、撒网、张网等类型。同学们进行鱼类采集活动,最好使用小型撒网和刺网。撒网由网衣、沉子纲、沉子以及手纲等部分组成,大小不定。网衣用生丝、细麻或尼龙线等编结而成。刺网由网衣、浮子和钢绳等部分组成,高1~1.5米,长短可根据需要,网衣由丝线或麻线制成,质地要求细软坚韧,以防被鱼发觉和挣断。

钓具:用于淡水钓捕鱼类。钓具是在一条竿线上系上许多钓钩,钓鱼时在钩上装上诱饵。钓钩呈弧形或三角形,尖端一般都有倒刺,用钢丝制成。作业时所用诱饵有蚯蚓、蚱蜢、螺蛳肉、小鱼虾等,也可用麦粒、粉团、甘薯块、南瓜块等。

橡胶连鞋裤:用于在浅水中撒网等采集活动。

帆布水桶:用于盛放捕到的鱼类。

记录册、铅笔等。

②采集时间、地点

应在春夏季节,选择晴天作为采集时间;选择江、河、湖泊近岸浅水中水草丛生处作为采集地点。

③采集方法

使用网具或钓具的方法。使用撒网时,操作者站在岸边或浅水中,左手拿住网的上部和手纲,并兜托部分网衣,右手将理好的网口握住,然后对准有鱼的位置,用力将网向外作弧形撒出,使网衣呈圆盘形状覆盖住水面下沉,待沉完后,再慢慢拉收手纲,使网口逐渐闭合,鱼类即被夹裹在网内。

如果使用刺网,可选择有大量水草的边缘地区,在傍晚时下网,使网固定拦阻在一定的位置上。由于天黑,鱼类不易发现网衣的存在,而冲向刺网,鳃盖被网眼挂住,无法逃脱。次日清晨收网。使用钓具时,如果用活饵,应不使其因穿刺而死亡,同时不要使钩子露出诱饵表面。放钓时间一般应在傍晚,早晨收钓。

尽量不损伤鱼体。收网、收钓时,对上网、上钩的鱼,要小心起捕,尽量不损害鱼体的鳍和鳞片,以便能制作完整的标本。

注意增加所捕鱼类的科、属、种数目。在采集中不要追求每种鱼类的标本数,而要力求增加科、属、种的数目,特别要注意采集小型非经济鱼类和不同年龄的个体,以使同学们认识更多的鱼类,并了解一个水域中鱼类种类组成和年龄分布特点。

④采集注意事项

采集地点应限定在岸边和浅水区域,严禁同学们在采集中游泳,以保证采集安全进行。

（4）鱼体的观察、测量和记录

对采集的鱼体进行观察、测量和记录,是鉴定标本名称时的重要依据,同时也是制作剥制标本时的参考依据。在野外采集到鱼类标本后,应趁鱼尚未死去或鱼体新鲜时迅速进行观察和测量,并同时做好记录工作。

①观察、测量的用具用品

体长板:用于测量鱼体各部分的长度。体长板通常用塑料板画上米制方格刻度制成。也可购买塑料质地的坐标纸,钉在木板上制成体长板。

白瓷盘:用于盛放须观察、测量的标本。

号牌:用于标本编号。号牌通常用竹片制作,长4厘米,宽0.8厘米,正面用毛笔写上号数,涂上清漆,干后即可使用。

纱布、软毛刷、塑料盆:用于洗刷标本。

秤:用于称取鱼的体重。

记录册、铅笔:用于记录。

②观察、测量前的准备工作

标本处理。对采集的鱼类标本,先用清水洗涤体表,将污物和黏液洗掉。对体表黏液多的鲶鱼、泥鳅和黄鳝等种类,要用软刷蘸水反复刷洗干净。刷洗时,应按鳞片排列方向进行刷洗,以免损伤鳞片。在洗涤过程中,如发现有寄生虫,要小心取下放进瓶内,注入70%酒精保存,并在瓶外贴上号牌、写明采集编号。

编号。将洗涤好的标本,放在白瓷盘中,根据采集顺序依次编号。每一个标本都要在胸鳍基部系一个带号的号牌。如果号牌已用完,可用道林纸作号牌,用铅笔写清号数,折叠后塞入鱼的口腔深部,回校后再补拴竹制导签。

③观察、测量内容

记录体色。每一种鱼都有自己特殊的体色,而且同一种鱼在不同环境中,其体色往往也有差异。鱼类体色虽不是主要鉴定特征,但对认识鱼有一定意义,尤其对同学们认识鱼类来说,鱼的体色更为直观和形象。因此应趁标本活着或新鲜时,将体色记录清楚。

外部形态测量。为了快速、准确地测量鱼体各部分的长度,应该将鱼放在体长板上进行测量。鱼体外部形态的测量项目如下:

全长:由吻端或上颌前端至尾鳍末端的直线长度。

体长:有鳞类从吻端或上颌前端至尾柄正中最后一个鳞片的距离;无鳞类从吻部或上颌前端至最后一个脊椎骨末端的距离。

头长:从吻端或上颌前端至鳃盖骨后缘的距离。

吻长:从眼眶前缘至吻端的距离。

眼径:眼眶前缘至后缘的距离。

眼间距:从鱼体一边眼眶背缘至另一边眼眶背缘的宽度。

尾长:由肛门到最后一椎骨的距离。

尾柄高:尾柄部分最狭处的高度。

体重:整条鱼的重量。

鱼体各部分性状计数

侧线鳞:沿侧线直行的鳞片数目,即从鳃孔上角的鳞片起至最后有侧线鳞片的鳞片数。

上列鳞:从背鳍的前一枚鳞斜数至接触到侧线的一片鳞为止的鳞片数。

下列鳞:臀鳍基部斜向前上方直至侧线的鳞片数。

填写的格式为:侧线鳞$\dfrac{\text{上列鳞}}{\text{下列鳞}}$,如鲤鱼的鳞式为:$33\dfrac{5-6}{4-5}36$。

咽喉齿:鲤科鱼类具有咽喉齿。咽喉齿着生在下咽骨上,其形状和行数随品种而异。一般为 1~3 行,也有 4 行的,其计数方法是左边从内至外,右边从外至内,如鲤鱼咽喉齿式为 1·1·3~3·1·1。咽喉齿的特点是鲤科鱼类的分类依据之一。

鳃耙数:计算第一鳃弓外侧或内侧的鳃耙数。

鳍条数:鱼类鳍条有不分枝和分枝两种。在鲤科鱼类中,二者均用阿拉伯数字表示;其他鱼类的分枝鳍条用阿拉伯数字表示,而不分枝鳍条则用罗马数字表示。

上述各项观测结果,应在观测过程中及时填写在鱼类标本野外采集记录表中,见下表。

鱼类标本野外采集记录表

编号	
种名	
采集地点	
采集日期	性别
体色	
体重	全长
体长	体高
头长	吻长
眼径	眼间距
尾柄长	尾柄高
侧线鳞	咽喉齿
鳃耙数	鳍条数
其他	

（5）鱼类浸制标本的制作和保存

对一个鱼类标本观测记录结束后，应将标本进一步制成适宜长期保存的标本，一般鱼类标本应被制为浸制标本。浸制标本是用防腐固定液固定，以防止动物体腐烂变质，从而达到长期保存的目的。其制作比较简单，主要分为选择材料、整理姿态、防腐固定、装瓶保存4个步骤，最后贴上标签。具体如下：

①主要药品、溶剂及器具材料

器具材料包括标本瓶或标本缸，2~3毫米厚的玻璃片，曲别针，解剖镊，解剖刀，塑料盘。

药品和溶剂主要是10%的福尔马林液——福尔马林10毫升、水90毫升，这样的福尔马林液最适于一般整体标本的固定和保存。

②制作方法

选择材料

一般应选鳍条完整、鳞片齐全、体型适中的新鲜鱼类作为标本材料。如果鱼的体型过大，因受标本缸的限制，通常做成剥制标本来保存。

整理姿态

整理姿态前，要先用水冲净鱼体表面黏液，进行登记、编号和记录，并在腹腔中注入适量的10%福尔马林液以固定内脏器官。整理姿态时，应按鱼的生活状态用镊子轻轻将鱼的鳍展开，用塑料薄片或厚纸片夹住展开的背鳍、胸鳍和尾鳍，并用曲别针夹紧，放入塑料盘中。

防腐固定

塑料盘中盛有 10% 福尔马林液,以浸没鱼体为准。鱼体在此临时固定,待硬化后再用水冲洗干净。

装瓶保存

用玻璃刀按鱼体大小划好玻璃片,长针穿好白色丝线后分别从胸部和尾基部靠近玻璃面的一侧穿过,并把标本系在玻璃片上,然后装入标本瓶中(注意标本瓶一定要事先清洗干净,不得有杂物),倒进 10% 福尔马林新液,将盖盖紧。取标签,写上学名、中名、采集时间、采集地点和编号,贴在标本瓶上。为防止福尔马林液挥发为害,还可用蜡密封瓶口。

如果是蟾蛙、蛇的整体浸制标本,一定要注意固定姿态时尽量减少标本所占的空间,长度也要适当,这既有利于装瓶保存,也有利于运输。

4.爬行类动物标本的采集与制作

(1)我国爬行类动物常见种类的分布概况

我国共有爬行类动物 300 余种,主要为蛇类、蜥蜴类和龟鳖类,还有我国特产的扬子鳄。它们广泛分布于森林、草原、农田、居民点以及淡水水域中。

①森林

在东北小兴安岭和长白山针阔混交林地区,典型动物种类有黑龙江草蜥、团花锦蛇、棕黑锦蛇、灰链游蛇、蝮蛇等。在华北落叶阔叶林地区,优势动物种类有虎斑游蛇、黑眉锦蛇、红点锦蛇、赤链蛇、蝮蛇、丽斑麻蜥、无蹼壁虎等。在亚热带常绿阔叶林地区,大部分地区最常见的蛇类有乌游蛇、草游蛇、水赤链游蛇、鼠蛇等南方种类。广布于北方的蝮蛇,在本区也很普遍,红点锦蛇、虎斑游蛇等也较常见。本区的毒蛇种类较多,除蝮蛇外还有眼镜蛇、五步蛇、竹叶青等。蜥蜴类中最常见的是北草蜥、石龙子、蓝尾石龙子、多疣壁虎等。

②草原

蜥蜴类以丽斑麻蜥和榆林沙蜥比较常见。蛇类以白条锦蛇分布最广泛。黄脊游蛇在北部甚为常见。

③农田

北方农田及其附近常见蛇类有虎斑游蛇、黑眉锦蛇、红点锦蛇和赤链蛇。南方的山地、田野、稻田内常有中国水蛇、乌梢蛇、铅色水蛇等。

④居民点

常见的蜥蜴类有无蹼壁虎、多疣壁虎等。在南方常见于住宅附近的蛇类有银环蛇和白唇竹叶青,黑眉锦蛇和烙铁头也常侵入住宅内。

⑤淡水水域

北方水域中,龟鳖目常见的只有1种鳖,蛇类中以虎斑游蛇、水赤链蛇等为常见。南方常见的有乌龟、锯缘摄龟等。另外,我国特产的扬子鳄分布在皖南丘陵等地。

（2）爬行类动物标本的采集

爬行类动物由于是变温动物,活动规律有一定的季节性,一般在11月份以前进入冬眠期,3月份前后苏醒出蛰,4~10月份为活动期。爬行类动物能适应多种多样的生活环境,在田边、山坡、池塘、溪畔、灌丛、草地、树上、房屋、海域等各种不同环境中,都有它们的分布,都是采集它们的地点。

①蜥蜴类的采集

蜥蜴类常常生活在干燥、温暖、阳光充沛的山坡、草丛、树上或路旁的石堆缝隙中,有时爬到草丛上捕食昆虫。我国产的蜥蜴类,大多数是小型种类,使用简单工具就能进行捕捉。常用工具有软树枝、活套、蝇拍、小网、钓竿等。

用软树条扑打。当发现蜥蜴后,可用软树枝或细竹梢扑打,使其受震而暂时不能活动,然后迅速拾起放入容器内。我国产的蜥蜴均没有毒,完全可以用手拾取。这种方法主要用于地上活动的蜥蜴种类。

用蝇拍或小网捕捉。此法多用于墙壁上活动的蜥蜴种类。

用活套捕捉。用一根长竹竿,其末端结一根马尾或尼龙丝的活套,当遇到蜥蜴,待它停止不动时,乘机将竹竿轻轻伸出去,套住它的颈部,立刻拉回,或在蜥蜴面前摇动活套,挑逗蜥蜴,等它仰头时,将活套对准蜥蜴头部扣下,迅速提起拉回。此法主要用于捕捉树上活动的种类。

用诱饵垂钓进行诱捕。用一定长度的棉线系以昆虫进行垂钓。此法用于捕捉石缝中的种类。

②乌龟的采集

乌龟一般在11月份气温低于10℃时进入冬眠,第二年4月出蛰,当温度上升到15℃以上,开始正常活动,进行大量取食。乌龟主要在水中捕捉小鱼、小虾、螺类为食,也常上陆地觅食。在 5~8 月份,常于黄昏或黎明爬到沙滩或泥滩上产卵。可以利用它到陆上觅食和产卵的习性寻找捕捉,由于乌龟行动迟缓,一旦发现,完全可以用手直接捕捉。

③鳖的采集

鳖是我国淡水水域中的广布种。它的季节活动周期与乌龟大体相同。采集鳖时,可在夏秋季节,到水边寻找水中有无鳖进食后剩下的碎螺壳和鼠粪样的鳖粪,也可根据溪流岸边鳖爬行后留下的足迹,以辨别是否有鳖及其活动方向。如有可用垂钓的方法进行捕捉。

同学们采集爬行动物,应着重于蜥蜴类和龟鳖类。关于蛇类,虽然它是我国爬行动物中种类最多的类群,是人类采集爬行动物的重要对象,但鉴于毒蛇咬伤的危险性,同学们应尽量不采。

（3）爬行类动物标本的制作

爬行动物的标本制作,除了少数大型种类（如蟒、蛇、巨蜥、海龟等）必须制作剥制标本外,一般均制作浸制标本保存。其制作方法有以下两种。

①酒精浸制法

对小型蜥蜴类,先用注射器向标本体腔中注入 50%~80%酒精进行处死和防腐,然后用线固定在玻璃条上,放入盛有 80%酒精的标本瓶中浸泡保存。并在标本瓶外贴上标签,写清编号、采集日期、采集地点、采集人、制作人等项内容。

用酒精浸制时,最好由低浓度向高浓度逐步更换浸制液,使标本逐步失水,最后保存在 80%的酒精中。这样浸制的标本,虽经长期保存,但标本始终能保持柔软,不失原形,取出后仍然可以进行解剖和制作组织切片。

②福尔马林浸制法

对小型蜥蜴类,先用注射器向标本体腔中注入 7%~8%福尔马林液,进行处死和防腐,然后用线固定在玻璃条上,放入盛有 20%福尔马林液的标本瓶内进行固定。几天后再转入 7%~8%福尔马林液中长期保存。

对龟鳖类,要先从泄殖腔注入麻醉剂（如乙醚）,待麻醉后,将头和四肢拉出,向体内注射 7%~8%福尔马林液处死,然后固定形状,并保存在 20%福尔马林液中。几天后再转入 7%~8%福尔马林中长期保存。如果放入标本瓶中,瓶外应加贴标签。

5.动物内脏器官解剖标本的制作

这类标本主要是突出动物某一系统的特征或主要器官的解剖标本。一般是先将动物体解剖,然后根据需要选取理想的内脏、器官,经处理后放人固定液中保存。

在动物体内的几大器官系统中,每一种器官系统都可以做成浸制标本。循环系统是同学们最不容易掌握的学习内容之一,就动物学教学来说,它既是重点又是难点。下面同学们不妨来学习一下循环系统的注射标本制作法。

(1)循环系统的基础知识

循环系统中的各种血管与心脏、血液的关系是比较复杂的。制作标本前,如果对循环系统的某些基本知识都不清楚,那就会给制作带来许多困难。为此,在这里先复习一下脊椎动物循环系统的一些基本知识。

脊椎动物的循环系统包括血液循环系统和淋巴循环系统。

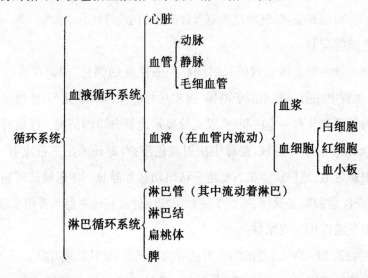

①心脏:哺乳动物的心脏位于胸腔的中部偏左下方,夹在两肺之间,形状像桃子。心脏内部被隔成左右不相通的两部分左右两部分又被瓣膜分别隔成上下两个腔,故哺乳动物的心脏分成左右心旁和左右心室 4 个腔。鸟类的心脏与哺乳类动物一样也有 4 个腔;爬行类动物的心脏是 2 心房 1 心室,但心室中有一不完全隔膜;两栖类动物的心脏是 2 心房 1 心室;鱼类的心脏是 1 心房 1 心室。心脏的功能就像一个"泵",由于它的搏动而使血液在封闭式的心血管里周而复始地循环流动。心脏既负责输出血液到身体各部分又负责收回身体各部分的血液。

②动脉:自心脏运送血液到身体各部分的血管,可以称之为离心血管。动脉血管的特征是管壁较厚,管径较小。

③静脉:由身体各组织器官输送血液到心脏的血管,可以称之为向心血管。它的特征是管壁较薄,管径较大。

④微血管:联络动脉和静脉的遍及动物体全身的细小毛细血管。

（2）制作器具、材料及药品的配制

①器具和材料

包括解剖盘、解剖刀、解剖剪、解剖镊(直头、弯头两种)、解剖针;用于血管注射的注射器(5~20毫升)和注射针头(6~8号);用于配制固定液的量筒或量杯;用于固定、浸渍标本材料的搪瓷盘或塑料盘;盛放注射色液用的搪瓷杯或烧杯;用于固定、保存标本的标本瓶或标本缸;研磨、搅拌注射色液用的玻璃棒及研钵;用于注射色液加温的水浴锅或铝锅;电炉或煤气炉;盛放温水、洗净注射器及针头用的小塑料桶;以及针、线、玻璃片等。

②注射色液的配制

死亡动物血管内的血液经过较长时间已失去原有的颜色,因而在观察循环系统之前,必须先在血管中注射一些不溶于酒精、福尔马林的颜料和填充剂,使被注射的血管保持原有饱满的形状和具有一定的颜色,以充分显示血管分布的情况。注射时通常采用双色注射,即在动脉中注射红色液,静脉中注射蓝色液;有时还采用三色注射,即在静脉的肝静脉中注射黄色液,这样就能很方便地辨认出动脉和静脉。注射液的配制以及所用的器具、材料应在注射前准备就绪,特别要注意明胶注射液和注射器具需用水浴保温。

配制注射色液需用下列原料:

明胶(动物胶)20~25克,是配制注射色液的填充剂,呈粒状或片状。

颜料用油漆粉或广告色均可,需3~5克。动脉用红色料有洋红、银朱(硫化汞)、朱红或大红,静脉用蓝色料有琼蓝、普鲁士蓝或钛青蓝;肝门静脉用黄色料有铬黄(铅铬黄)。

水100毫升。

将动物胶(片状胶应先粉碎成小片)按上述比例加水浸泡3~4小时,待充分软化后,放入水浴锅中隔水加热(水温以70℃左右为宜),直至明胶充分溶解为止。色料(红、蓝或黄)用研钵研成细粉末(越细越好,不然大颗粒易堵塞针头),加到溶解的明胶中,用玻璃棒搅拌,直至色胶调匀,再经两层纱布过滤,即可使用。但要注意以下几点:

浓度过高,注射时极易凝结,推动注射器也很费力。所以其浓度应保持在冻胶状态最为合适。

在使用时,从始至终均需隔水加温,保持冻胶溶解状态。

尽可能在动物的体温尚未散失时进行注射,以免注射液遇冷凝结。

冬天注射时,可将动物体浸泡在温水中 10—20 分钟。

明胶注射的优点是注射比较容易,解剖血管时,即使不慎损伤血管,注射色液也不致外流,并可利用明胶自行粘接。缺点是注射器具和注射色液均需加温,冬季气温过低,注射色液容易凝结。

（3）血液循环系统注射标本的制作方法

蟾蜍易得而且比较经济,就以蟾蜍为例说明血液循环系统注射标本的制作方法。

两栖动物的心脏包括心房、心室、动脉圆锥和静脉窦。血液循环是不完全的双循环,左右心房的血液都注入心室。心室中的血液是混合血,所以在注射前,剪开胸腹腔后一定要结扎动脉和静脉的通路。

①解剖和扎结

将蟾蜍用乙醚麻醉致死,用水清理躯体上的污物,然后腹面朝上放在解剖盘中,四肢展开,用大头针固定。

左手持解剖镊夹起蟾蜍皮肤,右手持解剖剪沿腹部偏左斜向胸部中央剪开腹腔、胸腔以及胸骨。皮肤的腹中线下有一条腹静脉,剪时一定要避开这条血管,不要剪得太靠后,以免剪破血管;剪尖尽量向上挑,不要剪破内脏。

用镊子轻轻夹起心包膜,剪破,使心脏完全暴露出来。

用弯头镊子夹住两段线,由心脏前方动脉圆锥基部的背面穿过（动脉圆锥和静脉窦之间有一条缝,线便从这条缝中穿过）。

取其中的一根线套在动脉圆锥上方,轻轻打一活结,注意不要打得太紧。

再将心脏翻过来（即心脏的背面面向操作者）,用另一根线套住心脏的背面打一活结,在心室与静脉窦之间扎紧,隔断动脉与静脉的通路。

②动脉注射

打开动脉圆锥上方的活结,注射器中吸取红色注射液后套上 8 号针头。

如上图所示,将针头扎入心室,慢慢往里注射（切勿用力过猛,以免注射色液倒流）,一般注射 2~3 毫升即可。检查注射量是否合适,可看胃上的血管,如果胃上的主要血管里都有红色注射液了,那就应该马上停止注射,因为注射过量会使血管破裂。取出针头,将线重新打结扎紧。

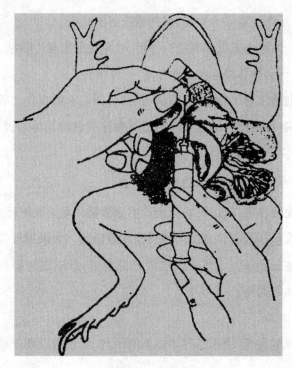

心室动脉注射部位

为了注射更加准确,也可将针头先扎入动脉圆锥而后直接扎进动脉干入主动脉。

将心室中的红色血液抽出一部分,注入少量蓝色液,使心室呈暗红色,以表示心室中的混合血。

③静脉注射

先用镊子细心把腹大静脉分离出来,如图所示。

手食指垫在腹大静脉下,右手取7号针头插入注射蓝色液。注射量的多少视肝脏和胃壁上的静脉是否充满蓝色液为准。若已充满,即停止注射。也可以从静脉窦注射蓝色液。

为使静脉显示更清楚,并将肝门静脉与肾门静脉区别开,可在腹静脉中射注一些蓝色液,再在体静脉处注射一些黄色液。

④检查整理

检查标本:如果发现肱静脉和腹静脉等血管中色液表示不明显,可适当进行补充注射。

整理标本:将胸腹部的肌肉适当剪除,背部、腰部的脊椎连同肌肉一起剪除,用大头针固定在解剖盘中。接着剔除各部位血管周围的结缔组织,使血管清晰显现。另外还要切除大块卵巢。最后将各器官整理好。

⑤固定装瓶

用两层纱布放入福尔马林溶液中湿润,盖在蟾蜍的体表。

蟾蜍硬化时,再浸入10%福尔马林液中约半个月,取出用清水冲净。

把蟾蜍用线固定在玻璃片上,放入盛有10%福尔马林新液的标本瓶中保存。

由于动物内脏器官解剖标本是浸制标本,故跟一般动物浸制标本保存方法相同,此不赘述。

6.动物标本保存总结

前面在介绍各类动物标本制作方法时已经说明了保存方法,本节对动物标本的保存做一个原则性总结说明。

动物标本可分浸制、干制(包括剥制)标本两大类。

(1)浸制动物标本的保存

装在玻璃容器内保存的无脊椎动物和脊椎动物的整体、局部以及解剖的浸制标本,其保存重点应放在浸液、封装两方面。

浸制标本要经常注意容器内的标本浸液是否短缺或浑浊变质。如有短缺或浑浊变质,需及时查明原因,究竟是塞(盖)损裂还是封装不严,然后添换标本浸液,换去已损裂的塞(盖)或重新严加封口。

装在一般玻璃瓶(管)内的浸制标本,瓶塞多是软木或橡胶制品,接触浸液时间一久,塞头会老化变质而污染浸液和标本,因此,浸液不应装得太满,要与瓶塞隔开适当距离。例如,存放在指形管内的小型标本,其浸液只装到管内容量的2/3。

浸制标本的玻璃瓶(管)通常用石蜡封口。封口时先把瓶口和瓶塞擦干,略加预热,再把瓶塞浸入熔化的石蜡,瓶口也刷些热石蜡,然后趁热塞紧瓶塞,并在封口处用热石蜡补封一次,涂匀涂平,封口即告结束。为了复查瓶口是否封严,可将瓶体稍做倾斜,如在浸口处发现有浸液外溢,即表示封闭不严,应立即查明原因,采取补救措施。

为了使瓶口封装更严,可在已经蜡封的瓶塞处蒙上一小块纱布,并再均匀涂上一层热蜡。

液浸的各种瓶装动物标本,宜集中放在避光处的柜橱内长期保存,要避免反复移动或强烈震动。

以上所述是一般的保存原则,具体标本还需针对其形态、结构、制作等特点,分别采取不同的保存措施。

(2)干制动物标本的保存

干制动物标本的保存方法,有以下几点需要注意。

①防潮防虫

各种干制的无脊椎动物标本和脊椎动物标本,都要注意防潮防虫。剥制的鸟兽标本,虽然在剥制时已经使用了防腐剂,有一定防腐作用,但同其他干制的动物标本一样,如保存不当,仍会受潮发霉变腐。因此,不论是放在标本柜(盒)里的中小型标本,还是在室内陈列的大型动物标本,都应注意室内干燥,必要时还可以专门放些干燥剂如石灰粉之类,柜内、盒内更需经常添换干燥剂(如袋装的硅胶等)。

为了避免虫蛀标本,可在标本柜(盒)内放些樟脑一类的防虫剂。并注意适时检查添换,防止日久失效或短缺。此外,标本室内还要注意灭鼠。

②防烟防尘

防止烟尘侵蚀污染,是保存干制标本的重要措施之一。尤其是冬季室内烧煤生火取暖,标本更易受烟熏而变色变质。标本室要保持整洁无尘,标本柜(盒)要关紧不使微尘侵入。大型陈列标本不便放入柜内时,可以套上塑料薄膜防尘罩。

③避免日晒

干制动物标本和浸制动物标本一样都要避免日晒,因为日晒会使标本褪色、变形,迅速老化。除了在放置标本柜和室内陈列的大型动物标本时要注意避免阳光直射外,在标本室的门窗上还可安装遮光窗帘。

④注意修整

干制的动物标本尽管制作精细,固定良好,但很难免受外部和内部因素的影响而发生变化,日久天长,轻者标本变形,重者会出现开裂、脱落等现象。为此,对标本室里的标本一定要精心护理,遇到局部移位、变形或发现霉斑要及时调理修整。